内燃机数值模拟与优化

韩志玉 著

机 械 工 业 出 版 社

内燃机数值模拟是计算流体力学在内燃机领域里的延伸，这一新技术正快速发展并成为现代内燃机研究与开发不可缺少的手段。《内燃机数值模拟与优化》一书介绍了内燃机数值模拟及优化的基本理论和最新进展。主要内容分三个部分：第一，内燃机燃烧过程的基本理论和数值模拟的基本数学描述；第二，内燃机中湍流、喷雾、燃烧和污染物生成等现象的物理化学模型；第三，数值模拟在内燃机燃烧系统开发和设计优化中的应用。本书在理论上反映了近年来在数值模型方面取得的主要研究成果，内容侧重体现模型的实用性；在应用方面，结合作者在此领域长期的研究成果和经验积累，给出了许多针对新型发动机关键设计问题的优化应用实例。本书结合理论与应用，可供动力机械与工程热物理、机械工程、能源动力等学科的本科生和研究生学习，也可供在汽车发动机、混合动力、内燃机动力装置等领域从事教学、科研、产品设计与开发等相关工作的科技人员和工程师参考借鉴。

图书在版编目（CIP）数据

内燃机数值模拟与优化/韩志玉著 . —北京：机械工业出版社，2021. 9
ISBN 978-7-111-68890-7

Ⅰ. ①内… Ⅱ. ①韩… Ⅲ. ①内燃机 – 数值模拟 Ⅳ. ①TK402

中国版本图书馆 CIP 数据核字（2021）第 158480 号

机械工业出版社（北京市百万庄大街 22 号　邮政编码 100037）
策划编辑：孙　鹏　责任编辑：孙　鹏
责任校对：陈　越　封面设计：鞠　杨
责任印制：李　昂
北京联兴盛业印刷股份有限公司印刷
2022 年 1 月第 1 版第 1 次印刷
169mm × 239mm · 20.75 印张 · 20 插页 · 401 千字
0 001—1 900 册
标准书号：ISBN 978-7-111-68890-7
定价：199.00 元

电话服务　　　　　　　　　网络服务
客服电话：010 – 88361066　机 工 官 网：www.cmpbook.com
　　　　　010 – 88379833　机 工 官 博：weibo. com/cmp1952
　　　　　010 – 68326294　金 书 网：www. golden – book. com
封底无防伪标均为盗版　机工教育服务网：www. cmpedu. com

前　言

　　内燃机是许多装置的主要动力源，包括汽车、船舶、工程机械、农用机械、通用机械、移动电站等。在交通领域里，当今世界范围内约有14亿辆乘用车和3.8亿辆商用车在运行，消耗总石油消耗量的35%。内燃机的污染物和温室气体（CO_2）排放对环境产生不利影响，令人非常关注。

　　在越来越严格的政府法规和不断提升的客户需求的推动下，减少燃油消耗和污染物排放一直是内燃机科技界和制造厂商的目标。通过在内燃机燃料转化效率、缸内净化和尾气后处理等方面的持续改进和技术创新，在减少内燃机燃油消耗和污染物排放方面已经取得了很大的进展。结果表明，新生产的道路车辆中，法规限制的颗粒物（PM）、氮氧化物（NO_x）、一氧化碳（CO）和未燃碳氢化合物（HC）污染物排放量减少了大约一个数量级。另外，由于过去30年车辆燃油经济性的改善，新车 CO_2 排放量下降了约30%。

　　尽管电动汽车已引起全球关注，但电动汽车的广泛应用取决于电池安全性、储能和充电基础设施，这些仍然是挑战。在可预见的将来，道路车辆动力的多元化是不可避免的，但内燃机将继续占据主要份额。内燃机、纯电驱动和混合动力将按地理区域、能源可获得性，以及终端用途划分市场。随着汽车动力总成电动化的发展，内燃机将不会灭亡，而将以一种新的形式重生。新生的内燃机将具有热效率高、近零排放和结构简单等特点。

　　近年来，内燃机的复杂性已经大大增加。新技术通常会在带来好处的同时引入更多的设计和运行变量，从而使得内燃机的优化更加困难。内燃机优化的目标是在可接受的成本范围内达到多个最佳功能指标，以往的基于试验的试错开发方法已经不再起太大的作用，开发和应用内燃机多维数值模拟技术，可以帮助人们实现内燃机的多参数优化目标。

　　内燃机多维数值模拟是计算流体力学（CFD）在内燃机领域里的延伸，其中增加了适用于内燃机的燃油喷雾、混合气燃烧和污染物生成等物理模型。这项技术起源于20世纪70年代，随着计算机性能的大幅提升，目前已经在全球许多顶尖的内燃机和汽车公司中得到了较为广泛的应用。经过多年的研究和开发，数值模型的可预测性和计算效率有了很大提高，保证了其在内燃机设计和优化中的作用。内燃机数值模拟已经被证明可以有效地帮助开发内燃机新产品，并且可以用于探索更高效、更清洁的燃烧新方式和新技术。

　　本书介绍内燃机数值模拟及优化的基本理论和最新进展，主要内容分为三个部分。第一部分（第1~3章）介绍汽车发动机和数值模拟的进展和前景，概述点燃式汽油机和压燃式柴油机的燃烧基本理论以及先进的低温燃烧概念；介绍内燃机数值模拟中的基本控制方程、数值方法和边界条件。第二部分（第4~6章）重点描述内燃机中的湍流、喷雾、燃烧和污染物生成现象的物理和化学模型。介绍雷诺平均和大涡模拟的湍流模拟方法和常用湍流模型；描述常用的燃油喷雾破碎雾化模型、液滴动力学模型、蒸发模型和喷雾碰壁模型；介绍不同复杂程度的各种点（着）火和燃烧模型，并给出碳烟和 NO_x 的生成模型。另外，还将讨论燃烧模型在常规柴油压燃燃烧、火花点燃燃烧以及均质压燃（HCCI）燃烧中的应用。

　　本书在最后一部分（第7章和第8章）提供了许多使用数值模拟技术开展内燃机燃烧及设计优化的应用示例。第7章将首先介绍先进的数值模拟引导的内燃机燃烧系统开发方法，着重阐述在缸内燃油直喷汽油机中起关键作用的燃油喷雾、混合气形成和燃油湿壁等过程的数值预测。第8章将介绍柴油机和替代燃料（天然气和生物柴油）发动机燃烧和排放的数值模拟和优化，分析采用化学活性可控压燃（RCCI）燃烧方式优化天然气－柴油双燃料燃烧的优势。

　　本书的目的是反映内燃机数值模拟与优化技术在物理模型和应用方面的重要进展，并为读者提供一个新的参考书籍。在过去的时间里人们提出了许多数值模型及其变形，而每一个模型都在预测准确性方面或计算效率方面有所进步。但是，一本书是不可能包含所有这些模型的。因此，本书旨在介绍原始的模型或者常用的模型，以及它们背后的物理原理，从而向读者介绍模型的渊源、基本理论和实用技术。此外，本书提供的应用示例着重于分析对内燃机燃烧和性能有重大影响的关键因素和问题。通过这些应用示例展示有效的模拟方法和手段，并提供具有指导意义的结果分析。作者希望这些示例可以帮助读者更加容易理解和掌握内燃机数值模拟的基本原理和方法，激发读者探索新思想和新方法的创新灵感，并在学习和工作中提出更好的研究和解决问题的思路和方案。

　　本书作者在20世纪90年代初在美国威斯康星大学麦迪逊分校发动机研究中心（ERC）攻读博士学位，并开始进入内燃机数值模拟领域，在内燃机湍流、传热、喷雾破碎、喷雾碰壁等方面提出了一些原创性物理模型，并得到了较为广泛的应用。作者在美国福特汽车公司福特研究实验室（FRL）工作时，与团队一起开发了公司内部发动机多维模型 MESIM 的前期版本，建立了公司内部发动机燃烧 CFD 前置设计优化的方法，把数值模拟技术应用于直喷汽油机等新型燃烧技术的研究与开发中，并取得了很好的成果。回国后，作者在湖南大学、同济大学指导研究生，继续开展内燃机数值模拟方面的理论研究和企业应用推广工作。本书体现了作者在内燃机数值模拟领域里的研究成果和经验积累。

　　作者在威斯康星大学和福特汽车公司的经历对本书的撰写十分有益。作者对

ERC 世界著名内燃机专家 Rolf Reitz 教授、Chris Rutland 教授以及在 FRL 的同事们表示感谢，与他们合作的许多论文内容都在本书中有所引用。作者的许多研究生也在内燃机数值模拟领域开展了富有成果的研究，他们的部分研究成果也在本书中有所介绍。作者在同济大学科研团队的吴振阔博士，王勇工程师，孟硕、冯坚、吕梦杨、李敏清、周昊、孙永正等研究生承担了许多图表和文字整理及书稿校核工作；李军成博士和邓鹏博士也校读了本书稿。作者在此表示诚挚的谢意！作者也感谢机械工业出版社对出版本书的大力支持以及孙鹏先生的出色编辑工作。

本书涉及的内容面广且技术发展迅速，书中难免存在不足和疏漏之处，谨请读者不惜赐教。

韩志玉
2021 年 4 月于同济大学

ALE	Arbitrary Lagrangian−Eulerian	任意拉格朗日−欧拉公式
ATDC	After top dead center	上止点后
BDC	Bottom dead center	下止点
BMEP	Brake mean effective pressure	有效平均压力
BTDC	Before top dead center	上止点前
CA	Crank angle	曲轴转角
CAI	Controlled autoignition	可控自燃
CCD	Charge coupled device	电荷耦合装置
CI	Compression ignition	压缩着火
CDCI	Conventional diesel compression−ignition	常规柴油压燃（内燃机）
CDM	Continuous droplet model	连续液滴模型
CFD	Computational Fluid Dynamics	计算流体力学
CFM	Continuous formulation model	连续方程模型
CFM	Coherent flame model	拟序火焰模型
CMC	Continuous multicomponent model	连续多组分模型
CMC	Conditional moment closure	条件矩封闭
CR	Compression ratio	压缩比
CTC	Characteristic time combustion	特征时间燃烧（模型）
CVI	Close−valve injection	闭阀喷射
DDM	Discrete droplet model	离散液滴模型
DI	Direct injection	直接喷射
DMC	Discrete multicomponent model	离散多组分模型
DME	Dimethyl ether	二甲醚
DNGDF	Diesel and natural gas dual−fuel	柴油−天然气双燃料（发动机）
DNS	Direct numerical simulation	直接数值模拟
DOC	Diesel oxidation catalyst	柴油机氧化催化器
DPF	Diesel particulate filter	柴油机颗粒过滤器
DPI	Diesel pilot ignition	柴油喷射引燃

DPIK	Discrete particle ignition kernel	离散粒子点火火核
DRG	Directed relation graph	直接关系图
DRGEP	Directed relation graph with error propagation	带有误差传播的直接关系图
EBU	Eddy break-up	旋涡破碎（模型）
EDM	Eddy dissipation model	旋涡耗散模型
EGR	Exhaust gas recirculation	废气再循环
EOI	End of injection	喷射终点
EPA	Environmental Protection Agency	环境保护署
ER	Expansion ratio	膨胀比
ERC	Engine Research Center	发动机研究中心
EVO	Exhaust valve opening	排气门开启
FRL	Ford Research Laboratory	福特研究实验室
FSN	Filter smoke number	烟度
GA	Genetic algorithm	遗传算法
GISFC	Gross indicated specific fuel consumption	总指示燃油消耗率
HCCI	Homogeneous-Charge Compression Ignition	均质压燃
HCDI	Homogeneous-charge direct injection	均匀混合气直喷（汽油机）
HRR	Heat release rate	放热率
HWA	Hot wire anemometry	热线风速仪
ICE	Internal Combustion Engine	内燃机
IMEP	Indicated mean effective pressure	指示平均压力
ITE	Indicated thermal efficiency	指示热效率
IVC	Intake valve closure	进气门关闭
KH	Kelvin-Helmholtz wave	开尔文-亥姆霍兹波
KLSA	Knock limited spark advance	爆燃限制点火提前角
LANL	Los Alamos National Laboratory	洛斯阿拉莫斯国家实验室
LDA	Laser Doppler anemometry	激光多普勒风速仪
LDV	Laser Doppler velocimeter	激光多普勒测速仪
LES	Large-eddy simulation	大涡模拟
LISA	Linearized instability sheet atomization	线性不稳定性液膜雾化

LLNL	Lawrence Livermore National Laboratory	劳伦斯利弗莫尔国家实验室
LSC	Light stratified-charge	窄域混合气分层
LTC	Low-temperature combustion	低温燃烧
MBT	Maximum brake torque	最大有效转矩
MD	Methyl decanoate	癸酸甲酯
NEDC	New European Driving Cycle	新标欧洲测试规程
MESIM	Multidimensional Engine Simulation	多维发动机模拟
NG	Natural gas	天然气
NGV	Natural gas vehicle	天然气汽车
NSFC	Net specific fuel consumption	净燃料消耗率
OVI	Open-valve injection	开阀喷射
PAH	Polycyclic aromatic hydrocarbon	多环芳烃
PCCI	Premixed-Charge Compression Ignition	预混压燃
PDF	Probability density function	概率密度函数
PDPA	Phase Doppler particle analyzer	相位多普勒粒子分析仪
PES	Percent energy substitution	能量替代百分比
PFI	Port fuel injection	进气道喷射
PHEV	Plug-in hybrid electric vehicle	插电式混合动力汽车
PISO	Pressure implicit with splitting of operators	拆分运算式的隐式压力（算法）
PIV	Particle image velocimetry	粒子成像测速
PLIF	Planar laser induced fluorescence	平面激光诱导荧光
PM	Particulate matter	颗粒物
PSO	Particle swarm optimization	粒子群优化
QSOU	Quasi-second-order upwind	准二阶迎风（算法）
RANS	Reynolds-averaged Navier-Stokes	雷诺平均
RCCI	Reactivity-Controlled Compression Ignition	化学活性可控压燃
RDE	Real-driving emissions	实际驾驶排放
RIF	Representative interactive flamelet	代表性互动小火焰
RNG	Renormalization Group	重整化群
ROI	Radius-of-influence	影响半径
RT	Rayleigh-Taylor instability	瑞利-泰勒不稳定性

SA	Spark advance	点火提前角
SCDI	Stratified−charge direct injection	分层混合气直喷（汽油机）
SCR	Selective catalytic reduction	选择性催化还原
SCV	Swirl control valve	涡流控制阀
SGDC	Sub−grid direct chemistry	亚网格直接化学反应
SGDI	Spray−guided direct injection	喷雾引导式直喷（汽油机）
SGS	Sub−grid scale	亚网格尺度
SI	Spark ignition	火花点燃
SIMPLE	Semi−implicit method for pressure−linked equations	压力连接方程的半隐式方法
SING	Spark−ignition natural gas	点燃式天然气（发动机）
SMD	Sauter mean diameter	索特平均直径
SMR	Sauter mean radius	索特平均半径
SOC	Start of combustion	燃烧始点
SOI	Start of injection	喷射始点
SR	Swirl ratio	涡流比
TAB	Taylor Analogy Breakup	泰勒类比破碎（模型）
TDC	Top dead center	上止点
TKE	Turbulence kinetic energy	湍动能
TR	Tumble ratio	滚流比
VISC	Vortex Induced Stratification Combustion	涡旋引导分层燃烧
VVL	Variable valve lift	可变气门升程
VVT	Variable valve timing	可变气门正时
WLTC	Worldwide Harmonized Light Vehicles Test Cycle	全球统一轻型车测试规程
WGDI	Wall−guided direct injection	壁面引导式直喷（汽油机）
WOT	Wide−open throttle	节气门全开

B	斯伯丁传质数	
C_D	阻力系数	
c_p	比定压热容	$J \cdot (kg \cdot K)^{-1}$
c_V	比定容热容	$J \cdot (kg \cdot K)^{-1}$
D	扩散系数	$m^2 \cdot s^{-1}$
D_{32}	索特平均直径	μm
d	直径	mm
E	活化能	$J \cdot mol^{-1}$
e	比内能	$J \cdot kg^{-1}$
f	液滴分布函数	
H^0	生成焓	J
H_{cr}	飞溅临界值	
h	液膜厚度	μm
K	传热系数	$W \cdot (m \cdot K)^{-1}$
K_f	正向反应速率	$mol \cdot (L \cdot s)^{-1}$
K_r	逆向反应速率	$mol \cdot (L \cdot s)^{-1}$
K_c	平衡常数	
k	湍动能	$cm^2 \cdot s^{-2}$
k	比热容比	
L	破碎临界长度	mm
L_K	Kolmogorov 长度	mm
L_I	湍流积分长度	mm
L_M	湍流微观长度	mm
L_{ε}	湍流宏观长度	mm
m	质量	kg
Nu	努塞尔传热数	
n	发动机转速	$r \cdot min^{-1}$
$\boldsymbol{n}$	单位法向矢量	
P	发动机功率	kW

Pr	普朗特数	
p	压力	MPa
Q	热能	J
Q_f	放热量	J
Q_{LHV}	燃料低热值	J · kg^{-1}
Q_w	壁面传热量	J
q_w	壁面传热通量	W · m^{-2}
R	气体常数	J · (kg · K)$^{-1}$
Re	雷诺数	
r	半径	mm
r_{32}	索特平均半径	mm
S^0	生成熵	J · K^{-1}
Sc	施密特数	
Sh	舍伍德传质数	
S_l	层流火焰速度	cm · s^{-1}
S_t	湍流燃烧速度	cm · s^{-1}
T	温度	K
T	泰勒数	
T_s	表面温度	K
t	时间	s
U	内能	J
$\boldsymbol{u}$	气体速度矢量	m · s^{-1}
u^*	剪切速度	m · s^{-1}
u'	湍流强度	cm · s^{-1}
V	体积	m^3
$\boldsymbol{v}$	液滴速度矢量	m · s^{-1}
W	相对分子质量	
We	韦伯数	
$\boldsymbol{x}$	位置矢量	m
x_b	燃料已燃分数	
Y	质量分数	
y	与球形之间的变形量	mm
Z	奥内佐格数	
Δt	时间步长	s
ε	湍动能耗散率	cm^2 · s^{-3}
ε	压缩比	
ε_e	有效压缩比	
ϕ	当量比	

φ	曲轴转角	(°) (CA)
η	发动机热效率	
η_c	燃烧效率	
η_i	指示热效率	
η_m	机械效率	
η_v	充量系数	
κ	冯·卡门常数	
λ	导热系数	$W \cdot (m \cdot K)^{-1}$
μ	动力黏度	$kg \cdot (m \cdot s)^{-1}$
μ_{SGS}	亚网格湍流黏度	$kg \cdot (m \cdot s)^{-1}$
μ_t	湍流黏度	$kg \cdot (m \cdot s)^{-1}$
ν	运动黏度	$m^2 \cdot s^{-1}$
ν_0	层流运动黏度	$m^2 \cdot s^{-1}$
v'	正向摩尔化学当量系数	
v''	逆向摩尔化学当量系数	
θ	喷雾锥角	(°)
ρ	密度	$kg \cdot m^{-3}$
σ	表面张力	$N \cdot m^{-1}$
$\boldsymbol{\sigma}$	应力张量	Pa
τ	黏性应力张量	Pa

主要上标

·	随时间变化
~	质量（Favre）平均
—	时间平均
+	壁函数中的无量纲参数
c	燃烧
s	喷雾

主要下标

d	液滴；油滴
g	气体
KH	KH 模型
k	组分
l	液体；层流
n	法线方向
RT	RT 模型
t	湍流；切线方向
w	壁面

目　录

第1章

绪　　论

　　内燃机（Internal Combustion Engine，ICE）在我们的社会中必不可少。在过去的 20 年里，混合动力和纯电动汽车开始占据乘用车市场份额。在此期间，汽车发动机取得了巨大的进步。但是，日益严格的法规要求内燃机在未来数年里实现更高水平的燃油经济性和更低的 CO_2 排放。例如，中国汽车工程学会在《节能与新能源汽车技术路线图 2.0》[1] 中提出到 2035 年，常规乘用车（由燃油发动机或混合动力驱动）的新车平均油耗达到 4L/100km（WLTC 工况），载货汽车油耗较 2019 年降低 10% ~ 20%，客车油耗较 2019 年降低 20% ~ 25%。这无疑给内燃机科技界和汽车工业带来巨大挑战。

　　内燃机中的流动、燃烧和污染物排放生成现象极为复杂，且尚未完全了解。内燃机各个子系统之间存在复杂的相互作用。为实现具有成本效益的可靠耐久的功能指标（燃油经济性、动力性、排放性和噪声振动性能等），需要优化内燃机的多个设计参数。而内燃机燃烧的创新和持续改进仍将是内燃机研究的关键主题。

　　基于计算流体力学（Computational Fluid Dynamics，CFD）的内燃机数值模拟（也称为多维燃烧模拟）求解任意运动边界几何形状系统中燃油喷雾与多组分流体相互作用的瞬态流体力学守恒方程，而在这些相互作用的过程中将发生油气混合、着火、化学反应和放热等现象，并受到湍流和壁面传热的影响。内燃机数值模拟可以通过优化算法帮助人们优化内燃机的设计和运行参数[2]，也可以成为燃烧新概念研发的关键手段[3,4]。此外，实践证明，数值模拟引导的设计方法可以在短时间内有效地提供优化的产品设计，以满足多个性能目标的要求[5-7]。这一新技术已成为内燃机研究和开发必不可少的工具。受益于日益增强的计算机能力，在样机（或样件）制作之前首先通过数值模拟优化内燃机设计参数和性能指标，将成为内燃机新产品开发的方向。发动机标定的很大一部分工作也将通过计算机模拟来完成。

　　在以下各节中将总结过去 30 年中汽车发动机的技术进展；展望汽车发动机燃烧技术的发展趋势和研究需求；也将阐述内燃机数值模拟的作用。另外，还将简要介绍内燃机多维数值模拟技术的发展历史。

1.1　汽车发动机的近期发展与未来展望

　　在过去的 30 年中，在汽车发动机领域里已经创造出了大量优秀的整机和零部件新技术，并已应用到了发动机新产品中。废气涡轮增压、汽油缸内直喷、增强型电子控制、可变机构（可变气门正时、可变气门升程、可变压缩比、可变工作容积（停缸）等）和智能热管理等关键技术使得发动机燃烧更高效、更清洁。新的工作循环（阿特金森循环和米勒循环）、高压缩比（最高可达 16）、高滚流缸内气体运动和高废气再循环率等技术已在最新一代发动机中应用。这些技术的应用大幅度提高了发动机的动力性和燃油经济性，同时显著降低了污染物和 CO_2 排放量。

　　图 1-1 说明了车用汽油机热效率（燃油利用效率）的进步。该图汇总了最近报道的量产汽油机的最高有效热效率，还引用了丰田汽车公司在 2015 年之前的历史数据[8]。目前推出的新一代发动机中，最大热效率超过 39% 已经很常见了，这比上一代发动机相对提高了 10% 以上。同时可以看到混合动力专用发动机的热效率高于常规燃油动力发动机的热效率。此外，据报道，具有创新燃烧技术的实验室发动机已经达到高于 52%[9,10] 和接近 60%[11] 的指示热效率。

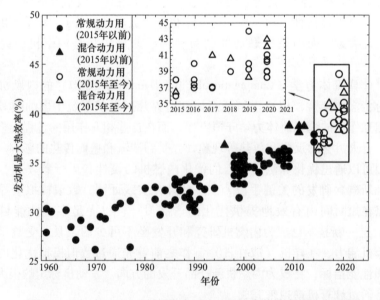

图 1-1　1960 年至 2020 年量产车用汽油机最大热效率的进步历程

在政府法规和客户需求的推动下，随着发动机燃油利用效率的提高和车辆技术的进步，全球范围内新车的燃油经济性一直在稳步提高。例如，如图 1-2 所示，根据中国国家工信部发布的数据，从 2012 年到 2019 年，全国乘用车当年新车公告的平均燃油消耗量累计降低了 24.45%。但是，根据同样的数据来源，从 2012 年到 2019 年平均新车车重却增加了 149kg。否则，如果车重保持在 2012 年的水平，平均燃油消耗可再减少 10% 左右。

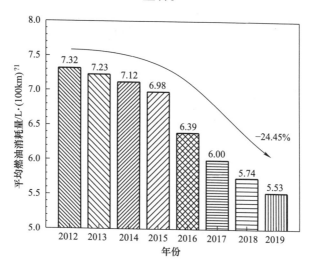

图 1-2　2012 年至 2019 年中国年度乘用车新车公告平均燃油消耗量的变化

汽车发动机动力性能的年度变化如图 1-3 所示。数据来源于美国《沃德汽车世界》杂志评选的"沃德 10 佳发动机"（Wards 10 Best Engines）[12] 和中国《汽车与运动》杂志评选的"中国心"十佳发动机[13]。为了与中国的数据比较，图中仅选取了 4 缸汽油发动机的数据。由于"中国心"十佳发动机评选始于 2006 年，因此中国发动机的数据从 2006 年开始，且只选用了自主品牌汽车公司的数据。可以看出在过去的 20 年中，尽管自然吸气发动机的升功率（每升发动机排量的功率）和升转矩（每升发动机排量的转矩）逐渐小幅增加，但是废气涡轮增压技术使得美国市场上的汽油机动力性指标（升功率和升转矩）翻了一番，在中国市场上中国自主品牌汽油机的动力性指标也提高了约 80%。

1963 年美国制定了世界上第一部汽车污染物排放标准，主要是为了应对洛杉矶市的烟雾问题。从那时起，许多国家和地区都实施了政府强制性汽车排放标准。因此，道路车辆的污染物排放大大地降低。中国于 2000 年实施了轻型车辆的国 1 排放标准，并于 2020 年实施了国 6a 排放标准。在此基础上，汽车新车的各类未燃碳氢化合物（THC）和一氧化碳（CO）排放量减少到原来的近 1/5，

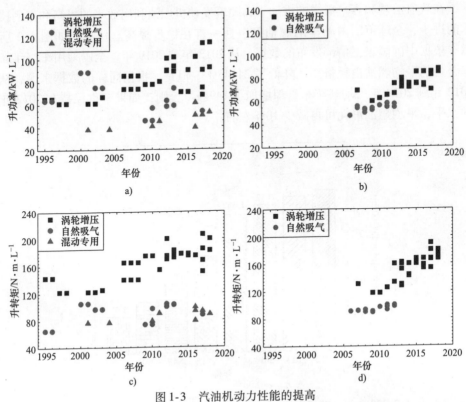

图 1-3　汽油机动力性能的提高

a）升功率，美国市场　b）升功率，中国市场（自主品牌）　c）升转矩，美国市场

d）升转矩，中国市场（自主品牌）

氮氧化物（NO_x）排放量减少到原来的近 1/10，如图 1-4 所示。此外，国 6 标准对汽油机颗粒排放的颗粒数（PN）进行了限制，同时还采用了更为严格的测试工况，即全球统一轻型车测试规程（Worldwide Harmonized Light Vehicles Test Cycle，WLTC），以取代原用的新标欧洲测试规程（New European Driving Cycle，NEDC）。到 2023 年，国 6b 阶段强制性的实际驾驶排放（Real – Driving Emissions，RDE）测试将缩小经测试工况批准的车辆排放与实际排放之间的差距。

迄今为止，世界上还没有专门的汽车二氧化碳（CO_2）排放的法规，而 CO_2 排放的减少源于汽车燃油经济性的改善。全生命周期基础上的汽车 CO_2 排放立法将有利于促进低碳燃料和可再生能源的利用。在内燃机中使用低碳替代燃料，例如天然气、醇基燃料（甲醇、乙醇）、生物柴油、二甲醚（DME）、氢气等，不仅可以减少石油消耗，而且可以降低内燃机的 CO_2 排放量[14]。例如，有研究表明化学当量比条件下燃用天然气（主要成分为甲烷），比燃用汽油可以减少 20% 以上的 CO_2 排放量，同时还符合国 6b 排放标准，且 PM 排放几乎为零[15]。由于天然气的自然资源丰富（常规天然气、页岩气和甲烷水合物），基础设施和汽车

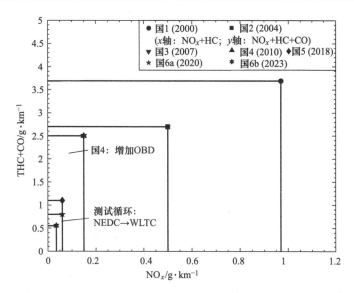

图 1-4　中国轻型车辆排放法规发展历程

技术相对完善，被国家认定是清洁有效的低碳能源[16]。因此，在交通领域里大规模使用天然气燃料应该是近、中期实现大幅度减少汽车 CO_2 排放的现实且经济的路线。值得一提的是，在大规模经济的绿色电力成为现实之前，以高 CO_2 排放的煤炭能源为代价生产清洁的汽车电力和氢气能源的手段值得推敲。

电动汽车在减少主要城市的大气污染方面有其优点，但电池安全性、储能和充电基础设施方面的问题仍有待解决。在可预见的未来，道路车辆动力的多元化是不可避免的。但是，许多全球知名的内燃机和汽车专家研究预测，内燃机将继续占据主要份额[17]。内燃机、纯电驱动和混合动力将按地理区域、能源可获得性以及终端用途划分市场。

根据《节能与新能源汽车技术路线图 2.0》的积极预测，到 2035 年中国乘用车新车中占 45% 的份额将是纯电动汽车，但是仍然有 50% 的混合动力汽车和 5% 的插电式混合动力汽车使用内燃机[1]。由于混合动力汽车由驱动电机和内燃机一起提供动力，因此内燃机的角色将从单一动力源"独唱"转变为与驱动电机共同驱动的"二重唱"。为此，需要重新优化设计内燃机以适应其新的角色变化。另外，需要关注混合动力系统的整体能量转化效率，研发与应用依据车辆行驶目的地和道路实时条件的车辆能源优化管理控制策略。人工智能（Artificial Intelligence）、云计算（Cloud Computation）和智慧交通（Intelligent Transportation）在能量管理实时优化上的应用也非常有用。

实际上，混合动力技术为内燃机提供了一个很好的发展机会。在混合动力发展的过程中，常规内燃机将转型或者说重生[18]。重生的内燃机将具有热效率高、近零排放和结构简单的特点。这种内燃机被称为混合动力专用发动机。由于混合动力专用发动机工作的转速和转矩范围变小（特别是在串联式混合动力或增程式电动力系统中），因此对专用发动机的一些性能要求可以降低，例如低速转矩、高转速下的额定功率、低怠速等，如图 1-5 所示。因而，专用发动机的燃烧优化可以集中在中间转速范围内；而在负荷方面，要么优

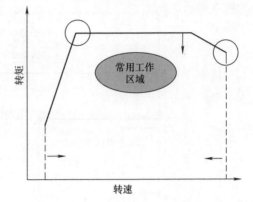

图 1-5　混合动力专用发动机运行工况范围变小

化大负荷到满负荷区域，要么优化低负荷到中负荷区域，这取决于为满足功率需求而选择的发动机排量大小。在前一种情况下，爆燃是主要挑战，而在后一种情况下，泵气损失和燃烧效率是主要问题。因此在常规内燃机中遇到的矛盾问题就可以分开，可以通过针对性方法和技术手段解决相应问题。比如，因受汽车安装尺寸限制而选择较小排量的内燃机时，可以集中精力降低内燃机爆燃倾向，提高内燃机大负荷区域的热效率[19]。均质压燃（Homogeneous – Charge Compression Ignition，HCCI）或化学活性可控压燃（Reactivity – Controlled Compression Ignition，RCCI）等燃烧新概念，可以在中间运行工况范围内采用。另外，由于汽车电气化，以前由内燃机附件提供的一些功能现在可以由混合动力系统的电气部分提供，这样就可以去掉内燃机的一些附件，例如空调压缩机和起动机等。因为所需的发动机转矩大大降低，在混合动力专用发动机中可能就不再需要诸如涡轮增压甚至燃油缸内直喷等复杂技术。结果，与常规燃油汽车中对应的内燃机相比，混合动力汽车中的内燃机可以变得更加简单。

自 20 世纪 90 年代中期以来，电控高压共轨燃油喷射技术促进了现代缸内燃油直喷汽油机（Direct Injection，DI）的批量生产。由于汽油被直接喷入发动机气缸内，因此可以更加准确动态地控制燃油的供应。所以，可以改善气缸内的空气燃油混合，减小气缸间的供油偏差。缸内燃油蒸发引起的混合气冷却有助于减小发动机爆燃倾向，因而可以提高发动机的压缩比，或者可以加大爆燃限制点火提前角（Knock Limited Spark Advance，KLSA）。结果，可以提高发动机的热效率。

汽油缸内直喷技术可以帮助发动机实现早期喷射均匀混合气燃烧和后期喷射分层混合气燃烧。其良好的动态特性助力废气涡轮增压技术提供出色的低速转矩特性。废气涡轮增压直喷小排量汽油机替代了大排量进气道喷射（Port Fuel Injection，PFI）汽油机，从而获得更好的整车燃油经济性。目前直喷汽油机采用

的多孔喷嘴技术为喷雾中每个油束的设计提供了一定的灵活性。将喷射压力增加到当前的 35MPa 水平可以在两个方面帮助燃烧。首先，燃油喷雾油滴变得更小、更均匀[20]，这导致更快的燃油蒸发和混合，以及更少的燃油湿壁，从而可以减少发动机碳烟颗粒物的排放。其次，更高的喷射压力为采用燃油多次喷射策略提供了更大的灵活性。燃油多次喷射可以改善燃油空气混合并减轻高负荷下的爆燃倾向[6]，还能改善冷起动时的燃烧稳定性和污染物排放[21]。其它燃油雾化机理，例如，过热闪沸产生的喷雾[22]及产品应用，控制喷雾贯穿距的方法都需要进一步的深入研究。

当前，量产汽油机的最大热效率已经超过 40%，如图 1-1 所示。这些汽油机采用化学当量预混均质燃烧。为了达到 45% ~ 50% 的热效率，需要采用稀薄燃烧[9-11]。燃烧稳定性是稀薄燃烧的关键问题之一。爆燃燃烧是提高汽油机压缩比的最大障碍之一，因此迫切需要在汽油机设计和性能开发阶段准确预测 KLSA，需要创造出减小爆燃倾向的实际可行的新方法和新技术。

对于柴油机而言，污染物排放控制仍然是关键问题。可以通过优化燃烧室形状、喷油嘴设计、气体流动、喷油策略和废气再循环（Exhaust Gas Recirculation，EGR）来减少缸内 NO_x 和碳烟的生成。目前，车用柴油机必须使用带有柴油机氧化催化器（Diesel Oxidation Catalyst，DOC）、柴油机颗粒过滤器（Diesel Particulate Filter，DPF）和选择性催化还原（Selective Catalytic Reduction，SCR）的后处理装置来满足排放标准。柴油机低温燃烧[23]有可能大幅度降低缸内 NO_x 和碳烟生成而为简化后处理装置提供机会。

目前人们正在研究一些新的燃烧概念例如 RCCI、HCCI 和 PCCI（Premixed-Charge Compression Ignition，预混压燃）。在这些概念中燃烧发生在碳烟和 NO_x 生成率低的温度 – 当量比区域，因而展现了令人振奋的高热效率和超低排放潜力[24,25]。但是，燃烧相位有效控制、负荷区域扩展、燃烧模式切换和瞬态运行等问题仍然是挑战。其中，RCCI 很有前途，因为它提供了燃烧相位控制的有效实用方法[26, 27]。基于 RCCI 的基本原理，柴油 – 天然气双燃料燃烧可能是 RCCI 最佳的应用场景，现有已经存在的双燃料基础技术和应用环境为其推广实施提供了便利条件。

另一方面，人们已经开始认识到传统的商业燃料或单一成分燃料不能满足内燃机高效率和低排放燃烧的要求，内燃机燃料设计已经成为新的研究课题。例如，为了控制 HCCI 着火和燃烧相位并扩大其工作负荷范围，已经开展了关于燃料分子结构、成分和组成以及物理化学性质的改型或设计研究，以使其更适合于实际的 HCCI 发动机燃烧[28]。通过添加剂、燃料混合和双燃料等手段来改变或者设计燃料的十六烷值、辛烷值、分子结构、氧含量、蒸发潜热以及沸点和蒸馏特性。此外，最近几年来，关于协同设计与优化燃料和发动机的研究也很活跃。

例如，美国国家实验室正在通过美国能源部的"燃料和发动机协同优化"计划开展这一项目的研究[29]，该计划旨在协同开发燃料和发动机，以最大限度地提高能源利用效率以及利用可再生燃料。目前，该计划已经在分析燃料特性对汽油机热效率的详细影响[30]，以及在刻画燃料生产途径、分子结构和化学/物理特性与发动机性能之间的关系方面取得了进展[29]。燃料和发动机协同优化的前景是在短期内寻找改善当前存在的大多数内燃机类型和燃料的方法，在更长的时间周期里开发出革命性的、影响更大的内燃机技术系列解决方案。

30年来在内燃机基础研究领域也取得了许多重要成果。这些成果除了丰富了内燃机的基本理论和探索燃烧新方法以外，还包括建立了许多先进的数值模型和光学实验手段。内燃机数值模拟可以得到四维时空里的结果，内燃机光学诊断技术可以获取缸内现象的时空图像。可以说，内燃机缸内过程可视化是过去30年内燃机基础研究的最杰出成就。可视化可以通过光学或数值"透明"内燃机来实现，它使得人们可以看见内燃机这一黑匣子内部的令人感兴趣的过程，并通过观察快速确定问题的根本原因所在。

图1-6展示了一个柴油机碳烟生成可视化模拟的示例（见彩插）。在燃烧室中，计算指出碳烟高浓度区域位于燃油喷雾前部区域，如彩色的云图显示。喷雾油滴由彩色颗粒表示，其中不同的颜色表示不同的油滴尺寸。通过内燃机可视化模拟，可以看见通过多次燃油喷射减少柴油机碳烟生成的过程[31]。

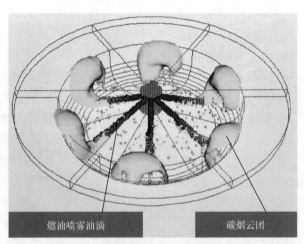

燃油喷雾油滴　　　　碳烟云团

图1-6　柴油机的碳烟生成

图1-7（见彩插）给出了另一个示例。数值模拟和光学成像帮助确定了某一直喷汽油机早期设计中在均匀混合气燃烧时产生过量烟雾排放的根本原因。研究表明该问题是由于进气气流冲击燃油喷雾而导致部分油滴碰撞到并沉积在进气门上，如图1-7a的模拟结果所示；而这些沉积的燃油发生池火，生成烟雾（碳烟）

排放,如图 1-7b 的光学图像所示。找到根本原因后,研究人员通过修改设计,在不影响其它性能的前提下迅速解决了该问题[6]。采用传统的试错方法将花费更长的时间和更多的成本来寻找问题和解决问题。本书中还有许多类似的例子。这些实例都说明了内燃机可视化的重要作用,它是研究内燃机燃烧复杂问题的重要手段。

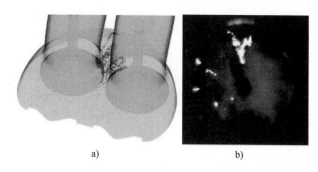

a)   b)

图 1-7 某直喷汽油机早期设计方案中碳烟排放根本原因的诊断确定

a) 数值模拟结果 b) 光学发动机图像

1.2 内燃机多维数值模拟的作用

从历史上看,在 20 世纪初期,内燃机早期的循环计算开始于对某些空气标准循环的分析[32]。直到 20 世纪 60 年代后期,内燃机模拟才有了重大进展。从那时起,随着计算机的快速发展,人们开发出了多种燃烧模型并获得了成功的应用[33]。

描述内燃机缸内过程的数学模型通常分为两大类:热力学模型和多维模型,这取决于赋予模型主要结构的控制方程是基于能量守恒原则还是基于对流体运动的全面分析。

在热力学模型中,通常假定气缸内气体在燃烧室的一个或几个区域中具有均匀的压力、温度和组分,并且仅考虑它们随时间的变化。这些模型可以用作诊断(放热率分析)或预测工具[34-36]。在放热率分析中,将试验获得的压力变化曲线作为输入,可以计算出反映全局燃烧演变的燃烧放热率。从热力学模型计算的放热率也经常用于多维模拟中,以验证整个系统的热量释放率。由于这类模型可用于燃烧分析(经过仔细的模型校准),并且对计算资源要求低,因此已被广泛地用于内燃机研究、设计和测试以提供一定程度的信息[37]。热力学模型不是本书涉及的内容,对这些模型感兴趣的读者可以参考相关的最新文献[38]。

多维模型基于质量、动量、能量和组分的守恒方程,对气体运动进行全面分析，并考虑内燃机中动态流场和热力学参数的时空变化。这些模型可以预测内燃机工作过程的细节，以及相关的壁面传热、喷雾、燃烧和排放物生成。内燃机多维模拟是计算流体力学的扩展，其中增加了适用于内燃机的喷雾和燃烧等物理模型。

内燃机缸内流场是三维非定常湍流，其边界（活塞和气门）也是运动的。其中包括许多的时间和长度尺度。另外，在流体中彼此相互作用并且与气体相互作用的燃油液滴使问题变得更加复杂。据估计，至少需要 10^{12} 个网格点才能解析典型内燃机燃烧区域内直径约为 $10\mu m$ 的油滴周围的流场，而这远远超出了当前的计算机能力。因此，目前所采用的方法是引入描述亚网格尺度内子过程的物理化学子模型，并通过求解与子模型耦合的控制方程来模拟内燃机工作过程。使用子模型描述未解析的物理过程必然会在计算中引入经验近似。但是，考虑到模型计算能够提供难得有用的信息，这就为合理折中计算模型的准确性和可行性提供了理由。通过与试验结果进行比较，可以获得对模型预测的信心以及对其局限性的认知。集成后的总模型将不断吸纳子模型的改进成果，以提高其整体预测的准确性并增加模型功能。

内燃机多维数值模拟有以下作用：

1）在试验验证的样机（或样件）制作之前，在开发过程的前期对内燃机的设计参数进行优化评估以实现多个最佳性能目标。这些设计参数通常包括进气道形状（针对充量系数和气体运动强度）、燃烧室形状、活塞顶部形状、压缩比、喷射器位置、喷雾特性、火花塞位置等。

2）评估关键运行参数对内燃机性能（包括输出转矩、热效率、排放、燃烧稳定性、冷起动性能等）的影响。关键运行参数通常包括内燃机的转速和负荷、燃油喷射策略（方案、正时、压力）、气门正时、点火正时、EGR 率、气体运动（进气道上的蝶阀开度）等。

3）确定关键的运行控制变量，为更好地组织有效的试验工作提供指导。

4）为计算和试验结果提供理论解释，帮助工程师理解设计为何有效或无效。

5）由于具有可视化功能，因而可以用于直观的学习、培训和交流。

6）激发工程师的创造力，探索创新方案。

上述作用中的每一项都很有价值，但要注意的是这些作用经常是相关联的。例如，为获得最佳的解决方案，应同时开展第1）项和第2）项的工作。为了获得多目标优化结果，应该对多个关键运行工况进行模拟。当数值模型由于模型准确性和计算机能力的限制而无法直接预测内燃机性能指标时，可以采用定量解析和经验近似相结合的方法，其中由数值模拟定量预测一个中间变量，同时利用经验近似把这个中间变量与内燃机的性能指标关联起来（参见第7.1.1 小节）。

内燃机数值模拟（或者 CFD）始于 20 世纪 70 年代，受许多因素的限制，当时模拟研究仅限于内燃机冷流模拟和湍流模型的开发[33,39]。这些限制因素包括计算机能力不足，缺乏通用 CFD 程序，以及燃油喷雾模型很不完整等等。一直到了 20 世纪 80 年代中期才有了适合内燃机的通用 CFD 程序。1985 年，美国洛斯阿拉莫斯国家实验室（Los Alamos National Laboratory，LANL）对外发布了 KIVA 程序[40]，几年后商业软件 STAR–CD 推出了第一个版本。由于 KIVA 程序对外开放其源代码，它很快就在研究领域占据了主导地位。

当时在三维空间中模拟柴油机喷雾既不可行也没有合适的方法，直到 1980 年 Dukowicz 提出随机粒子方法模型[41]，1987 年 Reitz 提出基于不稳定波动的油束喷雾雾化和油滴破碎模型[42] 以及 1981 年 O′Rourke 提出液滴碰撞和聚合的油滴动力学模型[43]。这些模型为内燃机的多维喷雾模拟奠定了基础，并且被证明具有很好的计算效率和足够的精度，迄今为止已被广泛地用于内燃机多维数值模拟中。

KIVA 系列程序是由美国洛斯阿拉莫斯国家实验室的一个研究小组开发的，其最早的 KIVA 程序版本是基于该实验室更早期开发的一系列程序。KIVA 的发展历程可以参见由 Amsden 先生撰写的文章[44]。Amsden 先生在退休前一直是 KIVA 系列程序的主要编程者。KIVA 一词起源于美国西南地区，它是指一个普韦布洛部族礼仪室。礼仪室通常是圆形的并置于地下，人们通过梯子从其上方穿过屋顶进入室内。LANL 的研究员用它来比喻一个典型的发动机气缸，其中气体通过设置在气缸盖上面的气门进入和排出。

1989 年，KIVA2 程序[45] 对外发布，在美国很快成为最受欢迎的程序，而且在短时间内传播到了其它国家。KIVA2 在 KIVA 基础上增加了许多改进和新功能，包括计算效率的提高、数值精度的提高、新的或改进的物理模型以及易用性和多功能性。KIVA3[46] 是 KIVA2 的扩展版本，于 1993 年发布。KIVA3 通过采用块状结构的网格改进了 KIVA2 中的数值处理，消除了维持大量失去作用的计算网格的必要性，从而减少了计算复杂几何形状所需要的计算机存储量和计算时间。特别重要的是 KIVA3 中的块结构网格生成技术，允许处理内燃机进气道中的进气流动。通过对 KIVA3 进行一些改进，用数值模拟带有真实气门运动规律的进气流动才成为可能。1993 年 Hessel 实现了具有垂直气门运动的柴油机模拟[47]，1996 年韩志玉实现了具有倾斜气门运动的汽油机模拟[48]。

带有运动气门的数值模拟非常重要，因为这样就可以模拟具有真实几何形状进气流动条件下的内燃机工作过程，从而能够评估进气运动对内燃机燃烧性能的重要影响。为响应模拟进气流动的需要，1997 年发布了 KIVA3V 程序[49]，它扩展了 KIVA3 的功能，可以模拟内燃机缸盖上任意数量的垂直或倾斜气门。两年后，KIVA3V2[50] 取代了 KIAV3V，增加了一些功能以增强整个程序的鲁棒性、效率和实用性。同一时期，越来越多的商用 CFD 软件也建立了反映真实内燃机进气流动的模拟能力。

　　另一方面，主要是在威斯康星大学麦迪逊分校发动机研究中心（Engine Research Center，ERC），以 Reitz 教授为首的研究团队，对内燃机物理模型进行了广泛的发展和改进。ERC 取得的主要研究成果包括先进的物理模型、程序并行运行方法以及内燃机自动优化应用程序等。最主要的物理模型包括 RNG $k-\varepsilon$ 湍流模型、大涡模拟模型、壁函数传热模型、WAVE 油柱和油滴破碎模型、喷雾碰壁模型、液膜破碎模型、ROI 油滴碰撞模型、燃油蒸发模型、特征时间和 G-方程燃烧模型、KIVA-CHEMKIN 模型、碳烟模型等等。图 1-8 展示了 1995 年 ERC 的模型开发状态[51]，图中展示的许多模型及其更新目前仍在一些企业和研究机构的内部程序以及商业软件中使用。ERC 的物理模型开发工作一直在持续，图 1-9 中给出了 2011 年 ERC 部分模型的更新状态[2]，从中可以看到在液滴破碎、基于详细化学反应机理的自燃和燃烧、碳烟和 NO_x 生成等模型方面的进展。为了保持历史原貌，本书没有更新这两个图中的引用文献，读者可以参考图题中引用的文献。

　　在 21 世纪初，大涡模拟技术（Large-Eddy Simulation，LES）逐渐应用于模拟具有真实几何形状的内燃机湍流和燃烧[52]。尽管基于雷诺平均纳维-斯托克斯（Reynolds-Averaged Navier-Stokes，RANS）理论的湍流模型（例如 $k-\varepsilon$ 模型）已在工业界中得到了广泛使用，但它们在解析影响内燃机混合和燃烧的流动细节方面的能力有限。LES 可以解决 RANS 模拟的这一主要问题。例如，LES 可用于研究内燃机的循环变动，为研究几何形状和运行参数变化的影响提供更高的设计敏感性分析，给出更详细准确的预测结果。

	KIVA 原始模型	更新的模型
进气道流动	假设的初始流场	KIVA-3 计算的进气道流动[14]
燃烧	Arrhenius 简单化学反应	层流-湍流特征时间模型，小火焰模型[1,31,38]
未燃 HC	Arrhenius 简单化学反应	层流-湍流特征时间模型[1,31]
NO_x	扩展的 Zeldo'vich 机理	扩展的 Zeldo'vich 机理[1]
壁面传热	对数壁函数	可压缩，非稳定模型[22,23]
喷雾碰壁	无模型	反弹-滑移，油滴破碎[24,33,34]
油滴运动阻力	圆形油滴	变形油滴[27]
油滴破碎	泰勒类比破碎模型	表面不稳定波生长[25]
缝隙流	无模型	MIT 模型[23]
着火	无模型	Shell 多步反应模型[31,35-37]
蒸发	单组分	多组分[49]
碳烟	无模型	碳烟生成/Nagle-Strickland-Constable 氧化模型[1,6,32,47]
湍流	标准 $k-\varepsilon$	修改的 RNG $k-\varepsilon$[32,45]

图 1-8　1995 年 ERC 在 KIVA2 上的物理模型开发状态[51]

功能	模型
湍流	修改的 RNG $k-\varepsilon$（Han and Reitz 1995）
喷雾过程	KH–RT 模型（Beale and Reitz 1999），气体射流和影响半径（ROI）碰撞模型（Abani et al. 2008a）
喷雾碰壁	标准 KIVA 模型（O'Rourke and Amsden 2000）
着火与燃烧	ERC PRF 机理（Ra and Reitz 2008）（正庚烷，39 个组分和 141 个反应，包括 NO_x 生成机理）
碳烟	二步模型，C_2H_2 作为前导组分（Kong et al. 2007）
NO_x	扩展的十二步反应机理（Smith et al. 2009）

图 1-9 2011 年 ERC 在 KIVA3V 上的部分物理模型更新状态[2]

KIVA 系列程序功能的不断增强，特别是真实进气流动模拟的实现，使得 KIAV 系列程序在 20 世纪 90 年代中期开始被真正应用于汽车企业的汽油机研究与开发中。一个重要的原因就是当时汽车公司在研发直喷汽油机时需要深入地理解缸内复杂的油气混合现象。考虑到 KIVA 程序的开源功能和燃油喷雾预测的准确性，带有 ERC 物理模型的 KIVA3V 程序被引入到福特汽车公司福特研究实验室（Ford Research Laboratory，FRL）。基于此，FRL 的研究人员开发了内部多维发动机模拟 CFD 程序 MESIM（Multidimensional Engine Simulation）。MESIM 是 KIVA3V 的扩展，但其功能却有所增强。它将集成物理模型的流体三维求解器，与用于网格生成和数据后处理的商用软件结合在一起。到 2004 年，MESIM 已经具备了先进的动态网格生成算法[53,54]、最新的物理模型[55-62]，并开发了方便程序使用的图形用户界面。缺少图形用户界面一直是 KIVA 系列程序的缺点，这使得学习 KIVA 程序非常困难。MESIM 在 FRL 被广泛地应用于研究直喷汽油机等先进发动机中，同时也在许多产品开发项目中得到了应用，并起到了设计引导作用[4,6,7]。MESIM 在 FRL 的成功开发与应用，使其于 2003 年通过技术转移推广到了福特汽车公司的其它欧洲和日本子公司[63]。

内燃机数值模拟在美国汽车公司和内燃机装备公司中的早期应用，一方面帮助了这些公司的产品研发，另一方面也对模型的发展产生了很大的推动作用。如今，内燃机模拟已在全球许多公司中日常使用，从而促进了内燃机数值模拟技术的不断进步。

当前对内燃机性能的进一步提升需求将推动数值模型进一步发展。开发高压缩比汽油机特别需要精确预测汽油机爆燃燃烧；面对碳烟颗粒排放法规的要求，需要预测颗粒物的尺寸和排放量。另外，令人感兴趣的是开发适用于所有燃烧模式（自燃、预混燃烧、部分预混燃烧和非预混燃烧）的"通用燃烧模型"。从数值模拟的角度来看，燃烧模型的关键作用是提供正确的反应时间和反应速率，将流场中的反应物转化为生成物。在反应物到生成物的转化中，化学能在计算单元中释放出来，导致气体温度和压力升高。因此，组合的 CFD 湍流模型和亚网格详细化学反应机理方法可能是"通用燃烧模型"的候选对象。随着计算网格尺寸的不断减小，能够解析更多的流体结构细节；并且随着计算机能力的提升，允许在计算中引入更详细的化学反应机理，可以预见该候选燃烧模型将能够更加准确地预测内燃机的燃烧现象。

结合 LES 和详细化学反应机理的高精度燃烧模型是下一步内燃机模拟的发展方向。LES 可以使人们更好地理解稀薄燃烧的不稳定性等现象以及与循环变动相关的发动机参数变化等问题。尽管 LES 模拟仍然比 RANS 模拟花费更多的计算时间和成本，随着计算机能力的进一步发展，LES 带来的额外计算成本将减少，其更加准确的燃烧预测将吸引人们不断应用和改进 LES 燃烧模型及预测方法。

参 考 文 献

[1] 中国汽车工程学会. 节能与新能源汽车技术路线图 2.0 [M]. 北京：机械工业出版社，2020.

[2] SHI Y, GE H W, REITZ R D. Computational optimization of internal combustion engines [M]. London：Springer, 2011.

[3] KOKJOHN S L, HANSON R M, SPLITTER D, et al. Fuel reactivity controlled compression ignition (RCCI)：a pathway to controlled high – efficiency clean combustion [J]. International Journal of Engine Research, 2011, 12 (3)：209 – 226.

[4] VANDERWEGE B A, HAN Z, IYER C O, et al. Development and analysis of a spray – guided DISI combustion system concept [J]. SAE Transactions, 2003, 112 (4)：2135 – 2153.

[5] DRAKE M C, HAWORTH D C. Advanced gasoline engine development using optical diagnostics and numerical modeling [J]. Proceedings of the Combustion Institute, 2007, 31 (1)：99 – 124.

[6] HAN Z, WEAVER C, WOOLDRIDGE S, et al. Development of a new light stratified – charge DISI combustion system for a family of engines with upfront CFD coupling with thermal and optical engine experiments [J]. SAE Transactions, 2004, 113 (3)：269 – 293.

[7] YI J, WOOLDRIDGE S, COULSON G, et al. Development and optimization of the Ford 3.5L V6 EcoBoost combustion system [J]. SAE International Journal of Engines, 2009, 2 (1)：1388 – 1407.

[8] NAKATA K, NOGAWA S, TAKAHASHI D, et al. Engine technologies for achieving 45% thermal efficiency of SI engine [J]. SAE International Journal of Engines, 2016, 9 (1)：179 – 192.

[9] HIROSE I. Our way toward the ideal internal combustion engine for sustainable future [C]// 28th Aachen Colloquium Automobile and Engine Technology. Aachen：[s. n.], 2019.

[10] NAGASAWA T, OKURA Y, YAMADA R, et al. Thermal efficiency improvement of super –

lean burn spark ignition engine by stratified water insulation on piston top surface [J]. International Journal of Engine Research, 2020, 22 (5): 1421 – 1439.

[11] SPLITTER D, WISSINK M, DelVescovo D, et al. RCCI engine operation towards 60% thermal efficiency [R]. SAE Technical Paper, 2013 – 01 – 0279, 2013.

[12] WARDSAUTO. Wards 10 Best Engines [EB/OL]. (2017 – 12 – 14). [2021 – 04 – 01] http://www.wardsauto.com.

[13] 中国汽车发动机网. "中国心"十佳发动机 [EB/OL]. (2018 – 11 – 29). [2021 – 04 – 01]. http://www.china – engine.net.

[14] 蒋德明, 黄佐华, 吴东垠, 等. 内燃机替代燃料燃烧学 [M]. 西安: 西安交通大学出版社, 2007.

[15] HAN Z, WU Z, HUANG Y, et al. Impact of natural gas fuel characteristics on the design and combustion performance of a new light – duty CNG engine [J]. International Journal of Automotive Technology, 2021, 22 (6).

[16] 国家发展改革委. 加快推进天然气利用的意见 [EB/OL]. (2017 – 07 – 04). [2021 – 04 – 01]. http://www.gov.cn/xinwen/201707/04/5207958/files/258c2c4d2100473ba69b45fb8b4b9b3a.pdf.

[17] REITZ R D, OGAWA H, PAYRI R, et al. IJER editorial: The future of the internal combustion engine [J]. International Journal of Engine Research, 2020, 21 (1): 3 – 10.

[18] 韩志玉, 吴振阔, 高晓杰. 汽车动力变革中的内燃机发展趋势 [J]. 汽车安全与节能学报, 2019, 10 (2): 146 – 160.

[19] WU Z, HAN Z, SHI Y, et al. Combustion optimization for fuel economy improvement of a dedicated range – extender engine [J]. Proceedings of the Institution of Mechanical Engineers, Part D: Journal of Automobile Engineering, 2021, 235 (9) 2525 – 39.

[20] HOFFMANN G, BEFRUI B, BERNDORFER A, et al. Fuel system pressure increase for enhanced performance of GDI multi – hole injection systems [J]. SAE International Journal of Engines, 2014, 7 (1): 519 – 527.

[21] XU Z, YI J, WOOLDRIDGE S, et al. Modeling the cold start of the Ford 3.5L V6 EcoBoost engine [J]. SAE International Journal of Engines, 2009, 2 (1): 1367 – 1387.

[22] XU M, HUNG D, YANG J, et al. Flash – boiling spray behavior and combustion in a direct injection gasoline engine [C] // Australian Combustion Symposium. Melbourne: [s. n.], 2015.

[23] DEC J E. Advanced compression – ignition combustion for high efficiency and ultra – low NO_x and soot [M]//CROLLAD, FOSTER D E, KOBAYASHI T, et al. Encyclopedia of Automotive Engineering. Chichester: John Wiley & Sons, 2014: 1 – 40.

[24] REITZ R D. Directions in internal combustion engine research [J]. Combustion and Flame, 2013, 160 (1): 1 – 8.

[25] 苏万华, 赵华, 王建昕, 等. 均质压燃低温燃烧发动机理论与技术 [M]. 北京: 科学出版社, 2010.

[26] PAYKANI A, GARCIA A, SHAHBAKHTI M, et al. Reactivity controlled compression ignition

engine：Pathways towards commercial viability ［J］. Applied Energy, 2021, 282：116174.

［27］ REITZ R D, DURAISAMY G. Review of high efficiency and clean reactivity controlled compression ignition (RCCI) combustion in internal combustion engines ［J］. Progress in Energy and Combustion Science, 2015, 46：12 − 71.

［28］ LU X, HAN D, HUANG Z. Fuel design and management for the control of advanced compression − ignition combustion modes ［J］. Progress in Energy and Combustion Science, 2011, 37 (6)：741 − 783.

［29］ FOUTS L, FIORONI G M, CHRISTENSEN E, et al. Properties of co − optima core research gasolines ［R］. National Renewable Energy Laboratory, NREL/TP − 5400 − 71341, 2018.

［30］ SZYBIST J P, BUSCH S, MCCORMICK R L, et al. What fuel properties enable higher thermal efficiency in spark − ignited engines? ［J］. Progress in Energy and Combustion Science, 2021, 82：100876.

［31］ HAN Z, REITZ R D. Seeing reduced diesel emissions ［J］. Mechanical Engineering, 1998, 120 (1)：62 − 63.

［32］ HERSHEY R L, EBERHARDT J E, HOTTEL H C. Thermodynamic properties of the working fluid in internal − combustion engines ［J］. SAE Transactions, 1936, 31：409 − 424.

［33］ MATTAVI J N, AMANN C A. Combustion modeling in reciprocating engines ［M］. New York：Plenum Press, 1980.

［34］ KRIEGER R, BORMAN G. The computation of apparent heat release for internal combustion engines ［J］. ASME Paper, 1966：66 − WA/DGP − 4.

［35］ HEYWOOD J B, HIGGINS J M, WATTS P A, et al. Development and use of a cycle simulation to predict SI engine efficiency and NO$_x$ emissions ［R］. SAE Technical Paper, 790291, 1979.

［36］ BLUMBERG P N, LAVOIE G A, TABACZYNSKI R J. Phenomenological models for reciprocating internal combustion engines ［J］. Progress in Energy and Combustion Science, 1979, 5 (2)：123 − 167.

［37］ DAVIS G C, TABACZYNSKI R J. The effect of inlet velocity distribution and magnitude on In − cylinder turbulence intensity and burn rate—model versus experiment ［J］. Journal of Engineering for Gas Turbines and Power, 1988, 110 (3)：509 − 514.

［38］ CATON J A. An introduction to thermodynamic cycle simulations for internal combustion engines ［M］. Chichester：John Wiley & Sons, 2016.

［39］ EL TAHRY S H. K − epsilon equation for compressible reciprocating engine flows ［J］. Journal of Energy, 1983, 7：345 − 353.

［40］ AMSDEN A A, RAMSHAW J D, O'ROURKE P J, et al. KIVA：A computer program for two − and three − dimensional fluid flows with chemical reactions and fuel sprays ［R］. Los Alamos, NM, USA：Los Alamos National Laboratory, LA − 10245 − MS, 1985.

［41］ DUKOWICZ J K. A particle − fluid numerical model for liquid sprays ［J］. Journal of Computational Physics, 1980, 35 (2)：229 − 253.

[42] REITZ R D. Modeling atomization processes in high – pressure vaporizing sprays [J]. Atomisation Spray technology, 1987, 3 (4): 309 – 337.

[43] O'ROURKE P J. Collective drop effects on vaporizing liquid sprays [D]. Princeton: Princeton University, 1981.

[44] AMSDEN D C, AMSDEN A A. The KIVA story: A paradigm of technology transfer [J]. IEEE Transactions on Professional Communication, 1993, 36 (4): 190 – 195.

[45] AMSDEN A A, O'ROURKE P J, BUTLER T D. KIVA – II: A computer program for chemically reactive flows with sprays [R]. Los Alamos, NM, USA: Los Alamos National Laboratory, LA – 11560 – MS, 1989.

[46] AMSDEN A A. KIVA – 3: A KIVA program with block – structured mesh for complex geometries [R]. Los Alamos, NM, USA: Los Alamos National Laboratory, LA – 12503 – MS, 1993.

[47] HESSEL R P. Numerical simulation of valved intake port and in – cylinder flows using KIVA3 [D]. Madison: University of Wisconsin – Madison, 1993.

[48] HAN Z. Numerical study of air – fuel mixing in direct – injection spark – ignition and diesel engines [D]. Madison: University of Wisconsin – Madison, 1996.

[49] AMSDEN A A. KIVA – 3V: A block – structured KIVA program for engines with vertical or canted valves [R]. Los Alamos, NM, USA: Los Alamos National Laboratory, LA – 13313 – MS, 1997.

[50] AMSDEN A A. KIVA – 3V, release 2: Improvements to KIVA – 3V [R]. Los Alamos, NM, USA: Los Alamos National Laboratory, LA – 13608 – MS, 1999.

[51] REITZ R D, RUTLAND C J. Development and testing of diesel engine CFD models [J]. Progress in Energy and Combustion Science, 1995, 21 (2): 173 – 196.

[52] RUTLAND C J. Large – eddy simulations for internal combustion engines – a review [J]. International Journal of Engine Research, 2011, 12 (5): 421 – 451.

[53] YI J, HAN Z, YANG J, et al. Modeling of the interaction of intake flow and fuel spray in DISI engines [R]. SAE Technical Paper, 2000 – 01 – 0656, 2000.

[54] YI J, HAN Z, TRIGUI N. Fuel – air mixing homogeneity and performance improvements of a stratified – charge DISI combustion system [J]. SAE Transactions, 2002, 111 (4): 965 – 975.

[55] HAN Z, REITZ R D. Turbulence modeling of internal combustion engines using RNG k – ε models [J]. Combustion Science and Technology, 1995, 106 (4 – 6): 267 – 295.

[56] HAN Z, REITZ R D. A temperature wall function formulation for variable – density turbulent flows with application to engine convective heat transfer modeling [J]. International Journal of Heat and Mass Transfer, 1997, 40 (3): 613 – 625.

[57] HAN Z, XU Z, TRIGUI N. Spray/wall interaction models for multidimensional engine simulation [J]. International Journal of Engine Research, 2000, 1 (1): 127 – 146.

[58] HAN Z, XU Z, WOOLDRIDGE S T, et al. Modeling of DISI engine sprays with comparison to

experimental in – cylinder spray images [J]. SAE Transactions, 2001, 110 (3): 2376 – 2386.

[59] ZENG Y, HAN Z. Implementation of multicomponent droplet and film vaporization models into the KIVA – 3V code [R]. Ford Technical Report, SRR – 2001 – 0165, 2001.

[60] HILDITCH J, HAN Z, CHEA T. Unburned hydrocarbon emissions from stratified charge direct injection engines [R]. SAE Technical Paper, 2003 – 01 – 3099, 2003.

[61] HAN Z, XU Z. Wall film dynamics modeling for impinging sprays in engines [R]. SAE Technical Paper, 2004 – 01 – 0099, 2004.

[62] IYER C O, HAN Z, YI J. CFD modeling of a vortex induced stratification combustion (VISC) system [R]. SAE Technical Paper, 2004 – 01 – 0550, 2004.

[63] HAN Z, YI J, HILDITCH, J, et al. Lecture notes at the MESIM technology transfer workshop [Z]. Dearborn, MI, USA, 2003.

第2章

内燃机燃烧的基本理论

内燃机是一种将燃料中蕴含的化学能转换为机械能的热力装置。在内燃机中发生的热力转换过程遵循热流体科学规律。在内燃机中，燃料和空气混合形成可燃混合气，进而燃烧，在高温下燃料释放化学能。由于燃料的理化特性不同，内燃机可分为燃烧柴油的柴油机和燃烧汽油的汽油机。这两种内燃机的混合气形成过程以及随后的着火和燃烧过程有很大的不同。而低温燃烧概念采取了汽油机和柴油机的优点，所以可以在显著减少污染物排放的同时提高内燃机热效率。热力学原理和混合气形成以及燃烧方面的基本知识对理解本书讨论的计算机模拟技术非常有用。本章阐述了内燃机的热力过程分析，为提高内燃机功率和热效率指明方向。汽油机和柴油机的混合气形成和燃烧特性将分两部分进行叙述。本章还综述了先进低温燃烧的概念和研究成果。上述主题本身就含有大量的内容，而本章只是概述了这些内容的基本且重要的部分，并将它们与本章后面的章节联系起来。内燃机原理的系统性介绍可以参阅相关教科书[1, 2]和最新出版的汽车工程百科全书[3]。

2.1 热力过程分析

在内燃机中发生的热力过程遵循热力学规律。根据所研究系统的边界定义，质量守恒和能量守恒可以用不同的公式表示。在热力过程分析中，一些重要的假设包括：①热力学参数（包括压力和温度）只随时间变化，与空间位置无关；②燃料瞬时完全蒸发并与空气充分混合；③混合气符合理想气体定律；④忽略漏气。在内燃机系统中，当进气门关闭后，对具有压力 p、温度 T、质量 m 和体积 V 的缸内系统应用热力学第一定律，可以给出以下能量平衡方程：

$$\frac{dU}{dt} = \frac{dQ}{dt} + m_f h_f - p\frac{dV}{dt} \tag{2-1}$$

式中，dU/dt 是内能 U 的变化率；pdV/dt 是系统因边界移动而发出的功率；$m_f h_f$ 是喷射燃料质量 m_f 的焓；dQ/dt 是燃料燃烧产生的热量或化学能 Q_f 与缸壁传热

量 Q_w 之间差值的变化率。由于焓 $h_f \approx 0$，因而

$$\frac{\mathrm{d}Q}{\mathrm{d}t} = \frac{\mathrm{d}Q_f}{\mathrm{d}t} - \frac{\mathrm{d}Q_w}{\mathrm{d}t} = p\frac{\mathrm{d}V}{\mathrm{d}t} + \frac{\mathrm{d}U}{\mathrm{d}t} \qquad (2\text{-}2)$$

式中，$\mathrm{d}Q/\mathrm{d}t$ 也被定义为净放热率（或者表观放热率）；$\mathrm{d}Q_f/\mathrm{d}t$ 为总放热率。由理想气体的假设得到

$$\frac{\mathrm{d}Q}{\mathrm{d}t} = p\frac{\mathrm{d}V}{\mathrm{d}t} + mc_v\frac{\mathrm{d}T}{\mathrm{d}t} \qquad (2\text{-}3)$$

由理想气体状态方程，$pV = mRT$，R 是气体常数，因缸内气体质量保持不变，我们有

$$\frac{1}{p}\frac{\mathrm{d}p}{\mathrm{d}t} + \frac{1}{V}\frac{\mathrm{d}V}{\mathrm{d}t} = \frac{1}{T}\frac{\mathrm{d}T}{\mathrm{d}t} \qquad (2\text{-}4)$$

燃料的放热率就可以表示为

$$\frac{\mathrm{d}Q_f}{\mathrm{d}t} = \left(1 + \frac{c_v}{R}\right)p\frac{\mathrm{d}V}{\mathrm{d}t} + \frac{c_v}{R}V\frac{\mathrm{d}p}{\mathrm{d}t} + \frac{\mathrm{d}Q_w}{\mathrm{d}t} \qquad (2\text{-}5)$$

或者

$$\frac{\mathrm{d}Q_f}{\mathrm{d}t} = \frac{k}{k-1}p\frac{\mathrm{d}V}{\mathrm{d}t} + \frac{1}{k-1}V\frac{\mathrm{d}p}{\mathrm{d}t} + \frac{\mathrm{d}Q_w}{\mathrm{d}t} \qquad (2\text{-}6)$$

式中，k 是比热比 c_p/c_v。为了在内燃机曲轴转角 φ 下获得能量平衡方程，对于四冲程内燃机，$\varphi = 6nt$，n 是发动机转速，将其代入式（2-6）得到

$$\frac{\mathrm{d}Q_f}{\mathrm{d}\varphi} = \frac{k}{k-1}p\frac{\mathrm{d}V}{\mathrm{d}\varphi} + \frac{1}{k-1}V\frac{\mathrm{d}p}{\mathrm{d}\varphi} + \frac{\mathrm{d}Q_w}{\mathrm{d}\varphi} \qquad (2\text{-}7)$$

只要内燃机结构和转速已知，就能由内燃机运动学确定气缸容积的变化率 $\mathrm{d}V/\mathrm{d}\varphi$。传热率 $\mathrm{d}Q_w/\mathrm{d}\varphi$ 可以采用对流换热的经验公式，如 Woschni 公式[4] 来计算。需要注意的重点是，式（2-7）中的内燃机缸压 p 是未知的，它可以通过压力传感器测量获得，也可以利用计算机模拟得到。基于多维燃烧模拟的 CFD 可以给出随空间和时间变化的燃烧特性，以反映非均匀变化的真实过程（参见第 6章）。也可以采用热力学模型[5]，如零维、准维和一维模型求解式（2-7）。

已燃燃料质量占总燃料质量的比例被定义为 $x_b = m_{fb}/m_{fc}$，同时有 $Q_{fb} = m_{fb}Q_{\mathrm{LHV}}$，其中 Q_{LHV} 是燃料的低热值，m_{fc} 为单个循环总的燃料质量，m_{fb} 是已燃燃料的质量。可以推导出燃料已燃质量分数的变化率为

$$\frac{\mathrm{d}x_b}{\mathrm{d}\varphi} = \frac{1}{m_{fc}Q_{\mathrm{LHV}}}\left(\frac{k}{k-1}p\frac{\mathrm{d}V}{\mathrm{d}\varphi} + \frac{1}{k-1}V\frac{\mathrm{d}p}{\mathrm{d}\varphi} + \frac{\mathrm{d}Q_w}{\mathrm{d}\varphi}\right) \qquad (2\text{-}8)$$

燃料已燃质量分数是关于 φ 的函数，对上式进行积分计算得到

$$x_b(\varphi) = \frac{1}{m_{fc}Q_{\mathrm{LHV}}}\int_{\varphi_0}^{\varphi}\left(\frac{k}{k-1}p\frac{\mathrm{d}V}{\mathrm{d}\varphi} + \frac{1}{k-1}V\frac{\mathrm{d}p}{\mathrm{d}\varphi} + \frac{\mathrm{d}Q_w}{\mathrm{d}\varphi}\right)\mathrm{d}\varphi \qquad (2\text{-}9)$$

式中，φ_0 为燃烧开始时的曲轴转角。

已燃燃料质量分数 $x_b(\varphi)$ 对于描述燃烧过程非常有用。例如，如图 2-1 所示，可以定义以下一些参数来表示火花点燃式（Spark Ignition，SI）发动机的重要燃烧概念：

火焰发展期 $\Delta\varphi_d$ 或者 $\Delta\varphi_{10}$：火花塞放电到小部分缸内燃气完成燃烧之间的曲轴转角，这里燃气的燃烧比例通常是 10%。

快速燃烧期 $\Delta\varphi_b$ 或者 $\Delta\varphi_{90}$：大部分燃料燃烧所需要的曲轴转角，这个时期被定义为火焰发展期结束到火焰传播过程结束（通常定义为 90% 的燃料燃烧或能量释放所在的时刻）之间的曲轴转角间隔。

总燃烧持续期 $\Delta\varphi_o$：整个燃烧过程的持续时间，它是 $\Delta\varphi_d$ 与 $\Delta\varphi_b$ 之和加上最后 10% 燃料的燃烧持续期。

此外，φ_{50} 被定义为 50% 的缸内燃料完成燃烧时对应的曲轴转角，它是用于反映燃烧过程的相位特征和确定燃烧延迟程度的系数。对于很大范围内的发动机类型及其运行工况，最大有效转矩（Maximum Brake Torque，MBT）对应的 φ_{50} 通常出现在上止点后 5° 到 7°（CA）（Crank Angle）。

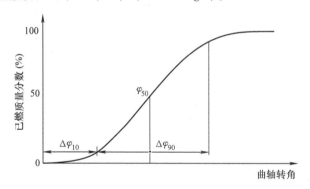

图 2-1 　基于燃烧质量分数的各种燃烧持续期定义

对于带有预燃室的燃烧系统（例如非直喷柴油机的涡流室或者汽油机的预燃室），可以分别给出主燃烧室和预燃室中的已燃燃料的质量分数[6]。基于热力学第一定律，每个燃烧室的燃料热能释放率由下式给出：

$$\frac{dQ_{fi}}{d\varphi} = \frac{dU_i}{d\varphi} + \frac{dH}{d\varphi} + p_i\frac{dV_i}{d\varphi} + \frac{dQ_{wi}}{d\varphi} \qquad (2\text{-}10)$$

其中，$i = 1$ 代表主燃烧室，$i = 2$ 代表预燃室。这两个燃烧室由一个通道连接。H 代表流过该通道的气体的焓。每个燃烧室中由于燃烧和通道气体流动而产生的质量变化率为

$$\frac{dm_i}{d\varphi} = m_{fc}\frac{dx_{bi}}{d\varphi} - (-1)^{i+\delta}\frac{dm}{d\varphi} \qquad (2\text{-}11)$$

各燃烧室内的气体温度为

$$\frac{\mathrm{d}T_i}{\mathrm{d}\varphi} = T_i \left(\frac{1}{p_i} \frac{\mathrm{d}p_i}{\mathrm{d}\varphi} + \frac{1}{V_i} \frac{\mathrm{d}V_i}{\mathrm{d}\varphi} - \frac{1}{m_i} \frac{\mathrm{d}m_i}{\mathrm{d}\varphi} \right) \tag{2-12}$$

流经通道的气体质量的变化率 $\mathrm{d}m/\mathrm{d}\varphi$ 由下式给出:

$$\frac{\mathrm{d}m}{\mathrm{d}\varphi} = \begin{cases} \dfrac{\mu F_p}{6n} \left(\dfrac{p_j m_j}{V_j} \right)^{0.5} \sqrt{\dfrac{2k}{k+1} \left(\dfrac{2}{k+1} \right)^{\frac{2}{k+1}}} & \pi \leqslant \left(\dfrac{2}{k+1} \right)^{\frac{k}{k-1}} \\[4mm] \dfrac{\mu F_p}{6n} \left(\dfrac{p_j m_j}{V_j} \right)^{0.5} \sqrt{\dfrac{2k}{k+1} \left(\pi^{\frac{2}{k}} - \pi^{\frac{k+1}{k}} \right)} & \pi > \left(\dfrac{2}{k+1} \right)^{\frac{k}{k-1}} \end{cases} \tag{2-13}$$

其中 μ 为连接通道的流量系数,F_p 是连接通道的横截面积。此外有

$$\begin{cases} p_1 > p_2 : \delta = 1, j = 1, \pi = \dfrac{p_2}{p_1} \\[3mm] p_2 > p_1 : \delta = 0, j = 2, \pi = \dfrac{p_1}{p_2} \end{cases} \tag{2-14}$$

由此,可推得预燃室和主燃烧室中燃料已燃质量分数为

$$\begin{cases} \dfrac{\mathrm{d}x_i}{\mathrm{d}\varphi} = \dfrac{(-1)^{i+\delta} [c_{pj}T_j + (A_i - B_i)T_i] \dfrac{\mathrm{d}m}{\mathrm{d}\varphi} + \left(1 + \dfrac{A_i}{R}\right) \dfrac{p_i \mathrm{d}V_i}{\mathrm{d}\varphi} + \dfrac{A_i V_i}{R} \dfrac{\mathrm{d}p_i}{\mathrm{d}\varphi} + \dfrac{\mathrm{d}Q_{wi}}{\mathrm{d}\varphi}}{m_{fc} [C_i + (A_i - B_i)T_i]} \\[5mm] \dfrac{\mathrm{d}m_i}{\mathrm{d}\varphi} = \dfrac{(-1)^{i+\delta} (c_{pj}T_j - C_i) \dfrac{\mathrm{d}m}{\mathrm{d}\varphi} + \left(1 + \dfrac{A_i}{R}\right) \dfrac{p_i \mathrm{d}V_i}{\mathrm{d}\varphi} + \dfrac{A_i V_i}{R} \dfrac{\mathrm{d}p_i}{\mathrm{d}\varphi} + \dfrac{\mathrm{d}Q_{wi}}{\mathrm{d}\varphi}}{C_i + (A_i - B_i)T_i} \\[5mm] T_i = \dfrac{p_i V_i}{m_i R} \end{cases}$$

$$\tag{2-15}$$

式中,A_i、B_i、C_i 是随温度变化的气体物性的函数,由文献 [6] 给出。利用这些方程和两个燃烧室中分别测得的缸压,可以确定各燃烧室中的燃料已燃质量分数和燃烧放热率,以便进行更详细的燃烧分析。通道流量系数 μ 可以由稳流试验得出的经验常数来确定,但这与实际内燃机缸内瞬态变化有差别。也可以用一种基于倒拖内燃机实测缸压的计算方法来确定[7]。

内燃机的比燃油消耗率是指输出单位功率时所消耗的燃油流量,单位是 $\mathrm{g} \cdot (\mathrm{kW} \cdot \mathrm{h})^{-1}$。它经常用于衡量内燃机在特定工况下利用燃油做功的效率。而内燃机的热效率,或称为燃料转化效率被定义为

$$\eta = \frac{P}{\dot{m}_f Q_{\mathrm{LHV}}} \tag{2-16}$$

式中,P 为内燃机输出功率;$\dot{m}_f$ 为燃料质量流量。内燃机的热效率是一个无量纲参数(即独立于内燃机大小)。P 和 $\dot{m}_f$ 可以从内燃机试验中通过精确测量获得,也可以从计算机模拟中得到。请注意,内燃机热效率与燃油的热值有关。因

此，在比较不同内燃机或使用不同燃料的内燃机的热效率时，必须清楚地给出所用燃料的热值。

相比较"燃料转化效率"，本书更倾向于用"热效率"这个术语，因为它和热力循环分析得到的指示热效率 η_i 直接相关。考虑燃烧效率 η_c 和包含泵气损失在内的机械效率 η_m，可以推导出

$$\eta = \eta_i \eta_c \eta_m \tag{2-17}$$

就点燃式发动机而言，其运行工况大致遵循等容循环（由于历史原因也被称为奥托循环）。该循环的指示热效率为

$$\eta_i = 1 - \frac{1}{\varepsilon^{k-1}} \tag{2-18}$$

式中，ε 是压缩比（或几何压缩比），其定义是活塞处于下止点（Bottom Dead Center，BDC）时的气缸体积与活塞处于上止点（Top Dead Center，TDC）时的气缸体积之比。从式（2-17）和式（2-18）可以明确得出，提高点燃式发动机（汽油机）的热效率，或者说降低其燃油消耗率的方向是：

1）增大压缩比以提高指示热效率，尽管这会受到发动机爆燃燃烧的限制，并对摩擦（影响机械效率）产生不利影响。

2）增大比热比 k，减小经由缸壁的传热损失，从而提高指示热效率，例如，采用稀薄燃烧以得到更大的 k 值。

3）优化燃烧，从而提高燃烧效率 η_c。

4）通过减小泵气损失以提高机械效率 η_m。

5）减小运动部件的摩擦（活塞、轴承、气门等），提高机械效率 η_m。

6）以及减小水泵、机油泵等附件能量消耗，提升机械效率 η_m。

燃烧效率 η_c 是燃烧过程中释放的能量与供给燃料总能量的比值。图 2-2 展示了燃烧效率随燃空当量比的变化。对于点燃式发动机，在燃油空气当量比稍低于化学当量比时，燃烧效率通常在 95% 到 98% 之间。对于比化学当量比更浓的混合气，缺氧导致碳氢燃料不能完全燃烧，随着混合气越来越浓，燃烧效率逐步降低。如果发动机燃烧稳定，其燃烧效率几乎不受其它发动机运行和设计变量的影响。对于总是在稀混合气条件下运行的柴油机，其燃烧效率约为 98%。

尽管上面讨论的提高热效率的技术路线是针对汽油机的，但是从原理上讲它们同样也适用于柴油机以及使用其它燃料的内燃机。因为不用节气门调节运行，柴油机的泵气损失通常很低。由于柴油机拥有较大的压缩比，并且因为稀薄燃烧拥有较大的比热比，它的热效率比汽油机的热效率相对要高 20% ~ 30%。

有效平均压力 BMEP（Brake Mean Effective Pressure）是一个衡量内燃机动力性能的指标，可表示为

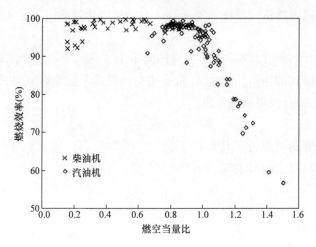

图 2-2　发动机燃烧效率随燃空当量比的变化[2]

$$\mathrm{BMEP} = \eta_v \cdot \eta_i \cdot \eta_c \cdot \eta_m \cdot \frac{1}{A/F} \cdot \frac{p_a}{RT_a} \cdot Q_{\mathrm{LHV}} \tag{2-19}$$

式中，η_v 是充量系数，用于衡量内燃机进气过程的有效程度，受进气道的设计细节影响；A/F 是空燃比；p_a 和 T_a 是进气道内气体的压力和温度。该方程说明所有上述用于提高内燃机热效率的方法也能同时提升内燃机的动力性，同时该方程还指出了其它提高内燃机动力性的重要方向：

1）提高充量系数和进气密度，从而使进入气缸的空气质量最大化（例如采用机械增压或者涡轮增压）。

2）在有效燃烧的条件下实现最小空燃比，以充分利用引入的空气。

所有用于提升内燃机燃油经济性和动力性的技术在原理上都属于上述的一种或多种方法。值得注意的是，一些技术是基于相似或相同的原理。例如，很多技术都可以用于减小汽油机部分负荷运行时的泵气损失，例如可变气门正时（Variable-Valve Timing，VVT）、可变气门升程（Variable-Valve Lift，VVL）、废气再循环、稀薄混合气分层燃烧、停缸等。当这些技术同时被应用于汽油机时，所带来的减少泵气损失的收益不能叠加计算。

在内燃机过膨胀情况下，即膨胀比（Expansion Ratio，ER）大于压缩比（Compression Ratio，CR），则它的热效率是膨胀比而不是压缩比的直接函数。有效压缩比是指活塞在进气门关闭（Intake Valve Closure，IVC）时的气缸容积与活塞处于上止点时的气缸容积之比。实际影响内燃机气体压缩的是有效压缩比。利用阿特金森（Atkinson）循环可以提高膨胀比。在阿特金森循环中，压缩过程中的容积变化小于膨胀过程中的容积变化。在常规四冲程内燃机中，可以通过选择合适的相对于下止点的排气门开启时刻和进气门关闭时刻来实现阿特金森循环。如果膨胀行程中排气门开启时刻和下止点之间的曲轴转角小于压缩行程中进气门关闭时刻和下止点之间的曲轴转角，则实际膨胀比大于实际压缩比。

有效压缩比会随着进气门迟闭角的增大迅速减小。图 2-3 给出了一台 1.5L 4 缸汽油机的有效压缩比随进气门迟闭角变化的示例。当进气门迟闭角过度增大时，不同几何压缩比下不断下降的有效压缩比曲线逐渐聚拢。在图 2-3 的示例里，几何压缩比间的最大差值为 6，当进气门迟闭角增大到下止点后 120°（CA）时，这个差值降到了 2 以下。有效压缩比受爆燃燃烧限制，因此，增大进气门迟闭角可以用来减小有效压缩比，避免爆燃燃烧。

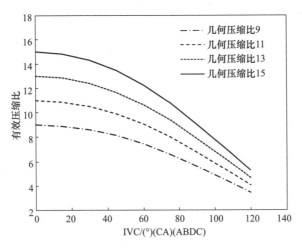

图 2-3　进气门迟闭角（IVC）对有效压缩比的影响

阿特金森循环下的指示热效率由下式给出：

$$\eta_i = 1 - \frac{1}{\varepsilon_e^{\,k-1}} + \frac{c_v T_{\mathrm{IVC}}}{Q^*}\left(\frac{\varepsilon_e}{\varepsilon}\right)^{1-k}\left[k\left(\frac{\varepsilon_e}{\varepsilon}\right)^{k-1} - (k-1)\left(\frac{\varepsilon_e}{\varepsilon}\right)^{k} - 1\right] \quad (2\text{-}20)$$

式中，ε_e 是膨胀比；Q^* 是每单位质量的工质带入系统的热量。如果压缩比等于膨胀比，则式（2-20）与式（2-18）相同。因为第三项总是大于零或者等于零（在 ε_e 和 ε 相同时），这使得阿特金森循环的指示热效率相对常规定容循环有所增加。在同一台 1.5L 汽油机上计算得到的指示热效率随有效压缩比和几何压缩比（在阿特金森循环中与膨胀比相同）的变化如图 2-4 所示。可以看出，能提升指示热效率的是膨胀比（或是几何压缩比），当膨胀比不变时，通过调整进气门迟闭角改变有效压缩比对指示热效率变化的影响很小。这意味着在阿特金森循环中，需要使用较高的几何压缩比，同时增大进气门迟闭角来避免爆燃燃烧。发动机的指示热效率不会因为进气门迟闭角增大而降低，因为膨胀比保持不变。

不幸的是，进气门晚关闭会将部分进入气缸内的气体推回进气道，这会导致

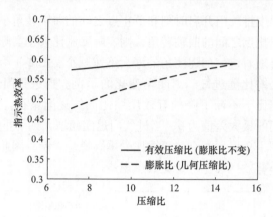

图 2-4   阿特金森循环膨胀比与有效压缩比对指示热效率的影响

阿特金森循环的动力性能降低,这是阿特金森循环的一个基本缺陷。阿特金森循环的指示平均压力 IMEP (Indicated Mean Effective Pressure) 由下式给出:

$$\text{IMEP} = \eta_i \cdot p_{\text{IVC}} \left(\frac{Q^*}{c_v T_{\text{IVC}}} \right) \left(\frac{1}{k-1} \right) \left(\frac{\varepsilon_e}{\varepsilon} - \frac{1}{\varepsilon} \right)^{-1} \qquad (2\text{-}21)$$

式 (2-21) 中最后一个括号中的值永远小于 1,所以膨胀比越大,指示平均压力越小。

2.2   汽油机的混合气形成和燃烧

在大多处常规点燃式发动机中,燃烧是在空气和燃料混合形成可燃混合气后由火花塞点火引发的。因此混合气形成过程和燃烧过程可以在理论分析或是实践中分成两个独立的部分处理。尽管点燃式发动机可以燃用汽油和其它燃料(如天然气),但在本节中我们将集中讨论汽油机。在汽油机中有两种形成油气混合气的基本方法。一是将燃油送入进气道,并和空气在进气道中混合,另一种是直接将燃油喷入到气缸中。基于前一种方法的电控进气道喷射(PFI)在 20 世纪 70 年代后期取代了化油器,该技术利用安装在进气歧管上的喷油器将燃油喷入进气道,通常一个气缸用一个喷油器。

在 PFI 发动机中,当闭阀喷射(Close-Valve Injection, CVI)或开阀喷射(Open-Valve Injection, OVI)时,燃油被约 0.3MPa 的喷射压力喷入进气道。图 2-5(见彩插)展示了数值模拟的 CVI 和 OVI 的喷油过程[8],模拟发动机的温度为20℃。在 CVI 条件下,燃油喷向进气门背面,该处的温度是进气系统中最高的。燃油喷雾液滴和在进气门及进气道表面形成的油膜发生蒸发并汽化,燃油蒸气与周围空气混合。当进气门打开时,空气和燃油形成的混合气以及剩余的液态燃油进入气缸,并在进气和压缩行程过程中继续混合。在接近压缩末期,火花塞点火前，进入气缸的空气和燃油充分混合。在进气门开启的早期阶段，气缸内的气体首先高速流出气缸进入进气道，冲刷气门开口处的油膜并使之剥落，这种回流现象有助于燃油与空气的混合。在 OVI 条件下，燃油喷雾穿越开启的进气门进入气缸，一些油滴由于喷雾动量和气体运动动量的共同作用会碰撞到缸盖顶部和缸壁表面上。

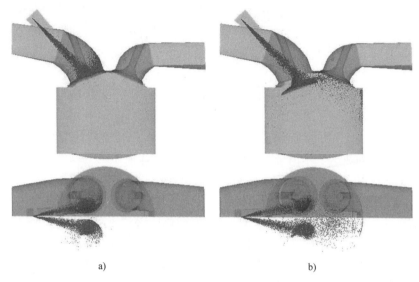

a)   b)

图 2-5　PFI 汽油机喷油过程的数值模拟的示意图（以透明、剖切结构的方式显示）

a) 闭阀喷射，喷射开始于膨胀行程　b) 开阀喷射，喷射开始于进气行程

出于控制污染物排放的目的，汽油机暖机工况下油气混合气按化学当量比制备。但在发动机冷起动时，因为发动机温度低，燃油蒸发困难，只有汽油中的易挥发性成分能够蒸发。因此，为了形成可燃混合气，需要喷入过量的燃油。这会导致很高的 HC 和 CO 排放，冷起动工况下的排放是在测试循环中占比最多的部分。混合气加浓也被用于大负荷或全负荷工况下，这有利于转矩输出最大化，同时减小爆燃倾向并且降低排气温度。

在 20 世纪 90 年代后期，多种汽油缸内直接喷射的概念被运用到量产汽油机中[9-13]，尽管在这之前，历史上数次量产直喷汽油机的尝试都因碳烟高等问题在很短一段时间内结束。在直喷汽油机中，燃油被直接喷入气缸内形成所需的油气混合气。燃油喷射技术和发动机燃烧研发工具（如 CFD 模拟和光学诊断技术）的长足进步使现代直喷汽油机得以实现。直喷燃烧系统大致可分为均匀混合气直喷（Homogeneous-Charge Direct Injection，HCDI）和组合分层/均匀混合气直喷或者简称为分层混合气直喷（Stratified-Charge Direct Injection，SCDI）。

在均匀混合气直喷系统中，燃油喷射发生在进气行程，在火花点火前形成均匀的当量混合气。由于缸内燃油蒸发使得混合气受到冷却，提高了充量系数并改善了爆燃燃烧倾向[14]，所以这些系统体现了超过 PFI 汽油机的性能优势；也可以提高发动机的压缩比从而改善发动机全负荷下的输出转矩和部分负荷下的燃油经济性。

分层混合气直喷系统在发动机大负荷下采用均匀混合气燃烧，在部分负荷下采用分层混合气燃烧。在形成分层混合气时，在压缩行程后期喷油，在火花塞附近形成局部接近化学当量比的油气混合气。分层混合气直喷汽油机在部分负荷下的燃油消耗率比 PFI 汽油机小，这主要是由于减小了泵气损失，提高了压缩比以及混合气整体稀薄的缘故。

分层混合气直喷系统可以进一步划分，常见的为壁面引导式直喷（Wall-Guided Direct Injection，WGDI）和喷雾引导式直喷（Spray-Guided Direct Injection，SGDI）[15]。还可以基于空气流动、喷射技术和燃烧室设计等特征进一步分类。虽然人们创建这些术语是为了以一种简单的方式描述这些系统中混合气形成的主要特征，但它们确实反映了直喷系统的复杂性和喷射技术的不断发展。

作为壁面引导式直喷系统的示例，图 2-6（见彩插）展示了一台窄域分层混合气（Light Stratified-Charge，LSC）直喷汽油机的燃烧系统[16]。该系统采用了安装在进气门下方的高压涡流喷油器、中置的火花塞和浅凹坑活塞的燃烧室。燃油喷雾被喷射进活塞顶部的浅坑中，油滴、燃油蒸气以及卷吸的气体向活塞凹坑运动，混合气气团被活塞坑壁以及喷雾引起的气流重新定向，朝火花塞方向运动。该直喷汽油机与作为基准的 PFI 汽油机相比，在 NEDC 循环下，车辆燃油经济性提高了 10.1%。

图 2-6　壁面引导式分层混合气直喷汽油机燃烧系统示意图

图 2-7（见彩插）用 CFD 模拟结果展示了一台分层混合气直喷汽油机中分层混合气形成的过程[17]，给出了燃油喷雾、空燃比以及气体流场分布随曲轴转角的变化。喷雾引起了空气卷吸而导致强烈的涡旋运动，该涡旋运动将油气混合

气气团带向火花塞。火花塞设置在接近燃烧室中心的位置，火花塞电极间隙突出到燃烧室内。燃油在上止点前70°时被喷入气缸，液相燃油开始蒸发汽化。浓混合气在喷雾内部形成，并在其边缘区域变得稀薄。一旦喷雾碰撞到活塞壁面，就会形成混合气靠近壁面浓而远离壁面稀的混合气结构。由于壁面油膜的蒸发，壁面附近的气体不断地被补充燃油蒸气，使得该区域的空燃比维持在较低的数值。在远离活塞壁面的混合气气团边缘，由于对流和扩散作用，燃油蒸气不断地与新鲜空气混合。在压缩行程后期，气体的涡旋运动使得混合气气团向火花塞附近运动。为了保证稳定的点燃着火，必须进行优化设计以保证在点火时刻火花塞间隙附近的混合气空燃比在可燃范围之内（即9～23）。

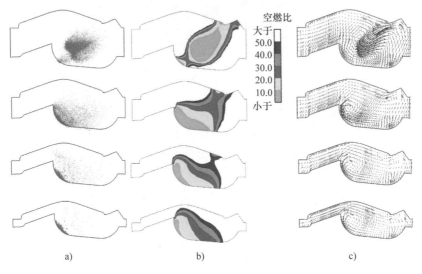

空燃比
大于
50.0
40.0
30.0
20.0
10.0
小于

a)　　　　　　　　　　b)　　　　　　　　　　c)

图 2-7　壁面引导式直喷汽油机分层混合气的形成过程

a）燃油喷雾　b）空燃比分布　c）气体流场分布

注：图中自上而下时序分别为上止点前55°、45°、35°与25°（CA）；

发动机运行工况为1500r・min^{-1}，0.262MPa BMEP。

　　在喷雾引导式直喷汽油机中，喷油器安装在发动机缸盖上靠近火花塞的位置。大锥角燃油喷雾在压缩行程后期被喷入气缸，在喷雾附近形成局部浓混合气。火花塞电极间隙位于存在可燃混合气的喷雾边缘。图2-8（见彩插）展示了喷雾引导式分层混合气直喷汽油机的一个示例[18]。这个特指的分层混合气系统被称为涡旋引导分层燃烧（Vortex Induced Stratification Combustion，VISC）系统。它使用轴针外开式喷油器。火花塞电极间隙位于喷雾边缘处由喷雾引起的气体回流区内。VISC系统采用非常浅的活塞顶设计，将气体涡旋运动维持在火花塞附近，避免其发散。采用这种活塞顶设计能使混合气在火花塞附近停留更长时间，并在喷射结束后10°甚至更长的曲轴转角内被点燃。有关VISC的更多细节在7.6

节有详细阐述。

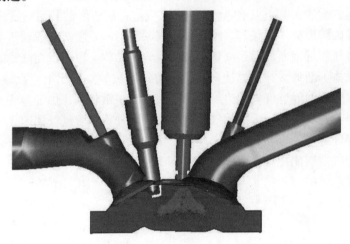

图 2-8   VISC 直喷汽油机燃烧系统示意图

　　CFD 计算的空燃比分布以及叠加的喷雾和气体流场如图 2-9（见彩插）所示，图中展示了喷雾引导 VISC 发动机中的混合气形成过程[19]。在这个示例里，当活塞接近上止点时，喷油器喷入 80°锥角的喷雾。在上止点前 24°（CA）（BT-DC，Before Top Dead Center）时，燃油喷射结束。可以看出燃油被喷入气缸时会在热空气环境里快速蒸发，由于高速喷雾油滴与周围低速气体之间的黏性剪切作用，在喷雾尖端产生大尺度旋涡运动。所形成的旋涡促进空气卷吸，从而促使空气和燃油蒸气混合。在 16°（CA）（BTDC）时，可燃混合气气团在火花塞电极间隙（如图中十字标记所示）周围形成了即将被点燃的可燃混合气气团。

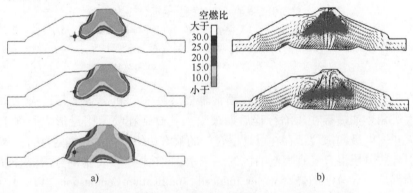

图 2-9   喷雾引导式直喷汽油机分层混合气的形成过程

a) 空燃比分布   b) 叠加的喷雾与气体流速分布

注：图中自上而下的时序分别为上止点前 24°、22°与 16°（CA）；

发动机运行工况为 1500r·min^{-1}，0.262MPa BMEP。

对于成功的直喷汽油机设计来讲，精确地控制燃油喷射和空气与燃油的混合过程以形成理想的缸内混合气是核心问题之一（参见 7.3 ~ 7.6 节）。可形成理想燃油喷雾的喷射技术是实现这一过程的关键。通常需要大锥角喷雾和小喷雾油滴。压力涡流喷油器（Pressure–Swirl injector）被用在 20 世纪 90 年代末推出的直喷汽油机中，它能通过燃油液膜破碎雾化产生 60°~80° 的空锥喷雾（参见 5.2.3 小节）。在 10MPa 的喷射压力下，油滴的索特平均直径（Sauter Mean Diameter，SMD）约为 20μm。在 VISC 直喷汽油机上使用了轴针外开式喷油器，它可以在 10MPa 的喷射压力下产生 SMD 约为 14μm 的 80°~90° 空锥喷雾。近些年来，多孔喷油器得到广泛的应用[20, 21]。为了降低污染物排放，在过去的 20 年里量产发动机的喷油压力从 10MPa 提升到了 35MPa，以增加多次喷射的灵活性，并减少燃油湿壁。多孔喷油器的主要优势之一是提高了喷油油束几何形状和空间方向的设计灵活性，从而可以分别设计单个喷雾油束的方向，以便更好地匹配燃烧室形状。图 2-10 给出了在室内条件下拍摄的三种不同种类喷油器的喷雾图像，这些喷雾的整体结构和细节有很大不同。

图 2-10　不同喷油器生成的喷雾比较[21]

a）多孔喷油器　b）轴针外开式喷油器　c）压力涡流喷油器

随着喷射压力的增加，喷雾被雾化为更小的油滴。当喷射压力从 10MPa 提高到 20MPa 乃至 35MPa 时，多孔喷油器喷雾油滴的 SMD 在大气环境条件下从 20μm 降低到 13μm，乃至 9μm。油滴尺寸的变化对油滴蒸发有显著影响。根据蒸发理论（参见第 5.4 节），油滴的蒸发时间（油滴存续时间）与油滴的直径平方成正比。这意味着，在火花点火之前，随着喷射压力的增加，油滴尺寸减小，油滴存续时间缩短，油滴蒸发前可用时间更加充足，因而可以更加灵活地应用多次喷射和更晚的喷射。

在常规 PFI 汽油机中，燃烧是由火花塞电极的放电引起的（参见 6.6.1 小节）。点火正时是控制点燃式发动机燃烧的重要参数。它影响发动机性能、燃油消耗量和废气污染物排放。从点火开始到达到最大燃烧速率大约需要 2ms。因此，必须根据当前工况下的发动机转速、负荷和空燃比来调整点火提前时间。为了提高燃烧效率，必须在上止点后不久（5°~7°（CA））消耗大约 50% 的燃油。

这样就可以实现近似于理想的定容燃烧。

点火开始后，在燃烧室内的火焰由火核开始向外传播（参见6.3节）。火焰前锋面受燃烧室形状和缸内流动的影响发生变形。此外，燃烧室内的温度分布、燃烧室壁面温度以及燃烧过程中油气混合气的均匀性都会影响火焰传播过程中火焰前锋的轮廓。图2-11显示了使用激光辅助高速成像技术测量的点燃式汽油机在$800r \cdot min^{-1}$运行时的单个燃烧循环的火焰传播图像[22]。试验中在进气流中加入了硅油油滴作为标记，以识别已燃气体区域。点火开始于上止点前16°（CA）（BTDC），6°（CA）之后在火花塞间隙可以清晰地看到火核（深黑色区域）。火焰以不规则的前锋面自火花塞电极间隙传播出去，大概16°（CA）之后穿过观测窗口。

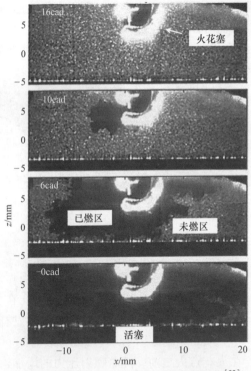

图2-11　点燃式汽油机中的火焰传播图像[22]

提高汽油机的压缩比可以提高其热效率和功率输出。然而，发动机在高负荷下工作时，过大的压缩比会导致发动机爆燃燃烧（异常燃烧），从而导致发动机严重损坏。众所周知，爆燃燃烧是在正常燃烧的后期，在火焰前峰面未到达的未燃混合气区域内的末端混合气团自燃的结果。末端混合气区域的局部自燃会引发压力波，压力波的振幅取决于发生自燃的末端混合气中的压力、温度、混合气成分和气团体积等因素。压力波在燃烧室中传播并在燃烧室壁面上反射。在测得的压力曲线中可以识别压力振荡的特征。因为普通的爆燃燃烧具有良好的重现性和可控性，所以可以通过推迟点火时刻来缓解，尽管这会降低发动机燃油经济性。

在一些高增压直喷汽油机中，可能会发生更极端的爆燃燃烧，尤其是在低速、高负荷条件下。这被称为超级爆燃。它的特点是压力振幅明显高于普通爆燃。此外，超级爆燃是随机发生的，所以不能用控制普通爆燃的方法来控制它。一般认为超级爆燃源于早燃[2, 23]。

减小汽油机的燃油消耗量在很大程度上取决于抑制爆燃的能力。许多抑制爆燃的方法已在直喷汽油机上被证明是有效的，包括延迟点火始点、加浓混合气、采用冷却 EGR、增强燃烧室中的湍流，以及采用多次喷射等。消除早燃是抑制超级爆燃的有效途径。早燃的主要成因包括机油液滴和沉积的颗粒。关于爆燃燃烧的研究很可能从汽油机诞生之日起就开始了，这方面的丰富成果可以在一些最近的文献[24, 25]中找到。

在分层混合气直喷汽油机中，燃烧通常是这样组织的：在一定的发动机负荷和转速条件下，均匀混合气和分层混合气燃烧模式相互切换，以利用每种模式的优势。图 2-12（见彩插）在速度–负荷图上从概念上说明了 LSC 直喷汽油机（见图 2-6）的运行模式。在每个运行区域内均显示了相对空燃比 λ（稀混合气 $\lambda > 1$，浓混合气 $\lambda < 1$）。发动机在大负荷至全负荷下以化学计量比均匀混合气模式运行。在中等负荷和转速范围内，发动机以化学计量比均匀混合气附加高 EGR 率运行，以提高燃油经济性。在低负荷和低转速下，发动机以分层混合气模式运行，以进一步提高燃油经济性。LSC 直喷汽油机系统使用了从怠速到低速低负荷的窄域分层混合气范围。这样的好处是降低分层混合气的应用范围使得该系统对稀薄燃烧后处理系统（氮氧化物捕集器）的要求显著放宽，但其相对于非分层混合气燃烧而言仍能显著提高燃油经济性。

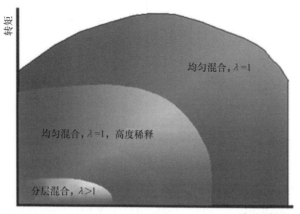

图 2-12　分层混合气直喷汽油机运行工况示意图

直喷汽油机的均匀混合气燃烧现象与以预混火焰传播为特征的 PFI 汽油机燃烧相同。然而，分层混合气燃烧却由于局部浓混合气燃烧和由喷雾碰壁形成的油膜引起的池火燃烧而造成未燃碳氢化合物和碳烟排放量增加[17, 26, 27]。减少燃油湿壁（油膜）量可以显著减少分层混合气燃烧的未燃碳氢化合物和碳烟排放。提高燃油喷射压力也可以减少碳烟排放。因为喷射压力提高后，燃油喷雾的平均尺寸 SMD 和表征大油滴的尺寸 D_{V90} 都降低了[28]。喷雾 SMD 和 D_{V90} 的降低有利于燃油蒸发和混合，有利于减少局部浓混合气燃烧。

比较进气道喷射汽油机、壁面引导直喷汽油机和喷雾引导直喷汽油机的燃油消耗量很有意义，尽管经常缺乏相同条件下的数据而很难进行公平的比较。VanDerWege 等做了这样的比较[18]，他们在同样的发动机规格和工况条件下获得了相关数据，由图 2-13 给出。图中的发动机数据来自一个配备 i–VCT（Variable Intake Cam Timing，可变进气凸轮正时）的进气道喷射 PFI 燃烧系统、一个带 i–VCT 的壁面引导式直喷 WGDI 系统以及一个固定凸轮正时的喷雾引导式涡旋直喷 VISC 系统。发动机为一台 0.5L 工作容积的单缸发动机，上述系统的压缩比分别为 10.5、11.0 和 10.6。在 8 个工况点上测量获得了发动机的净燃油消耗率（Net Specific Fuel Consumption，NSFC）。NSFC 基于净指示平均压力（Net Indicated Mean Effective Pressure，NIMEP）计算求得，而 NIMEP 是对实测缸压曲线整个循环（720°）的积分，NIMEP 在定义上包含了泵气所需的功。

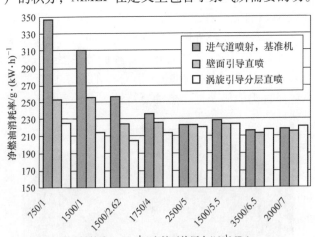

(发动机转速/r·min⁻¹)/(有效平均压力/10⁻¹MPa)

图 2-13　进气道喷射汽油机、壁面引导直喷汽油机与喷雾引导涡旋直喷汽油机燃油消耗率的比较

图 2-13 中从左起的前三个工况点，WGDI 和 VISC 均以分层混合气模式运行。可以看到，WGDI 相对于 PFI，VISC 相对于 WGDI 燃油消耗率都有明显的改善，这主要是因为稀薄分层混合气燃烧降低了泵气损失和传热损失。VISC 的额

外收益主要源于由于 HC 和 CO 排放降低而提高的燃烧效率，以及燃烧相位的改善。在第四和第五个工况点，只有 VISC 是以分层燃烧模式运行的，因为它可以在高于 WGDI 的负荷下实现分层燃烧。随着负荷的增加，分层混合气的效益越来越小。在最后的三个工况点下，这三个系统都使用化学当量均匀混合气燃烧。正如预期的一样，油耗结果非常相似。通过模拟还预测了使用这三种发动机的整车燃油经济性，但没有考虑冷起动和氮氧化物捕集器等瞬态效应。结果表明，在车辆试验循环中 VISC 的燃油消耗量比 PFI 减少了约 18%，比 WGDI 减少了 6%。

2.3　柴油机燃烧

与点燃式汽油机不同，常规柴油机的混合气形成和燃烧现象是不可分离的。在接近压缩行程末期、预期的燃烧开始之前，雾化的柴油喷雾（参见 5.2.2 小节）从喷油器的几个喷油孔喷入燃烧室。液态的燃油喷雾贯穿到燃烧室内的高温高压空气中，继而蒸发汽化，所产生的燃油蒸气与空气混合。在燃油喷射后的几度曲轴转角内，在喷雾外围的混合气会发生自燃（参见 6.6.2 小节），进而引发燃烧。由此升高的压力会压缩混合气未燃的部分，并缩短混合气的着火滞燃期，随后混合气会迅速燃烧开来。直到所需的全部燃油喷入气缸前，喷油器将持续喷射。燃油雾化、蒸发汽化、燃油与空气混合以及燃烧等过程将继续，直到所有燃油都经历了上述整个过程。同时在整个燃烧和膨胀过程中，气缸中剩余的空气与正在燃烧和已经燃烧的气体继续混合。

柴油机燃烧过程被称为非预混燃烧或扩散燃烧，因为气相燃油和空气必须相互扩散，然后发生反应。由于柴油机的燃烧是由自燃引起的，所以它也被称为压燃燃烧。在柴油机的大部分燃烧过程中，燃油的燃烧速率是由燃油与空气的混合速率控制的。在喷油开始后由气缸内的高温高压导致的自燃和由空气 – 燃油混合过程控制的燃烧速率是柴油机燃烧过程的显著特征。如上所述，压燃燃烧过程极其复杂。其燃烧过程的细节取决于燃油的特性、发动机燃烧室和燃油喷射系统的设计以及发动机工况等因素。它是一个伴有复杂化学反应的非定常、非均相燃烧过程。然而，可以根据混合过程控制反应速率这一机理来模拟其燃烧过程（参见 6.2 节）。

柴油机中没有像汽油机中那样由于末端混合气区域预混混合气自燃而产生的爆燃限制。因此，可以在柴油机中使用更高的压缩比，从而相对于汽油机提高其热效率。柴油机的非均相扩散燃烧特性会导致过量的碳颗粒物以黑烟的形式排出发动机，高温反应也会导致过量的氮氧化物排放。

图 2-14（见彩插）展示了柴油机中的自燃和随后的火焰扩散过程。利用化

学发光成像技术，对一台具有光学介入的重型直喷柴油机的自然发光进行了时间解析成像[29]。图像显示，柴油机自燃是一个渐进的过程，其同时发生在所有油束的下游区域。在喷射开始后不久（After Start of Injection，ASI）即 $1.0° \sim 2.5°$（CA）ASI 时，第一次检测到化学发光。随着油束穿过燃烧室，它会变得更亮并向下游移动，直到碳烟的光度在放射源中占主导地位。在 $3.5° \sim 4.0°$ASI 下，液相燃油从喷油器处沿油束标称轴线的最大贯穿距约为 $24 \sim 25$mm。此时，油束中已经混入足够的热空气，足以蒸发所有燃油。随着燃油蒸气和空气混合气穿过燃烧室，喷雾液相油束长度保持相对恒定。随后，在预混合的燃气充分燃烧之后（在大约 $6.5°$ASI 时）形成扩散火焰，并且喷雾液相油束长度变短约 $4 \sim 5$mm，这显然是扩散火焰的局部加热造成的。

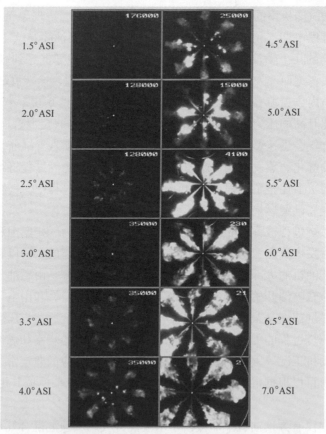

图 2-14　柴油机中由自然火焰发光显示的自燃和火焰现象的
时间序列图像[29]（喷油器位置由图中细小白点表示）

早期微弱的化学发光主要是甲醛（CH_2O）和 CH 发光的结果，这对应于浓混合气中的"冷焰"现象。柴油喷雾的前部区域包含相对混合良好的浓燃油蒸

气 – 空气混合气，其燃油空气当量比在 2 ~ 4 的范围内。大约 4.0° ~ 4.5° ASI 时，碳烟颗粒辐射产生了更亮的发光图像。在 5.0° ~ 5.5° ASI 内，来自油束前端部分（液态燃油的下游）的发光要明亮得多，说明在该区域开始形成碳烟。这表明放热化学反应早已在所有油束前部宽广的燃油蒸气区域中进行，此时燃油蒸气已经分解，并且在液态燃油下游的主要化学发光区域的整个油束截面中形成了 PAH$_s$（多环芳烃）。这表明在碳烟发光出现时，油束中的高温预混燃烧反应已经开始了。

在最后两幅图像中，即在 6.5° 和 7.0° ASI 时，随着碳烟浓度的升高，发光明显变得更亮。这些图像显示了各个喷雾油束周围扩散火焰的发展。这些扩散火焰位于具有浓混合气的喷雾边缘，由火焰内部的燃油蒸气，部分反应的燃油分子、多环芳烃、碳烟颗粒、CO 和 H$_2$ 以及火焰外部的空气组成，这构成了柴油混合过程控制燃烧第二个阶段，大部分热量在这个阶段释放。

基于大量的研究[30]，人们对柴油燃烧和碳烟/NO$_x$ 生成有了更全面的理解。图 2-15（见彩插）给出了直喷柴油机燃烧的理论模型。液相燃油被喷入气缸后，雾化形成的喷雾迅速和热空气以及其它物质混合。存在一个喷雾液相油束长度，当超过这个长度时，燃油蒸气 – 空气混合气持续卷吸高温气体，并最终经过预混燃烧过程，在其浓混合气燃烧中的高温产物中产生大量的碳烟前体产物（PAH$_s$ 和 C$_2$H$_2$）。这些碳烟前体产物继续反应并形成碳烟颗粒。同时，围绕高温产物的扩散火焰继续向上游扩展。喷雾液相油束长度决定了燃油喷雾的射程，继而影响混合气的卷吸。在此长度之外，扩散燃烧继续在燃烧区域的外部发展，在氧浓度较低的下游区域继续形成碳烟。由于扩散火焰区域的温度和氧气浓度较高，因此 NO$_x$ 的形成主要发生在这些区域里。总结起来，燃油和空气首先在浓混合气中反应，导致碳烟生成，然后这些浓混合气在油束边缘的高温扩散火焰中燃烧掉，从

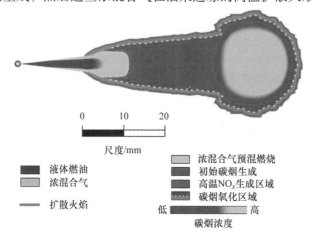

0   10   20
尺度/mm

液体燃油
浓混合气
—— 扩散火焰

浓混合气预混燃烧
初始碳烟生成
高温NO$_x$生成区域
碳烟氧化区域

低 ▬▬▬▬▬ 高
碳烟浓度

图 2-15　柴油机燃烧的概念图[30]

而形成 NO_x。值得注意的是，此处阐述的概念是基于弱气体流动的大缸径重型柴油机的燃烧。对于车用高速柴油机，情况可能会发生变化，因为采用的强气体涡流会影响燃油及混合气的物理和化学场分布。

由于柴油机燃烧是多点自燃的，并且没有爆燃燃烧限制，因此柴油机的缸径范围跨度为 70mm 至 900mm。不同的喷油系统和燃烧室设计适用于不同尺寸的柴油机，如图 2-16 所示。对于车用高速柴油机而言，实现燃烧室的形状、进气流动（涡流运动）和喷油策略良好匹配以实现高效和清洁燃烧很具有挑战性[31]。通常使用螺旋进气道形成强烈的涡流运动，并采用缩口型 ω 燃烧室生成湍流以实现更好的混合和燃烧，如图 2-16c 所示。

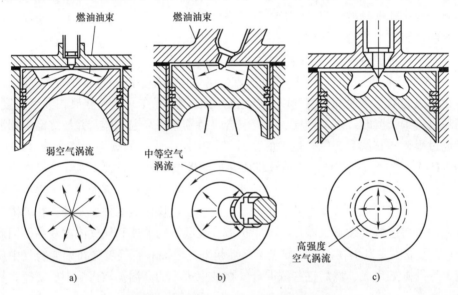

图 2-16　常见的直喷式柴油机燃烧系统[2]

a）用于大型柴油机的弱空气涡流、多孔喷油器的开式燃烧室

b）用于中型柴油机的中等强度空气涡流、多孔喷油器的活塞凹坑燃烧室

c）用于小型高速柴油机的高强度空气涡流、多孔喷油器的缩口型 ω 燃烧室

柴油机燃烧的一个重要研究方向是优化喷油策略以提升发动机性能。利用电控共轨喷射技术实现的多次喷射具有很多优越性。已经证实预喷射可以有效地控制柴油机燃烧噪声并且减少 NO_x 排放[32]，分段喷射或多次喷射可以同时减少碳烟和 NO_x 排放[33]。因为柴油机的碳烟和 NO_x 排放具有此消彼长的特性，同时减少它们很具挑战性。

韩志玉等[34]对使用分段喷射降低碳烟和 NO 生成的机理进行了研究（参见8.1.1 小节）。他们发现 NO 生成减少的机理与推迟喷油的单次喷射相似。就碳烟生成机理而言，在第一次喷射间隔后，碳烟的生成减少，这是因为喷雾前端产生碳烟的浓混合气区域不再得到燃油补充。在两次喷油之间的间隔内，混合气变得更稀。采用分段喷射时，燃烧室内会形成多个生成碳烟的区域，但由于随后的燃油被喷入第一次喷射的燃烧高温环境中，燃油会燃烧得更快，所以碳烟生成率降低，并且总的碳烟生成量会大大减少。

近年来，多达 5 个喷油脉冲的多次喷射策略已在量产柴油机上应用。每个喷油脉冲的目的有所不同。每个喷油脉冲中的燃油量和脉冲之间的间隔时间必须通过试验标定仔细调整。在喷油脉冲中，主喷射发生在上止点附近，这是为了产生转矩。主喷射前的预喷射是为了降低预混燃烧率，从而控制发动机噪声和 NO_x 排放，后喷射的目的是减少碳烟排放，原理如上所述。在后喷射之后，有两个晚喷射用以辅助发动机排放后处理装置。其中一个晚喷射发生在膨胀行程中期，旨在提高排气温度，激活柴油机 DPF 中的颗粒再生过程。最后一次晚喷射发生在排气门开启（Exhaust Valve Opening，EVO）前附近，以满足 SCR 系统使用还原剂（碳氢化合物）还原 NO_x 时的需求。

2.4　先进的低温燃烧概念

在过去的数十年中，为了满足日益严格的排放法规，柴油机燃烧的许多研究集中在了碳烟和 NO_x 的缸内生成控制和机外后处理两个领域上。尽管具有很高喷油压力（量产机可高达 240MPa）、EGR、优化活塞燃烧室几何形状和改进缸内流动的先进柴油机燃烧系统已大大降低了污染物排放量，但如果没有昂贵的排气后处理系统，常规的混合过程控制的柴油燃烧不能满足当前的排放法规要求。另一方面，政府监管和市场需求推动技术进步以进一步降低汽油机的燃油消耗量（提高热效率）。在未来 10 ~ 15 年内，目标是生产出在超低 NO_x 和颗粒物排放条件下热效率大于 50% 的车用发动机。

具有压缩着火低温燃烧（Low-Temperature Combustion，LTC）特点的先进燃烧概念已经展示实现这一目标的可行性。例如，RCCI 燃烧展示了它比常规柴油机效率提高 20%；比常规汽油机效率提高 40% ~ 50%[35]。低温燃烧概念的主要共性是压缩着火燃烧、进气预混合或者部分预混合；通过引入过量空气或者 EGR 形成高稀释的混合气；高压缩比以及无节气门运行。其优点是由于高压缩比、高比热比、无泵气损失而获得的高热效率以及缸内很低的 NO_x 和碳烟生成量。

20 世纪 80 年代初，LTC 概念首次在 HCCI 燃烧中被展示[36]。自 20 世纪 90 年代中期以来，人们开始对 HCCI 进行了新一轮的深入研究。在 HCCI 或可控自燃（Controlled Autoignition，CAI）燃烧中，燃油被喷入进气道，然后与空气混合形成预混均匀混合气。混合气被活塞压缩，并在上止点附近时自燃。通常采用小于 0.45 的燃空当量比使混合气稀薄或在化学当量比混合气中加入大量 EGR，达到稀释混合气的目的。当混合气被压缩到自燃温度时，发生反应并整体燃烧。由于稀释度高，燃烧温度低，气缸内生成的 NO_x 非常少，并且进气充分混合防止了碳烟的生成。HCCI 的热效率与柴油机相当[37, 38]。包括汽油、柴油、乙醇、天然气等各种燃料都已被用于 HCCI 燃烧研究。

HCCI 燃烧的本质是在碳氢化合物氧化反应动力学控制下发生整体自燃，因此受缸内混合气温度的影响很大。图 2-17（见彩插）显示了用高速摄影机拍摄的 HCCI 燃烧的图像[39]。这些图像是在一台 0.5L 带有篷形燃烧室和平顶活塞的四冲程 PFI 单缸发动机上拍摄的。发动机运行在 800r·min^{-1}，空燃比为 32，进气温度为 150℃。可以看到，在上止点后 6.8°（CA）（ATDC, After Top Dead Center）时，在 2 点钟和 8 点钟方向发生着火。然后，着火引发的分散的火焰点开始生长，随后在整个燃烧室中发生快速的化学反应。到 16.4°（CA）（ATDC）时，反应继续，但主燃烧阶段（由强烈的蓝光表示）结束。从这些图像中看不到大尺度的火焰传播，这证明 HCCI 燃烧不是混合过程控制的。在 HCCI 中，快速的化学反应会导致气缸压力迅速升高，从而引起噪音和振动问题。

图 2-17　高速摄像获取的 HCCI 燃烧时间序列图像[39]

注：图中时序自左边起分别为上止点前 5.2°、6.8°、8.4°、10.0°、
11.6°、13.2°、14.8° 与 16.4°（CA）。

实现 LTC 的另一种方法被称为预混压燃（PCCI）燃烧[40]。尽管这里的"预混"一词在某种程度上具有误导性，但该燃烧策略是延长喷射始点（Start of Injection, SOI）和燃烧始点（Start of Combustion, SOC）之间的时间段，从而增强 SOC 之前的空气燃油混合度。这种操作的目的是将混合和燃烧分离，从而使混合气根据此分离时间在一定程度上进行预混。在 PCCI 燃烧中，在压缩行程期间将燃油（柴油或汽油）喷射到气缸中，燃油蒸发并与空气（以及 EGR 气体）混合，随后自燃。PCCI 燃烧速率主要由化学反应动力学决定，而不是由湍流火焰传播决定。

图 2-18（见彩插）比较了高速摄像机拍摄的燃烧图像，这些图像显示了同一台发动机中的常规柴油压燃（Conventional Diesel Compression-Ignition, CDCI）高温燃烧和 PCCI 低温燃烧[41]。发动机压缩比为 17.5，转速为 1200r·min^{-1}，燃油喷射压力为 40MPa，进气压力为 0.142MPa。在图中第一行所示的 CDCI 燃烧模式中，SOI 为 -10°（CA）（ATDC），可以首先在 -1.5°（CA）（ATDC）左右

观察到始于预混燃烧的燃烧现象。在 6.6°（CA）（ATDC）时，燃烧达到峰值速率（由峰值自然发光度反映）。燃烧油束碰撞到活塞凹坑边缘，并沿着活塞凹坑边缘的周边向外扩散。黄色火焰表明高温浓混合气扩散燃烧。图中第二行显示了 PCCI 燃烧模式，SOI 为 –32°（CA）（ATDC）。在约为 15° 的延迟时间后，在 –15°（CA）（ATDC）时观察到着火现象。然后可以看到在喷雾区域发生整体反应，并以这种方式继续燃烧。蓝色发光表示 PCCI 中的低温燃烧。在这个特定的案例中，在 –12.7°~0.78°（CA）（ATDC）的图像中，从沿活塞凹坑周边的发光扩散火焰中可以观察到池火燃烧现象。池火发生的位置与油束碰撞到活塞凹坑壁面的位置一致。

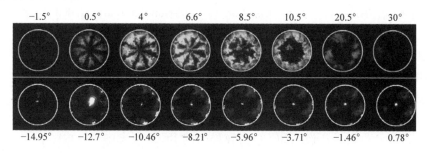

图 2-18　高速摄像获取的燃烧时间序列图像[41]

注：第一行为常规柴油压燃燃烧（CDCI），第二行为预混压燃燃烧（PCCI）；
图像旁的数字表示对应的曲轴转角（ATDC）。

由于 HCCI 和 PCCI 是化学反应动力学控制的反应，不难理解它们对初始温度和组分成分的敏感性[42]，而初始温度和组分成分受进气温度和压力以及 EGR 率的影响。这就涉及燃烧可控性问题。在发动机低负荷时生成过量的 HC 和 CO 是 LTC 的另一个问题，这将导致燃烧效率严重恶化。例如，研究表明 HCCI 的燃烧效率将从 $\phi > 0.24$ 时的 95% 降低到 $\phi = 0.08$ 时的 55%[38]。

正如 Reitz 所总结的[35]，尽管 HCCI 在某些方面具有优势，但有几个问题限制了它的应用。第一个困难是在发动机中实现均匀混合气。人们提出了许多燃油制备方法，如进气道喷射或采用小喷雾锥角的早期缸内直喷以避免喷雾碰壁。第二个困难是 HCCI 的工作范围有限。由于整体燃烧的特点，气缸内物质几乎同时点燃，这会在高负荷下产生不可接受的噪声和爆燃。已尝试通过喷水、应用高 EGR 率或在气缸中引入温度分层来增加负荷。

HCCI 的另一个困难是控制燃烧始点，即难以控制发动机以期望的可重复的平稳方式运行。在常规压燃式柴油机中，燃烧的始点是由喷油正时控制的，而在点燃式汽油机中，火花塞点火引发燃烧。而 HCCI 着火受到混合气温度、成分和压缩过程的控制，上述因素的微小变化都可以造成较大的燃烧始点变化。使用低反应活性燃料可以获得更好的控制。例如汽油的高抗自燃性允许其在燃烧前有更多的混合时间，产生更低的局部当量比，从而降低 NO_x 和碳烟排放。实际上，HCCI 运行的最佳燃料应该具有介于柴油和汽油之间的自燃特性。低十六烷值燃料（例如高辛烷值汽油）有利于高负荷运行，而高十六烷值燃料（例如柴油）有利于低负荷运行。PCCI 通过调整 SOI 或多次喷射提供了一定程度的燃烧正时控制，但还不够充分。

可以像分层混合气直喷汽油机一样使用模式切换策略绕过 HCCI 负荷限制问题，即在低负荷和中负荷下使用 HCCI，在高负荷下使用常规燃烧。已经证明使用火花辅助 HCCI 结合多次喷射和气门正时策略可以扩展其工作范围。在汽油直喷压缩着火（Gasoline Direct Injection Compression Ignition，GDICI）运行模式下[43]，可以通过适当调整多次喷射的喷射时刻来实现对燃烧始点的更好控制。GDICI 在缸内产生部分预混（或"足够预混"）的当量比分层。由于较高的当量比区域更具反应活性，这导致燃烧室内的混合气在不同空间位置上相继自燃，压力升高率降低，从而可以在更高的负荷下实现低温燃烧。

2010 年，威斯康星大学 ERC 的 Reitz 教授团队发明了一种新的 LTC 燃烧概念，即化学活性可控压燃（RCCI）。在最初的 RCCI 概念中，缸内燃料混合采用了进气道喷射低反应活性燃料（如汽油）和缸内多次喷射高反应活性燃料（如柴油）的策略[35]。这种双燃料策略为大幅度提高燃烧控制性提供了可行的手段。因此，ERC 和世界其它机构对 RCCI 开展了深入的研究。有关 RCCI 的参考文献有很多，无法在此全部引用，建议读者首先参考 RCCI 的综述文献[44-47]。

RCCI 已展示出超低的缸内 NO_x 和碳烟生成特性，同时实现了接近 60% 的总指示热效率[48]。总指示热效率是根据从 IVC 时刻到 EVO 时刻的气缸压力积分得到的功来计算的。该效率比常规柴油燃烧高出约 10%（即燃油消耗量减少约20%）。此外，RCCI 不需要高的燃油喷射压力，因为喷射时刻远离上止点，这为燃油蒸发和混合提供了时间。RCCI 采用混合燃料控制燃烧过程，因此可以将发动机的运行负荷范围扩展到 HCCI 和 PCCI 可运行的负荷范围之外。事实上，在一台压缩比约为 12:1 的重型柴油机上已经展示汽油 – 柴油 RCCI 的工作负荷可以到 2.3MPa 指示平均压力。

混合气的形成是所有 LTC 概念中的一个至关重要的部分。可以说，燃油喷射策略是特定的 LTC 方法的显著特征和关键促成因素。因此，了解每个 LTC 方法中所采用的基本燃油喷射策略至关重要。不同 LTC 方法的基本燃油喷射策略如图 2-19 所示。在常规的柴油机压燃（CDCI）燃烧中，燃油总是直接喷入燃烧室。HCCI 使用外部（进气道）喷射。PCCI 采用本书中的定义，即缸内燃油喷射，尽管一些研究人员将他们的外部燃油喷射策略称为 PCCI。RCCI 在进气道中喷射一种低反应活性燃料，在缸内喷射另一种高反应活性燃料。在所有 LTC

概念中，缸内燃油喷射都可以是单次或多次的。

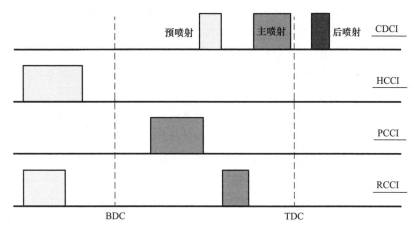

图 2-19　不用燃烧模式的基本喷射策略

RCCI 在燃烧室内同时产生当量比和反应活性分层。燃烧从高反应活性区域依次进行到低反应活性区域，从而有效地降低压力升高率。图 2-20（见彩插）显示了 RCCI 的这种能力，随着进气道喷射汽油比例的变化，改变了燃烧的相位，如实测的和 CFD 计算的缸压和放热率曲线所示[49]。放热率曲线显示柴油燃料先发生冷焰反应，随后在高温放热区域内出现两段明显的峰值。研究认为第一段峰值对应于柴油燃料氧化生成 CO 的高温氧化反应，第二段峰值对应于汽油分解生成 CO 的氧化反应。

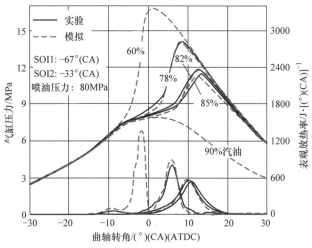

图 2-20　进气道汽油喷射量对 RCCI 燃烧相位的影响[49]

　　RCCI 的燃烧相位可以在同一循环或下一个循环中通过适当的燃烧反馈控制调整反应活性高低燃料的比例来改变。RCCI 可以使用多种燃料，包括汽油、天然气和柴油；也可以使用单一燃料。例如，可以让发动机在进气道喷射普通汽油，而在缸内直喷燃油（也是汽油）中添加少量十六烷值改进剂（例如，二叔丁基过氧化物（Di－Tert Butyl Peroxide，DTBP））来提高其反应活性[50]。DTBP 可按机油更换周期补充。

　　如图 2-21（见彩插）所示，RCCI 燃烧已被证明能够在高热效率和低排放前提下大负荷运行[51]，负荷达到了 14.6MPa 指示平均压力，总指示热效率达到 56%，缸内生成的 NO_x 和碳烟水平低于美国环境保护署 2010 年对道路货车的排放限值，同时响度在可接受水平内。

　　RCCI 的燃料灵活性如图 2-22 所示。对缸内喷油中添加 DTBP 的单一汽油燃料、E85/柴油和汽油/柴油进行了测试。E85 是指含 85%（体积分数）乙醇的乙醇汽油。结果表明，E85/柴油组合的指示热效率约为 59%，表明 RCCI 具有良好的替代燃料适应性。

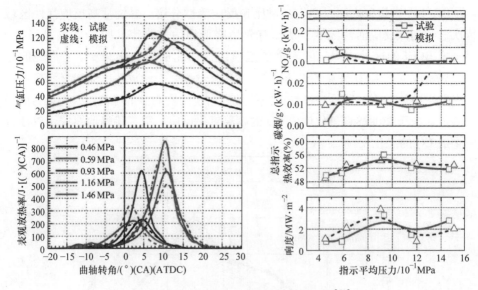

图 2-21　RCCI 发动机性能随负荷的变化[51]

注：图中横实线表示美国环境保护署 2010 年对货车 NO_x 和碳烟排放的限值。

　　由于 RCCI 的巨大潜力，近年来的研究主要集中在 RCCI 概念的商业化应用。已经对发动机在整个负荷工况下的瞬态表现、发动机控制方法、常规动力和混动动力车辆应用等进行了研究。Paykani[47] 对最新的结果进行了总结。研究表明，基于控制导向模型（Control－Oriented－Model，COM）的方法可以控制 RCCI 发动

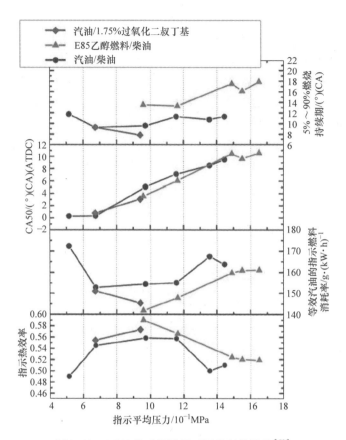

图 2-22　RCCI 发动机燃用不同燃料的性能[52]

机不同瞬态工况下的 CA50（即 φ_{50}）；采用生物燃料的单燃料 RCCI 燃烧是实现 RCCI 商业化的有希望的途径；采用基于 COM 的控制模型进行燃烧模式切换是

获取 RCCI 瞬态排放的必要条件；采用 RCCI 发动机的插电式混合动力汽车（Plug-in Hybrid Electric Vehicles, PHEVs）具有降低局部和整体排放的潜力。

结束本节前，在此用图 2-23 对新燃烧模式的减排潜力进行总结。在借鉴文献［38］的基础上，图 2-23 绘制了生成碳烟和 NO_x 时的局部当量比 ϕ 和燃烧温度 T 的等值线。常规柴油压燃燃烧（CDCI）处在高碳烟和

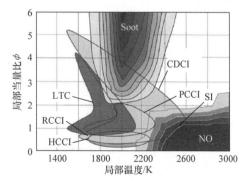

图 2-23　NO_x 和碳烟排放生成的
局部温度 - 当量比图

高氮氧化物的生成区域，导致排放量较高。火花点燃（SI）燃烧也会产生大量的 NO_x 排放，但由于当量燃烧，它们很容易被现代三元催化器去除。LTC 燃烧概念（如 HCCI、PCCI 和 RCCI）处于低 NO_x 和碳烟生成区域。然而，它们往往在发动机小负荷下产生高的 CO 和 HC 排放。

其它最新的研究和开发工作已经产生出了新的有希望的高效率发动机概念。例如，据报道，马自达汽车的工程师们提出使用火花控制 HCCI 燃烧，即 SPCCI（Spark Controlled Compression Ignition），汽油发动机的指示热效率高达 56%[53]。另一方面，与常规的燃油发动机驱动车辆相比，混合动力车辆要求发动机在更窄的速度负荷范围内运行，这为设计优化混合动力专用发动机的燃烧以提高热效率提供了机会[54]。

参 考 文 献

[1] 周龙保，刘忠长，高宗英. 内燃机学 [M]. 3 版. 北京：机械工业出版社，2011.

[2] HEYWOOD J B. Internal combustion engine fundamentals [M]. 2nd ed. New York：McGraw – Hill Education, 2018.

[3] CROLLA D, FOSTER D E, KOBAYASHI T, et al. Encyclopedia of automotive engineering [M]. Chichester：John Wiley & Sons, 2014.

[4] BORMAN G, NISHIWAKI K. Internal – combustion engine heat transfer [J]. Progress in Energy and Combustion Science, 1987, 13 (1)：1 – 46.

[5] CATON J A. An introduction to thermodynamic cycle simulations for internal combustion engines [M]. Chichester：John Wiley & Sons, 2016.

[6] 周龙保，韩志玉，徐斌. 涡流室柴油机燃烧放热率计算方法的研究 [J]. 西安交通大学学报, 1990, 24 (5)：35 – 44.

[7] ZHOU L, SONG S, HAN Z, et al. Evaluation and study on the heat release rate of swirl chamber diesel engine [R]. SAE Technical Paper, 911786, 1991.

[8] HAN Z, XU Z. Wall film dynamics modeling for impinging sprays in engines [R]. SAE Technical Paper, 2004 – 01 – 0099, 2004.

[9] KUME T, IWAMOTO Y, IIDA K, et al. Combustion control technologies for direct injection SI engine [J]. SAE Transactions, 1996, 105 (3)：704 – 717.

[10] HARADA J, TOMITA T, MIZUNO H, et al. Development of direct injection gasoline engine [J]. SAE Transactions, 1997, 106 (3)：767 – 776.

[11] TAKAGI Y, ITOH T, MURANAKA S, et al. Simultaneous attainment of low fuel consumption high output power and low exhaust emissions in direct injection SI engines [J]. SAE Transactions, 1998, 107 (3)：215 – 225.

[12] KOIKE M, SAITO A, TOMODA T, et al. Research and development of a new direct injection gasoline engine [J]. SAE Transactions, 2000, 109 (3)：543 – 552.

[13] STIEBELS B, KREBS R, Pott E. FSI – Gasoline direct injection engines from Volkswagen

［C］// Proceedings of the 2001 Global Powertrain Congress, Vol. A. Advanced engine design & development. Detroit：［s. n.］, 2001.

［14］ ANDERSON R, YANG J, BREHOB D, et al. Understanding the thermodynamics of direct injection spark ignition (DISI) combustion systems：an analytical and experimental investigation ［J］. SAE Transactions, 1996, 105 (3)：2195 – 2204.

［15］ ZHAO F, LAI M C, HARRINGTON D L. Automotive spark – ignited direct – injection gasoline engines ［J］. Progress in Energy and Combustion Science, 1999, 25 (5)：437 – 562.

［16］ HAN Z, WEAVER C, WOOLDRIDGE S, et al. Development of a new light stratified – charge DISI combustion system for a family of engines with upfront CFD coupling with thermal and optical engine experiments ［J］. SAE Transactions, 2004, 113 (3)：269 – 293.

［17］ HAN Z, YI J, TRIGUI N. Stratified mixture formation and piston surface wetting in a DISI engine ［R］. SAE Technical Paper, 2002 – 01 – 2655, 2002.

［18］ VANDERWEGE B A, HAN Z, IYER C O, et al. Development and analysis of a spray – guided DISI combustion system concept ［J］. SAE Transactions, 2003, 112 (4)：2135 – 2153.

［19］ IYER C O, HAN Z, YI J. CFD modeling of a vortex induced stratification combustion (VISC) system ［R］. SAE Technical Paper, 2004 – 01 – 0550, 2004.

［20］ YI J, WOOLDRIDGE S, COULSON G, et al. Development and optimization of the Ford 3. 5 L V6 EcoBoost combustion system ［J］. SAE International Journal of Engines, 2009, 2 (1)：1388 – 1407.

［21］ ANDO H, ARCOUMANIS C D. Flow, mixture preparation and combustion in four – stroke direct – injection gasoline engines ［M］// ARCOUMANIS C D, KAMIMOTO, T. Flow and combustion in reciprocating engines. Berlin, Heidelberg：Springer, 2009：137 – 171.

［22］ HE C, KUENNE G, YILDAR E, et al. Evaluation of the flame propagation within an SI engine using flame imaging and LES ［J］. Combustion Theory and Modelling, 2017, 21 (6)：1080 – 1113.

［23］ WANG Z, LIU H, SONG T, et al. Relationship between super – knock and pre – ignition ［J］. International Journal of Engine Research, 2015, 16 (2)：166 – 180.

［24］ WANG Z, LIU H, REITZ R D. Knocking combustion in spark – ignition engines ［J］. Progress in Energy Combustion Science, 2017, 61：78 – 112.

［25］ KALGHATGI G. Knock onset, knock intensity, superknock and preignition in spark ignition engines ［J］. International Journal of Engine Research, 2018, 19 (1)：7 – 20.

［26］ WOOLDRIDGE S, LAVOIE G, WEAVER C. Convection path for soot and hydrocarbon emissions from the piston bowl of a stratified charge direct injection engine ［C］// Proceedings of the Third Joint Meeting of the US Sections of the Combustion Institute. Chicago：［s. n.］, 2003.

［27］ HILDITCH J,·HAN Z, CHEA T. Unburned hydrocarbon emissions from stratified charge direct injection engines ［R］. SAE Technical Paper, 2003 – 01 – 3099, 2003.

［28］ LEE Z, KIM T, PARK S, et al. Review on spray, combustion, and emission characteristics of recent developed direct – injection spark ignition (DISI) engine system with multi – hole type injector [J]. Fuel, 2020, 259.

[29] DEC J E, ESPEY C. Chemiluminescence imaging of autoignition in a DI diesel engine [J]. SAE Transactions, 1998, 107 (3): 2230 – 2254.

[30] DEC J E. A conceptual model of DL diesel combustion based on laser – sheet imaging [J]. SAE Transactions, 1997, 106 (3): 1319 – 1348.

[31] MILES P C, ANDERSSON Ö. A review of design considerations for light – duty diesel combustion systems [J]. International Journal of Engine Research, 2016, 17 (1): 6 – 15.

[32] SHUNDOH S, KOMORI M, TSUJIMURA K, et al. NOx reduction from diesel combustion using pilot injection with high pressure fuel injection [R]. SAE Technical Paper, 920461, 1992.

[33] TOW T C, PIERPONT D, REITZ R D. Reducing particulate and NOx emissions by using multiple injections in a heavy duty DI diesel engine [J]. SAE Transactions, 1994, 103 (3): 1403 – 1417.

[34] HAN Z, ULUDOGAN A, HAMPSON G J, et al. Mechanism of soot and NOx emission reduction using multiple – injection in a diesel engine [J]. SAE Transactions, 1996, 105 (3): 837 – 852.

[35] REITZ R D. Directions in internal combustion engine research [J]. Combustion and Flame, 2013, 160 (1): 1 – 8.

[36] NAJT P M, FOSTER D E. Compression – ignited homogeneous charge combustion [R]. SAE Technical Paper, 830264, 1983.

[37] ZHAO F, ASMUS T N, ASSANIS D N, et al. Homogeneous charge compression ignition (HCCI) engines: Key research and development issues [M]. Warrendale: Society of Automotive Engineers, 2003.

[38] DEC J E. Advanced compression – ignition combustion for high efficiency and ultra – low NOx and soot [C] //Crolla D, Foster D E, Kobayashi T, et al. Encyclopedia of Automotive Engineering. Chichester: John Wiley & Sons, 2014: 1 – 40.

[39] KAKUHO A, NAGAMINE M, AMENOMORI Y, et al. In – cylinder temperature distribution measurement and its application to HCCI combustion [R]. SAE Technical Paper, 2006 – 01 – 1202, 2006.

[40] IWABUCHI Y, KAWAI K, SHOJI T, et al. Trial of new concept diesel combustion system – premixed compression – ignited combustion [R]. SAE Technical Paper, 1999 – 01 – 0185, 1999.

[41] KIM K, KIM D, JUNG Y, et al. Spray and combustion characteristics of gasoline and diesel in a direct injection compression ignition engine [J]. Fuel, 2013, 19 (1): 616 – 626.

[42] DEMPSEY A B, WALKER N R, GINGRICH E, et al. Comparison of low temperature combustion strategies for advanced compression ignition engines with a focus on controllability [J]. Combustion Science and Technology, 2014, 186 (2): 210 – 241.

［43］ RA Y, LOEPER P, REITZ R, et al. Study of high speed gasoline direct injection compression ignition (GDICI) engine operation in the LTC regime ［J］. SAE International Journal of Engines, 2011, 4 (1): 1412 - 1430.

［44］ REITZ R D, DURAISAMY G. Review of high efficiency and clean reactivity controlled compression ignition (RCCI) combustion in internal combustion engines ［J］. Progress in Energy and Combustion Science, 2015, 46: 12 - 71.

［45］ PAYKANI A, KAKAEE A H, RAHNAMA P, et al. Progress and recent trends in reactivity - controlled compression ignition engines ［J］. International Journal of Engine Research, 2016, 17 (5): 481 - 524.

［46］ HARARI P A. Comprehensive review on enabling reactivity controlled compression ignition (RCCI) in diesel engines ［J］. Integrated Research Advances, 2018, 5 (1): 5 - 19.

［47］ PAYKANI A, GARCIA A, SHAHBAKHTI M, et al. Reactivity controlled compression ignition engine: Pathways towards commercial viability ［J］. Applied Energy, 2021, 282: 116174.

［48］ SPLITTER D, WISSINK M, DELVESCOVO D, et al. RCCI engine operation towards 60% thermal efficiency ［R］. SAE Technical Paper, 2013 - 01 - 0279, 2013.

［49］ KOKJOHN S L, HANSON R M, SPLITTER D A, et al. Experiments and modeling of dual - fuel HCCI and PCCI combustion using in - cylinder fuel blending ［R］. SAE Technical Paper, 2009 - 01 - 2647, 2009.

［50］ SPLITTER D, REITZ R, HANSON R. High efficiency, low emissions RCCI combustion by use of a fuel additive ［J］. SAE International Journal of Fuels and Lubricants, 2010, 3 (2): 742 - 756.

［51］ KOKJOHN S L, HANSON R M, SPLITTER D, et al. Fuel reactivity controlled compression ignition (RCCI): a pathway to controlled high - efficiency clean combustion ［J］. International Journal of Engine Research, 2011, 12 (3): 209 - 226.

［52］ SPLITTER D, HANSON R, KOKJOHN S, et al. Reactivity controlled compression ignition (RCCI) heavy - duty engine operation at mid - and high - loads with conventional and alternative fuels ［R］. SAE Technical Paper, 2011 - 01 - 0363, 2011.

［53］ HIROSE I. Our way toward the ideal internal combustion engine for sustainable future ［C］ Aachen, Germany: 28th Aachen Colloquium Automobile and Engine Technology, 2019.

［54］ WU Z, HAN Z, SHI Y, et al. Combustion optimization for fuel economy improvement of a dedicated range - extender engine ［J］. Proceedings of the Institution of Mechanical Engineers, Part D: Journal of Automobile Engineering, 2021, 235 (9): 2525 - 39.

第3章

喷雾化学反应流体的数学描述

内燃机的燃烧经历复杂的强耦合物理和化学过程，这些过程包括进气和压缩、燃油喷射雾化和蒸发、空气与燃料混合、化学反应和排放物生成等。在这一过程中，包含气体和油滴混合物的流体在具有移动边界的复杂几何形状中流动。这些过程受流体力学的基本守恒定律支配，并受热力学原理的约束。为了在数学上用计算流体力学（CFD）方法描述这些过程，通常将它们分解为三个部分：气相流体力学、气相化学反应动力学和液相喷雾动力学。每个部分均由相应的数学公式描述。控制方程可以在引入适当的物理模型后通过恰当的数值方法求解。在本章中，首先给出气相和液相流体的控制方程。其次，介绍求解控制方程时常用的数值方法。再而，讨论求解控制方程所需的边界条件。最后，详细介绍可用于预测气缸壁传热的气相热边界模型。

3.1　控制方程和喷雾方程

3.1.1　气相控制方程

在本节中，我们将给出笛卡儿坐标系中气相运动的控制方程。这些方程也称为纳维－斯托克斯方程。方程中，x、y、z 坐标轴方向上的单位向量分别用下标 1、2、3 表示。有时为了方便起见，也用 x、y 和 z 表示它们。位置矢量 x 可由以下公式定义为

$$x = x_1 i + x_2 j + x_3 k$$

矢量算子定义为

$$\nabla = i \frac{\partial}{\partial x_1} + j \frac{\partial}{\partial x_2} + k \frac{\partial}{\partial x_3}$$

速度矢量 u 定义为

$$u = u(x_1, x_2, x_3, t) i + v(x_1, x_2, x_3, t) j + w(x_1, x_2, x_3, t) k$$

为了易于理解，我们将首先给出可压缩、黏性、导热的理想气体流体的控制

方程，随后给出相似但更复杂的刻画多组分、喷雾和化学反应流体的控制方程。这些方程的推导可以在许多书籍中找到[1]。质量守恒方程为

$$\frac{\partial \rho}{\partial t} + \frac{\partial(\rho u_j)}{\partial x_j} = 0 \tag{3-1}$$

式中，ρ 是流体的质量浓度或质量密度；t 是时间。

动量守恒方程为

$$\frac{\partial(\rho u_i)}{\partial t} + \frac{\partial(\rho u_i u_j)}{\partial x_j} = -\frac{\partial p}{\partial x_i} + \frac{\partial \sigma_{ij}}{\partial x_j} + \rho g_i \tag{3-2}$$

式中，p 是流体压力；σ_{ij} 是斯托克斯应力张量；g_i 是重力加速度。

斯托克斯应力张量的定义为

$$\sigma_{ij} = \mu\left(\frac{\partial u_i}{\partial x_j} + \frac{\partial u_j}{\partial x_i} - \frac{2}{3}\frac{\partial u_k}{\partial x_k}\delta_{ij}\right) \tag{3-3}$$

式中，μ 是动力黏度；δ 是克罗内克张量，计算公式为

$$\delta_{ij} = \begin{cases} 1 : i = j \\ 0 : i \neq j \end{cases}$$

式（3-3）体现了牛顿流体的应力与速度梯度之间的关系。通常将应变率张量定义为

$$S_{ij} = \frac{1}{2}\left(\frac{\partial u_i}{\partial x_j} + \frac{\partial u_j}{\partial x_i}\right) \tag{3-4}$$

内能守恒方程为

$$\frac{\partial(\rho e)}{\partial t} + \frac{\partial(\rho u_j e)}{\partial x_j} = \frac{\partial p}{\partial t} + \frac{\partial}{\partial x_j}(u_i \sigma_{ij} - q_j) \tag{3-5}$$

式中，e 是内能；q_j 是由热传导引起的传热量：

$$q_j = -\lambda \frac{\partial T}{\partial x_j} \tag{3-6}$$

式中，T 是流体温度；λ 是导热系数。

上述方程式可应用于内燃机中的可压缩冷流（例如，进气过程中的可压缩冷流或倒拖发动机中的可压缩冷流）。但是，必须将上述方程式进行推广，才能用来描述涉及多组分、喷雾和化学反应的过程。在这些流体中，组分 k 的质量守恒方程为

$$\frac{\partial(\rho_k)}{\partial t} + \frac{\partial(\rho_k u_j)}{\partial x_j} = \frac{\partial}{\partial x_j}\left(\rho D \frac{\partial(\rho_k/\rho)}{\partial x_j}\right) + \dot{\rho}_k^s + \dot{\rho}_k^c \tag{3-7}$$

式中，ρ_k 是组分 k 的质量密度，并且混合气的总质量密度与它的关系式为 $\rho = \sum \rho_k$，$\dot{\rho}_k^c$ 和 $\dot{\rho}_k^s$ 两个源项分别是由于化学反应和喷雾蒸发/冷凝产生的；D 是在菲克扩散定律假设下得到的单一扩散系数，其表达式为

$$D = \frac{\mu}{\rho Sc} \tag{3-8}$$

式中，Sc 是施密特数。

对所有组分应用式（3-7）求和，得到气流整体的质量守恒方程为

$$\frac{\partial \rho}{\partial t} + \frac{\partial (\rho u_j)}{\partial x_j} = \dot{\rho}^s \tag{3-9}$$

整个流体的动量守恒方程为

$$\frac{\partial (\rho u_i)}{\partial t} + \frac{\partial (\rho u_i u_j)}{\partial x_j} = -\frac{\partial p}{\partial x_i} + \frac{\partial \sigma_{ij}}{\partial x_j} + F_i^s + \rho g_i \tag{3-10}$$

式中，F_i^s 是由喷雾引起的源项，其定义式将在下一节中介绍。

整个流体的能量守恒方程为

$$\frac{\partial (\rho e)}{\partial t} + \frac{\partial (\rho e u_j)}{\partial x_j} = -p\frac{\partial u_j}{\partial x_j} + \frac{\partial J_j}{\partial x_j} + \dot{Q}^s + \dot{Q}^c \tag{3-11}$$

式中，J_j 是传热量，它是热传导和焓扩散贡献的总和：

$$J_j = -\lambda\frac{\partial T}{\partial x_j} - \rho D \sum_{k=1}^{N} h_k \frac{\partial (\rho_k/\rho)}{\partial x_j} \tag{3-12}$$

式中，$\dot{Q}^s$ 和 $\dot{Q}^c$ 是喷雾和化学反应引起的源项；N 是所有组分的数量。

基于将实际气体混合物视为理想气体的假设，给出如下状态方程。考虑到在内燃机中压力和温度的变化范围，这个假设是非常合理的。

$$p = RT \sum_{k=1}^{N} \frac{\rho_k}{W_k} \tag{3-13}$$

式中，R 是通用气体常数；W_k 是组分 k 的分子量。

3.1.2 喷雾方程

求解喷雾的基本动力学及其与气相的相互作用是一个极其复杂的问题。为了计算液相喷雾与气相之间的质量、动量和能量交换，必须考虑到喷雾液滴尺寸、速度和温度的分布。在许多内燃机喷雾中，还必须考虑液滴破裂、碰撞和聚合的情况。从理论上讲，液相也可以使用纳维-斯托克斯方程式进行详细描述。然而，由于时间尺度和长度尺度的巨大差异，其与气相流体的相互作用极为复杂。因此，有学者提出了分离的流体模型来考虑两相之间有限速率输运的影响。

通常，在分离流体模型中有三种不同的方法：离散液滴模型（Discrete Droplet Model，DDM）、连续液滴模型（Continuous Droplet Model，CDM）以及连续方程模型（Continuous Formulation Model，CFM）。DDM 被称为"拉格朗日方法"[2]。在 DDM 中，喷雾由有限数量的液滴组表示。使用拉格朗日公式在流场中跟踪这些液滴组的运动和输运。液相的平均数量通过统计学方法计算。通过将

适当的喷雾项引入到气相的控制方程中，可以研究液相对气相的影响（参见式（3-9）~式（3-11））。DDM 可以方便地构造物理模型和数值算法。因此，拉格朗日方法主导了当前两相流的 CFD 模拟。

CDM 仅在必须考虑某些现象时才适用。否则，其计算成本将非常高。CFM 将两相视为连续相，并均用欧拉公式求解。在数学上，它被称为"欧拉方法"，与"拉格朗日方法"有所区别。它将离散相（液体喷雾）视为连续流体，并引入几个连续的标量场来表示离散相。在节点上定义了与离散相有关的物理量，这些节点通常与连续相的网格一致，并且为这两相导出了平均方程。因此，使用这种方法可以在宏观水平上模拟离散相。这种方法在对复杂现象（例如液滴破裂、液滴相互作用和液滴蒸发）模拟时会非常困难，而这些现象在内燃机应用中是必不可少的。这种方法在描述湍流应力和输运时也非常困难。这些方法的详细说明可以参阅文献［3］。

由于 DDM 模型最常用于内燃机模拟中，因此在本书中仅对其进行讨论，并且本书中的所有计算示例均使用 DDM 模型。有关 DDM 方法的详细说明，请参见第 5.2.1 小节。DDM 方法假定，燃油在初次破碎后，形成的液滴足够小，可以视为点源。因此，喷雾过程可以用喷雾方程式描述[4]，其中喷雾由液滴分布函数 f 表示，该液滴分布函数除时间以外还具有十个独立变量。它们是三个液滴位置分量 x，三个速度分量 v，液滴半径 r，温度 T_d，液滴离开球形的变形 y 及其时间变化率 $\dot{y} = dy/dt$。无量纲量 y 与液滴表面偏离平衡位置的位移与液滴半径 r 的比值成比例（参见第 5.3.1 小节）。液滴分布函数为

$$f = f(x, v, r, T_d, y, \dot{y}, t) \tag{3-14}$$

它被定义为：$f(x, v, r, T_d, y, \dot{y}, t) \, dv dr dT_d dy d\dot{y}$，是在位置 x 和时间 t 时、速度在 $(v, v+dv)$ 区间、半径在 $(r, r+dr)$ 区间、温度在 $(\dot{T}_d, \dot{T}_d + d\dot{T}_d)$ 区间、位移参数在 $(y, y+dy)$ 和 $(\dot{y}, \dot{y}+d\dot{y})$ 区间中单位体积可能的液滴数量[5]。

f 的第一个意义为液滴的数量密度

$$n = \int f \cdot dv dr dT_d dy d\dot{y} \tag{3-15}$$

第二意义是关联液滴半径 r 与液体体积分数 θ 和液体宏观密度 ρ_l'

$$\theta = \int \frac{4}{3}\pi r^3 f \cdot dv dr dT_d dy d\dot{y} \tag{3-16}$$

$$\rho_l' = \rho_d \theta = \int \frac{4}{3}\pi r^3 \rho_d f \cdot dv dr dT_d dy d\dot{y} \tag{3-17}$$

式中，ρ_d 是液体微观密度（液滴密度）。注意 ρ_l' 可以和气体密度相当或者更大。

f 随时间的变化通过求解以下喷雾方程得到：

$$\frac{\partial f}{\partial t} + \nabla_x \cdot (fv) + \nabla_v \cdot \left(f\frac{dv}{dt} \right) + \frac{\partial}{\partial r}\left(f\frac{dr}{dt} \right) + \frac{\partial}{\partial T_d}\left(f\frac{dT_d}{dt} \right) + \frac{\partial}{\partial y}(f\dot{y}) + \frac{\partial}{\partial \dot{y}}\left(f\frac{d\dot{y}}{dt} \right)$$
$$= \dot{f}_{coll} + \dot{f}_{bu} \tag{3-18}$$

源项$\dot{f}_{coll}$和$\dot{f}_{bu}$是由于液滴碰撞和破碎而产生（参见第5.3.2节和5.3.1节）。通过求解式（3-18），式（3-9）~式（3-11）中的喷雾交换项由下式给出：

$$\dot{\rho}^s = -\int f\rho_d 4\pi r^2 \frac{dr}{dt} d\boldsymbol{v} dr dT_d dy d\dot{y} \tag{3-19}$$

$$\boldsymbol{F}^s = -\int f\rho_d \left[\frac{4}{3}\pi r^3 \boldsymbol{F}' + 4\pi r^2 \frac{dr}{dt}\boldsymbol{v}\right] d\boldsymbol{v} dr dT_d dy d\dot{y} \tag{3-20}$$

$$\dot{Q}^s = -\int f\rho_d \left\{4\pi r^2 \frac{dr}{dt}\left[I_l + \frac{1}{2}(\boldsymbol{v}-\boldsymbol{u})^2\right] + \frac{4}{3}\pi r^3 \left[c_l \dot{T}_d + \boldsymbol{F}' \cdot (\boldsymbol{v}-\boldsymbol{u}-\boldsymbol{u}')\right]\right\} d\boldsymbol{v} dr dT_d dy d\dot{y}$$

$$\tag{3-21}$$

在湍流$k-\varepsilon$模型中（参见第4.2节和第4.3节）源项的计算式为

$$\dot{W}^s = -\int f\rho_d \frac{4}{3}\pi r^3 \boldsymbol{F}' \cdot \boldsymbol{u}' d\boldsymbol{v} dr dT_d dy d\dot{y} \tag{3-22}$$

式中，$\boldsymbol{F}' = d\boldsymbol{x}/dt - \boldsymbol{g}$；$(\boldsymbol{v}-\boldsymbol{u})$是液滴和气体之间的相对速度；$\boldsymbol{u}'$是气相湍流强度；$I_l$是液滴的内能；$c_l$是液滴的比热容。

式（3-18）描述了液滴分布函数的变化过程。但是，用于描述液滴破碎、变形、碰撞、阻力、蒸发和液滴/壁面相互作用的子模型也都需要建立，这些子模型将在之后的章节中进行介绍（请参见第5章）。

与化学反应相关联的源项也需要建立模型。这些模型将会在之后的章节中进行讨论。在给出所有子模型的基础上，加入经过适当处理的初始条件、边界条件以及流体物性后，就可以对上述方程组进行数值求解，以解析内燃机中的流体流动现象。

3.2 数值计算方法

为了数值求解控制偏微分方程（Partial Differential Equations，PDEs），引入了偏微分方程的近似方程。这些近似将偏导数转化为有限差分式，将偏微分方程改写为代数方程。随后，就可以利用计算机在目标区域内的离散点处求解这些近似后的代数方程。有数量众多的数值方法可供选择，它们在计算精度、效率和稳定性方面各具特点。在本书中，我们不打算涵盖关于CFD数值方法的大量内容，而只是介绍常用的内燃机模拟程序KIVA和CONVERGE中数值处理方法的主要特点。对CFD数值方法系统化的描述可以在许多CFD书籍中找到，例如张德良的书[6]。

在KIVA程序中[5,7-9]，气相求解过程是基于一种被称为任意拉格朗日-欧拉（Arbitrary Lagrangian – Eulerian，ALE）的有限容积法[10, 11]。空间差分是在具有任意六面体的有限差分网格上形成的，该网格将计算区域细分为若干个六面体小单元。使用任意形状网格对内燃机模拟来说具有显著优点，因为任意网格可以顺应曲线边界，并且可以随着燃烧室几何形状的移动而变化。在这种方法中，除速度外，所有气体流动物理量都存储在单元中。气体速度存储在以单元顶点为中心的动量单元中。因此，速度位于顶点，而其它量位于单元中心。

KIVA 程序中的时间差分格式在很大程度上是隐式的。隐式差分用于所有扩散项和与压力波传播相关的项。耦合隐式方程组的求解采用压力连接方程的 SIMPLE 半隐式方法（Semi – Implicit Method for Pressure – Linked Equations，SIMPLE）[12]。瞬时解以一系列被称为周期或时间步长的有限时间增量函数进行。在每个时间步长中，因变量的值是根据上一个时间步长中的值来计算的。在 ALE 方法中，每个时间步长被分为两相：拉格朗日相和再分区相。在拉格朗日相中，顶点随着流体速度的变化而移动，并且没有穿过单元边界的对流输运。在再分区阶段，流场被冻结，顶点被移动到用户指定的新位置，流场被重新映射或再分区到新的计算网格上。这种再映射是通过跨计算单元边界的变量输运来完成的，这些计算单元被认为是相对于流场移动的。准二阶迎风 QSOU（Quasi – Second – Order Upwind）方法[5]用于计算再分区相的对流输运。

KIVA 中时间步长是根据准确性而非稳定性标准计算得出的。此特点与某些商用 CFD 软件不同。后者以稳定性为重，以避免客户因计算崩溃而产生抱怨。KIVA 程序中使用了一种自动时间步长控制方法，该方法要求时间步长 Δt 满足相关条件。Δt 的第一个精度条件是：

$$\Delta t_{acc} < \sqrt{f_a \Delta x \left| \frac{\mathrm{d}\boldsymbol{u}}{\mathrm{d}t} \right|^{-1}} \tag{3-23}$$

式中，f_a 的典型值是 0.5；Δx 是一个单元的平均尺寸。Δt 的第二个精度条件是：

$$\Delta t_{res} < \frac{f_r}{|\lambda|} \tag{3-24}$$

式中，$f_r = 1/\sqrt{3}$；λ 是应变率张量的特征值。此条件限制了由于网格运动而导致的单元变形量。

Δt 的另外两个精度条件，是考虑到化学放热以及与喷雾的质量和能量交换，从而可以精确地耦合气体流场和源项的需要。它们由以下公式表示：

$$\Delta t_{ch} < f_{ch} \left(\frac{\rho_i e_i}{\dot{Q}_i^c} \right) \tag{3-25}$$

$$\Delta t_{sp} < f_{sp} \left(\frac{\dot{\rho}_i^s}{\rho_i} \right) \tag{3-26}$$

式中，f_{ch} 和 f_{sp} 的典型值为 0.1。此外，时间步长 Δt_{gr} 用于限制时间步长的增长

量。其表达式为

$$\Delta t_{gr} = 1.02\Delta t \tag{3-27}$$

柯朗稳定性条件还用于限制对流输运的时间步长 Δt_c。该条件由下式给出：

$$\Delta t_c \leqslant f_{con}\Delta t_c \min\left(\frac{V_i}{\delta V_i}\right) \tag{3-28}$$

式中，V_i 是计算单元 i 的体积；δV_i 是该单元计算的通量体积；f_{con} 的典型取值为 0.2，以减少时间步长来保证计算精度。

然后，第 $n+1$ 个计算周期的主时间步长为

$$\Delta t^{n+1} = \min(\Delta t_{acc}^{n+1}, \Delta t_{rst}^{n+1}, \Delta t_{ch}^{n+1}, \Delta t_{sp}^{n+1}, \Delta t_{gr}^{n+1}, \Delta t_c^{n+1}, \Delta t_{mx}, \Delta t_{mxca}) \tag{3-29}$$

式中，时间步长 Δt_{mx} 是计算初始输入的最大时间步长；Δt_{mxca} 是基于计算初始输入的最大曲轴转角的最大时间步长。

利用基于蒙特卡罗方法和离散粒子方法的随机粒子方法求解喷雾动力学方程。该方法已被证实非常有效和准确。在离散粒子方法中，连续液滴的概率分布函数 f 近似为离散分布函数 f'：

$$f' = \sum_{p=1}^{N_p} N_p\delta(\boldsymbol{x} - \boldsymbol{x}_p)\delta(\boldsymbol{v} - \boldsymbol{v}_p)\delta(r - r_p)\delta(T_d - T_{d_p})\delta(y - y_p)\delta(\dot{y} - \dot{y}_p)$$

$$\tag{3-30}$$

每个粒子 p 由 N_p 个具有相同位置 $\boldsymbol{x}_p$、速度 $\boldsymbol{v}_p$、尺寸 r_p、温度 T_{d_p} 和振荡参数 y_p 和 $\dot{y}_p$ 的液滴组成。粒子和液滴的轨迹重合，粒子在其所在的计算单元中与气体交换质量、动量和能量。

差分方程可以用来近似控制方程。然后使用上述数值方法计算差分方程。差分方程的计算过程需要一系列计算步骤。计算程序的细节在这里不过多展开，可以在文献［5］中找到。

为了求解有限差分方程，必须给出计算域内的一组网格点及其边界。这种网格系统的创建被称为网格生成。由于内燃机复杂的边界几何形状（如曲面的活塞形状、倾斜的气门），网格生成一直是内燃机数值模拟的瓶颈。直到20世纪90年代中期，才报道了针对直喷柴油机[13]和直喷汽油机[14]的具有真实气门运动的进气流动的开创性模拟结果。

在 KIVA3[7] 中，使用块状结构网格，通过间接寻址定义连通性。由于不再需要维持大量的失去作用的计算网格，使其可以高效地对复杂几何结构进行模拟。KIVA3V[8]增加了可对气缸盖上具有任意数量的垂直或倾斜气门进行模拟的功能。它将气门视为实体，通过所谓的移动技术使其在网格中移动。

虽然网格生成技术的进步使得数值模拟一个完整的内燃机进气和排气过程成为可能，但是网格生成仍然是耗时和烦琐的。福特研究实验室开发了一种先进的方法来快速生成带移动气门的发动机网格，将某新型发动机的网格生成时间从

3~4周缩短到了2~3天[15]。

　　Senecal 及其同事[16]在内燃机网格生成方面进行了突破性创新，他们创建了商业 CFD 软件 CONVERGE 并不断发布更新版本[17]。由于 CONVERGE 已在全球范围内获得广泛的应用，我们在此简要介绍其网格生成和数值模拟方法。

　　CONVERGE 使用了一种改进的笛卡儿单元切割方法，该方法不再需要计算网格随目标几何体形状改变而改变，同时仍然可以正确地表示几何体。这种方法有两个显著的优点。首先，选择网格的类型是为了计算效率，而不是几何形状。因而可以使用简单的正交网格，这大大简化了程序的数值计算量。第二，网格生成时间和复杂度大大降低，因为复杂的几何体只需要映射到底层的正交网格上。用户只需提供一个包含几何体表面的文件，该表面由三角形曲面构成封闭表面。这个文件很容易从大多数 CAD 软件包中以 STL 格式输出。

　　CONVERGE 运行时在内部生成实际网格，并使用提供的三角表面去切割与曲面相交的单元。任何单元都可以被任意数量的表面三角形切割，从而使网格能够精确地表示边界。使用简单正交网格允许选择多种网格处理选项，以提高模拟的精度和速度。网格处理选项包括细化整体网格分辨率、在模拟过程中从粗网格到细网格的网格尺寸映射、由用户在关键流动区域加密网格，以及基于预定义亚网格尺度的自适应加密网格。CONVERGE 在网格生成的这些特点使其在内燃机数值模拟中具有独特的优势。

　　在 CONVERGE 中，采用有限容积法求解守恒方程。使用 Rhie 和 Chow 算法[18]将所有计算变量设置在计算单元的中心，并维持变量的同位设置，消除不需要的网格排列。动量方程通过 Issa 提出的 PISO 拆分运算式的隐式压力算法（Pressure Implicit with Splitting of Operators）[19]求解。在 CONVERGE 中实现的 PISO 算法首先经过一个预估过程求解动量方程。完成预估过程后，导出并求解压力方程，接下来对动量方程进行修正。这个修正和解析过程可根据需要迭代计算多次，直到达到精度要求。在完成第一次预估和修正后，依次求解其他输运方程。

　　CONVERGE 还具有多重网格压力求解器和时间步长控制算法。它可以在共享和分布式内存计算机上并行运行。更详细的数值方法参见 CONVERGE 手册[17]。

3.3　边界条件

3.3.1　一般性描述

　　求解守恒方程必须有边界条件。边界条件也为确定模拟内燃机的一些重要参数提供了必要的信息，如进气道端口处的空气流量和通过气缸壁的传热量。在内燃机模拟中通常使用三种边界条件，即刚性壁边界、流入边界和流出边界。一般来说在每个边界处，守恒方程中的每一个量 q 都需要一个值 V（第一类边界条件）；或者 q 的空间变化率需要有一个值 V_i（第二类边界条件）。因此，边界条件可以如下式表示为

$$q = V \tag{3-31}$$

或

$$\frac{\partial q}{\partial x_i} = V_i \tag{3-32}$$

式中，q 代表任意一个被求解量（例如，压力、温度、速度、组分质量分数、能量等）；在许多情况下，V_i 等于零。

对于流入边界，边界条件可以是第一类边界或第二类边界。对于流出边界，$\partial q / \partial x_i$ 的法向分量设置为零。刚性壁面的速度和温度边界条件有好几种类型。刚性壁面上的速度边界条件可以是自由滑移、无滑移或湍流速度对数壁函数。

温度边界条件包括绝热壁面和定温壁面。在内燃机模拟中，通常采用定温壁面下的速度对数壁函数边界条件。内燃机壁面温度通常是根据有限的试验数据估算的。但是，通过对金属壁的有限元计算，可以进行共轭传热分析以准确地预测壁温[20]。在这种情况下，通过计算壁面附近的气体对流换热和壁面内部的热传导，迭代求解壁面温度和传热量。

刚性壁面上的速度边界条件可通过施加在壁面上的速度值或壁面应力值 $\sigma_w = \boldsymbol{\sigma} \cdot \boldsymbol{n}$ 限定，其中 $\boldsymbol{n}$ 是垂直于壁面的单位矢量。在无滑移壁面上，气体速度与缸壁速度相同：

$$\boldsymbol{u} = w_{wall} \boldsymbol{k} \tag{3-33}$$

式中，假设缸壁在 z 轴方向上以 w_{wall} 的速度移动。在自由滑动边界上，法向气体速度与法向壁面速度相等：

$$\boldsymbol{u} \cdot \boldsymbol{n} = w_{wall} \boldsymbol{k} \cdot \boldsymbol{n}$$

另一方面，可以数值解析壁面附近的速度分布。但是，在内燃机模拟中这样的做法是不切实际的，因为不能提供足够的网格密度。对内燃机湍流，建议使用壁函数来计算近壁区域的流体速度和温度。也就是说在最接近壁面的网格点处用壁函数计算出流体速度和温度，从而数值地确定壁面的剪切应力和传热量。下面的章节将详细讨论这种方法。

当假设流场具有关于 z 轴（气缸轴）的 N 倍周期性（对称性）时，可以使用周期性边界条件。在这种情况下，计算区域由 $0 \leqslant \theta \leqslant 2\pi/N$ 的扇形区域组成。$\theta = 0$ 和 $\theta = 2\pi/N$ 的边界被称为周期性边界。施加在这些边界上的条件可以从 N 倍周期性假设推导出来。对于标量 q，要求 $q(r, \theta, z) = q(r, \theta + 2\pi/N, z)$。对于矢

量 v，要求 $v(r, \theta + 2\pi/N, z) = R \cdot v(r, \theta, z)$，式中 R 是对应于角度 $2\pi/N$ 的旋转矩阵。如果燃烧室围绕气缸轴对称并且喷雾油束均匀分布在燃烧室中，则柴油机模拟通常使用周期性边界。为了提高计算效率，这种模拟将使用包含一个喷雾油束的扇形网格。本书将在后面的章节中举例说明。

在内燃机模拟中确定边界条件通常比较困难，而且有时带有任意性。部分原因是因为缺乏所模拟发动机的数据（例如壁温）；另一部分原因是理论中的隐性假设（例如，流入边界处的湍动能和长度尺度）。边界条件随时间的变化（例如，进气道口处的空气压力波动）增加了问题的复杂性。显然，合适的试验数据和良好的工程经验有助于解决这些问题。另一方面，为了缓解这一问题同时提高模拟精度，一些相应的数值方法和技术得到了一定的发展。

由于准维或一维（1D）热力学模型可以求解内燃机进气和排气边界处气体速度、压力和温度等参数的详细变化，因而可以将它们与三维（3D）燃烧模拟相结合，为后者提供所需的边界和初始条件。常用的方法是将 1D 内燃机模型和 CFD 程序集成在一起进行内燃机模拟[21-23]。通常，1D 模型用于气体动力学系统的模拟（例如，进气和排气歧管中的气体交换过程），而 3D CFD 程序用于缸内燃烧和排放的模拟。例如，在 Millo 等的研究[22]中，通过特别设计的计算方法用 GT-SUITE[24]进行 1D 模拟，用 CONVERGE 进行 3D CFD 模拟，对柴油机进行燃烧模拟。与试验数据相比，这种方法的预测结果更为准确。

多循环模拟是内燃机模拟中产生收敛边界和初始条件的另一种有效方法。吴振阔和韩志玉[25]评估了模拟循环的次数对一个车用涡轮增压进气道喷射天然气发动机模拟计算结果收敛性的影响。利用 CONVERGE 程序对带有进气道/进气歧管和排气道的发动机气缸进行了计算，并将前一循环的结果作为当前循环的边界条件和初始条件。通过比较每个循环的计算参数，他们得出的结论是：为了获得收敛和稳定的结果，需要三个计算循环。

图 3-1（见彩插）展示了计算的缸内滚流比和涡流比、总体当量比和缸内质量平均的湍动能在前四个模拟循环的比较。很明显，单次循环模拟无法得到良好的预测结果，尤其是对天然气喷射的预测。在第一次循环中无法正确预测天然气喷射，因为此时在进气道中天然气运动还没有形成。在第三次循环后，计算参数收敛，结果可信。

3.3.2　速度对数壁函数

根据湍流边界层理论，在近壁区，如果离壁面距离足够小，则气体速度可近似为湍流边界层的对数区或层流层区域。湍流速度壁函数的推导可以在许多学术论文和书籍中找到（例如，Warsi 的书[26]），并且得到的公式非常相似。在这里，我们介绍 KIVA 程序中使用的公式。

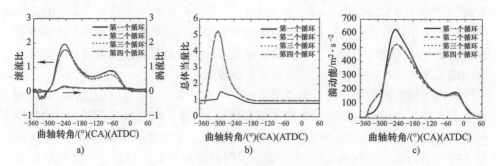

图 3-1 天然气喷射发动机数值计算结果

a）滚流比与涡流比 b）总当量比 c）质量平均湍动能

在速度对数壁函数模型中，假设：

1）垂直于壁面的梯度要比平行于壁面的梯度大得多。

2）流体的速度方向平行于壁面。

3）忽略压力梯度变化。

4）忽略黏性耗散和焓扩散对能流的影响。

5）忽略辐射传热。

6）不考虑壁面上的油膜和喷雾碰壁的影响。

7）理想气体。

因此，壁面速度函数可由守恒方程推导出。Amsden 等[5]进行了推导并给出了速度壁函数：

$$\frac{v}{u^*} = \begin{cases} \dfrac{1}{\kappa}\ln(c_{lm}R^{7/8}) + B & R > R_c \\ R^{1/2} & R \leqslant R_c \end{cases} \tag{3-34}$$

式中，$R = vy/\nu_0$ 是基于气体相对壁面的速度 $v = |\boldsymbol{u} - w_{wall}\boldsymbol{k}|$ 的雷诺数，该值是根据到固体壁面的距离 y 计算得到的；ν_0 是运动黏度；u^* 称为剪切速度；R_c 定义了湍流边界层中对数区域和层流层区域之间的边界。对于经典 $k-\varepsilon$ 湍流模型（参见 4.2 节），式（3-34）中的常数 κ、c_{lm}、R_c 和 B 的取值为 $\kappa = 0.4327$，$c_{lm} = 0.15$，$R_c = 114$，$B = 5.5$。

Launder 和 Spalding[27]提出的经典速度壁函数由下式给出：

$$\frac{v}{u^*} = \begin{cases} \dfrac{1}{\kappa}\ln(y^+) + B & y^+ > 10.18 \\ y^+ & y^+ \leqslant 10.18 \end{cases} \tag{3-35}$$

在式（3-35）中，$y^+ = u^*y/\nu_0$。基于流动试验得到的冯卡门常数 $\kappa = 0.4$，常数 $B = 5.5$。这两个常数的值与式（3-34）中的值非常接近。值得一提的是公式（3-34）的优点是不需要迭代计算来求解未知剪切速度 u^*。

在边界处，如果使用 $k-\varepsilon$ 湍流模型来模拟气体湍流，则 u^* 可以由式 $u^* = k^{1/2}C_\mu^{1/4}$ 根据湍动能 k 计算得到。在壁面处，湍动能 k 及其耗散率 ε 的边界条件为

$$\nabla k \cdot \boldsymbol{n} = 0 \tag{3-36}$$

$$\varepsilon = \frac{C_\mu^{3/4} k^{3/2}}{\kappa y} \tag{3-37}$$

式中，C_μ 是模型常数，在经典 $k-\varepsilon$ 湍流模型中，其值等于 0.09；y 是离最近壁面的物理距离。

3.3.3 温度壁函数和壁面传热

可以通过给定壁面温度 T_w 或壁面传热量 q_w 而确定刚性壁面上的温度边界条件，对于绝热壁面，q_w 为零。对于自由滑动或无滑动的定温壁面，壁面温度预先设定。对于使用湍流壁函数模型的固定温度壁面，q_w 由以下方程式确定。

温度壁函数为计算壁面单元内的气体温度提供了一种公式，并给出了计算壁面传热量的表达式。在此我们首先推导温度壁函数[28]，然后讨论壁面传热问题。

在内燃机中缸内流动的近壁区，在前面给出的流体假设下，式（3-11）的一般能量守恒方程可以简化为

$$\frac{\partial q}{\partial y} = -\rho c_p \frac{\partial T}{\partial t} + \frac{dp}{dt} - \dot{Q}^c \tag{3-38}$$

式中，c_p 是比定压热容；传热量为

$$q = -(\lambda + \lambda_t)\frac{\partial T}{\partial y} \tag{3-39}$$

式中，λ_t 是湍流导热系数。式（3-38）右侧的第一项是非定常项，说明了控制容积中能量随时间的变化；第二项是压力做功项；第三项是化学反应的放热项。

众所周知，内燃机壁面传热在本质上是非定常的，如式（3-38）所述。但是，我们可以通过借用准定常假设来近似这个过程。在壁面（$y=0$）处，对式（3-38）积分得到

$$-c_p\left(\frac{\mu}{Pr} + \frac{\mu_t}{Pr_t}\right)\frac{dT}{dy} = q_w + Gy \tag{3-40}$$

式中，$G = \overline{\dot{Q}^c}$ 是平均化学放热量；普朗特常数为 $Pr = c_p\mu/\lambda$，湍流普朗特常数为 $Pr_t = c_p\mu_t/\lambda_t$，$\mu_t$ 是湍流黏度。我们引入无量纲量如下：

$$\nu^+ = \frac{\nu_t}{\nu_0}, \ y^+ = \frac{u^* y}{\nu_0}, \ G^+ = \frac{Gv_0}{q_w u^*} \tag{3-41}$$

接着，我们得到

$$-\frac{\rho c_p u^*}{q_w}\mathrm{d}T = \frac{1}{\left(\dfrac{1}{Pr}+\dfrac{\nu^+}{Pr_t}\right)}\mathrm{d}y^+ + \frac{G^+ y^+}{\left(\dfrac{1}{Pr}+\dfrac{\nu^+}{Pr_t}\right)}\mathrm{d}y^+ \qquad (3\text{-}42)$$

对式（3-42）从 0 到 y^+ 积分。式（3-42）的左侧变成

$$T^+ = \int_{T_w}^{T}\frac{\rho c_p u^*}{q_w}\mathrm{d}T = \frac{\rho c_p u^* T\ln(T/T_w)}{q_w} \qquad (3\text{-}43)$$

为了对式（3-42）的右侧积分，需要有描述 Pr_t 和 ν_t（$\nu_t = \mu_t/\rho$）变化的相关表达式。基于对文献中许多关系式的分析，韩志玉和 Reitz[28] 提出了一种曲线拟合关系式，如下所示：

$$\begin{cases} \dfrac{\nu^+}{Pr_t} = a + by^+ + cy^{+2} & y^+ \leqslant y_0^+ \\[2mm] \dfrac{\nu^+}{Pr_1} = my^+ & y^+ > y_0^+ \end{cases} \qquad (3\text{-}44)$$

式中，常数 a、b、c 和 m 分别为 0.1、0.025、0.012 和 0.4767，从数学上考虑，把 y_0^+ 设为 40。将式（3-44）代入式（3-42），并将积分分成两部分，则有

$$T^+ = \int_{0}^{y_0^+}\frac{1}{Pr^{-1}+a+by^++cy^{+2}}\mathrm{d}y^+ + \int_{y_0^+}^{y^+}\frac{1}{my^+}\mathrm{d}y^+ +$$

$$\int_{0}^{y_0^+}\frac{G^+ y^+}{Pr^{-1}+a+by^++cy^{+2}}\mathrm{d}y^+ + \int_{y_0^+}^{y^+}\frac{G^+}{m}\mathrm{d}y^+ \qquad (3\text{-}45)$$

其中积分的第二部分忽略了 Pr^{-1}，因此假设湍流效应在边界层区域占主导地位。最后，给出壁面温度函数：

$$T^+ = 2.1\ln(y^+) + 2.1G^+ y^+ + 33.4G^+ + 2.5 \qquad (3\text{-}46)$$

并给出对应的壁面传热通量公式为

$$q_w = \frac{\rho c_p u^* T\ln(T/T_w) - (2.1y^+ + 33.4)Gv_0/u^*}{2.1\ln(y^+) + 2.5} \qquad (3\text{-}47)$$

如果源项 G 可以忽略，公式（3-47）就变成

$$q_w = \frac{\rho c_p u^* T\ln(T/T_w)}{2.1\ln(y^+) + 2.5} \qquad (3\text{-}48)$$

对于不可压缩流体，式（3-46）依旧成立，但是式（3-43）变成

$$T^+ = \int_{T_w}^{T}\frac{\rho c_p u^*}{q_w}\mathrm{d}T = \frac{\rho c_p u^* (T - T_w)}{q_w} \qquad (3\text{-}49)$$

相应的，我们得到

$$q_w = \frac{\rho c_p u^* (T - T_w) - (2.1y^+ + 33.4)Gv_0/u^*}{2.1\ln(y^+) + 2.5} \qquad (3\text{-}50)$$

如果不考虑燃烧，式（3-50）简化为

$$q_w = \frac{\rho c_p u^* (T - T_w)}{2.1\ln(y^+) + 2.5} \qquad (3-51)$$

比较式（3-48）中的可压缩流体传热和式（3-51）中的不可压缩流体传热，可以立即看出，由于气体的可压缩性，气体温度对传热计算的影响是完全不同的。

现在我们讨论壁面传热模型。内燃机传热是内燃机研究的经典课题。它很重要，因为它影响内燃机热效率、污染物排放和部件热应力。准确预测壁面传热不仅有助于更好地理解传热损失机理，而且有助于提高内燃机燃烧模拟的整体精度。通过燃烧室壁面的传热量主要是由于气相对流、燃油油膜传导以及高温气体和碳烟辐射。在许多情况下，例如在预混发动机和无喷雾碰壁的柴油机壁面上，气相对流传热是主要问题。

数十年来，人们对内燃机传热现象进行了广泛的研究。前人已经提出了许多数学模型。从整体分析的角度来看，基于量纲分析的传统模型（关系式）是有用的[29]。但是，它们不能提供空间变化率。此外，这些模型缺乏可靠的理论基础，当应用范围超过其经验常数对应的条件时，其预测结果往往不准确。

由于相对于实际计算网格尺寸而言，内燃机缸内流体的边界层很薄，因此在内燃机多维计算中，通常使用速度和温度壁函数（或温度曲线）来求解壁面剪切应力和传热。一些模型是基于湍流边界层理论和不可压缩流体假设提出的[5, 27]。然而，这些模型的预测效果不尽人意，研究表明，壁面传热量被严重低估了[30]。

内燃机流动的不可压缩性假设是值得怀疑的，因为气体密度会因活塞运动和燃烧而发生显著变化。从壁面传热方程的推导可以看出，气体压缩性的影响是显著的。韩志玉和 Reitz[28] 建立了内燃机可压缩流体的温度壁函数模型，如式（3-46）~ 式（3-48）所示，该模型显著提高了内燃机传热的预测精度。

为了评估传热模型，将预混点燃式发动机的计算结果与试验数据进行比较，如图 3-2 所示。发动机在 1500r·min⁻¹，中等负荷工况下运转。使用 KIVA2 程序进行模拟。图 3-2 中，计算的监测点位置与在 HT－1 至 HT－5 标记的测量位置相同。HT－1 到 HT－4 的四个径向位置位于发动机缸盖上，HT－5 位于缸套上。有关测量的更多信息，请参见文献 [31]。如图 3-2 所示，就传热量的相位和数量而言，得到了令人满意的预测结果。还可以看出，当火焰在燃烧室中传播时，传热量峰值从 HT－1 到 HT－5 的曲轴转角逐步后移。

如图 3-3 所示，气体压缩性显著影响壁面传热预测。其中采用式（3-48）的模型称为可压缩模型，采用式（3-51）的模型称为不可压缩模型。此外，还用 Launder 和 Spalding 提出的不可压缩流体的 L－S 模型[27]进行了比较。L－S 模型如下所示为

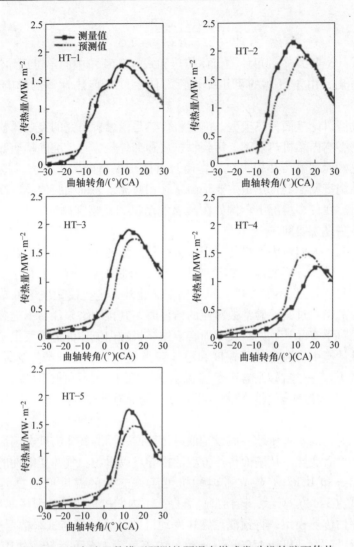

图 3-2 温度壁函数模型预测的预混点燃式发动机的壁面传热

$$T^+ = \frac{Pr_t u^*}{\left(\dfrac{\tau_w}{\rho U}\right)} + Pr_t \frac{\pi/4}{\sin(\pi/4)} \left(\frac{A}{\kappa}\right)^{0.5} \left(\frac{Pr}{Pr_t} - 1\right) \left(\frac{Pr_t}{Pr}\right)^{0.25} \tag{3-52}$$

式中，T^+ 由式（3-49）定义；范德里斯常数 A 为 26。

图 3-3 中的结果清楚地表明，不考虑气体压缩性的模型明显低估了发动机中的传热，而可压缩模型很好地再现了试验测量结果。

在当前传热模型的推导过程中，引用了准稳态假设，如式（3-40）所示。因此，该模型不包含能量方程中的瞬态温度项和压力做功项。非定常性的影响通

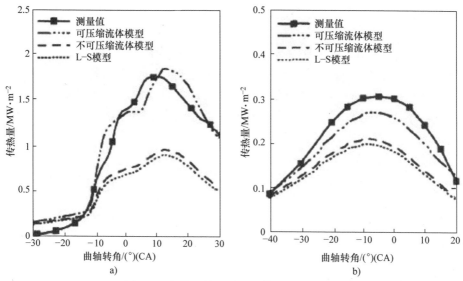

图 3-3　气体压缩性对壁面传热预测的影响

a）着火发动机　b）倒拖发动机

过在传热量中加入一个近似项 q_{ss} 来检验[28]，结果如图 3-4 所示。从图 3-4a 可以看出，非定常性的影响是微不足道的。模型中考虑了化学放热的影响。图 3-4b 比较了式（3-47）（考虑放热）和式（3-48）（不考虑放热），结果表明能量方程中忽略放热源项不会导致壁面传热量预测出现较大误差。

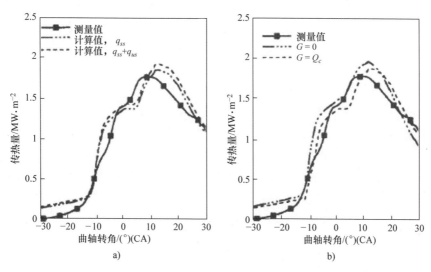

图 3-4　不同因素对壁面传热预测的影响

a）非定常性　b）化学放热

对卡特彼勒一款柴油机的传热也进行了模拟[28]。在模拟中，选择气缸盖上的三个位置来监测壁面传热量计算，它们分别位于距气缸轴线 15mm、45mm 和 60mm 处，标记为 HT-1 ~ HT-3。HT-1 位于喷油器附近，HT-2 位于靠近活塞凹坑边缘的上方，HT-3 位于缸套挤流区最近的上方。在卡特彼勒柴油机中，喷油后不久，喷雾油滴会碰撞到活塞凹坑表面，但在气缸盖上喷雾与壁面的相互作用忽略不计。因此，在现有的传热模型中忽略喷雾影响对分析缸盖传热过程是有效的。

计算的壁面传热量如图 3-5 所示，同时也给出了燃烧放热率以供参考。可以看出，与图 3-2 中讨论的均匀混合气发动机不同，柴油机的壁面传热量分布非常不均匀。在 HT-1 处有两个传热峰值，第一个峰值对应于着火后的初始预混燃烧，如放热率曲线所示。第二个峰值是由扩散燃烧的高温气体引起的。HT-2 处的传热量在约 10°(CA)(ATDC) 时迅速增加。此时，计算和试验火焰图像均表明高温火焰

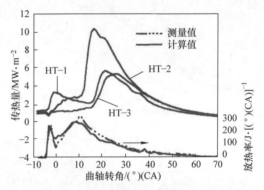

图 3-5 重型柴油机壁面传热计算结果，放热率显示火焰扩散历程

到达 HT-2 所在的活塞坑边缘。因此，HT-2 处的传热量高达 10MW · m^{-2}。随后，在约 20°（CA）（ATDC）时，火焰向挤流区延伸，HT-3 处的壁面传热量开始增加。预测的传热量变化与内窥镜燃烧图像显示的火焰发展过程一致，其数量大小也在重型柴油机以往测量值的范围内[29]。

以上所讨论的壁函数传热模型由于其精确和简单的特点得到了广泛的应用。Rakopoulos 等通过对不同压缩比、涡流比和活塞形状的三个火花点燃式发动机和三个柴油机试验数据进行详细比较，对几种传热模型进行了深入的评估[32]。他们的结论是，韩志玉和 Reitz 的模型[28]虽然是一个非常简单的公式，但表现却令人满意。在所研究的大多数发动机和工况中，它捕捉到了压缩和膨胀行程中峰值传热量的大小及其趋势，且结果接近试验值。它适用于低转速和高转速工况、不同压缩比和负荷的火花点燃式发动机和柴油机。

参 考 文 献

[1] KUO K K. Principles of combustion [M]. New York: John Wiley & Sons, 1986.

[2] DUKOWICZ J K. A particle-fluid numerical model for liquid sprays [J]. Journal of Computational Physics, 1980, 35 (2): 229-253.

[3] REITZ R D. Computer modeling of sprays：Lecture notes at the spray technology short course [Z]. 1996.

[4] WILLIAMS F A. Spray combustion and atomization [J]. Physics of Fluids, 1958, 1 (6)：541－545.

[5] AMSDEN A A, O'ROURKE P J, BUTLER T D. KIVA－II：A computer program for chemically reactive flows with sprays [R]. Los Alamos, NM, USA：Los Alamos National Laboratory, LA－11560－MS, 1989.

[6] 张德良. 计算流体力学教程 [M]. 2 版. 北京：高等教育出版社, 2010.

[7] AMSDEN A A. KIVA－3：A KIVA program with block－structured mesh for complex geometries [R]. Los Alamos, NM, USA：Los Alamos National Laboratory, LA－12503－MS, 1993.

[8] AMSDEN A A. KIVA－3V：A block－structured KIVA program for engines with vertical or canted valves [R]. Los Alamos, NM, USA：Los Alamos National Laboratory, LA－13313－MS, 1997.

[9] AMSDEN A A, RAMSHAW J D, O'ROURKE P J, et al. KIVA：A computer program for two－and three－dimensional fluid flows with chemical reactions and fuel sprays [R]. Los Alamos, NM, USA：Los Alamos National Laboratory, LA－10245－MS, 1985.

[10] HIRT C W, AMSDEN A A, COOK J L. An arbitrary Lagrangian－Eulerian computing method for all flow speeds [J]. Journal of Computational Physics, 1974, 14 (3)：227－253.

[11] PRACHT W E. Calculating three－dimensional fluid flows at all speeds with an Eulerian－Lagrangian computing mesh [J]. Journal of Computational Physics, 1975, 17 (2)：132－159.

[12] PATANKAR S V, SPALDING D B. A calculation procedure for heat, mass and momentum transfer in 3－D parabolic flows [J]. International Journal of Heat and Mass Transfer, 1972, 15：1787－1806.

[13] HESSEL R P, RUTLAND C J. Intake flow modeling in a four－stroke diesel using KIVA－3 [J]. Journal of Propulsion and Power, 1995, 11 (2)：378－384.

[14] HAN Z, FAN L, REITZ R D. Multidimensional modeling of spray atomization and air－fuel mixing in a direct－injection spark－ignition engine [J]. SAE Transactions, 1997, 106 (3)：1423－1441.

[15] YI J, HAN Z, TRIGUI N. Fuel－air mixing homogeneity and performance improvements of a stratified－charge DISI combustion system [J]. SAE Transactions, 2002, 111 (4)：965－975.

[16] SENECAL P K, RICHARDS K J, POMRANING E, et al. A new parallel cut－cell Cartesian CFD code for rapid grid generation applied to in－cylinder diesel engine simulations [R]. SAE Technical Paper 2007－01－0159, 2007.

[17] RICHARDS K J, SENECAL P K, POMRANING E. CONVERGE Manual (v2.4) [Z]. Convergent Science Inc., 2017.

[18] RHIE C M, CHOW W L. Numerical study of the turbulent flow past an airfoil with trailing edge separation [J]. AIAA Journal, 1983, 21 (11)：1525－1532.

[19] ISSA R I. Solution of the implicitly discretised fluid flow equations by operator – splitting [J]. Journal of Computational Physics, 1985, 62 (1): 40 – 65.

[20] WIEDENHOEFER J F, REITZ R D. Modeling the effect of EGR and multiple injection schemes on IC engine component temperatures. [J]. Numerical Heat Transfer, Part A: Applications, 2000, 37 (7): 673 – 694.

[21] KOLADE B, MOREL T, KONG S C. Coupled 1 – D/3 – D analysis of fuel injection and diesel engine combustion [J]. SAE Transactions, 2004, 113 (3): 515 – 524.

[22] MILLO F, PIANO A, PEIRETTI Paradisi B, et al. Development and assessment of an integrated 1D – 3D CFD codes coupling methodology for diesel engine combustion simulation and optimization [J]. Energies, 2020, 13 (7): 1612.

[23] RIEGLER U G, BARGENDE M. Direct coupled 1D/3D – CFD – computation (GT – Power/Star – CD) of the flow in the switch – over intake system of an 8 – cylinder SI engine with external exhaust gas recirculation [J]. SAE Transactions, 2002, 111 (3): 1554 – 1565.

[24] Gamma Technologies, LLC. Gamma Technologies: GTISE Help. Version 2016 [Z]. 2015.

[25] WU Z, HAN Z. Numerical investigation on mixture formation in a turbocharged port – injection natural gas engine using multiple cycle simulation [J]. Journal of Engineering for Gas Turbines and Power, 2018, 140 (5): 051704.

[26] WARSI Z U A. Fluid dynamics: Theoretical and computational approaches [M]. 3rd ed. Boca Raton: CRC Press, 2005.

[27] LAUNDER B E, SPALDING D B. The numerical computation of turbulent flows [J]. Computer Methods in Applied Mechanics and Engineering, 1974, 3: 269 – 289.

[28] HAN Z, REITZ R D. A temperature wall function formulation for variable – density turbulent flows with application to engine convective heat transfer modeling [J]. International Journal of Heat and Mass Transfer, 1997, 40 (3): 613 – 625.

[29] BORMAN G, NISHIWAKI K. Internal – combustion engine heat transfer [J]. Progress in Energy and Combustion Science, 1987, 13 (1): 1 – 46.

[30] REITZ R D. Assessment of wall heat transfer models for premixed – charge engine combustion computations [J]. SAE Transactions, 1991, 100 (3): 397 – 413.

[31] ALKIDAS A C. Heat transfer characteristics of a spark – ignition engine [J]. Journal of Heat Transfer, 1980, 102 (2): 189 – 193.

[32] RAKOPOULOS C D, KOSMADAKIS G M, PARIOTIS E G. Critical evaluation of current heat transfer models used in CFD in – cylinder engine simulations and establishment of a comprehensive wall – function formulation [J]. Applied Energy, 2010, 87 (5): 1612 – 1630.

第4章

内燃机缸内湍流

湍流模型是内燃机数值模拟中最重要和最具挑战性的部分。由于缸内湍流直接影响内燃机的燃油喷雾进程、空气 – 燃料混合气的形成和燃烧[1, 2]，因此有必要对湍流流动进行充分的预测，以便更好地理解这些现象，从而改善内燃机的性能和排放。本章将首先讨论缸内湍流的基本特性，为理解相关物理模型提供基础。在阐述雷诺平均（RANS）理论后，详细介绍经典的 $k-\varepsilon$ 模型和目前常用的基于重整化群方法的 RNG $k-\varepsilon$ 模型。最后介绍湍流的大涡模拟（LES）方法和模型，提供大涡模拟在内燃机中的应用示例。

4.1 往复式内燃机的湍流特性

4.1.1 缸内流动

往复式内燃机中的缸内流动非常复杂且紊乱。通常将缸内流动描述为带有湍流旋涡（小尺度脉动）的整体流动（或平均流动）。将缸内流动结构区分为整体流动和脉动实际上是一个概念定义问题，但却十分重要且有益。这个概念为采用试验测量和理论计算手段来描述内燃机的湍流流动奠定了基础，通过试验和计算得到的结果就可以相互比较。

在往复式内燃机的进气过程中，气体通过进气门时会形成射流流动。进气与气缸壁和活塞的相互作用促成了大尺度的旋转流动，称为涡流和滚流，如图 4-1 所示。图 4-2 展示了在一台篷形燃烧室四气门汽油机中产生的壁面射流流动，这些射流流动相抵的结果产生缸内的滚流运动。滚流是绕正交于气缸中心线的轴旋转的流动，图 4-3（见彩插）中的计算流线展示了一台直喷汽油机中的滚流结构[3]。已有研究表明，高强度的滚流可以增强气体湍流，这有利于改善直喷汽油机和进气道喷射汽油机的热效率[4, 5]。

在柴油机中，绕气缸轴线的涡流运动由通过螺旋气道的进气产生。尽管高强度的涡流运动主要用在高速车用柴油机中，但涡流也被用在直喷汽油机中，以改

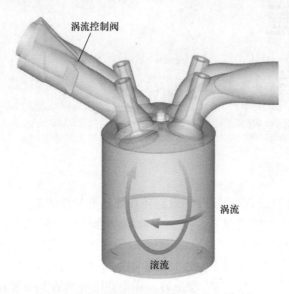

图 4-1　内燃机缸内涡流和滚流示意图

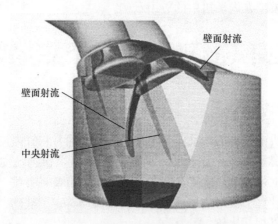

图 4-2　内燃机中的进气喷流示意图

善低速全负荷时的混合气均匀性，以及部分负荷时的燃烧稳定性[6,7]。在这种情况下，如图 4-1 所示，在其中一个进气道中安装一个涡流控制阀，当涡流控制阀部分或完全关闭时，来自两个气道的进气流动会导致缸内流动发生偏斜，从而引起涡流，且涡流强度由涡流控制阀的开度决定。

　　当活塞运动靠近上止点时，在柴油机的活塞凹坑中或汽油机气缸盖下面的燃烧室里也会发生径向气体运动。这类气体流动形式被称为挤流。挤流也会发生在活塞离开上止点的过程中，这类挤流被称为反挤流。挤流有助于在带有深坑燃烧室的高速柴油机中加速混合气形成以及火焰扩散。在假设燃烧室内气体不可压缩

以及质量守恒的前提下，可建立理论
公式来计算上止点附近的挤流
速度[2]。

　　在柴油机的 ω 形燃烧室内，涡
流和挤流之间的强相互作用主导了压
缩行程末期的流场[8, 9]。挤流显著
扰乱了涡流速度的径向分布，破坏其
类固体旋转的流动结构。这种气流扰
动会随着涡流强度和活塞凹坑形状的
改变而产生较大变化，进而改变已有
湍流的输运，并产生额外的湍流。

　　此外，燃油喷射会引起气体的卷
吸运动，喷雾引起的气流运动也会与
已有的滚流、涡流及挤流相互作用，
进一步增加了缸内流场的复杂性。由
于燃烧过程发生在燃油喷射之后，因

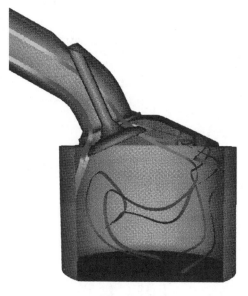

图 4-3　用带状流线展示的滚流结构

此这些相互作用的意义就显得更加重要。因喷雾和气体流动相互作用而产生的叠
加流场最终会影响缸内的混合气形成以及火焰发展。

　　在一个具有四气门和缩口型 ω 形燃烧室的柴油机上采用两相光纤耦合激光
多普勒测速仪（Laser Doppler Velocimeter，LDV）测量并证明了燃油喷射增强湍
流的现象[9]。图 4-4（见彩插）中的结果表明，喷雾与涡流及挤流的相互作用
使得局部湍动能（k）增强，其效果随着不同的喷油压力以及涡流比（R_s）变
化，且燃油喷射的影响比涡流比更大。局部湍流强度可被增大 2 倍以上。

　　利用三维数值模拟可以研究直喷汽油机中喷雾对湍流的影响[10]。在计算的
发动机中，喷油器居中放置在气缸盖顶部，在进气行程期间将燃油垂直喷入气缸
内以形成均匀混合气。发动机在 1500r·min^{-1}、节气门全开的工况下运行，喷
油压力为 4.76MPa。当喷入燃油后，进气产生的滚流和喷雾引起的气流相互作
用，增强了气缸中心区域的流动。此外，喷雾引起的气体卷吸在喷雾外围形成了
强烈的涡旋，从而显著抑制了进气产生的滚流运动，如图 4-5 所示。其抑制程度
的大小受喷射始点（SOI）的影响。

　　图 4-6 展示了同一台发动机在缸盖表面以下 30mm 直线上的平均流速分布，
其中 x 坐标的零刻度线代表气缸轴线，正值表示排气侧远离气缸轴线的距离，而
负值则表示进气门侧远离气缸轴线的距离。该图表明，在该发动机设计和喷油策
略下，喷雾将气缸中心区域的局部平均流速提高了 3.5 倍。图 4-7 给出了与
图 4-6 相同观测位置下计算的湍流强度。尽管在气缸轴线处湍流强度减小，但从

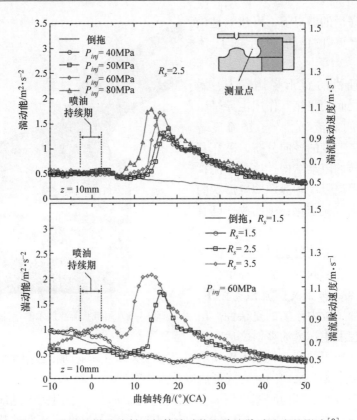

图4-4　柴油机燃油喷射对气体湍动能和湍流脉动速度的影响[9]

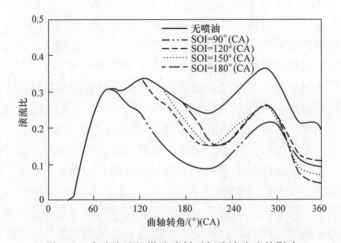

图4-5　直喷汽油机燃油喷射对气流滚流比的影响

整体上看，喷油通过在喷雾区域内造成的流速梯度增大了湍流强度。

图4-8展示了喷雾产生的流动对发动机整体湍流强度的影响，整体湍流强度

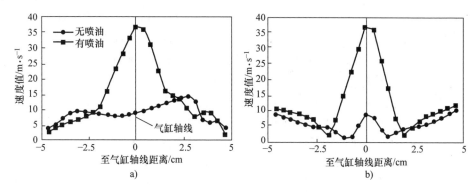

图 4-6　燃油喷射对气体平均速度的影响

a）观测点位于两个进气道间的中心面上　b）观测点位于与 a）观测面正交的中心平面上

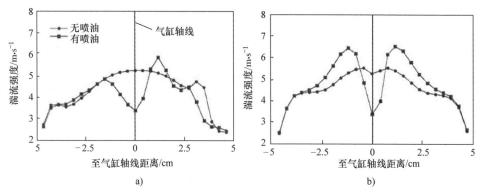

图 4-7　燃油喷射对气体湍流强度的影响

注：a）、b）中的观测点与图 4-6a 和图 4-6b 对应。

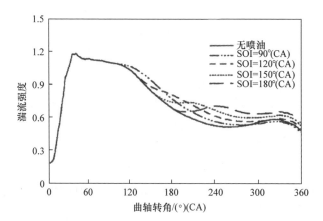

图 4-8　直喷汽油机燃油喷射对缸内平均湍流强度的影响

注：缸内平均湍流强度用活塞平均速度归一化处理。

由气缸内湍流强度局部分布按气体质量平均得到。该计算量反映了发动机缸内湍流的平均强度，可用于进行参数对比。可以看到喷雾增加了缸内湍流强度，且受到 SOI 的影响。在晚喷油情况下，其湍流强度大大高于不喷油时的数值。

往复式内燃机缸内气体流动的一般特征可以概括为：

1）活塞往复运动造成的非定常流动。

2）随内燃机几何形状产生的三维流动。

3）任何内燃机转速和任何进气门或气缸尺寸下流动都是湍流流动。

4）整体流动与内燃机循环同相位。

5）局部流动特性存在循环变动。

6）大尺度旋转流动将持续到压缩行程末期。

7）喷雾将造成额外的湍流。

缸内大尺度流动结构（平均流动）通常在压缩过程中逐渐衰减，但在靠近压缩上止点即燃烧发生时仍保持一定的强度。大尺度流动会影响喷雾液滴和燃油蒸气的输运，从而有助于空气与燃油的混合。另一方面，小尺度的气流脉动能够促进喷雾扩散和混合，并直接影响湍流火焰速度。如图 4-9 所示，压缩上止点附近的湍流强度会随着发动机转速上升而成比例地增大，这应该是内燃机缸内流动最显著的特征。正因为如此，内燃机的运行转速可低至船用发动机的每分钟几百转，也可高至赛车发动机的 $10000r \cdot min^{-1}$ 以上。

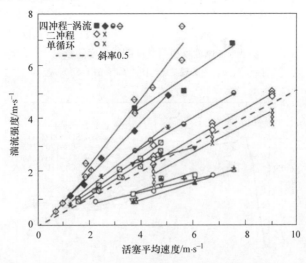

图 4-9 发动机压缩上止点时不同进气流动和不同燃烧室的湍流强度与活塞平均速度的关系[2, 11]

4.1.2 湍流尺度

由于物理空间中的湍流过程在长度和时间尺度上存在大范围的变化，其复杂性对通过试验和计算手段精确描述湍流过程带来了很大的挑战。目前普遍接受的理论通常用几种长度尺度来描述湍流。如图 4-10 所示，存在三种与内燃机流动相关的湍流长度尺度[12, 13]。积分尺度 L_I 表示相干运动的程度，也是大旋涡的一种度量方式。微尺度或泰勒微尺度 L_M 是发生黏性耗散的薄剪切流层间距的粗略度量。Kolmogorov 尺度 L_K 是衡量最小湍流结构尺寸的一种度量方式。

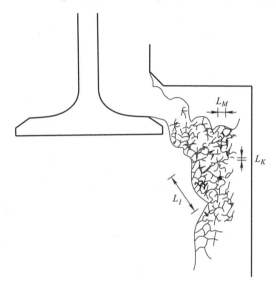

图 4-10　进气湍流中不同长度尺度的示意图[2]

积分长度尺度 L_I 和时间尺度 τ_I 通过式（4-1）关联：

$$L_I = \overline{U}\tau_I \tag{4-1}$$

式中，$\overline{U}$ 是气流平均速度。在发生大尺度结构变化的气流中，τ_I 用以衡量大旋涡通过两点之间所需的时间，同时也可表示大旋涡的存续周期。

据信，湍动能耗散了最小流动结构，这发生在 Kolmogorov 尺度上，湍动能在耗散这些最小流动结构时通过分子黏度耗散为热量。因此，Kolmogorov 尺度可通过湍动能耗散率 ε 和气体分子黏度 ν_0 来表示，如式（4-2）所示：

$$L_K = \left(\frac{\nu_0^{\,3}}{\varepsilon}\right)^{1/4} \tag{4-2}$$

相应的 Kolmogorov 时间尺度表示为

$$\tau_K = \left(\frac{\nu_0}{\varepsilon}\right)^{1/2} \tag{4-3}$$

微尺度或泰勒微尺度 L_M 通过关联湍流流场的脉动应变率和湍流强度来定义，即 $u'/L_M \approx \partial u/\partial x$。对于均匀、各向同性和平衡态湍流，微尺度 L_M 和时间尺度 τ_M 通过式（4-4）关联：

$$L_M = \overline{U}\tau_M \qquad\qquad (4\text{-}4)$$

在这种流动情况下，存在以下关系式[14]：

$$\varepsilon = \frac{Au'^3}{L_I} = \frac{15\nu_0 u'^2}{L_M{}^2} \qquad\qquad (4\text{-}5)$$

$$\frac{L_K}{L_I} \approx \left(\frac{u'L_I}{\nu_0}\right)^{-3/4} = Re_t^{-3/4} \qquad\qquad (4\text{-}6)$$

$$\frac{L_M}{L_I} = \left(\frac{15}{A}\right)^{1/2} Re_t^{-1/2} \qquad\qquad (4\text{-}7)$$

式中，Re_t 是湍流雷诺数，$Re_t = u'L_I/\nu_0$；A 是接近于 1 的常数。

式（4-2）暗含以下假设，即湍动能的耗散是由积分尺度上提供湍动能的速率决定的。因此，通过对这些长度尺度及其变化历程的计算，可以评估湍流耗散率的变化。继而认为，缸内湍流可以通过监测湍动能和湍流旋涡在积分长度尺度上的变化来表征，这些湍流旋涡在进气和压缩过程中促进了湍流的生成[15]。因此，湍流长度尺度的确定是研究缸内流动过程的重要内容。

已经在内燃机研究中开展了对长度尺度的直接测量。Collings 等[16] 和 Dinsdale 等[17] 在一台倒拖发动机中利用激光多普勒风速仪（Laser Doppler Anemometry，LDA）测量了积分长度尺度和微长度尺度。此外，Ikegami 等[18] 在一台发动机中利用激光零差测速（Laser Homodyne Velocimetry，LHV）技术测量了横向积分长度尺度。Fraser 和 Bracco[19] 利用激光多普勒测速仪（LDV）技术在上止点附近的 64° 曲轴转角内测量了横向脉动积分长度尺度，结果表明长度尺度在上止点前 5°~10°（CA）达到最小。Corcione 和 Valentino[15] 利用双探头 LDV 技术测量了一台配有传统 ω 形燃烧室的中型柴油机的积分长度尺度，在压缩行程后 30°（CA）范围内的测量结果显示，横向积分尺度在上止点前呈现出单调减小的趋势。近年来 Miles 等[20] 在一台发动机中测量了积分长度尺度，该发动机在缩口型 ω 形燃烧室内进行喷油。

Miles 对文献中长度尺度的测量进行了总结[9]。文献中所测得的长度尺度基本一致，其结果随所采用的特定燃烧室形状的变化很小。大多数对长度尺度时域变化历程的研究表明，在上止点附近，长度尺度的最小值时域呈现出较宽的范围。事实证明，长度尺度的时域变化历程以及大小对内燃机转速不敏感。这是因为空间尺度与平均速度和时间尺度相关，平均气流运动随内燃机转速成比例变化，而时间尺度减小，从而导致空间尺度大致恒定。通常，在上止点附近测得的横向长度尺度为 1~3mm，而纵向长度尺度约为 2~8mm。

长度尺度可使用湍流模型进行计算。$k-\varepsilon$ 湍流模型（参见下一节）给出了湍流宏观长度尺度 L_ε：

$$L_{\varepsilon} = \frac{C_{\mu}^{3/4} k^{3/2}}{\kappa\varepsilon}$$ (4-8)

式中，κ 是冯·卡门常数。

假设长度尺度的预测值 L_{ε} 和实测值 L_I 成比例（或相等），在此基础上，一些研究[18, 19] 对 L_I 和 L_{ε} 进行了比较。然而，基于上述假设的计算并不成功。图 4-11 展示了一个案例[21]，图中将横向长度尺度的实测值 L_I 与预测值 L_{ε} 进行了比较。可以看出，尽管常用的经典 k-ε 模型比 RNG 模型（参见下一节）效果更好，但两者均无法复现实测结果。

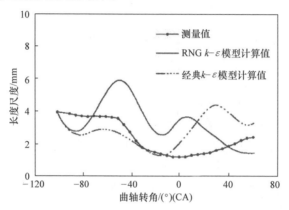

图 4-11　平衡态湍流假设下 k-ε 模型计算的和测量的长度尺度比较

韩志玉等[21] 认为，由于内燃机湍流是非平衡态的，因此 $L_I \propto L_{\varepsilon}$ 的假设对于内燃机湍流而言是有疑问的，并且将积分长度尺度的实测值与模型预测值直接比较可能是不合理的。

Tennekes 和 Lumley 指出，在稳定、均匀、充分发展的剪切流中，平衡态湍流的积分长度尺度与 $k^{3/2}/\varepsilon$ 成正比[12]。在这种情况下，湍动能的输运方程简化为

$$-\overline{u_i u_j} S_{ij} = 2\nu_0 \overline{s_{ij} s_{ij}}$$ (4-9)

式中，u_i 是脉动速度；S_{ij} 和 s_{ij} 分别是平均应变率和脉动应变率；上画线代表雷诺平均。式（4-9）表明，在该流动中，由平均流量梯度引起的湍动能的生成速率等于黏性耗散率。假设 $S_{ij} \propto k^{1/2}/L_{\varepsilon}$ 且 $-\overline{u_i u_j} \propto u'^2$，并定义 $\varepsilon = 2\nu_0 \overline{s_{ij} s_{ij}}$，则得出在平衡态湍流条件下，$L_I$ 与 L_{ε} 成正比。

然而，在内燃机中，由于活塞的运动，流体会经历快速的压缩和膨胀，因此内燃机的湍流本质上很可能是非平衡态的。对于图 4-11 中的情况，计算得到的湍流与平均应变时间尺度的体积平均比集中在 2 ~ 3 之间，这表明此内燃机的流动确实处在快速畸变条件下[21]。

Wu 等[22]对快速压缩条件下的流动进行了直接数值模拟（Direct Numerical Simulation，DNS）计算。其研究发现泰勒长度尺度 L_M 和积分长度尺度 L_I 在快速压缩过程中保持互相成比例。Dinsdale 等[17]通过发动机试验得到了类似的结果。该结果也与 Wu 等在对各向同性压缩的湍流进行快速畸变分析时得到的结果[22]一致。相应地，$L_I \propto L_M$，且假设泰勒关系式 $\varepsilon = 10\nu_0 k / L_M^2$ 也适用于各向同性压缩的湍流，则有

$$\varepsilon \propto \frac{k^{3/2}}{L_\varepsilon} \propto \frac{\nu_0 k}{L_M^2}$$

因此，我们得到

$$L_\varepsilon \propto L_I Re_t \quad \text{或} \quad L_\varepsilon = C L_I Re_t \tag{4-10}$$

式中，C 是常数，可表示为

$$C = \left(\frac{L_\varepsilon}{L_I Re_t} \right)_{t=0} = \left(\frac{3}{2} \right)^{1/2} \frac{C_\mu^{3/4}}{\kappa} \left(\frac{\nu_0}{L_I^2} \frac{k}{\varepsilon} \right)_{t=0} \tag{4-11}$$

式中，参考时间 $t=0$ 表示计算起始时刻。

式（4-10）的意义在于它为快速压缩/膨胀条件下的流动建立了积分长度尺度 L_I（可测量得到）和模型长度尺度 L_ε（可计算出）的联系。这表明，对于快速畸变的各向同性湍流，L_ε（或 $k^{3/2}/\varepsilon$）不再像平衡态湍流一样直接与 L_I 成正比，而是与 L_I 和湍流雷诺数的乘积成正比。

图 4-12 对比了实测的积分长度尺度和通过式（4-10）算得的长度尺度。由于 $t=0$ 时刻的 ε 未知，此处式（4-10）中的比例常数 C 不能由式（4-11）确定。选定 $C=0.005$ 以便对比实测值和计算值的大小。如图 4-12 所示，现在利用标准 $k-\varepsilon$ 模型和 RNG 湍流模型算得的长度尺度已在趋势上与测量结果非常吻合，且 RNG 模型的结果更接近测量值。

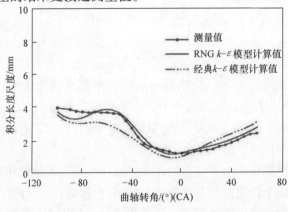

图 4-12　非平衡态湍流和快速畸变假设下积分长度尺度的计算值与实测值比较

对于快速压缩湍流，式（4-10）给出的 L_ε 的物理解释也可用于评估内燃机流动中长度尺度的物理约束。从物理意义上讲，可以合理认为大旋涡尺寸应在某种程度上与气缸尺寸成比例。Coleman 和 Mansour[23] 给出了快速压缩过程中所满足的约束：

$$\rho L_M{}^3 = \text{const.}$$

因为 $L_I \propto L_M$，则有

$$\rho L_I{}^3 = \text{const.} \tag{4-12}$$

由此，对于快速压缩湍流的物理尺度假设与其数学表达形式一致。如图 4-12 所示，由 L_I 表示的大旋涡尺寸，在压缩过程中减小，而在膨胀过程中增大。

值得注意的是，发动机湍流的非平衡态现象可能会导致湍流模型中 ε 方程的重构。虽然有研究者在柴油机燃烧模拟中根据上述理论变更了混合控制燃烧模型中的湍流时间尺度[24, 25]，但仅获得了很小的模拟精度改进。这很可能是他们仅采用燃烧模型局部修改而非湍流模型重构的缘故。

4.2　雷诺平均（RANS）方法和经典 $k\text{-}\varepsilon$ 模型

4.2.1　RANS 方法

理论上湍流由 Navier – Stokes 方程（简称 N – S 方程）控制。由于算力的限制，在可预见的未来不可能在时变三维空间内直接求解出 N – S 方程的所有物理量。RANS 方法作为一种近似方法，用于描述流场内的时均物理量。湍流脉动可通过雷诺应力模型或湍流黏度模型来描述。在雷诺平均方法中，将瞬时物理量 q 分解为一个平均量 $\overline{q_i}$ 和一个脉动量 $q_i{}'$，即

$$q = \overline{q_i} + q_i{}' \tag{4-13}$$

对于速度和密度：

$$u = \overline{u_i} + u_i{}' \tag{4-14}$$

$$\rho = \overline{\rho_i} + \rho_i{}' \tag{4-15}$$

通过应用雷诺平均方法可得到时均守恒方程。然而对于可压缩湍流，采用时间平均会因为密度脉动产生许多与其相关的物理量，出现一些弊端[26]。因此，可使用质量加权平均（或 Favre 平均）方法，且该方法所得方程具有更简单的形式。质量加权平均速度定义为

$$\widetilde{u_i} = \frac{\overline{\rho u_i}}{\overline{\rho}} \tag{4-16}$$

速度可表示为

$$u_i = \widetilde{u}_i + u_i{''} \tag{4-17}$$

将式（4-17）乘以 ρ，并将速度 u_i 分解为两部分，得到

$$\rho u_i = \rho(\widetilde{u}_i + u_i{''}) = \rho \widetilde{u}_i + \rho u_i{''}$$

对上述方程进行时均处理，得到

$$\overline{\rho u_i} = \overline{\rho \widetilde{u}_i} + \overline{\rho u_i{''}} \tag{4-18}$$

通过式（4-16）中 $\widetilde{u}_i$ 的定义，得到

$$\overline{\rho u_i{''}} = 0 \tag{4-19}$$

同理，可定义其它物理量，如压力、温度、内能等。

通过应用式（4-19），可直接导出瞬时物理量 q 的如下关系式：

$$\widetilde{q} - \overline{q} = \frac{\overline{\rho' q''}}{\overline{\rho}} = \frac{\overline{\rho' q'}}{\overline{\rho}} \tag{4-20}$$

式（4-20）表示了时均物理量和质量加权平均物理量之间的差异。对于不可压缩流体或密度脉动可忽略的可压缩流体，质量加权平均方法与时均方法相同。在内燃机数值模拟中，采用质量加权平均方法。

根据第 3 章给出的可压缩黏性导热理想气体的运动控制方程，我们有

$$\frac{\partial \rho}{\partial t} + \frac{\partial(\rho u_j)}{\partial x_j} = 0 \tag{4-21}$$

$$\frac{\partial(\rho u_i)}{\partial t} + \frac{\partial(\rho u_i u_j)}{\partial x_j} = -\frac{\partial p}{\partial x_i} + \frac{\partial \sigma_{ij}}{\partial x_j} + \rho g_i \tag{4-22}$$

$$\frac{\partial(\rho e)}{\partial t} + \frac{\partial(\rho u_j e)}{\partial x_j} = \frac{\partial p}{\partial t} + \frac{\partial}{\partial x_j}(u_i \sigma_{ij} - q_j) \tag{4-23}$$

$$q_j = -\lambda \frac{\partial T}{\partial x_j} \tag{4-24}$$

将 Favre 平均方法应用于这些方程就可以得到以下可压缩湍流的守恒方程：

质量守恒：

$$\frac{\partial \overline{\rho}}{\partial t} + \frac{\partial(\overline{\rho \widetilde{u}_j})}{\partial x_j} = 0 \tag{4-25}$$

动量守恒：

$$\frac{\partial(\overline{\rho \widetilde{u}_i})}{\partial t} + \frac{\partial(\overline{\rho \widetilde{u}_i \widetilde{u}_j})}{\partial x_j} = -\frac{\partial \overline{p}}{\partial x_i} + \frac{\partial}{\partial x_j}\left(\overline{\sigma_{ij}} - \overline{\rho}\, \overline{u_i{''} u_j{''}}\right) + \overline{\rho} g_i \tag{4-26}$$

以及，能量守恒：

$$\frac{\partial(\overline{\rho} \widetilde{e})}{\partial t} + \frac{\partial(\overline{\rho e \widetilde{u}_j})}{\partial x_j} = \frac{\partial \overline{p}}{\partial t} + \widetilde{u}_j \frac{\partial \overline{p}}{\partial x_j} + \overline{u_j{''} \frac{\partial p}{\partial x_j}} + \frac{\partial}{\partial x_j}\left(-\overline{q_j} - \overline{\rho}\, \overline{e'' u_j{''}}\right) +$$
$$\overline{\sigma_{ij} \frac{\partial \widetilde{u}_i}{\partial x_j}} + \overline{\sigma_{ij} \frac{\partial u_i{''}}{\partial x_j}} \tag{4-27}$$

式（4-26）中，$\overline{\rho\,u_i''u_j''}$ 是雷诺应力张量，它表示由湍流动量扩散引起的湍流应力。该项未知，导致上述控制方程无法封闭，因而需要对其模拟。

对于带喷雾的多组分混合气体可压缩湍流流动，其质量和动量守恒方程可推广为

$$\frac{\partial \overline{\rho}}{\partial t} + \frac{\partial (\overline{\rho \widetilde{u}_j})}{\partial x_j} = \overline{\dot{\rho}^s} \tag{4-28}$$

$$\frac{\partial (\overline{\rho \widetilde{u}_i})}{\partial t} + \frac{\partial (\overline{\rho \widetilde{u}_i \widetilde{u}_j})}{\partial x_j} = -\frac{\partial \overline{p}}{\partial x_i} + \frac{\partial}{\partial x_j}\left(\overline{\sigma_{ij}} - \overline{\rho\,u_i''u_j''}\right) + \overline{\rho} g_i + \overline{F_i^S} \tag{4-29}$$

针对雷诺应力的近似求解，已提出了多种模型[27,28]，这些模型通常被称为湍流模型。一般来说，这些湍流模型可分为三类。第一类模型基于混合长度假设，其中对旋涡或湍流黏度进行假设，继而将湍流黏度与流速梯度及混合长度相关联。该组模型较为简单，不需要求解额外的微分方程。第二类模型通过两个附加的输运方程分别模拟湍动能 k 及其耗散率 ε。因此，该类模型通常被称为两方程模型。第三类模型针对雷诺应力的每个分量建立输运方程，称为雷诺应力模型。

RANS 方法因其计算简单而被广泛应用在工程流场的模拟中。针对内燃机的燃烧模拟，RANS 仍然是主流方法，但也有其它方法，包括大涡模拟（LES）[29,30]和概率密度函数（Probability Density Function，PDF）方法[31,32]。在湍流模型中，两方程模型，尤其是 k-ε 模型，因其简单有效的特点而被广泛使用，而雷诺应力模型在内燃机模拟中很少用到[33]。因此，接下来将重点讨论包括经典 k-ε 模型[34]和重整化群（RNG）k-ε 模型[35]的两方程模型。

4.2.2　经典 k-ε 模型

在 20 世纪 70 年代初，针对不可压缩流体提出了著名的经典 k-ε 模型，或称为标准 k-ε 模型[34,36]。假设雷诺应力张量与应变率呈线性关系：

$$-\overline{\rho}\,\overline{u_i''u_j''} = \mu_t\left(\frac{\partial \widetilde{u}_i}{\partial x_j} + \frac{\partial \widetilde{u}_j}{\partial x_i}\right) - \frac{2}{3}\delta_{ij}\left(\overline{\rho}k + \mu_t\frac{\partial \widetilde{u}_k}{\partial x_k}\right) \tag{4-30}$$

式中，湍动能 k 定义为

$$k = \frac{1}{2}\overline{u_i''u_i''} \tag{4-31}$$

雷诺应力张量可表示为

$$\overline{\tau_{ij}} = \overline{\rho}\,\overline{u_i''u_j''} = -2\mu_t\,\overline{S_{ij}} + \frac{2}{3}\overline{\rho}k\delta_{ij} \tag{4-32}$$

式中，$\overline{S_{ij}}$ 是应变率张量。湍流（或旋涡）的动力黏度 μ_t 为

$$\mu_t = C_\mu \overline{\rho}\frac{k^2}{\varepsilon} \tag{4-33}$$

式中，ε 是湍流耗散率；C_μ 是模型常数。可以推导出湍动能 k 和湍流耗散率 ε 的输运方程为

$$\frac{\partial(\bar{\rho}k)}{\partial t} + \frac{\partial(\bar{\rho}k\,\widetilde{u}_j)}{\partial x_j} = \frac{\partial}{\partial x_j}\Big[\Big(\frac{\mu_t}{\sigma_k}+\mu\Big)\frac{\partial k}{\partial x_j}\Big] - \overline{\tau_{ij}\frac{\partial\widetilde{u}_i}{\partial x_j}} - \bar{\rho}\varepsilon \tag{4-34}$$

$$\frac{\partial(\bar{\rho}\varepsilon)}{\partial t} + \frac{\partial(\bar{\rho}\varepsilon\widetilde{u}_j)}{\partial x_j} = \frac{\partial}{\partial x_j}\Big[\Big(\frac{\mu_t}{\sigma_\varepsilon}+\mu\Big)\frac{\partial\varepsilon}{\partial x_j}\Big] - \frac{\varepsilon}{k}\Big(C_1\overline{\tau_{ij}\frac{\partial\widetilde{u}_i}{\partial x_j}} - C_2\bar{\rho}\varepsilon\Big) \tag{4-35}$$

式中，σ_k 和 σ_ε 分别是 k 和 ε 的湍流普朗特数。上述方程中各个常数的推荐值[34]为 $C_\mu = 0.09$，$C_1 = 1.44$，$C_2 = 1.92$，$\sigma_k = 1.0$，$\sigma_\varepsilon = 1.30$。

针对不可压缩的薄剪切流推导出了上述经典 $k\text{-}\varepsilon$ 湍流模型，该模型已在广泛的工程计算中被证明有效且准确。由于内燃机中的湍流在活塞运动和燃烧过程中经历着密度变化，因此需要解决流体的可压缩性问题。Gosman 和 Watkins[37] 将 $k\text{-}\varepsilon$ 模型扩展到了内燃机流体中。他们采用了质量加权平均的方法，并基本保留了原 $k\text{-}\varepsilon$ 模型的形式。

考虑到密度变化和燃油喷雾，下面给出针对内燃机湍流的标准 $k\text{-}\varepsilon$ 模型[38]，在本书也称为经典 $k\text{-}\varepsilon$ 模型。为简洁起见，使用了矢量微分算子 ∇，并省略了代表质量平均的上画线符号。

$$\frac{\partial\rho k}{\partial t} + \nabla\cdot(\rho\boldsymbol{u}k) = -\frac{2}{3}\rho k\nabla\cdot\boldsymbol{u} + \boldsymbol{\sigma}:\nabla\boldsymbol{u} + \nabla\cdot\Big[\Big(\frac{\mu_t}{\sigma_k}\Big)\nabla k\Big] - \rho\varepsilon + \dot{W}^s \tag{4-36}$$

$$\frac{\partial\rho\varepsilon}{\partial t} + \nabla\cdot(\rho\boldsymbol{u}\varepsilon) = -\Big(\frac{2}{3}C_1 - C_3\Big)\rho\varepsilon\nabla\cdot\boldsymbol{u} + \nabla\cdot\Big[\Big(\frac{\mu_t}{\sigma_\varepsilon}\Big)\nabla\varepsilon\Big] +$$

$$\frac{\varepsilon}{k}(C_1\boldsymbol{\sigma}:\nabla\boldsymbol{u} - C_2\rho\varepsilon + C_s\dot{W}^s) \tag{4-37}$$

式中，$\boldsymbol{u}$ 是速度矢量；$\boldsymbol{\sigma}$ 是应力张量，即

$$\boldsymbol{\sigma} = 2\mu\Big(\nabla\boldsymbol{u} - \frac{1}{3}\delta_{ij}\nabla\cdot\boldsymbol{u}\Big) \tag{4-38}$$

相比不可压缩流体的式（4-34）和式（4-35），上述方程中增加了一些项。其中 ε 方程中增加的 $\Big(\frac{2}{3}C_1 - C_3\Big)\nabla\cdot\boldsymbol{u}$ 项表示可压缩流体在速度散度不为 0 时的长度尺度变化。Amsden 等[38]在 KIVA 程序中推荐 $C_3 = -1.0$。由于湍流和喷雾的相互作用，出现了包含物理量 $\dot{W}^s$ 的源项［见式（3-22）］。基于喷雾和湍流相互作用中的长度尺度守恒假设，建议 $C_s = 1.5$。其它模型常数的推荐值与之前给出的相同。

考虑到内燃机流体的可压缩性，有学者研究了速度散度对湍流耗散率的影响，即对 ε 方程的影响，从而得到了 C_3 的不同值。Reynolds 认为，Gosman 和 Watkins 的 ε 方程[37]不能复现快速球形畸变极限[13]。因此，他从快速畸变分析

中对速度散度项提出了不同的 C_3 值。基于不同假设,对 C_3 还有其它建议值被提出[39-42]。这些 C_3 值集中在 $-1.0 \sim 1.0$ 的范围内。由于在内燃机工况下很难验证湍流模型,因此 C_3 的取值仍有很大的不确定性。其对发动机燃烧模型的影响也尚不清晰。作为另一个选项,在下节的 RNG 模型中也给出了 C_3 的计算公式。

4.3 重整化群(RNG)k-ε 模型

Yakhot 和 Orszag[43] 提出了一种新的 k-ε 模型。该模型遵循两方程框架,并利用重整化群(Renormalization Group,RNG)理论从流体流动的基本控制方程推导得出。在高雷诺数极限下,RNG k-ε 模型的形式几乎与标准 k-ε 模型相同。该模型的特点是,所有的模型常数均可通过基于某些假设和数学的理论来直接计算[44],且 ε 方程增加了一个附加项[45],该项随湍流应变率动态变化,从而对具有快速畸变和各向异性的大尺度旋涡流动提供更准确的预测。该模型在对均匀剪切流的模拟中获得了较好的预测结果[46]。在标准 k-ε 模型的预测无法令人满意的情况下,RNG k-ε 模型在许多复杂流动(如分离流)中的应用也产生了很好的结果[47]。韩志玉和 Reitz[35] 已将 RNG k-ε 模型扩展到可压缩两相流,用于内燃机燃烧模拟。在以下各节中,将对 RNG 方法以及 RNG k-ε 模型进行介绍。

4.3.1 RNG 方法

重整化群方法在湍流分析中的应用可追溯到 20 世纪 70 年代末。Forster 等[48] 利用 RNG 方法研究了受力情况下 Navier-Stokes 方程控制的随机搅动流。然而,早期关于 RNG 在湍流方面的研究[48, 49] 仅能获取一些参数比例。Yakhot 和 Orszag[43] 引入了结合 RNG 计算的重整化扰动理论来分析受随机力作用的不可压缩流体,其分析定量地确定了物理量的变化,从而确定了流动常数,并对湍流模型,例如用于 LES 的两方程输运近似法和亚网格尺度模型,进行了初步评估。

最早由 Yakhot 和 Orszag[43] 使用 RNG 方法推导了 k-ε 方程。然而,Smith 和 Reynolds[50] 指出了一些问题,包括推导过程中出现的数值误差。Yakhot 和 Smith[44] 重新推导了 ε 方程,对其中的模型常数也重新进行了计算,这些常数接近标准 k-ε 方程中的常用值。更重要的是,在 ε 方程中出现了一个附加项,该项被认为对快速畸变极限非常重要。Yakhot 等[45] 通过对湍流-平均应变时间尺度比 η〔由式(4-48)定义〕的无限尺度展开,完成了对该附加项的封闭。

值得一提的是,Yakhot 和 Orszag 的 RNG 湍流理论是基于某些假设和近似的。例如,将一个尺寸不变的随机力引入到 Navier-Strokes 方程(参见下文),并采用了一个将 ε 设置为 4 的 ε 扩展方法[43]。一些研究人员详细讨论了这些假设和 RNG 过程，并提出了不同的方法[51, 52]。显然，至少需要更多的佐证来构建完整的 RNG 湍流理论。然而，我们的兴趣在于已建立的 RNG k-ε 模型[45]在内燃机流动条件下的效果，与 RNG 理论本身合理性相关的问题不在本书的讨论范围内。

此处对 RNG 方法的主要思想和 RNG k-ε 模型的高雷诺数形式进行总结。详细的推导可参见文献 [43 – 45]。单位密度下，速度为 u、压力为 p、运动黏度为 ν_0 的不可压缩湍流可由如下方程充分描述：

$$\frac{\partial u_i}{\partial t} + u_j \frac{\partial u_i}{\partial x_j} = -\frac{\partial p}{\partial x_i} + \nu_0 \nabla^2 u_i + f_i \tag{4-39}$$

$$\frac{\partial u_i}{\partial x_i} = 0 \tag{4-40}$$

式中，f_i 是统计上各向同性且不发散的高斯随机力。Lam 详细讨论了该作用力的意义，指出其产生于对高频旋涡的过滤运算[51]。在对湍流应力（如雷诺应力）的模拟中，有 $\overline{\tau_{ij}} = \overline{u_i' u_j'}$，其中 u_i' 是脉动速度，上画划线表示雷诺平均。采用下述各向同性的涡黏性模型：

$$\overline{\tau_{ij}} = \frac{2}{3} k \delta_{ij} - \nu_t \left(\frac{\partial \overline{u_i}}{\partial x_j} + \frac{\partial \overline{u_j}}{\partial x_i} \right) \tag{4-41}$$

式中，δ_{ij} 是克罗内克张量。湍流黏度 ν_t 的模型为

$$\nu_t = C_\mu \frac{k^2}{\varepsilon}$$

式中，k 是湍动能，$k = \overline{u_i' u_i'}/2$；$\varepsilon$ 是湍动能耗散率，$\varepsilon = \nu_0 \overline{(\partial u_i'/\partial x_j)(\partial u_i'/\partial x_j)}$；$C_\mu$ 是常数。从式（4-39）和式（4-40）可得出湍动能及其耗散率的动态方程为

$$\frac{\partial k}{\partial t} + u_i \frac{\partial k}{\partial x_i} = -\nu_0 \frac{\partial u_i}{\partial u_j} \frac{\partial u_i}{\partial x_j} + \nu_0 \nabla^2 k - \frac{\partial u_i p}{\partial x_i} + u_i f_i \tag{4-42}$$

$$\frac{\partial \varepsilon}{\partial t} + u_i \frac{\partial \varepsilon}{\partial x_i} = 2\nu_0 \frac{\partial u_i}{\partial x_j} \frac{\partial f_i}{\partial x_j} - 2\nu_0 \frac{\partial u_i}{\partial x_j} \frac{\partial u_l}{\partial x_j} \frac{\partial u_i}{\partial x_l} - 2\nu_0^2 \left(\frac{\partial^2 u_i}{\partial x_j \partial x_j} \right)^2 - $$
$$2\nu_0 \frac{\partial u_i}{\partial x_j} \frac{\partial^2 p}{\partial x_i x_j} + \nu_0 \nabla^2 \varepsilon \tag{4-43}$$

然而，式（4-42）和式（4-43）中的高阶项使得这些输运方程在模型层面不可解，这些高阶项必须通过较低阶或平均流动物理量的形式封闭。

对湍流参数的瞬时输运方程 [如式（4-42）和式（4-43）] 的封闭方法是 RNG 方法和标准（或经典）方法之间的主要区别之一。在经典方法中，采用经验推理，使用量纲分析及不变性约束方法，并参考基准试验对模型常数进行计算。RNG 方法应用动态重整化群和 ε 扩展方法来处理基本方程。重整化群是一种数学运算，由一系列连续的变换组成。重整化群方法首先在临界现象物理学中

获得了巨大的成功[53]。将 RNG 方法应用在式（4-39）和式（4-40）以及式（4-42）和式（4-43）中，可系统地消除高波数（即小尺度）的波段。这些被消除的小尺度流动的影响由重整化（大尺度）速度场的动态方程通过涡黏性解释。在过大尺度被消除的极限情况下，推导出 k-ε 模型。模型常数可显式计算，得出的输运方程为

$$\frac{\partial k}{\partial t} + \overline{u_i}\frac{\partial k}{\partial x_i} = 2\nu_t S_{ij}S_{ij} - \varepsilon + \frac{\partial}{\partial x_i}\left(\alpha_k \nu \frac{\partial k}{\partial x_i}\right) \tag{4-44}$$

$$\frac{\partial \varepsilon}{\partial t} + \overline{u_i}\frac{\partial \varepsilon}{\partial x_i} = 2C_1 \frac{\varepsilon}{k}\nu_t S_{ij}S_{ij} - C_2 \frac{\varepsilon^2}{k} - R + \frac{\partial}{\partial x_i}\left(\alpha_\varepsilon \nu \frac{\partial k}{\partial x_i}\right) \tag{4-45}$$

其中

$$R = \frac{\nu_t S^3 (1 - \eta/\eta_0)}{1 + \beta\eta^3} \tag{4-46}$$

或者

$$R = \frac{C_\mu \eta^3 (1 - \eta/\eta_0)}{1 + \beta\eta^3} \frac{\varepsilon^2}{k} \tag{4-47}$$

湍流 – 平均应变时间尺度比 η 为

$$\eta = S\frac{k}{\varepsilon} \tag{4-48}$$

式中，S 是平均应变率，$S = (2S_{ij}S_{ij})^{1/2}$；$S_{ij} = \frac{1}{2}\left(\frac{\partial \overline{u_i}}{\partial x_j} + \frac{\partial \overline{u_j}}{\partial x_i}\right)$；$\nu = \nu_0 + \nu_t$。模型常数见后面给出的表 4-1。

与标准 k-ε 模型相比，RNG 模型中的 k 方程保持不变。然而在 ε 方程中，出现了一个附加项 R。它是通过近似法而非严格的 RNG 推导来封闭的。R 在弱应变湍流（如均匀剪切流）中较小，在 η 接近无穷大的快速畸变极限下较大。

Choudhury 等[47]解释了 R 随平均应变率的动态变化情况。在 η 值较大的区域中，R 的符号改变，湍流黏度相应减小。因此，他们认为，正是 RNG k-ε 模型的这一特征使其改善了对分离流的模拟精度。

4.3.2　变密度流体 RNG k-ε 模型

内燃机中的湍流非常复杂。尽管缸内流动的马赫数通常较低，但活塞运动使得缸内气体密度变化较大。在这种流动特性下，上节讨论的湍流模型不能直接适用，而需要考虑流体的可压缩性。本节介绍由韩志玉和 Reitz[35] 提出的变密度流体 RNG k-ε 模型。

在内燃机湍流数值模拟的历史中，对可压缩性的考虑主要集中在速度散度对湍流耗散率的影响上[13, 40, 41]。然而，借助于 DNS 的研究表明，可压缩性也会

部分地由于压力膨胀而影响湍动能[54]。可压缩性的影响取决于马赫数、压缩速度和平均应变模式（一维、二维或平面、球形等）[55]。

由于还没有建立起考虑低马赫数下独立于应变率的任意应变的模型，因此韩志玉和 Reitz 通过假设快速畸变和各向同性（球形）平均应变来封闭低马赫数下的 RNG ε 模型。

适用于可压缩湍流的 RNG k-ε 模型如下：

$$\rho \frac{\mathrm{D}k}{\mathrm{D}t} = P - \rho\varepsilon + \frac{\partial}{\partial x_i}\left(\alpha_k \mu \frac{\partial k}{\partial x_i}\right) \tag{4-49}$$

$$\rho \frac{\mathrm{D}\varepsilon}{\mathrm{D}t} = \frac{\varepsilon}{k}(C_1 P - C_2 \rho\varepsilon) - \rho R + C_3 \rho\varepsilon \nabla \cdot \boldsymbol{u} + \frac{\partial}{\partial x_i}\left(\alpha_\varepsilon \mu \frac{\partial \varepsilon}{\partial x_i}\right) \tag{4-50}$$

其中，k 的生成通过各向同性的涡黏性假设来模拟：

$$P = 2C_\mu \rho \frac{k^2}{\varepsilon}\left[S_{ij}S_{ij} - \frac{1}{3}(\nabla \cdot \boldsymbol{u})^2\right] - \frac{2}{3}\rho k \nabla \cdot \boldsymbol{u} \tag{4-51}$$

由于在极低马赫数下，基于各向同性畸变假设的压力膨胀和膨胀耗散的影响可忽略不计，所以式（4-49）中给出的 k 方程的形式是合理的[54]。因此，对 k 方程无须进一步处理。ε 方程与标准 k-ε 模型中类似，但常数 C_3 未知。这里通过快速球形畸变分析来确定 C_3。该方法由 Reynolds[13] 首创，后由 Coleman 和 Mansour[23] 推广。

对于低马赫数下的快速各向同性压缩，湍流可由下式描述[23]：

$$\frac{\mathrm{d}k}{\mathrm{d}t} = -\frac{2}{3}(\nabla \cdot \boldsymbol{u})k \tag{4-52}$$

$$\frac{\mathrm{d}\omega^2}{\mathrm{d}t} = -\frac{4}{3}(\nabla \cdot \boldsymbol{u})\omega^2 \tag{4-53}$$

其中，$\omega^2 = \overline{\omega_i \omega_i} = \varepsilon/\nu_0$。另一方面，式（4-50）的 ε 方程也可适用于该流动。在球形畸变下，显然

$$S = \sqrt{2/3}\,|\nabla \cdot \boldsymbol{u}|$$

从而

$$P = -\frac{2}{3}\rho k(\nabla \cdot \boldsymbol{u}) \tag{4-54}$$

且

$$R = \sqrt{2/3}\,C_u C_\eta \eta\varepsilon\,|\nabla \cdot \boldsymbol{u}| \tag{4-55}$$

其中

$$C_\eta = \frac{\eta(1 - \eta/\eta_0)}{1 + \beta\eta^3} \tag{4-56}$$

因此，在快速压缩下对流项和扩散项消失，式（4-50）可简化为

$$\frac{d\varepsilon}{dt} = \left(-\frac{2}{3}C_1 + C_3 \right)\varepsilon\nabla\cdot\boldsymbol{u} - C_2\frac{\varepsilon^2}{k} - \sqrt{2/3}C_\mu C_\eta\eta\varepsilon|\nabla\cdot\boldsymbol{u}| \tag{4-57}$$

如前所述，对于均匀的低马赫数流动，膨胀耗散的影响可忽略不计。因此，$\varepsilon \equiv \nu_0\omega^2$，则式（4-57）变为

$$\frac{d\omega^2}{dt} = \left[\left(-\frac{2}{3}C_1 + C_3 \right)\nabla\cdot\boldsymbol{u} - \frac{1}{\nu_0}\frac{d\nu_0}{dt} - \sqrt{2/3}C_\mu C_\eta\eta|\nabla\cdot\boldsymbol{u}| - C_2\frac{\nu_0\omega^2}{k} \right]\omega^2 \tag{4-58}$$

在快速畸变情况下

$$\left| S\frac{k}{\varepsilon} \right| \propto \left| (\nabla\cdot\boldsymbol{u})\frac{k}{\varepsilon} \right| \gg 1 \tag{4-59}$$

则

$$C_\eta\eta = -\frac{1}{\beta\eta_0} \tag{4-60}$$

以及，$\nu_0^{-1}d\nu_0/dt \propto 0(\nabla\cdot\boldsymbol{u})$〔参见式（4-63）〕。由于式（4-58）右侧方括号内的最后一项与 ε/k 同阶，而其它项与 $\nabla\cdot\boldsymbol{u}$ 同阶，因此该项较小可忽略。对比式（4-58）和式（4-53），由于式（4-53）要满足 ε 方程（4-50），因此模型常数必须满足

$$\left(-\frac{2}{3}C_1 + C_3 \right)\nabla\cdot\boldsymbol{u} - \frac{1}{\nu_0}\frac{d\nu_0}{dt} - \sqrt{2/3}C_\mu C_\eta\eta|\nabla\cdot\boldsymbol{u}| = -\frac{4}{3}\nabla\cdot\boldsymbol{u} \tag{4-61}$$

因此

$$C_3 = \frac{-4 + 2C_1 + 3(\nu_0\nabla\cdot\boldsymbol{u})^{-1}(d\nu_0/dt) + (-1)^\delta\sqrt{6}C_\mu C_\eta\eta}{3} \tag{4-62}$$

式中，δ 取决于速度散度的符号，即

$$\begin{cases} \delta = 1 & \nabla\cdot\boldsymbol{u} < 0 \\ \delta = 0 & \nabla\cdot\boldsymbol{u} > 0 \end{cases}$$

对于理想气体，其分子黏度 $\mu_0 \propto T^m$，其中 T 表示温度，$m = 0.5$[56]。在封闭的热力学系统中，多变过程由 $p/\rho^n =$ 常数描述。特定的多变过程由 n 值定义，其取值范围为 $0 \sim \infty$。可以推导出

$$(\nu_0\nabla\cdot\boldsymbol{u})^{-1}\frac{d\nu_0}{dt} = 1 - m(n-1) \tag{4-63}$$

因此，式（4-62）可写为

$$C_3 = \frac{-1 + 2C_1 - 3m(n-1) + (-1)^\delta\sqrt{6}C_\mu C_\eta\eta}{3} \tag{4-64}$$

由式（4-64）确定 C_3 后，RNG ε 方程得以封闭。由式（4-64）可知，首先，在快速畸变的极限情况下，C_3 值取决于速度散度的符号，即畸变过程是压

缩还是膨胀。其次，C_3 的取值也依赖于多变过程指数。湍流耗散的变化受压缩/膨胀过程中热力过程细节的影响。若为等温过程，即 $n=1$ 时，黏度随温度的变化对 ε 的影响消失。在极限情况下，如果气体密度不变（在封闭系统的定容过程中），由于 n 无穷大，C_3 也会接近无穷大。然而，这种效应会被速度散度为零所抵消。在这种情况下，回归到不可压缩模型。n 值取决于内燃机边界上的传热情况。通常，根据内燃机的设计，n 在 $1.3\sim1.4$ 之间。因此，在该范围内取值的影响很小。对于 $n=1.4$ 的绝热过程（本研究的假设），根据式（4-60）得出的 $\dot{C}_\eta \eta$，对正速度散度，算得 C_3 为 -0.9，对负速度散度，C_3 为 1.726。

最后，得到含喷雾的可压缩流动的高雷诺数湍流模型[35]如下：

$$\frac{\partial \rho k}{\partial t} + \nabla \cdot (\rho u k) = -\frac{2}{3}\rho k \nabla \cdot u + \boldsymbol{\sigma}:\nabla u + \nabla \cdot (\alpha_k \mu \nabla k) - \rho \varepsilon + \dot{W}^s \quad (4\text{-}65)$$

$$\frac{\partial \rho \varepsilon}{\partial t} + \nabla \cdot (\rho u \varepsilon) = -\left(\frac{2}{3}C_1 - C_3 + \frac{2}{3}C_\mu C_\eta \frac{k}{\varepsilon}\nabla \cdot u\right)\rho \varepsilon \nabla \cdot u + \nabla \cdot (\alpha_\varepsilon \mu \nabla \varepsilon) +$$

$$\frac{\varepsilon}{k}\left[(C_1 - C_\eta)\boldsymbol{\sigma}:\nabla u - C_2 \rho \varepsilon + C_s \dot{W}^s\right] \quad (4\text{-}66)$$

式中，C_η 由式（4-56）计算。表 4-1 列出了所有的模型常数。作为对比，也列出了 KIVA 标准 k-ε 模型[38]中的常数。

表 4-1　k-ε 模型中的常数

模型	α_k	α_ε	C_μ	C_1	C_2	C_3	η_0	β	C_s
RNG k-ε 模型[35]	1.39	1.39	0.0845	1.42	1.68	式（4-64）	4.38	0.012	1.5
标准 k-ε 模型[38]	1.00	1/1.3	0.09	1.44	1.92	-1.0	—	—	1.5

RNG 理论也给出了低雷诺数的修正模型[43]，因此壁函数不再必要。然而，该方法需要非常精细的网格（即 $y^+ < 5$）。这种细网格对内燃机模拟来说不实际。因此，在内燃机模拟中，建议使用第 3 章中的壁函数来计算近壁湍流及传热。

假设在湍流边界层的对数层中，湍流生成与湍流耗散相等。因此，$\eta = \sqrt{C_\eta}$ 保持为常数。可以导出冯·卡门常数 κ 为

$$\kappa = \left[\frac{(C_2 - C_1 + C_\eta)\sqrt{C_\mu}}{\alpha_\varepsilon}\right]^{1/2} \quad (4\text{-}67)$$

求解 κ，对 RNG k-ε 模型得到 $\kappa = 0.4$，而对标准 k-ε 模型得到 $\kappa = 0.4327$。另外，式（3-36）和式（3-37）给出了 k 和 ε 的边界条件。

对于内燃机流动，已通过试验数据对 RNG k-ε 模型进行了验证和评估[35]。对 C_3 的计算表明对内燃机压缩和膨胀流动的湍流预测有所改善。在柴油机的燃烧模拟中，发现在整个燃烧过程中 $\eta < \eta_0 = 4.38$，ε 方程（4-50）中的 R 值始终

为正，因此在 R 项缺失时产生了较低的湍能耗散率和较高的湍流扩散率。当 R 排除在模型外时，所产生的较高的湍流扩散率会抑制预混火焰并增强扩散燃烧。

该模型一经建立就被用于模拟柴油机燃烧[57]。图 4-13 展示了计算得到的喷雾轴向方向中心平面上的气体等温度线，图中叠加了油滴分布以供参考。当使用 RNG 模型时，预测早期［上止点前约 2°（CA）］在燃烧室中心区域发生着火，然后在上止点前，燃烧随着喷雾迅速发展。在上止点后约 10°（CA）前，高温火焰在喷雾和反挤流的影响下沿着活塞凹坑的边缘移动到挤流区，如图 4-13a 所示。对比 Patterson 等利用标准 k-ε 模型在相同柴油机和相同条件下得到的结果[58]，可以发现，尽管着火预测大致相同，但火焰区域限制在活塞凹坑内，并随着活塞下行和燃烧室容积增加而逐渐扩张，如图 4-13b 所示。

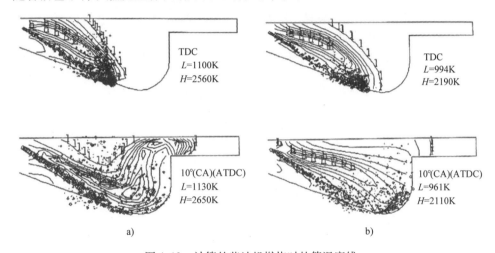

图 4-13　计算的柴油机燃烧时的等温度线

a) RNG k-ε 模型　b) 标准 k-ε 模型

注：计算结果在喷雾轴向的中心平面上，所有的燃油液滴都投影到了
该平面，所以有部分油滴看上去在燃烧室外面。

RNG 模型预测的火焰结构得到了内窥镜燃烧可视化的验证，可视化结果表明在上止点后 6°（CA），高温气体开始经过活塞凹坑上方进入挤流区。高温气流的预测结果和燃烧图像之间的一致性表明，RNG k-ε 模型正确解析了燃烧过程中更多的大尺度流动结构。而在标准 k-ε 模型的预测结果中，湍流黏度则高得多。因此，其预测结果抑制了流动结构，使燃烧限制在活塞凹坑中，这与内窥镜图像不一致。此外，标准湍流模型所预测的气体温度更低（与试验数据不一致），从而导致 NO_x 排放预测值与试验数据相差了约 10 倍[57]。

随着在真实的发动机中获得更多的试验数据，RNG k-ε 模型和其它的两方程模型得到了更广泛的验证和评估。近年来，在汽油机[59]和柴油机[60]中继续开展着模型验证。结论表明，RNG k-ε 模型和经典 k-ε 模型可以很好地复现大尺度流动结构以及循环平均物理量。然而对湍流细节更精确的预测则需要更复杂的模拟方法，如 LES。已经发现，RNG k-ε 模型在一些测试案例中带来了有益的改进，这些案例包括存在突然膨胀的管道流动、气体射流、非化学反应和化学反应条件下的高压油雾喷射以及轻型光学柴油机的缸内流动[60]。RNG k-ε 模型已被公认能够为内燃机工程模拟提供足够的精度以及良好的计算效率和鲁棒性，并且它实际上也是内燃机燃烧模拟中的标准选择。

4.3.3 RNG k-ε 模型的其它变形

为了试图改善上节中给出的 RNG k-ε 模型的预测准确度，有研究者提出了一些 RNG k-ε 模型的变形模型。考虑到内燃机中沿活塞轴的一维压缩或二维轴对称压缩，解茂昭和贾明[61]在 ε 方程中添加了一个附加项。对于一维压缩，他们给出模型常数 C' 和 C_3：

$$C_3 = -2 + \frac{2}{3}C_1 + (-1)^\delta \sqrt{2}C_\mu C_\eta \eta$$

$$C' = 2 - \frac{4C_1}{3} \tag{4-68}$$

对于二维轴对称压缩，则有

$$C_3 = -\frac{3}{2} + \frac{2}{3}C_1 + (-1)^\delta C_\mu C_\eta \eta$$

$$C' = \frac{1}{2} - \frac{C_1}{3} \tag{4-69}$$

为了将流动的各向异性影响引入湍流，王宝林等[62]提出了 RNG ε 方程的广义封闭形式，以下称为 GRNG k-ε 模型。试验验证表明，GRNG 模型能够改进湍流脉动的预测[60, 62]。

GRNG k-ε 模型将应变率场的有效维度系数 n 和 a 加入 RNG 模型系数中，从而包含了非各向同性平均应变率张量的影响：

$$a = 3\frac{S_{11}^2 + S_{22}^2 + S_{33}^2}{(|S_{11}| + |S_{22}| + |S_{33}|)^2} - 1 \tag{4-70}$$

$$n = 3 - \sqrt{2a}$$

其中，对单向轴向压缩，$n=1$；对气缸径向压缩（挤流），$n=2$；对球形压缩，$n=3$。由于该附加项能够解释非各向同性平均应变率的影响，因此该模型被称为广义 RNG 模型（或 GRNG 模型）。基于来自多种基本流动类型（包括均匀湍流、绝热单向和球形压缩、射流和发动机流动）的试验数据和 DNS 数据的验证，得到了 RNG 模型常数的拟合多项式：

$$C_2 = b_0 + b_1 n + b_2 n^2 \tag{4-71}$$

$$C_3 = -\frac{n+1}{n} + \frac{2}{3}C_1 + \sqrt{\frac{2(1+a)}{3}}C_\mu C_\eta \eta(-1)^\delta \tag{4-72}$$

式中，$b_0 = 2.496$，$b_1 = -0.686$，$b_2 = 0.11$。这样，GRNG k-ε 方程可通过与 RNG k-ε 模型相同的方式求解，其中常数 C_2 和 C_3 通过式（4-71）和式（4-72）解得。

4.4　大涡模拟（LES）

大涡模拟是一种模拟湍流的数值方法。尽管基于 RANS 理论的湍流模型（如 k-ε 湍流模型）已在工业界广泛应用，但其对影响内燃机混合气形成和燃烧过程的详细流动结构的解析能力有限。RANS 模拟方法的主要问题可由 LES 模型解决。例如，LES 可用于研究内燃机循环变动，为研究几何和工况变化提供更高的设计敏感度分析，并在内燃机模拟中给出更详细、更准确的结果。

Kolmogorov 的自相似理论表明，湍流的大涡结构取决于流场边界的几何形状，而小旋涡则是自相似的，并且其特性具有普遍性[63]。因此，LES 的基本思想是仅直接求解大尺度旋涡（即可在计算网格上求解的旋涡），并使用亚网格模型在大尺度网格上模拟更普遍的小尺度（亚网格尺寸）旋涡。与之相反，RANS 是对综合平均值（包括 Favre 和时间平均）的所有脉动进行模拟。当前的主流观点认为，在计算流体力学的许多应用中，下一代湍流模型将是某种形式的 LES。尽管 RNG k-ε 模型的相对成熟度和积累的模拟经验使其能够继续在工业界的内燃机模拟中发挥主导作用，但随着计算能力的提高，在内燃机数值模拟中使用 LES 的潜力也在不断提高。

LES 方法要求使用亚网格尺寸（Sub - Grid Scale，SGS）模型来封闭方程。自 Smagorinsky[64] 引入第一个 SGS 应力模型并在早期应用在内燃机模拟中以来，已有许多 SGS 模型和模拟技术被提出[65-67]。本节中，我们将在内燃机模拟的背景下向读者介绍 LES 方法的基本原理和最常用的亚网格湍流模型。此外，还将给出一些 LES 在内燃机模拟中的应用示例，并在一些示例中对比 LES 和 RANS 模拟的结果。本节不能涵盖 LES 及其子模型的所有细节，更多的背景资料推荐参考 Pope、Rutland 和 Celik 等在 LES 理论及内燃机模拟方面的文献[28-30]。

4.4.1　LES 方法和亚网格模型

大涡模拟方法基于对流动变量的过滤（或空间平均）思想。对于速度 u_i，其解析分量 $\overline{u_i}$ 通过积分过滤运算来定义：

$$\overline{u(\boldsymbol{x})_i} = \int G(\boldsymbol{x}, \boldsymbol{y}) u(\boldsymbol{y})_i \mathrm{d}y \qquad (4\text{-}73)$$

过滤函数 G 是考虑局部信息归一化后的函数，并包含与计算网格尺寸成比例的典型长度尺度 Δ。高斯函数是最常见的过滤函数。对于内燃机中的变密度流体，密度加权（又称 Favre 过滤）定义为

$$\tilde{u}_i = \frac{\overline{\rho u_i}}{\overline{\rho}} \qquad (4\text{-}74)$$

瞬时流速可分解为解析项 $\tilde{u}_i$ 和余留项 $u_i{}'$：

$$u_i = \tilde{u}_i + u_i{}' \qquad (4\text{-}75)$$

分解过程可视为对流速场的局部过滤，从而分离出大涡结构，并去除亚网格尺寸（SGS）的速度。其中，$\tilde{u}_i$ 表示大涡速度，$u_i{}'$ 表示亚网格速度。回想一下，在RANS 方法中，流场被分解为综合平均量和脉动量［参见式（4-14）］。这种分解方法反映了 LES 和 RANS 之间的一个关键区别。

解析项之所以如此命名，是因为它是在 LES 网格上表示的项。请注意，解析项表示的是局部过滤值，而非"时间平均值"或"综合平均值"。因此，即使其符号与 RANS 模型中的类似，但在 LES 中该项的性质还是不同的。最值得注意的是，过滤运算结果具有以下性质：

$$\overline{\overline{u_i}} \neq \overline{u_i}, \qquad \overline{u_i{}'} \neq 0 \qquad (4\text{-}76)$$

对于可压缩黏性流动，将过滤运算应用至 Navier – Stokes 方程中，得到 LES动量方程为

$$\frac{\partial(\overline{\rho}\tilde{u}_i)}{\partial t} + \frac{\partial(\overline{\rho}\tilde{u}_i\tilde{u}_j)}{\partial x_j} = -\frac{\partial \overline{p}}{\partial x_i} + \frac{\partial}{\partial x_j}\left[\overline{\sigma}_{ij} - \overline{\rho}\left(\widetilde{u_i u_j} - \tilde{u}_i\tilde{u}_j\right)\right] + \overline{\rho} g_i \qquad (4\text{-}77)$$

可以注意到，LES 动量方程看起来和 RANS 一样［式（4-26）］。但是，二者的物理解释在概念上是不同的。$\overline{\rho}\left(\widetilde{u_i u_j} - \tilde{u}_i\tilde{u}_j\right)$ 项被称为亚网格应力，其代替了雷诺应力 $\overline{\rho u_i{}'' u_j{}''}$。该项未知，因此需要对其模拟。必要时使用 SGS 作为上标来表示与 SGS 相关的物理量，从而得到亚网格应力张量为

$$\tilde{\tau}_{ij}{}^{\mathrm{SGS}} = \overline{\rho}\left(\widetilde{u_i u_j} - \tilde{u}_i\,\tilde{u}_j\right) \qquad (4\text{-}78)$$

针对 $\tilde{\tau}_{ij}{}^{\mathrm{SGS}}$ 的 LES 亚网格应力模型有很多种。Rutland[30] 基于是否采用湍流黏度以及模型输运方程的数量将其分为 7 种类型。下面对其中 4 种模型的优缺点进行总结。

<u>Smagorinsky 模型</u>：最常见的模型就是 Smagorinsky 模型[64, 68-70]，其中亚网格应力为

$$\tau_{ij}{}^{\mathrm{SGS}} = 2\mu_{\mathrm{SGS}}\tilde{S}_{ij} \qquad (4\text{-}79)$$

式中，$\tilde{S}_{ij}$ 是应变率张量，$\tilde{S}_{ij} = \left(\dfrac{\partial \tilde{u}_i}{\partial x_j} + \dfrac{\partial \tilde{u}_j}{\partial x_i}\right)/2$；$\mu_{\mathrm{SGS}}$ 是亚网格尺寸湍流黏度，它的

模型为

$$\mu_{\mathrm{SGS}} = \bar\rho l_s^{\,2} |\widetilde{S}| = \bar\rho (C_s \Delta)^2 |\widetilde{S}| \tag{4-80}$$

式中，l_s 是 Smagorinsky 长度尺度（类似于混合长度），其通过 Smagorinsky 系数 C_s 与过滤宽度 Δ 成正比。C_s 的典型值约为 0.17。此外，过滤应变率 $\widetilde{S} = (2\,\widetilde{S}_{ij}\widetilde{S}_{ij})^{1/2}$。过滤宽度或长度尺度 Δ 通常与局部网格尺寸相关。例如，长度尺度可为 $\Delta = \sqrt[3]{\Delta x \Delta y \Delta z}$。

　　Smagorinsky 模型是代数湍流黏度模型（零方程）。其中，模型系数 C_s 需针对每种模拟情况进行调整。该模型要求较细的网格才能得到较好的结果。由于该模型较易实现，因此它经常成为商业 CFD 软件的选择。Smagorinsky 模型在内燃机模拟中相对常见，但其对密网格的要求通常过于严格。

　　动态 Smagorinsky 模型：Smagorinsky 方法的一个重要改进是由 Germano 等提出的动态方法[71]，得到的模型通常被称为动态 Smagorinsky 模型。在这种方法中，可调参数 C_s 可通过使用动态过程和一些额外假设来确定[72]。在动态过程中引入了两个不同的过滤宽度 $\widetilde{\Delta}$ 和 $\overline{\widetilde{\Delta}}$，其中 $\overline{\widetilde{\Delta}} > \widetilde{\Delta}$。波浪线表示在较小尺度下过滤的物理量，而上画线表示在较大尺度下过滤（或称作"测试过滤"）。因此 $\overline{\widetilde{u}}$ 表示通过 LES 方法计算得到的在尺寸 $\overline{\widetilde{\Delta}}$ 下过滤的速度场。

　　可以导出两种不同过滤宽度下的亚网格尺寸应力张量之间的确切关系，如下：

$$C_s = \frac{L_{ij}M_{ij}}{2M_{kl}M_{kl}}\frac{1}{\widetilde{\Delta}^2} \tag{4-81}$$

式中，L_{ij} 被称为 Leonard 张量。L_{ij} 和 M_{kl} 由 LES 解析速度场算得：

$$L_{ij} = \overline{\widetilde{u}_i\,\widetilde{u}_j} - \overline{\widetilde{u}_i}\,\overline{\widetilde{u}_j} \tag{4-82}$$

$$M_{kl} = \overline{|\widetilde{S}|\widetilde{S}_{kl}} - \left(\frac{\overline{\widetilde{\Delta}}}{\widetilde{\Delta}}\right)^2 |\overline{\widetilde{S}}|\overline{\widetilde{S}}_{kl} \tag{4-83}$$

　　动态过程的功能十分强大，它可以在许多情况下用于确定模型系数。当与 Smagorinsky 模型结合使用时，对非化学反应流体的模拟结果相当好。但该方法仍然要求较密的网格。

　　在内燃机燃烧模拟中，使用 Smagorinsky 模型和动态 Smagorinsky 模型的一个主要缺点是，它们无法像 RANS $k\text{-}\varepsilon$ 湍流模型那样提供适当的湍流长度尺度和时间尺度，这些尺度通常要用于喷雾和燃烧物理模型中（参见第 5 章和第 6 章）。

　　Smagorinsky 模型的简单形式提供了一个重要概念，这一概念可与基于 RANS 方法的 $k\text{-}\varepsilon$ 湍流模型类比。式（4-80）中的亚尺度湍流黏度可通过 RANS 中的长度尺度和速度尺度关联为

$$\mu_{\mathrm{SGS}} \propto \bar\rho l u'' \tag{4-84}$$

另外，RANS k-ε 方法通过式（4-33）将湍流黏度 μ_t 描述为

$$\mu_t = C_\mu \bar{\rho} \frac{k^2}{\varepsilon}$$

因此，在 LES 模型中，长度尺度 l 和速度尺度可通过 $l \propto k^{1.5}/\varepsilon$ 和 $u' \propto k^{1/2}$ 建立联系。这一分析可以帮助我们理解下面的 k 方程模型的提出，该模型通过使用亚网格湍动能来模拟湍流黏度。

k 方程模型：k 方程模型[73,74]与式（4-34）具有相似的表达式，即亚网格湍动能表示为

$$k = \frac{1}{2}(\widetilde{u_i u_i} - \widetilde{u}_i \widetilde{u}_i) \tag{4-85}$$

亚网格应力张量的模型为

$$\widetilde{\tau}_{ij} = -2\mu_t \widetilde{S}_{ij} + \frac{2}{3} k \bar{\rho} \delta_{ij} \tag{4-86}$$

请注意，为简单起见，我们在此使用 $\widetilde{\tau}_{ij}$ 代替 $\widetilde{\tau}_{ij}^{\mathrm{SGS}}$，$\mu_t$ 代替 μ_{SGS}。模型的湍流黏度如下：

$$\mu_t = C_v k^{1/2} \Delta \tag{4-87}$$

亚网格耗散率为

$$\varepsilon = \frac{C_\varepsilon k^{3/2}}{\Delta} \tag{4-88}$$

式中，常数 $C_v = 0.1$，$C_\varepsilon = 0.7$。

k 方程模型存在几点优势。第一，该模型包含了更多的物理过程，如亚网格湍动能的对流、生成和耗散。第二，亚网格湍动能提供了一个可用于其它模型（如燃烧、标量输运和喷雾模型）的速度尺度。第三，亚网格 k 方程模型为亚网格应力提供了更好的模拟，因此在内燃机模拟中常见的粗网格上获得了更好的效果。使用 k 方程模型的内燃机 LES 模拟已取得了良好的结果[75,76]。

动态结构模型：动态结构模型[67,77]由威斯康星大学 ERC 的 Rutland 教授团队提出。该模型不使用湍流黏度来模拟亚网格应力张量，而是从动态过程中直接获取张量系数。张量系数与通过输运方程得到的湍动能相乘，得到模拟的应力张量：

$$\widetilde{\tau}_{ij} = C_{ij} k \tag{4-89}$$

以及

$$C_{ij} = 2 \frac{L_{ij}}{L_{kk}} \tag{4-90}$$

式中，L_{ij} 是由式（4-82）定义的 Leonard 张量。由此，亚网格应力由通过动态过程获得的 C_{ij} 和亚网格湍动能 k 给出。

动态结构模型最显著的特点就是不使用湍流黏度。因此，湍动能在网格尺度

速度场和亚网格 k 方程之间保持平衡。换句话说，从网格尺度中移走的能量变成了亚网格湍动能。因此，该模型可在较宽范围的网格分辨率下具有良好的鲁棒性和模拟效果[30]。

动态结构模型是为内燃机的实际应用而开发的，其网格数量必须保持在合理的范围内。该模型在内燃机应用中非常有效，并为燃烧、标量混合和喷雾模型提供了很好的亚网格湍动能模型。该模型方法已用于柴油机的模拟中，并取得了良好的效果[78-80]。

LES 子模型的壁面边界条件处理方法还不是很完善。目前，大多数 LES 模拟使用两种方法来处理壁面边界条件：①除增加网格节点外，不对壁面作其它特殊处理；②使用 RANS 方法中的壁函数，在计算壁面传热时尤其如此。

为了将 LES 方法应用于内燃机燃烧模拟，还需要在模拟中包含喷雾和燃烧（化学反应）等其它物理模型。在绝大多数情况下，燃烧模型都是建立在 RANS 模型上的。基于 RANS 的内燃机模拟使用拉格朗日粒子法来模拟喷雾（参见第 5 章），该方法应加以修正而用于 LES 方法。LES 的喷雾模拟问题在于如何表示拉格朗日喷雾粒子与连续气相的亚网格相互作用。在 LES 方法中已经使用了基于 RANS 的喷雾破碎和碰撞、阻力、湍流耗散以及蒸发等物理模型。

总之，从理论上讲，RANS 方法能够收敛到平均 Navier - Stokes 方程的精确解。相比之下，随着网格间距/计算时间步长更加精细，LES 能够解析出更小的空间/时间尺度。LES 方法能够收敛到未过滤的 Navier - Stokes 方程的精确解，即 DNS 数值模拟。这表明 LES 需要高精度的数值方法[28]。但是，在内燃机模拟的环境下，LES 方法应被视为 RANS 的演变，以便将 RANS 中积累的知识转移到 LES 模拟中。

LES 在内燃机模拟中是很有前景的。使用 LES 的高精度燃烧模型有助于更好地理解与内燃机循环变动有关的稀薄燃烧不稳定现象和内燃机输出变动。但关于 LES 的内燃机数值模拟仍存在一些问题。尽管增加的计算成本可由计算机能力的飞速发展而不断减轻，但执行一次 LES 模拟依然需要花费比 RANS 长得多的时间，这是由于 LES 模拟通常需要计算多个循环（5~10 个循环或更多），以获得综合平均值来与多循环平均的试验数据（例如缸压和放热率）进行比较。更重要的是，LES 方法从根本上讲其结果是基于单循环的，而非平均值。这对于试图与试验结果相比较来说可能是一个缺点，因为试验结果往往是多循环的平均值。即使是在与某个循环实测值的对比中，也很难确定计算结果与试验结果所对应的确切循环，这是因为在模拟和试验中导致循环变动的条件随机性并不一致。试验只能验证数值模型解析的循环变动特征或某一典型循环的特点。因此，模拟人员应当将 CFD 工具与面临的问题相匹配，并恰当使用 LES。

4.4.2　内燃机模拟示例

本节对一些示例进行介绍，在这些示例中 LES 已成功用于研究内燃机的某些问题。这些例子有助于阐述 LES 目前的用途。

示例 1 进气和缸内流动：通用汽车公司的发动机研究团队[59]用高速粒子成像测速仪（Particle Image Velocimetry，PIV）的测量数据作为参考数据，对一台单缸发动机在倒拖工况下的 RANS 和 LES 循环平均速度及湍流预测进行了对比分析。该发动机是一台 0.57L 单缸发动机，它带有两气门缸盖，简单的进、排气道几何形状和一个平顶活塞形状的燃烧室。计算采用了商业 CFD 软件 CONVERGE。全域模拟的计算范围包含了进、排气稳压腔，而部分域模拟中仅包含了进、排气道。在 LES 和 RANS 模拟中均采用了 1mm 的基础网格尺寸，以确保对比分析不受网格影响。RANS 采用标准 $k\text{-}\varepsilon$ 湍流模型和 RNG $k\text{-}\varepsilon$ 湍流模型；LES 采用单方程涡黏性模型。PIV 和 LES 的综合平均速度和均方根（Root Mean Square，RMS）速度均通过 56 个循环求得平均。为消除初始条件的影响，忽略了 LES 的前 10 个循环的计算结果。所有的 RANS 模拟都运行了两个循环，其中第二个循环的结果用于分析。

图 4-14（见彩插）展示了不同方法得到的平均速度和相应的湍流速度。观察结果总结为：①总体上，LES 对平均速度大小的预测效果比 RANS 更好，LES 更好地解析了射流结构并正确捕捉到了流动的右旋向现象；相反，RANS（除 RNG $k\text{-}\varepsilon$ 模型的部分域模拟外）错误地预测了一个射流结构左旋向，此外，RANS 预测的射流结构是无规律的，而 LES 预测的射流结构要稳定得多；②LES 的预测比 RANS 更符合 PIV 测量结果，LES 与 PIV 一样给出了围绕射流和底部静止流的高湍流区域。标准 $k\text{-}\varepsilon$ 模型错误地预测了射流右侧的高湍流区域，而 RNG $k\text{-}\varepsilon$ 模型给出了合理的预测。此外，LES 捕捉到了等值线中的局部波峰和波谷值，而 RANS 等值线则未能得到这些信息，而给出了非常平滑的结果。很明显 LES 给出了更准确的湍流预测。

此外，还在压缩行程末期进行了对比，此时的局部速度和湍流场直接影响燃烧过程。经过仔细的评估，得出以下结论：①RANS 和 LES 的全域模拟和部分域模拟均能定性地捕捉 PIV 中所有主要的平均流动和湍流结构，其中，包含歧管稳压腔的 LES 模拟效果最好；②在第二个循环中，RANS 的部分域模拟优于全域模拟，这对实际模拟过程具有重要意义，在两种 RANS 湍流模型中，RNG $k\text{-}\varepsilon$ 模型的平均流动和湍流预测结果比标准 $k\text{-}\varepsilon$ 模型稍好；③不包含歧管稳压腔的 RNG $k\text{-}\varepsilon$ 模型（计算成本最低）足够定性捕捉总体的流动趋势。然而，如果希望获得对湍流场更精准的预测，则必须选择 LES 模拟。

其它使用 LES 模拟内燃机进气和缸内流动的研究可参阅文献 [65，81]。Yu

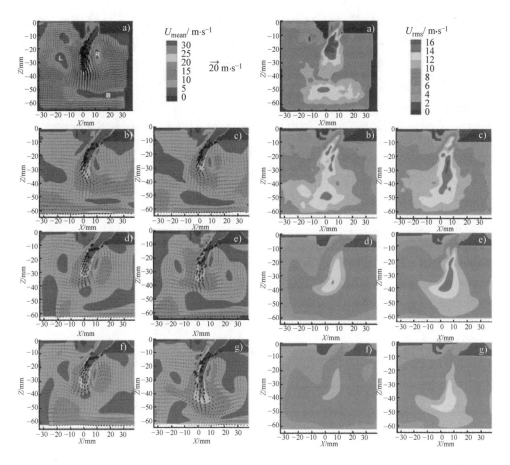

图 4-14 二维平均气流速度等值线和矢量场（左图）和湍流速度等值线（右图）[59]

注：（a）PIV，（b）LES 全域，（c）LES 部分域，（d）RANS（k-ε）全域，

（e）RANS（k-ε）部分域，（f）RANS（RNG k-ε）全域，（g）RANS（RNG k-ε）部分域。

结果位于两进气门间的中心面，时间为进气行程 100°（CA）。

等[81]采用了一台 0.48L 带有 ω 形燃烧室的沃尔沃 D5 轻型柴油机进行 PIV 测量和 LES 模拟。PIV 结果发现，在进气和压缩阶段生成的湍流主要来自于大尺度流动，在压缩阶段后期，流动的特征是具有更多的各向同性特点。LES 模拟复现了上述流动结构的特点。

示例 2 燃烧循环变动：LES 的主要能力之一就是反映内燃机的循环变动。Vermorel 等[82]通过 LES 模拟研究这些现象，其研究对象为使用丙烷燃料的 PSA XU10 四气门进气道喷射点燃式发动机。用 AVBP CFD 软件[83]进行模拟，该软件使用了带有 Smagorinsky 亚网格应力模型的 LES 模型。模拟了 9 个连续完整

720°（CA）的发动机循环，涵盖了四冲程循环的所有阶段：发动机全域下的进气、压缩与燃烧、膨胀、排气过程。特别地，对进、排气道内的流动进行了求解（即使是在进、排气门关闭的情况下），目的是在气门开启时提供合适的边界条件。在每个循环结束后，在该循环结束时的流动和边界条件基础上继续计算，以模拟真实的发动机情况。网格尺寸约为 0.2mm 和 1.5mm，在上止点时共有254000个六面体单元，在下止点时有 628000 个。在 32 核的 Linux 集群上，一个完整循环的计算时间为 120h。模拟结果与循环缸压的试验数据进行了比较。

图 4-15 展示了 9 个连续模拟循环的缸压、试验得到的循环平均压力曲线和试验中最小与最大的压力曲线。图中没有观察到计算循环向平均循环的收敛，但大多数循环都在试验值的包络线内。LES 模拟反映了循环变动以及定性的压力循环变动量。

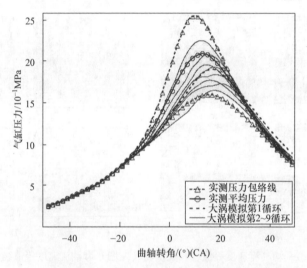

图 4-15　LES 预测的 9 个连续循环的气缸压力与测量的压力边界和平均压力[82]

Vermorel 等还在他们的案例中证明，滚流运动的强烈循环变动是湍流强度波动的根源，后者会引起发动机燃烧循环变动[82]。他们认为由进气门引起的相干结构（绕 y 轴的滚流最强）在循环间波动。气体运动的循环变动如图 4-16（见彩插）所示，图中展示了前 4 个循环的进气过程在垂直切面上的速度大小。虽然整体流动结构相近，但可以看到局部速度值从一个循环到另一个循环有明显的变化。

示例3 低温喷雾燃烧：Hu 等[79]研究了柴油机中的低温燃烧。他们在 KIVA-3V 中使用基于 RANS 的 RNG $k-\varepsilon$ 模型以及动态结构 LES 模型，并结合 CHEMKIN 化学动力学模型，对康明斯（Cummins）N-14 单缸发动机的喷雾、着火和燃烧进行了模拟。为了节省计算时长，两种模拟方法中均采用了最大尺度为 1.2mm×1.2mm×1.5mm 的 45°扇形网格，这是考虑到有 8 个喷雾油束平均分

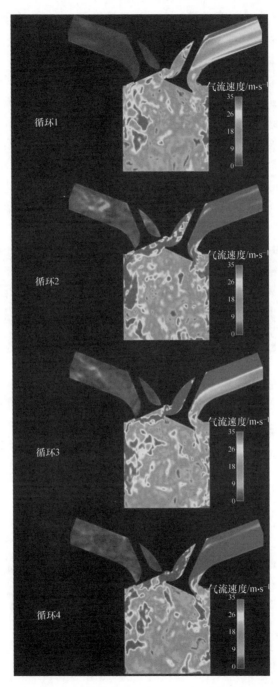

图 4-16　计算的 4 个循环气流速度显示出的循环变动[82]
注：结果位于两进气门间的中心面，时间为进气行程 125°（CA）。

布在对称的燃烧室中。对两种模拟方法均只计算了一个模拟循环。研究者认为这种类型的 LES 模拟是一种"工程" LES，其有效性也已被证明。他们的主要目的是证明 LES 能够预测更详细的流动结构。

图 4-17（见彩插）对比了模型预测的气体温度场和试验观测到的化学发光图像。在该案例中，正庚烷在压缩上止点前 22°（CA）时以 160MPa 的压力喷入燃烧室，喷射持续期为 7°（CA）。发动机工作在 1200r·min⁻¹ 低负荷工况。图 4-17 的第一行展示了喷雾油滴的激光米氏散射（蓝色）和着火化学发光（绿色）的同时刻图像。第二和第三行展示了由 LES – CHEMKIN 和 RANS – CHEMKIN 模型预测的喷射轴平面内的气体温度（绿色），图内也展示了油滴分布（蓝色）。需要注意的是，模拟结果只包含一个喷束的喷雾图像。所有的模型图像均使用相同的温度尺度，如图 4-17 的最后一行所示。

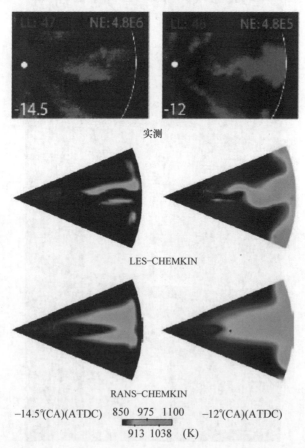

图 4-17　早期喷油低温燃烧的实测着火化学发光图像与模型预测气体温度场比较[79]

可以看到，RANS 图像因其综合平均的性质变得平滑，而 LES 图像则展示出更详细的结构以及在瞬时试验图像上所见的特征。特别是在 −12°（CA）（AT-DC）时，LES 展示出与试验图像相同的喷射轴线上的振荡结构。有趣的是，在 Hu 等的研究结果[79]中发现，尽管 RANS 和 LES 方法可以在相同的精度上预测燃烧压力和放热率，但在 LES 模拟中，这样一个粗糙的数值处理就能够反映试验支持的流动结构细节。因此，LES 模型应当用于在空间和时间上更加随机的自燃过程等燃烧现象的模拟，如爆燃、HCCI 和 PCCI 等。

示例 4 点火对直喷汽油机燃烧的影响：为了研究火花配置（电极的位置和方向）的影响，Fontanesi 等[84]对法拉利的一款 3L V8 涡轮增压直喷汽油机进行了 LES 燃烧模拟，模拟工况为 7000r·min⁻¹ 全负荷。计算采用 Star − CD 软件以及 Smagorinsky 应力模型。在上止点时，计算域由 236000 个单元组成，下止点时有 1500000 个单元（包括气道）。在 32 核 Linux 集群中，单个循环的计算时间约为 24 个 CPU 小时（仅对压缩和燃烧过程）。在每个点火配置参数下计算 20 个循环。但是，在每种配置下，将预先计算的进气过程结果映射到每个计算循环。

LES 模拟解析了缸压及其它参数强烈的循环变动。如图 4-18a（见彩插）所示，在所有配置下，消耗 50% 燃油质量时的曲轴转角（MFB50）与峰值压力之间的相关性很强。可以看到，峰值压力存在较散的分布，这在某种程度上受燃油燃烧速率的影响。此外，特定的点火配置（S0、S1 和 S2）会导致 MFB50 和峰值压力的不同散点分布。图 4-18b 给出了 MFB10（消耗 10% 燃油质量时的曲轴转角）与峰值压力之间的关系，图中再次出现了散点分布，同时 MFB10 和峰值压力之间展现出弱相关性。这项研究证明了设计细节对发动机性能的复杂影响，且 LES 发动机模拟有助于理解其内在原因。

Fontanesi 等的结论是，火花塞电极的简单再定向而导致的电极与周围流体的流动相互作用变化，不会引起统计上显著的燃烧变化，这证实了试验中火花塞没有最优方向的事实[84]。火花塞位置的改变（该研究中向进气侧移动了 2mm）意外地导致了峰值压力和燃烧稳定性的下降，这表明火花塞被移动到不利于点火的位置。因此，火花塞位置的改变应当调整喷油定时和有针对性地改变喷雾方向，特别是对所分析的燃烧室结构而言。

示例 5 分层混合气直喷汽油机燃烧：Kazmouz 等[85]近期对一台分层稀薄燃烧模式下运行的单缸、四冲程、喷雾引导的直喷点燃式发动机进行了多循环大涡模拟。该研究的目标之一是确定导致失火或稳定燃烧的原因。该发动机工作在 1300r·min⁻¹，总当量比为 0.2，采用一个 8 孔喷油器，喷射压力为 12MPa，喷油始点为 −25°（CA）（ATDC），点火时刻为 −22°（CA）（ATDC）。在这些条件下，试验发动机展现出强烈的燃烧循环变动。

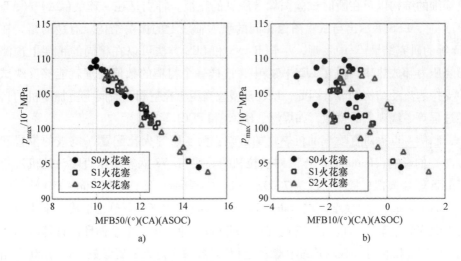

图 4-18　燃烧参数的关联性[84]

a）燃烧峰值压力与主燃烧期角度位置（MFB50）的相关性

b）燃烧峰值压力与火焰发展期角度位置（MFB10）的相关性

注：图中 S0 与 S1 为不同的火花塞电极方向，S2 代表火花塞电极不同的位置。

　　使用 STAR-CD 软件以及动态 Smagorinsky 模型进行了大涡模拟。计算域包含了缸内区域，进、排气道以及进、排气歧管的一部分。在下止点时计算单元个数的最大值约为 470 万。单元平均尺寸约为 1mm，在喷油器和火花塞附近区域设置了更细的网格（约 0.25mm）。为了消除初始条件的任意性影响，模拟了 35 个连续的发动机循环，但舍弃了最初 7 个循环。在发动机喷油器和火花塞附近的区域，对混合气当量比的瞬时分布进行了测量。测量平面离喷油器-火花塞间隙平面的距离为 3mm，测量是在燃油喷射和燃烧过程早期的几个时刻进行的。

　　图 4-19（见彩插）展示了 -15°（CA）（ATDC）时 3 个试验循环和 3 个 LES 循环之间的对比。在该时刻，火焰尚未到达测量平面。在模拟中，可以很好地捕捉试验观察到的各束喷雾的大体位置和形状、当量比的范围以及燃烧变动程度。模拟和试验之间的主要区别在于，在试验图像中可以看到更精细的空间结构。

　　通过分析失火的 LES 循环，可以看出对于分层燃烧，早期燃烧对随后火焰发展有着更加细微的影响。点火时火花塞附近的局部条件在很大程度上决定了随后的火焰发展。研究的另一结论为，喷油施加的速度场，特别是在喷雾射流的前缘，会产生不利的条件，从而阻碍火焰发展，导致缓慢燃烧或失火循环[85]。

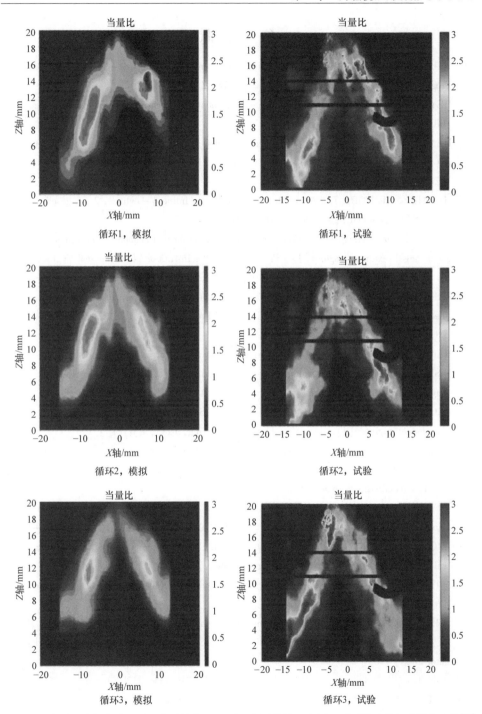

图 4-19　分层混合气直喷汽油机中计算的（左图）和测量的（右图）瞬时燃油蒸气当量比比较[85]
注：结果位于离火花塞 3mm 的垂直平面上，时间为上止点前 15°（CA）。

参 考 文 献

[1] TABACZYNSKI R J. Turbulence and turbulent combustion in spark – ignition engines [J]. Progress in Energy and Combustion Science, 1976, 2 (3): 143 – 165.

[2] HEYWOOD J B. Internal combustion engine fundamentals [M]. 2nd ed. New York: McGraw – Hill Education, 2018.

[3] HAN Z, FAN L, REITZ R D. Multidimensional modeling of spray atomization and air – fuel mixing in a direct – injection spark – ignition engine [J]. SAE Transactions, 1997, 106 (3): 1423 – 1441.

[4] HAKARIYA M, TODA T, SAKAI M. The new Toyota inline 4 – cylinder 2.5L gasoline engine [R]. SAE Technical Paper, 2017 – 01 – 1021, 2017.

[5] WU Z, HAN Z, SHI Y, et al. Combustion optimization for fuel economy improvement of a dedicated range – extender engine [J]. Proceedings of the Institution of Mechanical Engineers, Part D: Journal of Automobile Engineering, 2021, 235 (9): 2525 – 39.

[6] KAKUHOU A, URUSHIHARA T, ITOH T, et al. Characteristics of mixture formation in a direct injection SI engine with optimized in – cylinder swirl air motion [J]. SAE Transactions, 1999, 108 (3): 550 – 558.

[7] HAN Z, WEAVER C, WOOLDRIDGE S, et al. Development of a new light stratified – charge DISI combustion system for a family of engines with upfront CFD coupling with thermal and optical engine experiments [J]. SAE Transactions, 2004, 113 (3): 269 – 293.

[8] ARCOUMANIS C, BICEN A F, WHITELAW J H. Squish and swirl – squish interaction in motored model engines [J]. Journal of Fluids Engineering, 1983, 105 (1): 105 – 112.

[9] MILES P C. Turbulent flow structure in direct – injection, swirl – supported diesel engines [M] // ARCOUMANIS C D, KAMIMOTO T. Flow and combustion in reciprocating engines. Berlin, Heidelberg: Springer, 2009: 173 – 256.

[10] HAN Z, REITZ R D, YANG J, et al. Effects of injection timing on air – fuel mixing in a direct – injection spark – ignition engine [J]. SAE Transactions, 1997, 106 (3): 848 – 860.

[11] LIOU T M, HALL M, SANTAVICCA D A, et al. Laser doppler velocimetry measurements in valved and ported engines [J]. SAE Transactions, 1984, 93 (2): 935 – 948.

[12] TENNEKES H, LUMLEY J L. A first course in turbulence [M]. Cambridge: MIT Press, 1972.

[13] REYNOLDS W C. Modeling of fluid motions in engines – an introductory overview [M] // MATTAVI J N, AMANN C A. Combustion modeling in reciprocating engines. New York: Plenum Press, 1980: 41 – 68.

[14] HINZE J O. Turbulence [M]. 2nd ed. New York: McGraw – Hill Education, 1975.

[15] CORCIONE F E, Valentino G. Analysis of in – cylinder flow processes by LDA [J]. Combustion and Flame, 1994, 99 (2): 387 – 394.

[16] COLLINGS N, ROUGHTON A W, MA T. Turbulence length scale measurements in a motored

internal combustion engine [R]. SAE Technical Paper, 871692, 1987.

[17] DINSDALE S, ROUGHTON A, COLLINGS N. Length scale and turbulence intensity measurements in a motored internal combustion engine [R]. SAE Technical Paper, 880380, 1988.

[18] IKEGAMI M, SHIOJI M, NISHIMOTO K. Turbulence intensity and spatial integral scale during compression and expansion strokes in a four – cycle reciprocating engine [J]. SAE Transactions, 1987, 96 (4): 399 – 413.

[19] FRASER R A, BRACCO F V. Cycle – resolved LDV integral length scale measurements in an IC engine [J]. SAE Transactions, 1988, 97 (3): 222 – 241.

[20] MILES P C, MEGERLE M, NAGEL Z, et al. An experimental assessment of turbulence production, reynolds stress and length scale (dissipation) modeling in a swirl – supported DI diesel engine [J]. SAE Transactions, 2003, 112 (3): 1470 – 1499.

[21] HAN Z, REITZ R D, CORCIONE F E, et al. Interpretation of k – ε computed turbulence length – scale predictions for engine flows [C] // Symposium (International) on Combustion. Amsterdam: Elsevier, 1996, 26 (2): 2717 – 2723.

[22] WU C T, FERZIGER J H, CHAPMAN D R. Department of mechanical engineering report [R]. Stanford University, No. TF – 21, 1985.

[23] COLEMAN G N, MANSOUR N N. Modeling the rapid spherical compression of isotropic turbulence [J]. Physics of Fluids A: Fluid Dynamics, 1991, 3 (9): 2255 – 2259.

[24] TANNER F X, ZHU G, REITZ R D. Non – equilibrium turbulence considerations for combustion processes in the simulation of DI diesel engines [R]. SAE Technical Paper, 2000 – 01 – 0586, 2000.

[25] BIANCHI G M, PELLONI P, ZHU G S, et al. On non – equilibrium turbulence corrections in multidimensional HSDI diesel engine computations [R]. SAE Technical Paper, 2001 – 01 – 0997, 2001.

[26] KUO K K. Principles of combustion [M]. New York: John Wiley & Sons, 1986.

[27] WARSI Z U A. Fluid dynamics: Theoretical and computational approaches [M]. Boca Raton: CRC press, 2005.

[28] POPE S B. Turbulent flows [M]. Cambridge: Cambridge University Press, 2000.

[29] CELIK I, YAVUZ I, SMIRNOV A. Large eddy simulations of in – cylinder turbulence for internal combustion engines: a review [J]. International Journal of Engine Research, 2001, 2 (2): 119 – 148.

[30] RUTLAND C J. Large – eddy simulations for internal combustion engines – a review [J]. International Journal of Engine Research, 2011, 12 (5): 421 – 451.

[31] POPE S B. PDF methods for turbulent reactive flows [J]. Progress in Energy and Combustion Science, 1985, 11 (2): 119 – 192.

[32] HAWORTH D C. Progress in probability density function methods for turbulent reacting flows [J]. Progress in Energy and Combustion Science, 2010, 36 (2): 168 – 259.

[33] REITZ R D, RUTLAND C J. Multidimensional simulation [M] //CROLLA D A, Foster D E,

KOBAYASHI T. Encyclopedia of Automotive Engineering. Chichester: John Wiley & Sons, 2014: 1 – 19.

[34] LAUNDER B E, SPALDING D B. Mathematical models of turbulence [M]. New York: Academic Press, 1972.

[35] HAN Z, REITZ R D. Turbulence modeling of internal combustion engines using RNG k – ε models [J]. Combustion Science and Technology, 1995, 106 (4 – 6): 267 – 295.

[36] JONES W P, LAUNDER B E. The prediction of laminarization with a two – equation model of turbulence [J]. International Journal of Heat and Mass Transfer, 1972, 15 (2): 301 – 314.

[37] GOSMAN A, WATKINS A. A computer prediction method for turbulent flow and heat transfer in piston/cylinder assemblies [C] // Proceedings of a Symposium on Turbulent Shear Flows. Park: Pennsylvania State University, 1977.

[38] AMSDEN A A, O'ROURKE P J, BUTLER T D. KIVA – II: A computer program for chemically reactive flows with sprays [R]. Los Alamos, NM, USA: Los Alamos National Laboratory, LA – 11560 – MS, 1989.

[39] RAMOS J I, SIRIGNANO W A. Axisymmetric flow model with and without swirl in a piston – cylinder arrangement with idealized valve operation [R]. SAE Technical Paper, 800284, 1980.

[40] MOREL T, MANSOUR N N. Modeling of turbulence in internal combustion engines [R]. SAE Technical Paper, 820040, 1982.

[41] EL TAHRY S H. K – epsilon equation for compressible reciprocating engine flows [J]. Journal of Energy, 1983, 7: 345 – 353.

[42] GRASSO F, BRACCO F V. Computed and measured turbulence in axisymmetric reciprocating engines [J]. AIAA Journal, 1983, 21 (4): 601 – 607.

[43] YAKHOT V, ORSZAG S A. Renormalization group analysis of turbulence. I. Basic theory [J]. Journal of Scientific Computing, 1986, 1 (1): 3 – 51.

[44] YAKHOT V, SMITH L M. The renormalization group, the ε – expansion and derivation of turbulence models [J]. Journal of Scientific Computing, 1992, 7 (1): 35 – 61.

[45] YAKHOT V, ORSZAG S A, THANGAM S, et al. Development of turbulence models for shear flows by a double expansion technique [J]. Physics of Fluids A: Fluid Dynamics, 1992, 4 (7): 1510 – 1520.

[46] SPEZIALE C G, GATSKI T B, FITZMAURICE N. An analysis of RNG – based turbulence models for homogeneous shear flow [J]. Physics of Fluids A: Fluid Dynamics, 1991, 3 (9): 2278 – 2281.

[47] CHOUDHURY D, KIM S E, FLANNERY W S. Calculation of turbulent separated flows using a renormalization group based k – ε turbulence model [J]. ASME Fluids Engineering Division, 1993, 149: 177 – 187.

[48] FORSTER D, NELSON D R, STEPHEN M J. Large – distance and long – time properties of a randomly stirred fluid [J]. Physical Review A, 1977, 16 (2): 732 – 749.

[49] FOURNIER J D, FRISCH U. Remarks on the renormalization group in statistical fluid dynamics [J]. Physical Review A, 1983, 28 (2): 1000 – 1002.

[50] SMITH L M, REYNOLDS W C. On the Yakhot – Orszag renormalization group method for deriving turbulence statistics and models [J]. Physics of Fluids A: Fluid Dynamics, 1992, 4 (2): 364 – 390.

[51] LAM S H. On the RNG theory of turbulence [J]. Physics of Fluids A: Fluid Dynamics, 1992, 4 (5): 1007 – 1017.

[52] EYINK G L. The renormalization group method in statistical hydrodynamics [J]. Physics of Fluids, 1994, 6 (9): 3063 – 3078.

[53] PFEUTY P, TOULOUSE G, DOMANY E. Introduction to the renormalization group and to critical phenomena [J]. Physics Today, 1977, 31 (4): 57.

[54] DURBIN P A, ZEMAN O. Rapid distortion theory for homogeneous compressed turbulence with application to modelling [J]. Journal of Fluid Mechanics, 1992, 242: 349 – 370.

[55] LELE S K. Compressibility effects on turbulence [J]. Annual review of fluid mechanics, 1994, 26: 211 – 254.

[56] BIRD R B, STEWART W E, LIGHTFOOT E N. Transport phenomena [M]. New York: John Wiley & Sons, 1960.

[57] KONG S C, HAN Z, REITZ R D. The development and application of a diesel ignition and combustion model for multidimensional engine simulation [J]. SAE Transactions, 1995, 104 (3): 502 – 518.

[58] PATTERSON M A, KONG S C, HAMPSON G J, et al. Modeling the effects of fuel injection characteristics on diesel engine soot and NO_x emissions [J]. SAE Transactions, 1994, 103 (3): 836 – 852.

[59] YANG X, GUPTA S, KUO T, et al. RANS and large eddy simulation of internal combustion engine flows—a comparative study [J]. Journal of Engineering for Gas Turbines and Power, 2014, 136 (5): 051507.

[60] PERINI F, ZHA K, BUSCH S, et al. Comparison of linear, non – linear and generalized RNG – based k – epsilon models for turbulent diesel engine flows [R]. SAE Technical Paper, 2017 – 01 – 0561, 2017.

[61] 解茂昭, 贾明. 内燃机计算燃烧学 [M]. 3 版. 北京: 科学出版社, 2016.

[62] WANG B L, MILES P C, REITZ R D, et al. Assessment of RNG turbulence modeling and the development of a generalized RNG closure model [R]. SAE Technical Paper, 2011 – 01 – 0829, 2011.

[63] KOLMOGOROV A N. The local structure of turbulence in incompressible viscous fluid for very large Reynolds numbers [J]. Proceedings of the Royal Society A: Mathematical, Physical and Engineering Sciences, 1991, 434 (1890): 9 – 13.

[64] SMAGORINSKY J. General circulation experiments with the primitive equations: I. The basic experiment [J]. Monthly weather review, 1963, 91 (3): 99 – 164.

［65］HAWORTH D C J O, SCIENCE G. Large－eddy simulation of in－cylinder flows ［J］. Oil & Gas Science and Technology, 1999, 54 （2）: 175－185.

［66］CELIK I, YAVUZ I, SMIRNOV A, et al. Prediction of in－cylinder turbulence for IC engines ［J］. Combustion Science and Technology, 2000, 153 （1）: 339－368.

［67］POMRANING E, RUTLAND C J. Dynamic one－equation nonviscosity large－eddy simulation model ［J］. AIAA Journal, 2002, 40 （4）: 689－701.

［68］DEARDORFF J W. A numerical study of three－dimensional turbulent channel flow at large Reynolds numbers ［J］. Journal of Fluid Mechanics, 1970, 41 （2）: 453－480.

［69］LILLY D K. The representation of small－scale turbulence in numerical simulation experiments ［C］//Proceedings of IBM Scientific Computing Symposium on Environmental Sciences. NY: IBMs, 1967: 195－210.

［70］SPEZIALE C G. Turbulence modeling for time－dependent RANS and VLES: A review ［J］. AIAA Journal, 1998, 36 （2）: 173－184.

［71］GERMANO M, PIOMELLI U, MOIN P, et al. A dynamic subgrid－scale eddy viscosity model ［J］. Physics of Fluids A: Fluid Dynamics, 1991, 3 （7）: 1760－1765.

［72］LILLY D K. A proposed modification of the Germano subgrid－scale closure method ［J］. Physics of Fluids A: Fluid Dynamics, 1992, 4 （3）: 633－635.

［73］YOSHIZAWA A, HORIUTI K. A statistically－derived subgrid－scale kinetic energy model for the large－eddy simulation of turbulent flows ［J］. Journal of the Physical Society of Japan, 1985, 54 （8）: 2834－2839.

［74］KIM W W, MENON S. A new dynamic one－equation subgrid－scale model for large eddy simulations ［J］. AIAA, 1995: 356.

［75］SONE K, MENON S. Effect of subgrid modeling on the in－cylinder unsteady mixing process in a direct injection engine ［J］. Journal of Engineering for Gas Turbines and Power, 2003, 125 （2）: 435－443.

［76］BRUSIANI F, BIANCHI G M. LES simulation of ICE non－reactive flows in fixed grids ［R］. SAE Technical Paper, 2008－01－0959, 2008.

［77］CHUMAKOV S G, RUTLAND C J. Dynamic structure subgrid－scale models for large eddy simulation ［J］. International Journal for Numerical Methods in Fluids, 2005, 47 （8－9）: 911－923.

［78］JHAVAR R, RUTLAND C J. Using large eddy simulations to study mixing effects in early injection diesel engine combustion ［R］. SAE Technical Paper, 2006－01－0871, 2006.

［79］HU B, JHAVAR R, SINGH S, et al. Combustion modeling of diesel combustion with partially premixed conditions ［R］. SAE Technical Paper, 2007－01－0163, 2007.

［80］BANERJEE S, LIANG T, RUTLAND C, et al. Validation of an LES multi mode combustion model for diesel combustion ［R］. SAE Technical Paper, 2010－01－0361, 2010.

［81］YU R, BAI X S, HILDINGSSON L, et al. Numerical and experimental investigation of turbulent flows in a diesel engine ［R］. SAE Technical Paper, 2006－01－3436, 2006.

[82] VERMOREL O, RICHARD S, COLIN O, et al. Multi – cycle LES simulations of flow and combustion in a PFI SI 4 – valve production engine [J]. SAE Transactions, 2007, 116 (3): 152 – 164.

[83] SCHÖNFELD T, RUDGYARD M J. Steady and unsteady flow simulations using the hybrid flow solver AVBP [J]. AIAA Journal, 1999, 37 (11): 1378 – 1385.

[84] FONTANESI S, D'ADAMO A, RUTLAND C J. Large – eddy simulation analysis of spark configuration effect on cycle – to – cycle variability of combustion and knock [J]. International Journal of Engine Research, 2015, 16 (3): 403 – 418.

[85] KAZMOUZ S J, HAWORTH D C, LILLO P, et al. Large – eddy simulations of a stratified – charge direct – injection spark – ignition engine: Comparison with experiment and analysis of cycle – to – cycle variations [J]. Proceedings of the Combustion Institute, 2021, 38 (4): 5849 – 5857.

第5章

燃油喷雾

在现代内燃机中，燃油以含有无数小油滴的喷雾形式被喷入发动机气缸或进气道内。在目前最新的发动机应用中，喷射压力的覆盖范围已经从进气道喷射汽油机的 0.4MPa 上升到直喷汽油机的 35MPa，再到车用柴油机的 240MPa。油滴在气体环境中运动，在高温下蒸发，从液相变为气相。燃油蒸气与周围气体混合形成可燃混合气。在大多数情况下，喷雾会发生碰壁现象。例如，在进气道喷射汽油机中，喷雾会撞击到进气门的背上，而在直喷汽油机中，喷雾会撞击到活塞或气缸壁的表面，上述现象均会在一定程度上影响发动机的运行。当发生喷雾碰壁时，一部分碰壁喷雾将飞溅回来，另一部分将在碰撞表面上扩散并形成液体油膜。这些过程受到油滴和气体之间相互作用的影响，其动量、质量和热量在液相和气相之间进行交换。本章讨论喷雾过程数值模拟的计算方法和物理模型，着重探讨它们在内燃机模拟中的基本原理和常用模型。首先，给出多维喷雾模拟的一般描述和喷雾的结构参数。其次，介绍液柱射流和液膜的破碎雾化模型。在此基础上，讨论液滴二次破碎、碰撞聚合、变形和阻力以及湍流扩散等动力学过程模型，并分别阐述了单组分和多组分燃油蒸发模型。最后，给出喷雾碰壁的动力学和传热模型。

5.1 一般性描述

5.1.1 多维喷雾模拟

燃油一旦由喷油器在高的压力下喷射到气体环境中，就会形成喷雾。喷雾由许许多多具有不同尺寸、不同速度和不同其它物理参数的油滴组成。多年来，从喷孔高速喷出的完整液柱或液膜形成离散液滴的基本原理一直处于大量的试验和理论研究之中[1, 2]。然而，由于这些现象的复杂性，喷雾破碎雾化的机理依然没有被很好地解释。特别是在喷油器喷嘴出口或其附近区域，直接测量喷雾极其困难，因为该区域的喷雾具有光密介质特性，光学测量和激光成像通常是无效的[3]。但该区域又被认为是液柱或液膜破碎雾化（或基次破碎）发生的重要区域。

近年来，采用时间分辨 X 射线成像技术对直喷汽油机的空锥喷雾近喷嘴区的动态观察研究取得了新的进展[4, 5]。在该区域发现了复杂的密度变化和意想不到的轴向不对称流动，同时试验还观察到射流液膜在离开喷嘴时已经完成了基次破碎。这些试验研究推进了对喷雾雾化现象的认识[6]。

建立喷雾结构参数与喷油压力、环境气体密度和燃油特性之间的关系，是过往研究柴油机喷雾的一个重要领域，这些参数通常包括喷雾贯穿距、喷雾锥角、油滴平均直径等。广岛大学的广安博之教授团队提出的喷雾经验公式[7, 8]得到了广泛的认可，目前在内燃机热力学模拟中依然被采用。

实验观察表明，在高速射流运动下的液柱或液膜的表面上将形成不稳定波动[1, 2, 9]，液体和环境气体之间相互作用产生的小扰动会促进这些波动的生长，这些波动被认为引发了液体的破碎过程[2]，如图 5-1 所示。

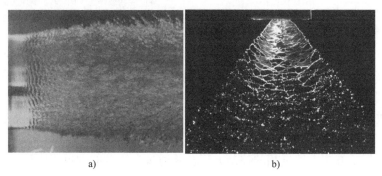

a) 　　　　　　　　　　　　　　　　　　b)

图 5-1　高速摄影下的液体破碎现象

a）喷嘴出口附近射流水柱表面不稳定波和喷雾分离现象[9]　b）波状液膜离散现象[1]

液柱射流破碎雾化的现象可以按照以下四种破碎形态划分[2, 10]，如图 5-2 所示。这四种形态反映了液柱受到不同的液体惯性力、表面张力和空气动力的综合作用。这些形态包括瑞利破碎态、第一类风生破碎态、第二类风生破碎态以及破碎雾化态。实验观察和液体破碎的不稳定性波机理促进了成功构造喷雾与油滴特性的数学模型[10, 11]。四种破碎形态的特征概括如下：

1）在瑞利破碎态下，液柱表面张力引发了不稳定波的生长，致使低速液柱产生离散，离散后的液滴直径大于液柱直径。

2）在第一类风生破碎态下，随着液柱速度的增加，液柱和周围空气相对运动产生的力大于其表面张力，在喷嘴下游处液柱发生破碎，此时液滴的直径约等于液柱直径。

3）在第二类风生破碎态下，液柱速度进一步增加导致在喷嘴下游一定距离处，液体和周围空气之间的相对运动引起液柱表面上不稳定短波长波动的增长，导致液柱发生破碎，产生的液滴直径小于液柱直径。

4）在破碎雾化态下，随着液柱速度的进一步提高，液柱在喷嘴出口处破碎，液滴的直径远小于喷孔直径。液体与气体界面上的空气动力作用被认为是该状态下破碎雾化机理的一个主要部分。

自20世纪70年代以来，计算燃油喷射动力学的多维模型不断地发展更新。然而，直到Dukowicz于1980年提出随机粒子模型[12]、Reitz于1987年提出基于不稳定波动的喷雾破碎雾化模型[10]、O'Rourke

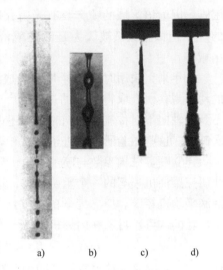

图5-2 液柱射流破碎的四种形态[10]
a）瑞利破碎态 b）第一类风生破碎态
c）第二类风生破碎态 d）破碎雾化态

于1981年提出液滴碰撞和聚合模型[13]，以及O'Rourke及其同事于1989年更新数值计算方法[14]之前，在三维空间中模拟柴油喷雾依然是不可信和不现实的。上述模型在20世纪80年代被提出后，构建出了内燃机喷雾模拟的框架，且被证明具有较高的计算效率和足够的计算精度，至今仍被广泛地应用于内燃机数值模拟中。

随机粒子方法求解气相的控制方程，并通过全耦合的欧拉流体和拉格朗日粒子计算解析液滴和气体之间的相互作用。该方法将蒙特卡罗方法的思想应用于喷雾动力学的计算中，离散液滴由相对少量的颗粒团（颗粒组）随机引入计算中，每个颗粒团代表了具有相同尺寸、速度和温度的若干液滴。这种方法为喷雾计算中引入一些新的重要物理效应提供了基础，尤其是在揭示喷雾液滴尺寸的机理方面取得了长足进展。

Reitz[10]提出了一种"油团"喷射（其尺寸等于喷嘴出口直径）的燃油喷射雾化模型，并使用液柱的表面波稳定性分析来模拟油团及其油滴的破碎过程。该模型提供了一种计算初始喷雾的方法并为其提供了理论分析，同时可以预测如图5-2所示的各种液柱破碎形态。初始油滴与新生成油滴的主要区别在于其尺寸大小不同。此外，Reitz和他的同事们还建立并改进了一些用于模拟内燃机喷雾过程的物理模型。这些模型包括但不限于液柱破碎雾化模型[10]、喷雾碰壁模型[15]、液膜破碎雾化模型[16,17]、油滴二次破碎模型[11]、多组分油滴蒸发模型[18,19]、油膜传热模型[20]等。

O'Rourke 研究了破碎后液滴的物理特性，提出了液滴碰撞和聚合模型[13]。O'Rourke 和他的同事们还提出了一种名为 TAB（Taylor Analogy Breakup，泰勒类比破碎）的液滴破碎模型[21]，该模型是通过对液滴和弹簧质量系统的振荡和变形进行泰勒类比提出的。将弹簧的恢复力类比于液滴表面张力，作用在弹簧质量上的外力类比于液滴经历的气体动力。与弹簧质量系统类似，TAB 模型中增加了由液体黏度而引起的阻尼力。本书作者认为，O'Rourke 和 Amsden（以及 LANL KIVA 团队的其他成员）最重要的贡献是将已有的喷雾模型集成并编程到 KIVA 开源程序中[14, 22−24]。因此，这些模型不仅可供其他研究者使用，同时易于被世界各地的研究人员改进或用新的模型替换。

在随机离散粒子模拟方法中，喷雾或油滴的物理现象是通过分离的物理子模型进行描述的。图 5-3（见彩插）概念性地展示了喷雾过程。可以看出，需要许多的子模型来刻画喷雾破碎雾化、液滴动力学过程（包括二次破碎、碰撞和聚合、变形和阻力、湍流扩散和液滴蒸发）。当发生喷雾碰壁时，需要额外的子模型来模拟喷雾飞溅和蒸发油膜的动力学以及传热过程。尽管在该方法中分离这些过程

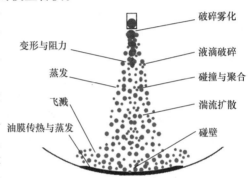

图 5-3　喷雾中物理过程的示意图

带有任意性，但它已被证明在内燃机工程预测中是有效且准确的。这些子模型提供了数学计算公式和计算结果，这些结果被反馈给控制方程中的喷雾源项。如图 5-3 所示的喷雾动力学和传热子模型将在本章的下一节中讲述。

需要指出的是，尽管喷雾模型最初时在大多数情况下是为了模拟柴油喷射和雾化而开发的，但是这些模型已经被成功地扩展到了直喷汽油机压力涡流喷油器或多孔喷油器的喷雾模拟中。除非另作说明，本书中的计算案例均使用上述模型。

5.1.2　喷雾的结构参数

喷雾通常由多个参数描述，喷雾的结构由一些宏观尺寸来定义，其中最重要的尺寸参数是喷雾贯穿距 L 和喷雾锥角 θ，如图 5-4 所示。上述参数通过在试验中拍摄的喷雾图像进行测量而获得。喷雾试验通常在开口或封闭的容器中进行，燃油被喷入具有一定的环境压力和温度的容器中。

其它重要的参数与喷雾中油滴的尺寸及尺寸分布有关。根据定义，可以给出不同的加权平均油滴直径（或半径）。此外，特定类型的喷雾（例如：由于喷雾

碰壁而飞溅的油滴）表现出特定的油滴尺寸分布，这些分布通过不同的数学函数表达。我们现在讨论内燃机模拟中常用的平均油滴尺寸及尺寸分布。

一般来说，平均直径表达式为

$$D_{ab} = \left(\frac{\sum N_i D_i{}^a}{\sum N_i D_i{}^b} \right)^{1/(a-b)} \qquad (5\text{-}1)$$

式中，i 是所考虑的油滴尺寸范围；N_i 是尺寸范围 i 中的油滴数量；D_i 是尺寸范围 i 的中间直径。因此，当 a 设置为 3，b 设置为 2 时，内燃机模拟中最常用的索特平均直径（SMD）即为

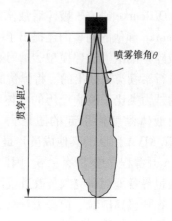

图 5-4　柴油喷雾油束结构示意图

$$D_{32} = \frac{\sum N_i D_i{}^3}{\sum N_i D_i{}^2} \qquad (5\text{-}2)$$

SMD（D_{32}）代表了油滴表面积分布平均值的油滴尺寸。因此，考虑油滴表面积的 SMD，在计算诸如蒸发、燃烧等过程时更具有物理意义。

在直喷汽油机中还常用另一种油滴平均直径，用 D_{V90} 或 $D_{0.9}$ 表示。该直径的含义是 90% 喷雾体积中的油滴直径小于该直径。D_{V90} 描述喷雾中较大油滴的尺寸并衡量整个喷雾中油滴的尺寸均匀度。直径大于 D_{V90} 的油滴在喷雾中占比较少但很重要，该部分油滴具有较长的蒸发时间，可能导致不完全燃烧和碳烟生成。

图 5-5 展示了在 Rosin – Rammler 尺寸分布函数下各种典型直径的位置。很明显 D_{V90} 比 SMD 大。随着喷雾更加均匀，两者之间的差异减小，尺寸频率曲线变得越来越窄，越来越高。

内燃机中的喷雾油滴尺寸大小不均匀，喷雾中包含了许多大小不同的油滴。然而，在自然界中，液滴的尺寸从最小到最大都具有一定的尺寸分布。数学方法被用于描述这些油滴尺寸分布。在此我们介绍在内燃机模拟中常用的油滴尺寸分

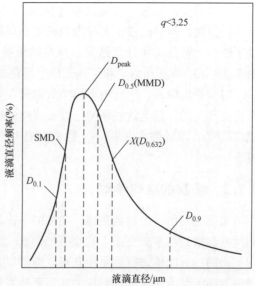

图 5-5　一种 Rosin – Rammler 尺寸分布函数下各种典型液滴直径的位置[1]

布函数。

基于柴油喷雾，一些模型[14]使用χ^2分布。其尺寸分布为

$$f(D) = \frac{1}{\overline{D}} e^{-D/\overline{D}} \tag{5-3}$$

其累积分布为

$$V = 1 - \exp\left(-\frac{D}{\overline{D}}\right)\left[1 + \frac{D}{\overline{D}} + \frac{1}{2}\frac{D^2}{\overline{D}} + \frac{1}{6}\frac{D^3}{\overline{D}}\right] \tag{5-4}$$

式中，$\overline{D}$是油滴的特征平均直径。$\overline{D}$与SMD（D_{32}）的关系式为：

$$\overline{D} = \frac{1}{3}D_{32} \tag{5-5}$$

研究发现，χ^2应用于直喷汽油机的空锥喷雾时会高估大尺寸油滴的数量，导致预测的喷雾贯穿距和喷雾结构不准确[16]。因而，一种 Rosin – Rammler 分布函数[25]被提出并加以应用。

Rosin – Rammler 累积分布的一般形式为

$$V = 1 - \exp\left(-\frac{D^q}{\overline{D}}\right) \tag{5-6}$$

其相应的体积分布为

$$\frac{\mathrm{d}V}{\mathrm{d}D} = \frac{qD^{q-1}}{\overline{D}^q} \exp\left[-\frac{D^q}{\overline{D}}\right] \tag{5-7}$$

式中，q是分布参数，在韩志玉等[16]的研究中该值设置为 3.5。油滴的特征平均直径通过Γ方程来表示：

$$\overline{D} = D_{32}\Gamma(1 - q^{-1}) \tag{5-8}$$

图 5-6 比较了χ^2与 Rosin – Rammler 分布函数。可以明显地看出，在给定的

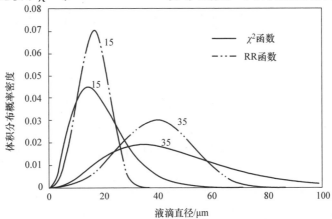

图 5-6　两个 SMD 下χ^2和 Rosin – Rammler 分布函数的比较

两个 SMD 情况下（SMD 的数值在图中曲线边上显示），χ^2 相比于 Rosin - Rammler 分布得到了较多数量的大直径油滴和较少数量的中等直径油滴。

Nukiyama - Tanasawa 分布函数[26]被推荐用于模拟喷雾碰壁后飞溅的二次油滴的尺寸分布。O'Rourke 和 Amsden[27] 提出了一种类型的 Nukiyama - Tanasawa 分布函数，其形式如下：

$$f(D) = \frac{8}{\sqrt{\pi}} \frac{D^2}{D_{\max}^3} \exp\left[-\left(\frac{D}{D_{\max}}\right)^{3/2} \right] \tag{5-9}$$

式中，$D_{\max}$ 是整个分布中最大的油滴直径。韩志玉等[28]提出了另外一种类型的 Nukiyama - Tanasawa 分布函数，其形式如下：

$$f(D) = \frac{2}{3} \frac{D^2}{\overline{D}^3} \exp\left[-\left(\frac{D}{\overline{D}}\right)^{3/2} \right] \tag{5-10}$$

相应的体积分布和 SMD 为

$$\frac{\mathrm{d}V}{\mathrm{d}D} = \frac{1}{4} \frac{D^5}{\overline{D}^6} \exp\left[-\left(\frac{D}{\overline{D}}\right)^{3/2} \right] \tag{5-11}$$

$$D_{32} = \frac{\Gamma(4)}{\Gamma(4/3)} \overline{D} = 2.16 \overline{D} \tag{5-12}$$

总的来说，尽管油滴尺寸分布十分重要，但目前还没有模型可以直接预测它。由于油滴尺寸分布包含了诸多的空间尺度，已经超出了目前计算机求解这些尺度的能力，因此上述情况并不令人意外。相反地，通常会使用一个模型去预测平均油滴尺寸，然后赋予一个分布函数给此平均尺寸。油滴尺寸分布函数往往与所面对的问题相关，一般可以通过拟合试验数据得到。上述方法已被证明在内燃机喷雾模拟中有效。

5.2 燃油破碎雾化

5.2.1 燃油喷射的数值处理

在模拟内燃机时，需要将燃油引入计算域，如进气道喷射汽油机的进气道、直喷汽油机的气缸或者柴油机的气缸。燃油引入过程模拟了燃油喷射过程，常用的方式是采用拉格朗日 - 欧拉数值方法随机粒子模型，可以便捷地进行燃油喷射模拟。

在 Dukowicz 的随机粒子燃油喷射模型中[12]，每个喷入（或者进入）计算网格的粒子均被赋予了一定的速度 u_{pk}、颗粒半径 r_k 和在 N_{pk} 个组中的颗粒数。设单位时间步长 Δt 下的每个单元网格注入的计算粒子数量为 K，每个颗粒的半径

值从随机均匀分布中选择，即

$$0 < r_k < r_{\max}, \quad 若\ 1 < k < K$$

若进入单元网格的粒子质量流量为 Q，则可以用式（5-13）、式（5-14）来定义 N_{pk}：

$$\sum_{k=1}^{K} N_{pk} m_k = Q\Delta t \tag{5-13}$$

$$f(r_k) = \frac{\alpha N_{pk}}{\sum_{l=1}^{K} N_{pl}} \tag{5-14}$$

式中，α 是一个比例常数；$f(r)$ 是初始粒径分布函数。以上两个关系式就可以确定 N_{pk}。每个单元网格必须引入一个以上的粒子（$K > 1$），以便得到一个与指定尺寸分布函数 $f(r_k)$ 近似的分布函数。

假设颗粒速度分布与其尺寸分布无关。颗粒的速度分布在很大程度上取决于不同的实际情况。对于简单的单孔喷油器来说，可以使用式（5-15）进行模拟。假设质量流量 Q 已知，则喷射速度的大小为

$$U_0 = \frac{4}{\pi} \frac{Q}{\rho_l d^2} \tag{5-15}$$

式中，ρ_l 是燃油密度；d 是喷油器喷孔直径。或者，如果燃油通过喷嘴时的压降 Δp 已知，则：

$$U_0 = C_D \sqrt{2\Delta p/\rho_l} \tag{5-16}$$

式中，C_D 是喷嘴的流量系数。利用上述关系式可导出截面速度与初始喷射角的关系为：

$$\max(u_{pk}) = U_0 \tan\left(\frac{\theta}{2}\right) \tag{5-17}$$

式中，θ 是初始喷雾锥的角度。然后将截面速度分配给随机均匀分布于 $0 < u_{pk} < \max(u_{pk})$ 范围内的每个颗粒。由于颗粒速度大小为 V，这就决定了颗粒的两个速度分量。

初始颗粒分布可以通过一些假设来定义。在最简单的假设中，油滴尺寸分布可以假设为单一离散分布（或均匀分布）。这种情况下，初始半径可以设置为油滴平均尺寸（例如 Sauter Mean Radius，SMR），或者更简单的是将其设置为喷油器内孔半径。在 KIVA 中，使用的是上一节介绍过的 χ^2 分布。

需要注意的是，在概念上讲，使用上述方式处理燃油喷射，意味着液柱的破碎雾化在喷油器喷孔出口处已经完成，然后对相应得到的液滴进行数值模拟。这种隐含的假设忽略了燃油破碎雾化的物理细节，因此可能导致计算不准确。破碎雾化模型将在下面讨论。

5.2.2　液柱射流的破碎雾化

破碎雾化（也称为基次破碎）是用于描述在喷油器喷孔出口处或附近区域里高速运动的液柱射流或液膜射流破碎成许多离散液滴的术语。如前文所述，关于破碎雾化的机理目前仍不完全明确，但破碎雾化模型需要为喷雾模拟提供喷嘴出口处的初始条件，包括油滴尺寸、速度、温度等。在前面章节中，我们描述了一些基本但简单的处理方法（模型）来计算这些条件。尽管这些方法在数学上是有效的，但仍然需要物理原理来支撑。

在内燃机模拟中有许多液体破碎雾化的模型[10, 11, 29-31]。其中，最常用的是 Reitz 的 WAVE 模型[10]。为了建立 WAVE 模型，稳定性分析被用于考虑液体表面上的 Kelvin – Helmholtz（KH）波的不稳定增长，最终形成了一个频散方程。该方程将液体表面上微小振幅的初始扰动增长，与 KH 波的波长以及液体射流和环境气体的其它物理和动力参数相关联[2]。用该方程求解出最大生长速率和相应波长，并把它们与破碎后的液滴尺寸关联起来。

在液柱表面施加一个微小的轴对称位移，如图 5-7 所示，其形式如下：

$$\eta = \mathcal{R}(\eta_0 e^{ikz+\omega t})$$

可以从液体和气体的线性流体动力学方程中导出下面的频散方程式（5-18）[2]。

$$\omega^2 + 2\nu_1 k^2 \omega \left(\frac{I_1'(ka)}{I_0(ka)} - \frac{2kL}{k^2+L^2} \frac{I_1(ka)}{I_0(ka)} \frac{I_1'(L\alpha)}{I_1(La)} \right)$$

$$= \left[\frac{\sigma k}{\rho_1 a^2}(1-k^2 a^2) + \frac{\rho_2}{\rho_1}(U-i\omega/k)^2 k^2 \left(\frac{L^2-k^2}{L^2+k^2} \right) \frac{K_0(ka)}{K_1(ka)} \right] \left(\frac{L^2-k^2}{L^2+k^2} \right) \frac{I_1(ka)}{I_0(ka)}$$

$$(5\text{-}18)$$

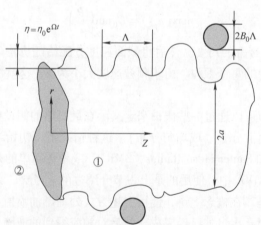

图 5-7　液体射流表面波动和液滴离散现象示意图[10]

式（5-18）把振幅微小的初始扰动 η_0 的增长率 ω 和它的波长 λ 联系起来

（波数 $k = 2\pi / \lambda$）。该方程还包括液柱和周围气体的物理和动力学参数。此处下标 1 表示液相，下标 2 表示气相。求解液相方程获得 $\phi_1 = C_1 I_0(kr) \exp(ikz + \omega t)$ 和 $\psi_1 = C_2 r I_1(Lr) \exp(ikz + \omega t)$ 这两种波动解。ψ_1 和 ϕ_1 分别是流函数与速度势；C_1 和 C_2 是积分常数；$L^2 = k^2 + \omega / \nu_1$；$\nu_1$ 是液体动力黏度。I_0 和 I_1 是第一类修正贝塞尔函数；K_0 和 K_1 是第二类修正贝塞尔函数；U 是气相与液相之间的相对速度，符号 ′ 表示微分。

数值求解式（5-18）得到了最大增长率（$\omega = \Omega$）和相应的波长（$\lambda = \Lambda$），其结果为

$$\Omega = \frac{(0.34 + 0.38 We_2^{1.5})}{(1 + Z)(1 + 1.4 T^{0.6})} \left(\frac{\sigma}{\rho_1 a^3} \right)^{0.5} \tag{5-19}$$

$$\Lambda = 9.02a \frac{(1 + 0.45 Z^{0.5})(1 + 0.4 T^{0.7})}{(1 + 0.87 We_2^{1.67})^{0.6}} \tag{5-20}$$

其中，油滴韦伯数 We_1、气体韦伯数 We_2、油滴奥内佐格数 Z、油滴雷诺数以及气体泰勒数的定义为

$$\begin{cases} We_1 = \dfrac{\rho_1 U^2 a}{\sigma} \\[2mm] We_2 = \dfrac{\rho_2 U^2 a}{\sigma} \\[2mm] Z = We_1^{0.5} / Re_1 \\[2mm] Re_1 = \dfrac{Ua}{\nu_1} \\[2mm] T = Z We_2^{0.5} \end{cases} \tag{5-21}$$

由上述分析得到了 Reitz WAVE 破碎模型。假设新生油滴（半径为 r）是由初始油滴（半径为 a）生成的，可以得到

$$r = \begin{cases} B_0 \Lambda & (B_0 \Lambda \leqslant a) \\[2mm] \min \begin{cases} \left(\dfrac{3\pi a^2 U}{2\Omega} \right)^{0.33} \\[3mm] \left(\dfrac{3 a^2 \Lambda}{4} \right)^{0.33} \end{cases} & (B_0 \Lambda > a, 仅一次) \end{cases} \tag{5-22}$$

假定在（小）油滴的形成过程中，其油滴尺寸与增长最快或最可能的不稳定表面波的波长成正比。液柱扰动的频率 $\Omega / 2\pi$（每个周期形成一个液滴），或液滴尺寸由一个表面波所含液体的体积决定。

初始液滴的半径变化率如下：

$$\frac{\mathrm{d}a}{\mathrm{d}t} = -\frac{a - r}{\tau} \quad (r \leqslant a) \tag{5-23}$$

其中

$$\tau = \frac{3.726 B_1 a}{\Lambda \Omega} \qquad (5\text{-}24)$$

上述方程中的 B_0 和 B_1 是常数，最初在柴油喷雾中分别设置为 0.61 和 10.0。然而，由于喷油器喷孔内物理流动特性的不确定性以及这些流动对液柱喷雾雾化的影响，破碎时间常数 B_1（该值与液柱上的初始扰动水平有关）在原理上无法完全确定。研究发现，在柴油燃烧模拟中不同的喷油器采用不同数值的 B_1[32]。由于初始扰动水平会随着不同的喷油器的设计而改变，因此上述 B_1 的变化是合理的。

在每次破碎后，新生油滴被赋予了与原始油滴相同的温度及空间位置。同样地，这些新生油滴在沿原始油滴的速度方向被赋予相同的速度值 $|\boldsymbol{V}|$，其它正交于 $\boldsymbol{V}$ 的速度分量 v 和 w 为

$$v = |\boldsymbol{V}| \tan\left(\frac{\theta}{2}\right) \sin\phi \qquad (5\text{-}25)$$

$$w = |\boldsymbol{V}| \tan\left(\frac{\theta}{2}\right) \cos\phi \qquad (5\text{-}26)$$

式中，θ 在 0 与 Θ 之间均匀分布。Θ 为

$$\tan\left(\frac{\Theta}{2}\right) = A_1 \frac{\Lambda \Omega}{U_0} \qquad (5\text{-}27)$$

ϕ 是区间（0，2π）随机选取的一个值；U_0 是喷射速度；A_1 是模型常数，其值与喷嘴设计有关[33]。

该模型被广安博之和 Kadota 的试验结果验证[8]。图 5-8 和图 5-9 分别给出

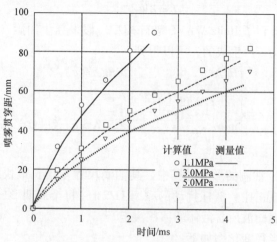

图 5-8　随时间变化的喷雾贯穿距[10]

了喷雾贯穿距和油滴尺寸的比较结果。SMD 为试验中喷嘴下游 65mm 处喷雾横截面的平均值。从图中可以看出，模拟与试验具有良好的一致性。Reitz 还给出了关于该模型性能表现的更多细节分析[10]。

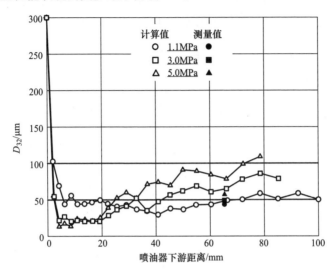

图 5-9　随喷油器下游距离变化的喷雾索特平均直径（D_{32}）[10]

　　柴油喷雾的试验表明，在喷嘴出口附近的喷雾内存在一个完整未破碎的液体核体区。Reitz 和 Diwakar 引入了油团模型[29]，颗粒团以油团的形式被喷入到计算单元中，而不是假设喷嘴出口处是完整的液体核。该油团的特征尺寸等于喷孔直径。他们认为液柱破碎雾化和随后的油滴破碎在稠密喷雾中是无法区分的。尽管液体射流在穿越气体时会因与周围气体相互作用而破碎，但在喷嘴附近存在一个离散的大液滴区域，这在概念上代表了喷雾中的完整核体。因此油团模型可以用于预测喷嘴出口附近的核体区域。

　　在 Reitz 最初的 WAVE 破碎雾化模型中，喷射的油团假定具有与喷嘴喷孔出口直径相同的尺寸。这种假设的优点是喷孔内部流动和喷孔几何形状对初始扰动和雾化过程影响的不确定性均可以包含在一个模型常数中［式（5-24）中的 B_1］，但是用该模型模拟不同几何形状喷孔的喷射过程时会变得很困难。实验已经证实，在正常柴油喷射条件下，在喷油器喷孔出口处会发生诸如超级气穴等现象，并且测量的燃油流速接近于在非黏不可压缩流体条件下由压降计算的速度[34]。这表明在计算中应该使用有效喷孔截面积和相应的有效流动直径，而不是用喷孔出口的几何面积和直径[35]。上述方法可以将燃油油束的收缩现象包含在破碎雾化模型中。因此，通过引入喷孔的流量系数 C_D，可以模拟不同喷孔收缩效应（例如不同的流量系数）对喷雾特性的影响。该流量系数与有效喷孔半

径 r_e 和喷孔几何半径 r_0 相关，即 $r_e = \sqrt{C_D}\, r_0$。有效出口速度 $U_e = C_D$ $\sqrt{2(p_1 - p_2)/\rho_l}$，其中 p_1 和 p_2 是喷孔进口和出口处的压力。

Sarre 等[36] 提出了一个更完整的喷嘴模型。在该模型中，若没有形成气穴，则喷孔出口速度 U_{mean} 即作为模型的喷射速度，U_{mean} 表达式如下

$$U_{mean} = C_D \sqrt{\frac{2(p_1 - p_2)}{\rho_l}} \tag{5-28}$$

流量系数 C_D 为

$$C_D = \frac{1}{\sqrt{K_{inlet} + f \cdot (L/D) + 1}} \tag{5-29}$$

式中，$f = \max(0.316 \mathrm{Re}^{-0.25}, 64/\mathrm{Re})$ 考虑了燃油流量雷诺数 Re 对 C_D 的影响；K_{inlet} 是进口损失系数；L/D 是喷孔的长度与直径比。

如果推广到完全气穴状态，则根据它们的有效值计算出口速度和喷孔半径，即

$$U_e = U_{vena} - \frac{p_2 - p_{vapor}}{\rho_l U_{mean}} \tag{5-30}$$

$$r_e = r_0 \sqrt{U_{mean}/U_e} \tag{5-31}$$

式中，p_{vapor} 是燃油蒸气压力；U_{vena} 是最小收缩截面处的速度，其表达式为

$$U_{vena} = \frac{U_{mean}}{C_C} \tag{5-32}$$

式中，收缩系数 C_C 为

$$C_C = \left[\left(\frac{1}{C_{C0}} \right)^2 - 11.4\, \frac{r_c}{D} \right]^{-0.5} \tag{5-33}$$

式中，r_c 是喷孔进口处的曲率；$C_{C0} = 0.62$。为了确认是否产生气穴，最小流量截面处的压力值 p_{vena} 计算方式为

$$p_{vena} = p_1 - \frac{\rho_l}{2} U_{vena}^2 \tag{5-34}$$

如果 p_{vena} 的值小于 p_{vapor}，则可以认为出现了完全气穴。其进口压力与流量系数分别为

$$p_1 = p_{vapor} + \frac{\rho_l}{2} U_{vena}^2 \tag{5-35}$$

$$C_D = C_C \sqrt{\frac{p_1 - p_{vapor}}{p_1 - p_2}} \tag{5-36}$$

5.2.3 液膜的破碎雾化

由压力涡流喷油器产生的空锥喷雾已被应用于直喷汽油机中[37-39]，适用于

空锥喷雾的液膜破碎雾化模型已被建立。Reitz 和 Diwakar 利用一个破碎雾化模型给出了喷嘴出口处的初始油滴尺寸[40]，该模型中索特平均直径（SMD）与液膜破碎长度成正比，其理论来自于 Clark 和 Dombrowski 对液膜进行的稳定性分析[41]。

Miyamoto 等[42]基于液膜稳定性分析给出了另外一种适用于空气助力空锥喷嘴的液膜破碎雾化模型。他们将初始油滴尺寸定义为液膜厚度、液体表面张力系数和密度以及气液相对速度的函数。他们通过求解喷嘴内的气液耦合控制方程来计算液膜厚度，但没有考虑随后的油滴破碎。Lee 和 Bracco[43]采用拉格朗日方程来求解喷油器外一个完整液膜的运动，同时考虑了剥离破碎及液膜顶端破碎，而不是假设液膜在喷油器出口处破碎雾化。然而，上述模型需要一个精细的锥形网格系统才能解析非常薄且变形的液膜问题，这在内燃机模拟中是难以现实的。

韩志玉等[16]为压力涡流喷嘴产生的空锥喷雾建立了一个液膜破碎雾化模型并随后进行了改进[44]。他们应用"油团"代表喷嘴外面的油膜来描述油膜破碎过程，油团的直径为油膜的厚度。此方法与上一节讨论的液柱破碎雾化模型[10]中使用的方法一致。使用 TAB 模型[21]对初始油团和新生成的油滴的破碎过程进行模拟，在此模型中破碎油滴的尺寸分布使用 Rosin – Rammler 分布而不是最初的 χ^2 分布。Schmidt 等[17]应用线性不稳定性对黏性液膜的破碎进行了分析，并提出了 LI-SA（Linearized Instability Sheet Atomization，线性不稳定性液膜雾化）模型。

在接下来的讨论中将详细描述韩志玉等建立的模型[16]及 LISA 模型[17]。在压力涡流喷嘴中，角动量作用于流体上并使之形成涡流运动。在离心力的作用下，流体离开喷孔时以锥形液膜的形状散开，而后由于液膜破碎形成了空锥喷雾。

图 5-10 展示了液膜破碎雾化和数学模型的基本思想。假设在喷嘴的出口处形成了长度为 L、厚度为 h 的锥形液膜，在模型中该液膜不再是一个完整的液膜，而是由诸多的离散油团构成，其特征尺寸与液膜的厚度相同。由于这些油团是代表液膜的，因此在计算中它们受到的空气阻力可以忽略不计且不受湍流扩散的影响。然而，根据破碎模型，一旦满足某些破碎条件后这些油团就会破碎。新

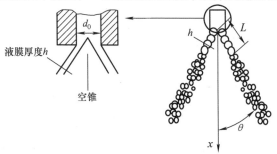

图 5-10　喷嘴出口附近流体结构和液膜破碎过程概念示意图

生成的油滴将被视为普通油滴，它们将会受到空气阻力和气体湍流的影响。当油团的移动距离大于液膜破碎长度 L，它也将被视为普通油滴。

液膜速度 V 定义为

$$V = K_v \left[\frac{2(p_1 - p_2)}{\rho_l} \right]^{0.5} \tag{5-37}$$

式中，p_1 是喷油器内的液体压力；p_2 是环境压力；ρ_l 为液体密度；K_v 是速度系数。

由于液体燃油的涡流运动，其不会占据喷嘴孔的整个横截面积。实际情况是空气将被吸入液体的中部，形成一个空气核，有效地阻挡了喷孔的中心部分[45]，如图 5-10 所示。

在分析中使用了参数 X，其定义为喷孔面积与空气核区域面积的比值。表达式为

$$X = \left(1 - \frac{2h}{d_0} \right)^2 \tag{5-38}$$

式中，d_0 是喷嘴喷孔直径。

速度系数 K_v 可以通过非黏性流体分析推导得出，其式为

$$K_v = C \left(\frac{1 - X}{1 + X} \right)^{0.5} \frac{1}{\cos\theta} \tag{5-39}$$

式中，$C = 1.1$，用于修正试验值与理论值之间的误差。

Rizk 和 Lefebvre 使用式（5-40）估算了液膜厚度[46]。

$$h = \left[A \frac{12}{\pi} \frac{\mu_l \dot{m}_l}{d_0 \rho_l (p_1 - p_2)} \frac{1 + X}{(1 - X)^2} \right]^{0.5} \tag{5-40}$$

式中，$\dot{m}_l$ 是液体质量流量；μ_l 是液体的动力黏度。常量 A 与喷嘴的几何形状有关，此处的取值为 40。

为了研究液膜的破碎，通常会使用稳定性分析。Squire 研究了非黏性平面液膜的破碎[47]，其研究表明弯曲波动的增长会导致液膜破裂。Clark 和 Dombrowski 通过考虑非线性效应扩展了 Squire 的研究[41]，得出液膜破碎长度可以通过下式计算。

$$L = A \left[\frac{\rho_l \sigma K \ln(\eta / \eta_0)}{\rho^2 U^2} \right]^{1/3} \tag{5-41}$$

式中，A 为常数；ρ 是环境气体密度；σ 是液体表面张力系数；U 是液膜与环境气体的相对流速；η 是液膜破裂时波的振幅；参数 $\ln(\eta / \eta_0)$ 通过试验确定为 12。

Clark 和 Dombrowski 将 K 值与液膜厚度 h 以及 h 所处的离喷射点的距离 x 联系起来，其表达式为 $K = hx = \text{const}$。对于锥形液膜，$K = hL\cos\theta$，因此式（5-41）

又可以写为

$$L = B\left[\frac{\rho_l \sigma \ln(\eta/\eta_0) h \cos\theta}{\rho^2 U^2}\right]^{0.5} \tag{5-42}$$

式中，$B = A^{1.5}$，其值为 3。

上述方程给出了液膜破碎或初始油团的信息，但计算油团后续破碎及其新生油滴破碎则需要使用 TAB 模型，该模型将在 5.3.1 节中讨论。

研究者对上述液膜破碎雾化模型开展了试验验证[21]。在试验中，压力涡流喷嘴将燃油喷入到一个容器中，容器中的条件为大气环境条件，燃油喷射压力为 4.86MPa。使用了 CID 照相机成像技术和基于衍射的粒径测量系统[48]来测量粒径尺寸，测量位置在喷油器喷嘴下游 39mm 处。

图 5-11 比较了计算的喷雾结果和试验的喷雾图像。对比发现，计算模型捕捉到了喷雾结构的整体演变过程以及喷雾外围涡旋形状的细节，与试验结果吻合较好。穿过喷雾中心线的计算剖面图像表明喷雾内部呈现出空锥结构。主喷雾展现出一个大的喷雾锥角，是由喷油器内部的涡流充分运动所致。另外在主喷雾前有一个初始喷雾，该初始喷雾被认为是在喷射初期形成，此时喷油器内部流体的角动量未完全建立。上述破碎雾化模型无法预测从初始喷雾段到主喷雾的过渡现象，因而这两部分喷雾通过设置不同的初始条件而计算获得[16]。

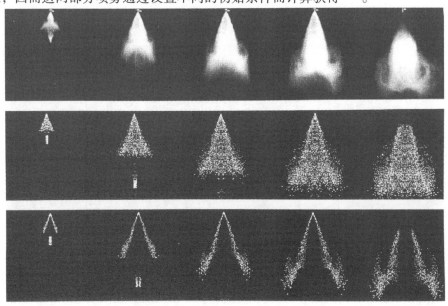

图 5-11　压力涡流喷油器的喷雾图像

注：上图为实测的喷雾图像，中图为计算的喷雾图像，下图为计算的喷雾中心剖面，显示了喷雾的内部结构。各图从左至右的时间顺序分别为 0.7ms、1.7ms、2.7ms、3.7ms 与 4.7ms。

相同试验条件下的喷雾贯穿距如图 5-12 所示，通过光测区域的喷雾 SMD 如图 5-13 所示。除了预测的 SMD 比测量值稍大外，模拟结果和试验结果具有较好的一致性。图 5-14 比较了试验和模拟的局部液滴尺寸分布，其中试验结果为一段时间内的液滴尺寸平均值，而模拟结果展现出了不同延迟时间下的液滴尺寸以及平均液滴尺寸。结果显示，模拟的瞬时液滴尺寸分布呈现出离散状态，模拟的液滴平均分布尺寸与实测分布十分吻合。更多的研究数据比较可以参见韩志玉等的文章[16]。

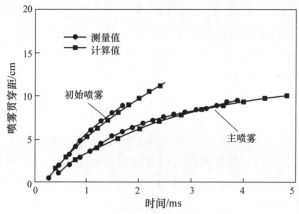

图 5-12　随时间变化的喷雾贯穿距

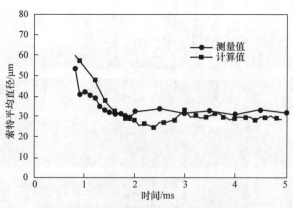

图 5-13　随时间变化的局部索特平均直径

Schmidt 和 Senecal 提出了一种用于压力涡流喷油器液膜破碎的线性不稳定性液膜雾化模型（LISA 模型）[17,49]，该模型基于波动的稳定性理论，模拟了液膜破碎过程。

该模型假设二维黏性不可压缩液膜以相对于气体的速度 U 穿过静止的、非黏性不可压缩气体介质。一系列微小的扰动施加在初始稳定运动的液膜上，从而

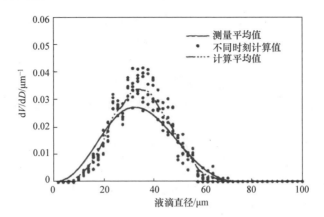

图 5-14 计算与测量的液滴尺寸分布比较

在液膜和气体上产生波动的速度和压力。其中扰动为

$$\eta = \eta_0 \exp(ikx + \omega t) \tag{5-43}$$

式中，η_0 是初始波振幅；$k = 2\pi/\lambda$ 是波数；$\omega = \omega_r + i\omega_i$ 是表面扰动的增长率。

在短波长条件下给出了一个简化形式的频散关系式

$$\omega_r = -2\nu_l k^2 + \sqrt{4\nu_l^2 k^4 + \frac{\rho}{\rho_l}U^2 k^2 - \frac{\sigma k^3}{\rho_l}} \tag{5-44}$$

式中，ν_l 是液体的运动黏度。可以导出临界韦伯数 $We_g = \rho U^2 h/\sigma = 27/16$[49]，低于该韦伯数时，液膜破碎由长波支配，高于该数时，液膜破碎则由短波左右。对于压力涡流产生的空锥喷雾，由于其韦伯数通常远高于 27/16，因此可以假设短波是其液膜破碎的成因。

采用 Dombrowski 和 Johns[50] 提出的液膜破碎物理机理，可以预测液膜发生基次破碎后的液滴尺寸。一旦不稳定波达到了临界振幅，就认为在液膜破碎过程中形成了液带。由于短波的增长速率与液膜厚度无关，因此可以类比液柱射流的破裂长度来确定液带的形成或破碎长度[2]。如果表面扰动在液膜破碎时达到 $\eta_b = \eta_0 \exp(\Omega_s \tau)$，则破碎时间可按照下式计算：

$$\tau_b = \frac{1}{\Omega_s}\ln\left(\frac{\eta_b}{\eta_0}\right) \tag{5-45}$$

式中，最大生长率 Ω_s 可以从式（5-44）中获得。液膜将在达到长度 L_b 时破碎，其表达式为

$$L_b = V\tau_b = \frac{V}{\Omega_s}\ln\left(\frac{\eta_b}{\eta_0}\right) \tag{5-46}$$

基于 Dombrowski 和 Hooper 的研究[51]，式中 $\ln(\eta_b/\eta_0)$ 的值通常被设为 12。此处的 V 为液膜的绝对流速。可以通过质量守恒计算出液膜破碎时的液带直径。

假设液带在每个波长内形成一次，则液带最终直径 d_L 的计算方式为

$$d_L = \sqrt{\frac{16h}{K_s}} \tag{5-47}$$

式中，K_s 是最大增长率 Ω_s 对应的波数。

为了计算液膜厚度，假设锥形液膜的顶点在喷油器喷孔端口后面。破碎时液膜厚度的半值 h 与其位置 L_b 可以近似为

$$h = \frac{d_f \cos(\theta)(d_0 - d_f)}{4L_b \sin(\theta) + d_0 - d_f} \tag{5-48}$$

式中，d_0 是喷油器喷孔直径；d_f 是与液体质量流量相关的液膜厚度，将在后面给出；θ 是液膜圆锥的半角角度。

假定当不稳定波的振幅等于液带的半径时液膜发生破碎，每个波长生成一个油滴。通过质量守恒就可给出油滴尺寸 d_D 为

$$d_D = \left(\frac{3\pi d_L{}^2}{K_L}\right)^{1/3} \tag{5-49}$$

最不稳定波的波长 K_L 为

$$K_L = \frac{1}{d_D}\left[\frac{1}{2} + \frac{3\mu_l}{2(\rho_l \sigma d_L)^{0.5}}\right]^{-1/2} \tag{5-50}$$

为了计算液膜破碎雾化，需要知道燃油流动的初始状态。由于压力涡流喷油器内的液体涡流运动，形成了围绕空气核的液膜，其质量流量由下式给出。

$$\dot{m} = \pi\rho_l V\cos(\theta)d_f(d_0 - d_f) \tag{5-51}$$

式中，喷射速度 V 由喷油器出口处的压降计算得出，其公式如下

$$V = C_d\sqrt{\frac{2\Delta p}{\rho_l}} \tag{5-52}$$

同时，有效流量系数 C_d 为[17]

$$C_d = \max\left(0.7, \frac{4\dot{m}}{\pi d_0{}^2 \rho_l \cos\theta}\sqrt{\frac{\rho_l}{2\Delta p}}\right) \tag{5-53}$$

5.3 油滴动力学

5.3.1 二次破碎

在 5.1 节中，我们已经讨论了液柱或液膜的破碎雾化或基次破碎模型。此外，试验证明由破碎雾化过程产生的油滴将进一步通过二次破碎形成更小的油滴[52,53]。二次破碎过程可以通过以下这些模型进行模拟。对油滴二次破碎模拟

的研究一直很活跃，并构建了许多模型。在本节中，我们主要介绍两种模型，WAVE 模型和 TAB 模型，它们基于完全不同的理论但却给出非常相似的结果。此外，这两种模型已经被广泛地应用于内燃机多维数值模拟中。

　　Reitz 建立的基于 Kelvin – Helmholtz 不稳定性分析的基次破碎模型对油滴的二次破碎模拟依然有效[10]。式（5-22）~式(5-24) 被应用于油滴的 KH 模式破碎，此处用 KH 符号表示。

$$r_d = B_0 \Lambda_{KH} \tag{5-54}$$

$$\frac{dr}{dt} = -\frac{r - r_d}{\tau_{KH}} \tag{5-55}$$

式中，r 是初始油团的半径（油团内含有许多相同的油滴）；r_d 为新生油滴的半径。其破碎时间为

$$\tau_{KH} = \frac{3.726 B_1 r}{\Lambda_{KH}\Omega_{KH}} \tag{5-56}$$

式中，Λ_{KH} 与 Ω_{KH} 通过式（5-19）和式（5-20）计算得出；B_0 与 B_1 是 5.2.2 节中给出的模型常数。

　　Rayleigh – Taylor（RT）不稳定性因快速减速而生，它也将导致液滴破碎。RT 模型通常与 KH 模型结合使用来预测油滴表面的不稳定性，油滴表面的不稳定性会不断增长，直至其破碎时间达到某一临界值，油滴发生完全破碎。Beale 和 Reitz[11] 提出了一种混合 KH – RT 模型，将 RT 模型与 KH 模型结合使用来预测油滴的二次破碎，其中 RT 模型也是基于波动不稳定性理论得到的。最大生长率 Ω_{RT} 与对应的波长 Λ_{RT} 为

$$\Omega_{RT} = \sqrt{\frac{2}{3\sqrt{3\sigma}}\frac{[-a_t(\rho_l-\rho)]^{3/2}}{\rho_l+\rho}} \tag{5-57}$$

$$\Lambda_{RT} = 2\pi\Omega_{RT}\sqrt{\frac{3\sigma}{-a_t(\rho_l-\rho)}} \tag{5-58}$$

式中，a_t 是油滴运动方向上的负加速度。当波长小于油滴直径时，假设 RT 波在油滴表面生长。然后追踪波的增长时间，当该时间达到 RT 模型中破碎时间的临界值 τ_{RT} 时，就认为油滴发生破碎。临界值 τ_{RT} 和新生的油滴半径 r_d 为

$$\tau_{RT} = \frac{C_\tau}{\Omega_{RT}} \tag{5-59}$$

$$r_d = 2C_{RT}\Lambda_{RT} \tag{5-60}$$

式中，C_τ 与 C_{RT} 是模型常数，其值分别为 1.0 和 0.1。

　　图 5-15 展示了 Reitz 的 WAVE 雾化和破碎模型。液团喷射模型用于引导液相燃油进入计算单元，KH 模型（式（5-22）~式(5-24)）用于计算油团的破碎雾化。KH 模型和 RT 模型（式（5-54）~式(5-60)）一起用于计算油滴的二次

破碎。RT 模型起作用的条件为式（5-59）。

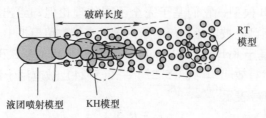

图 5-15　液柱破碎雾化与油滴破碎的 Reitz WAVE 模型示意图

TAB 模型是采用泰勒类比油滴与弹簧质量系统的振动和变形得到的[21]。作用在弹簧质量上的外力、弹簧的恢复力和阻尼力分别类比于作用在液滴上的气体空气动力、液体表面张力和液体黏性力。通过理论分析和试验确定了 TAB 模型中的参数和常数。表面张力的平衡方程为

$$\frac{\mathrm{d}^2 y}{\mathrm{d}t^2} + \frac{5\mu_l}{\rho_l r^2}\frac{\mathrm{d}y}{\mathrm{d}t} + \frac{8\sigma}{\rho_l r^3}y - \frac{2}{3}\frac{\rho U^2}{\rho_l r^2} = 0 \tag{5-61}$$

式中，y 是由液滴半径归一化的液滴变形参数；U 是气液相对速度；r 是液滴半径；σ 是表面张力系数；μ_l 是液体黏度。

假设系数为常数，可以得到式（5-61）的精确解，即

$$y(t) = \frac{We}{12} + e^{-t/t_d}\left[\left(y(0) - \frac{We}{12}\right)\cos\omega t + \frac{1}{\omega}\left(\dot{y}(0) + \frac{y_0 - We/12}{t_d}\right)\sin\omega t\right]$$

$$\tag{5-62}$$

式中，We 为韦伯数；t_d 为黏滞阻尼时间；ω 为振荡频率，其关系式为

$$t_d = \frac{2}{5}\frac{\rho_d r^2}{\mu_l}$$

$$\omega^2 = 8\frac{\sigma}{\rho_d r^3} - \frac{1}{t_d^2}$$

当且仅当 $y > 1$ 时破碎才会发生。当达到该条件时，液滴会分解成更小的液滴，其大小由分解前后的能量守恒确定，即

$$\frac{r}{r_{32}} = 1 + \frac{8K}{20} + \left(\frac{6K-5}{120}\right)\frac{\rho_l r^3}{\sigma}\left(\frac{\mathrm{d}y}{\mathrm{d}t}\right)^2 \tag{5-63}$$

式中，r_{32} 是新生成液滴的索特平均半径；K 是模型常数，随喷嘴设计而变化，需通过试验来确定。基于激波管试验，K 的建议值为 10/3。

由于气体的气动干扰存在许多模态，每种模态会生成一个不同尺寸的液滴。因此 TAB 模型通过 χ^2 来描述新生液滴的尺寸分布。此外，在破碎过程中会发生新生液滴的碰撞和聚合，导致液滴尺寸分布的范围会被碰撞过程拓宽。

新生液滴在初始液滴运动方向法向上的速度 V_n 可以从下式获得：

$$\tan\frac{\theta}{2}=\frac{V_n}{U}=C_v\frac{\sqrt{3}}{3}\sqrt{\rho/\rho_l} \tag{5-64}$$

式中，C_v 为模型常数，随着喷嘴设计而改变。当喷孔进口长度与直径的比值为 12 时，建议 C_v 取 1。

对于 WAVE 模型和 TAB 模型，目前仍无确切的数据说明哪个更为准确。从原理上说，对于高速射流的液柱和液膜，许多试验均观测到了其表面波的不稳定性，以及由此引发的液滴脱附。尽管存在针对类比液滴空气动力学和弹簧动力学方法的合理性的怀疑，但已有一些研究应用 TAB 模型成功地预测了柴油喷雾和汽油喷雾过程[16, 28]。评估这些模型准确性的另一个难度来自于模型中常数的不确定性。然而，有趣的是尽管 WAVE 模型和 TAB 模型源自两种截然不同的理论，但在极端情况下两种模型给出的计算结果却十分相似[54]。

5.3.2　碰撞和聚合

关于液滴碰撞现象的研究已经进行了很长一段时间，Yarin 等[55]对这一问题的研究成果做了较全面的总结。研究者对喷雾燃烧的兴趣激发了对碰撞油滴稳定性和碰撞结果的研究[56-61]。对于相同液体的液滴碰撞，其碰撞的结果与尺寸为 d_1 和 d_2 的两个碰撞液滴的相对速度、碰撞瞬间的参数 $X=2x/(d_1+d_2)$（x 为两个碰撞液滴的偏移距离），以及液滴与周围空气的物理性质有关。对于相同尺寸的液滴碰撞，其碰撞结果用图 5-16 示意。有四种可能的碰撞结果，即聚合、弹跳、拉伸离散和反弹离散，它们是无量纲碰撞参数 X 和液滴韦伯数的函数。从图 5-16 可以看出，液滴在低碰撞韦伯数时发生聚合。弹跳，即不改变油滴尺寸情况下的分离，会在碰撞参数 X 增大时发生，但此时韦伯数较低。当碰撞韦伯数增加到一定值时，碰撞后会产生小液滴（碰撞后破碎）。

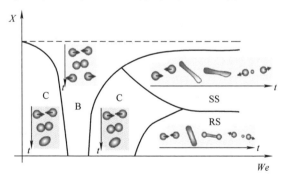

图 5-16　双液滴碰撞结果的示意图[55]

C—聚合　B—弹跳　SS—拉伸离散　RS—反弹离散

燃油喷射中油滴碰撞和聚合模型是在二元液滴碰撞试验的启发下而提出的。

O'Rourke[13] 提出了一种计算油滴碰撞和聚合的方法，该方法可能是随机粒子法在内燃机喷雾模拟中的第一次重要扩展。与随机粒子法相同，碰撞计算是通过统计方法计算得出的，而不是用某种确定性方式。两油滴之间碰撞的次数和性质的概率是通过随机采样确定的。该模型最早应用于柴油喷雾中，发现引入油滴聚合计算后油滴平均尺寸增加 7 倍[13]。在随后的许多研究中均证实了柴油喷雾中油滴碰撞的重要性[32, 40]。

O'Rourke 提出的油滴碰撞聚合模型[13] 已经被应用于 KIVA 系列程序中[14]。在该模型中，碰撞频率的定义为单位时间内两油滴出现碰撞的概率。也就是说，针对每个体积为 V_{cell} 的计算单元中的所有油团，计算油团 1 和油团 2 中的油滴碰撞频率 f_{12}（油团 1 包含更小的油滴）。其表达式为

$$f_{12} = \frac{\pi N_2 (r_1 + r_2)^2 E_{12} |\boldsymbol{v}_1 - \boldsymbol{v}_2|}{V_{cell}} \tag{5-65}$$

式中，N_2 是油团 2 中的油滴数量；$\boldsymbol{v}$ 是油滴的矢量速度；r 是油滴的半径。碰撞次数为 n，假定服从泊松分布，即

$$P(n) = \frac{(f_{12}\Delta t)^n}{n!} \exp(-f_{12}\Delta t) \tag{5-66}$$

式中，Δt 是计算步长；$P(n)$ 从区间 $[0, 1]$ 的均匀分布中随机选择。碰撞效率因子 E_{12} 考虑了液滴附近流场相互作用引起的碰撞频率的变化，其道理与气体分子运动论中使用的类似。在大多数计算研究中都设定 E_{12} 近似为 1.0。

在 O'Rourke 的模型中考虑了两种不同的油滴碰撞模式[13]，即聚合碰撞或擦边碰撞，主要取决于其碰撞参数 b 是大于还是小于临界值 b_{cr}。在聚合碰撞中，油滴的相对速度较低，液滴表面张力大于液滴的惯性力，两个液滴将结合形成一个新的更大的液滴，其尺寸、温度和速度遵从碰撞前后的质量、动量和能量守恒原则。在擦边碰撞中，碰撞韦伯数增加，此时惯性力起到主导作用，液滴在碰撞后分离。擦边碰撞不改变液滴的尺寸及温度但改变其速度。

碰撞参数 b 的定义为

$$b^2 = (r_1 + r_2)^2 Y \tag{5-67}$$

式中，Y 是介于 $[0, 1]$ 之间的随机数。碰撞参数 b 的临界值 b_{cr} 定义为

$$b_{cr}^2 = (r_1 + r_2)^2 \min\left(1.0, \frac{2.4(\gamma^3 - 2.4\gamma^2 + 2.7\gamma)}{We_l}\right) \tag{5-68}$$

式中，

$$\gamma = \frac{r_2}{r_1} \geq 1.0$$

We_l 是液滴碰撞时根据其相对速度定义的液体韦伯数。如果 $b < b_{cr}$，发生聚合碰

撞，反之 $b \geq b_{cr}$ 则发生擦边碰撞。

在擦边碰撞时，液滴碰撞后的速度分别为

$$v_1' = \frac{r_1{}^3 v_1 + r_2{}^3 v_2 + r_2{}^3 (v_1 - v_2) \dfrac{b - b_{cr}}{r_1 + r_2 - b_{cr}}}{r_1{}^3 + r_2{}^3} \tag{5-69}$$

$$v_2' = \frac{r_1{}^3 v_1 + r_2{}^3 v_2 + r_1{}^3 (v_2 - v_1) \dfrac{b - b_{cr}}{r_1 + r_2 - b_{cr}}}{r_1{}^3 + r_2{}^3} \tag{5-70}$$

式中，v_1 与 v_2 是液滴碰撞前的速度；v_1' 与 v_2' 是液滴碰撞后的速度。

需要注意的是，O'Rourke 模型没有包含碰撞后产生小液滴的情况。此外，该模型中也未考虑导致碰撞液滴破碎的破碎碰撞。O'Rourke 模型的另一个不足是它将碰撞事件考虑在同一个计算单元中，因此模型计算的结果受计算网格大小的影响。为了克服该问题，Schmidt 与 Rutland 在研究中使用了次级碰撞网格[62]，试图在每个碰撞网格中维持预定的液团数，以此改善模型对网格大小的依赖问题。然而，这种碰撞网格方法的缺点是，如果两个空间上非常接近的液团属于不同的碰撞单元，那么它们就不会发生碰撞。

Munnannur 和 Reitz[63] 提出了一种有效半径（Radius – of – Influence，ROI）碰撞模型。ROI 模型考虑当每对液团的距离 $D_{1,2}$ 小于它们影响半径 R_1 与 R_2 时，即 $D_{1,2} \leq \max(R_1, R_2)$，就存在潜在的碰撞可能性。ROI 模型的碰撞频率为

$$f_{12} = \pi N_2 (r_1 + r_2)^2 |v_1 - v_2| / V_{col} \tag{5-71}$$

基于影响半径的碰撞体积 V_{col} 计算式为

$$V_{col} = \frac{4}{3}\pi (R_1 + R_2)^3 \tag{5-72}$$

以上模型消除了网格拓扑结构对碰撞计算结果的影响，碰撞事件仅取决于液团在空间中的分布。该方法具有实际物理意义且易于实行。然而，该模型中影响半径 R 的选取方式带有随意性，Munnannur 和 Reitz 在研究非蒸发柴油喷雾中时，将该值设定为 2mm[63]。

研究者已经提出了考虑反弹离散和拉伸离散的模型[64, 65]。在适用于中高韦伯数（通常为 40 或以上）的二元油滴碰撞模型中，弹跳、聚合、反弹离散和拉伸离散被认为是可能的碰撞结果[65]。拉伸和反弹离散中的破碎模拟方法是假设相互作用的液滴形成一个延长的液带，该液带要么因毛细管波的不稳定性而破裂，要么收缩形成单个液滴。将计算获得的碰撞结果、分离过程中小液滴数量、碰撞后液滴特性（即液滴尺寸与速度）的预测结果与已有的油液单粒流和多粒分散流确定性碰撞试验数据进行对比，结果显示模型[65] 的预测是合理的。

5.3.3 运动阻力、变形和湍流扩散

喷雾液滴在气体中运动受到动态空气阻力的影响。为了考虑这种阻力，我们定义液滴加速力为 $\boldsymbol{F}$，它决定了每个液滴的运动轨迹 $\boldsymbol{x}_d$。液滴运动的速度为

$$\boldsymbol{v} = \frac{\mathrm{d}\boldsymbol{x}_d}{\mathrm{d}t}$$

当仅考虑空气阻力 $\boldsymbol{F}_D$ 和重力 $\boldsymbol{G}$ 时，液滴的加速度为

$$\frac{\mathrm{d}\boldsymbol{v}}{\mathrm{d}t} = \boldsymbol{F}_D + \boldsymbol{G}$$

可以给出

$$\boldsymbol{F} = \boldsymbol{F}_D + \boldsymbol{G} = \frac{3}{8}\frac{\rho}{\rho_d}\frac{|\boldsymbol{u} + \boldsymbol{u}' - \boldsymbol{v}|}{r}(\boldsymbol{u} + \boldsymbol{u}' - \boldsymbol{v})C_{D,s} + \boldsymbol{G} \tag{5-73}$$

阻力系数 $C_{D,s}$ 为

$$C_{D,s} = \begin{cases} \dfrac{24}{Re_d}\left(1 + \dfrac{1}{6Re_d^{2/3}}\right) & Re_d < 1000 \\ 0.424 & Re_d \geqslant 1000 \end{cases} \tag{5-74}$$

式中，

$$Re_d = \frac{2\rho|\boldsymbol{u} + \boldsymbol{u}' - \boldsymbol{v}|r}{\mu} \tag{5-75}$$

式中，μ 为气体黏度；$\boldsymbol{u}$ 和 $\boldsymbol{v}$ 分别是气体和液滴速度。

在计算液滴阻力时，将气体湍流速度 $\boldsymbol{u}'$ 加入到局部平均气体速度 $\boldsymbol{u}$ 中。假设 $\boldsymbol{u}'$ 的各分量服从 $\sqrt{2/3k}$ 的高斯分布，k 是气体的湍动能。因此假设

$$G(\boldsymbol{u}') = (4/3\pi k)^{-3/2}\exp(-3|\boldsymbol{u}'|^2/4k) \tag{5-76}$$

$\boldsymbol{u}'$ 在每个湍流相关时间 t_{turb} 中取值一次，否则保持不变。相关时间公式为

$$t_{turb} = \min\left(\frac{k}{\varepsilon}, c_{ps}\frac{k^{3/2}}{\varepsilon}\frac{1}{|\boldsymbol{u} + \boldsymbol{u}' - \boldsymbol{v}|}\right) \tag{5-77}$$

上式意味着 t_{turb} 是涡旋破碎时间的最小值，也是液滴穿过涡旋的时间。式中 c_{ps} 是经验常数，其值为 0.16432；ε 是湍动能耗散率。

在式（5-74）中假定液滴为球形，这种假设只对非常小的液滴成立。当液滴与周围气体的相对速度较大时，液滴会发生变形，从而改变其阻力系数。它的变形取决于液滴的雷诺数和振荡振幅。Liu 等[66]通过经验公式将液滴阻力系数与液滴变形量大小关联起来，其表达式为

$$C_D = C_{D,s}(1 + 2.632y) \tag{5-78}$$

式中，C_D 是反映液滴变形的阻力系数；$C_{D,s}$ 是球形液滴的阻力系数，由式（5-74）计算；y 是描述液滴变形的无量纲参数，与液滴表面平衡位置的位移除以液滴半径的值成正比（参见式（5-62））。

　　已有的研究发现围绕在蒸发液滴周围的燃油蒸气会影响到液滴的阻力[67-69]。为了考虑液滴蒸发对液滴阻力的影响，Eisenklam 等[67]提出了以下方程：

$$C_D^* = \frac{C_D}{1+B} \tag{5-79}$$

式中，B 是斯波尔丁传质数，该值由 5.4 节的式（5-83）中给出。式（5-74）中所需要的物性参数在三分之一参考条件下使用混合规则给出，这些将在 5.4 节中讨论。

　　在许多工业和与能源有关的过程中，颗粒因湍流而分散（或扩散）是相当重要的[70]。正如 Faeth 所述[71]，由于一部分湍流能量做功于分散喷雾液滴，导致气相湍流被改变（减弱）。

　　目前，湍流对喷雾液滴的影响是采用蒙特卡罗法模拟的[14]。在气体速度 u 上加一个脉动速度 u'，其中 u' 的每个分量均是从液滴所在的计算单元内标准差为 $\sqrt{2/3k}$ 的高斯分布中随机选取。脉动速度 u' 作为时间的分段恒定函数，其经过湍流相关时间 t_{turb} 后间断地变化，t_{turb} 由式（5-77）确定。在扩散液滴时每个脉动速度所做的功将从湍动能中减去。$u+u'$ 就是液滴"看到"的气体速度。该值不仅用于上述所讨论的阻力计算，并用于计算液滴与气体的热能和质量交换及液滴破碎过程，从而考虑气体湍流的影响。

5.4　燃油蒸发

　　燃油蒸发在内燃机混合气生成过程中占有重要的地位。在发动机高转速下，每个工作循环的时间很短，喷雾蒸发和油气混合的可用时间有限，因此燃油蒸发对直喷汽油机高速运行很关键。在柴油机和汽油机冷起动时，较低的气体温度和缸壁温度不利于燃油的蒸发，喷雾蒸发占据着主导作用。在内燃机模拟中，蒸发计算的结果直接影响油气混合以及随后的化学反应。因此，需要精确的模型来计算喷雾蒸发及相关的传质传热过程。

　　尽管燃油中含有许多挥发性不同的组分，但在蒸发模拟中经常使用单一组分来代表特定的燃油。例如，常选用异辛烷来代表汽油，十六烷来代表柴油。单组分蒸发模型对内燃机热机条件下的模拟效果较好，但在发动机冷起动时会产生与试验结果较大的差异[72]，在这种情况下，可以采用燃油的多组分蒸发模型。本节将分别讨论燃油的单组分和多组分蒸发模型。

5.4.1　单组分蒸发模型

　　KIVA 程序中采用了 Spalding 低压油滴蒸发模型[73]的变形模型。KIVA 蒸发模型已经被进一步改进，并应用于直喷汽油机的模拟中[74]。油滴在蒸发汽化

时，其质量变化率为

$$\frac{\mathrm{d}m_d}{\mathrm{d}t} = -2\pi r \rho_g DBSh \tag{5-80}$$

式中，m_d 是油滴质量；ρ_g 是环境气体密度；D 是燃油蒸气对气体的分子质量扩散系数；B 是斯波尔丁传质数；Sh 是舍伍德传质数；下标"d"和"g"分别表示油滴和其周围的环境气体。假设刘易斯数为 1（即热扩散系数等于质量扩散系数），式（5-80）可以表示为

$$\frac{\mathrm{d}m_d}{\mathrm{d}t} = -2\pi r \left[\frac{k}{c_p}\right]_g BSh \tag{5-81}$$

式中，k 是导热系数；c_p 为比热容。为了求解式（5-80）或式（5-81），必须先给出油滴温度，它可以由下面的能量平衡方程确定：

$$m_d c_{pF} \frac{\mathrm{d}T_d}{\mathrm{d}t} - L \frac{\mathrm{d}m_d}{\mathrm{d}t} = 4\pi r Q_d \tag{5-82}$$

式中，c_{pF} 是燃油比热容；L 是燃油汽化潜热；Q_d 是燃油液滴导热率。

式（5-81）和式（5-82）建立了油滴蒸发的两个基本控制方程。斯波尔丁传质数的定义为

$$B = \frac{Y_{F,s} - Y_{F,\infty}}{1 - Y_{F,s}} \tag{5-83}$$

式中，Y_F 是燃油蒸发的质量分数；下标"s"和"∞"分别表示油滴表面状态和自由气流状态。油滴的导热率为

$$Q_d = \frac{k_g(T_\infty - T_d)}{2r} Nu \tag{5-84}$$

针对强制对流下蒸发油滴的 Nusselt 数（Nu），已有了大量的研究者进行了探索。Faeth[71]、Ranz 和 Marshall[75] 提出了以下关系式

$$Nu = (2.0 + 0.6Re_d^{1/2}Pr_g^{1/3})\frac{\ln(1+B)}{B} \tag{5-85}$$

同样的，在刘易斯数为 1 的假设下，舍伍德数为

$$Sh = (2.0 + 0.6Re_d^{1/2}Sc_g^{1/3})\frac{\ln(1+B)}{B} \tag{5-86}$$

式中，Re_d 是基于气体与液体相对速度计算的雷诺数；Pr_g 和 Sc_g 分别是气体的层流普朗特数和层流施密特数。

然而，上述方程的预测精度很大程度上取决于计算对象的热物理性质。Lefebvre 建议使用三分之一规则[45]，在下面以参考温度与组分来评估其物性

$$T_r = T_s + \frac{1}{3}(T_\infty - T_s) \tag{5-87}$$

$$Y_{F,r} = Y_{F,s} + \frac{1}{3}(Y_{F,\infty} - Y_{F,s}) \tag{5-88}$$

$$Y_{A,r} = 1 - Y_{F,S} \tag{5-89}$$

式中，下标"r"代表参考状态；"A"为自由流动气体（空气）。式（5-87）~式（5-89）用于计算蒸发燃油液滴周围混合气的相关热物性。混合规则为

$$\Psi_g = Y_{A,r} \cdot \Psi_A(T_r) + Y_{F,r} \cdot \Psi_v(T_r) \tag{5-90}$$

式中，下标"v"代表燃油蒸气；Ψ 代表了环境气体的 c_p、k 以及 μ。参考状态下气体密度的计算方式为

$$\rho_{g,s} = \left(\frac{Y_{A,r}}{\rho_A} + \frac{Y_{F,r}}{\rho_v} \right)^{-1} \tag{5-91}$$

式（5-85）和式（5-86）中的 Re_d、Pr_g 以及 Sc_g 数中的物性参数采用式（5-90）和式（5-91）给出的混合规则，其温度和组分用参考状态下的值。

式（5-87）、式（5-88）以及式（5-91）的表达式均考虑了温度与组分的影响，这种处理方式更具有物理意义。从物理上来说，蒸发产生的质量流量对油滴周围的流场产生动态影响，蒸发会造成较大的温度梯度，同时改变油滴的化学组成。上述两种影响均会直接影响到油滴周围的流体物性，Hubbard 等在比较了各种参数状态的处理方法后，发现式（5-87）和式（5-88）的三分之一规则给出的计算结果最好[76]。

为了确定式（5-83）中的传质数，首先需要计算表面质量分数 $Y_{F,s}$，其计算方式为

$$Y_{F,s} = \left[1 + \frac{M_A}{M_F} \left(\frac{p}{p_v} - 1 \right) \right]^{-1} \tag{5-92}$$

式中，p_v 是油滴表面的燃油蒸气压力；p 是环境压力；M_A 与 M_F 分别是空气与燃油的分子量。

克劳修斯－克拉珀龙方程可以估算出蒸气压力，其表达式为

$$p_v = \exp\left(a - \frac{b}{T_s - c} \right) \tag{5-93}$$

式中，a、b、c 分别是与燃油有关的常数。假定油滴内部温度均匀且与其表面温度 T_s 一致。式（5-93）中关于液相燃油、燃油蒸气以及空气的其他物性参数均可以在 Lefebvre 和 Vargraftik 的书中找到[45, 77]。

韩志玉等指出了 KIVA 蒸发模型中的一些问题[74]。在燃油液滴质量变化率的计算中，对物性的不同处理方式会造成计算结果的显著差异。例如，在低压条件下，使用式（5-81）中的 $(k/c_p)_g$ 计算质量扩散系数已经被证明是可行的[78]。但在 KIVA 中，对于自由流动气体（空气）的质量扩散系数 $(\rho D)_{air}$ 的计算使用的是一个经验公式。不考虑燃油蒸气对周围气体的影响会导致很低的质量扩散系数。此外，KIVA 还假定了燃油蒸发对环境气体物性的影响忽略不计，环境气体物性（c_p、k、μ 以及 ρD）的计算使用了自由流动气体（空气）的三分

之一参考温度，但在环境气体密度的计算时却用的是空气在自由流动下的温度。

对单粒液滴蒸发的计算比较显示，较低的质量扩散系数会导致较高的油滴均衡温度，这会给出较大的传质数 B[74]。使用 KIVA 蒸发模型时，较高的油滴温度和较低的扩散系数会使得油滴的蒸发速率变慢，因此油滴存续时间较长。图 5-17 展示了一个异辛烷油滴在静态空气中蒸发的计算结果，其中当前模型是指本书前面所介绍的物性处理方法[74]，对物性的处理方式不同会计算出完全不同的油滴存续时间。值得注意的是，液滴的密度随着温度的变化而变化，当前模型计算出油滴尺寸首先微小增长，这是因为液滴的密度因吸热而变小导致液滴膨胀的缘故。如果假定燃油密度恒定，则这种膨胀现象就无法被捕捉到。

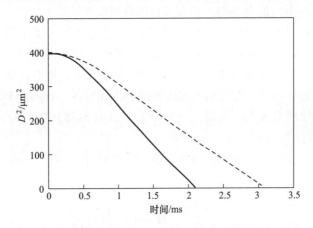

图 5-17　25℃异辛烷油滴在 0.3MPa 和 300℃环境下的蒸发
实线—当前模型　虚线—KIVA 模型

油滴蒸发对油滴空气阻力的影响如图 5-18 所示。该图给出了使用三种不同的空气阻力系数计算模型得到的油滴贯穿距结果[74]。三种模型分别是 KIVA 模型[14]、Yuen 模型[68] 以及上述讨论的当前模型［式（5-79）］。KIVA 模型采用式（5-74），它的油滴贯穿距稍短，但存续时间很长。Yuen 模型使用了式（5-74）以及自由流体的密度和黏度计算雷诺数，导致了较长的油滴贯穿距和与当前模型相同的油滴存续时间。

在上述方程中，假设油滴温度是均匀的且忽略其内部的瞬态热传导。这会导致在不同的环境温度下，过大或过小地预测蒸发质量流量。考虑油滴内部的热传导[79]，油滴空气界面处的能量守恒方程为

$$4\rho_d \pi r_d^2 \dot{r}_d L(T_{d,s}) = 4\pi r_d^2 (Q_i + Q_d) \tag{5-94}$$

式中，Q_i 是油滴内部到表面的热流量。热流量用对流换热模型模拟，计算式为

$$Q_i = \frac{k_l}{\delta_e}(T_d - T_{d,s}) \tag{5-95}$$

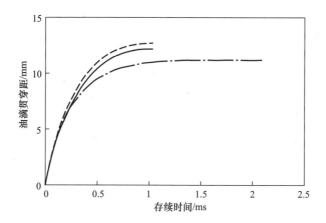

图 5-18　各种模型预测的油滴贯穿距和存续时间（线条长度表示）

实线—当前模型　虚线—KIVA 模型　点画线—Yuen 模型

注：环境条件为异辛烷油滴；0.3MPa，300℃；初始液滴条件为25℃，20μm 和50m · s⁻¹。

式中，k_l 是液体导热系数；δ_e 是使用热扩散系数 α_l 计算的非定常等效热边界厚度，其计算式为

$$\delta_e = \sqrt{\pi\chi\alpha_l t} \tag{5-96}$$

式中，$\chi = 1.86 + 0.86\tanh[2.225\log(Pe_l/30)]$；$Pe_l$ 是液滴的佩克莱数。油滴的导热率 Q_d 也是根据油滴表面温度计算的，将油滴平均温度 T_d 替换为油滴表面温度 $T_{d,s}$。

需要注意的是，由于式（5-95）中的有效传热系数与蒸发速率耦合，因此油滴表面温度是通过迭代求解上述两个平衡方程，并假设传热过程为准稳态来确定的[79]。

5.4.2　多组分蒸发模型

大多数实际用的燃油都是由多种组分构成的，其沸点在 300 ~ 500K 范围内。这使得实用的燃油与单组分液体有明显的不同，单组分液体在蒸发过程中仅有一个沸点。因此，燃油的多组分表达可以更准确地模拟内燃机中燃油的蒸发汽化和混合气的形成过程，尤其是在内燃机冷机工况下。

目前，常用的多组分蒸发模型有两种，分别是连续多组分模型（Continuous Multicomponent Model，CMC）[18,79,80] 和离散多组分模型（Discrete Multicomponent Model，DMC）[19,81]。在 CMC 模型中，燃油组分用一个适当的参数（如分子量）的连续分布函数表示，该函数与组分的代表性参数有关。这种处理不仅能够减少计算负荷，同时也可以预测多组分燃油复杂的蒸发过程。但是，当此模型应用于燃烧模拟时，尤其是在使用详细化学反应机理时，描述燃油的多组分特征将不可避免地受到限制，从而难以正确地模拟单个组分的消耗量。此外，在

CMC 模型中很难追踪到单个组分的蒸发过程，在一些需要关注单个组分蒸发的研究中 CMC 就难以适用了。

相反地，DMC 模型在蒸发过程中可以追踪燃油的各个组分，并允许耦合单个燃油组分的化学反应机理。尽管因为增加了不同燃油组分的多个传递方程，使得 DMC 的计算成本很高，但随着计算能力的显著提高，DMC 的应用成本会越来越低。如果在内燃机模拟中只使用少量具有代表性的低挥发性和高挥发性组分，则上述问题可以得到缓解。

在下面的内容中，我们首先简要介绍 CMC 模型的基本原理[18, 79]。然后讨论已在福特内部 CFD 程序 MESIM 中使用的 DMC 模型[81, 82]。

CMC 模型的设想是假定混合物中的每种组分都可以用一个变量值（例如分子量）I 来表征，液相和气相的组分含量可以分别用分布函数 $f_l(I)$ 和 $f_v(I)$ 表示。系统组分的一般摩尔分布函数为

$$G_p(I) = x_F^p f_p(I) + \sum_{s=1}^{N} x_s^p \delta(I - I_s) \tag{5-97}$$

式中，p 代表 v 或 l，分别表示蒸气或液体的物性；x 是摩尔分数；N 是离散组分的总数；δ 是狄拉克 δ 函数；下标 s 和 F 分别表示离散组分和燃油的物性。该分布具有以下特性：

$$\int_0^\infty G_p(I)\,\mathrm{d}I = 1, \quad \int_0^\infty f_p(I)\,\mathrm{d}I = 1, \quad \sum_{s=1}^{N} x_s^p = 1 - x_F^p \tag{5-98}$$

对于连续系统的液相燃油，x_s^p 为 0，x_F^p 为 1，因此 $G_p(I)$ 等于 $f_p(I)$。液相与气相的分布函数均选择为

$$f(I) = \frac{(1-\gamma)^{\alpha-1}}{\beta^\alpha \Gamma(\alpha)} \exp\left(-\frac{I-\gamma}{\beta}\right) \tag{5-99}$$

式中，α 和 β 是确定上述分布的参数；Γ 是伽马函数；γ 是分布函数的原点。燃油中组分 i 的摩尔分数为 $x_i = G_p(I)_i \Delta I_i$，$I$ 的区间为 ΔI_i。

在此分布函数的基础上可以建立液相、燃油蒸气和周围气体的控制方程，以及气液平衡和燃油组分的物性，这里不再作进一步的讨论。感兴趣的读者可以查阅本节列出的参考文献。

在 Zeng 和 Lee 的 DMC 模型中，油滴蒸模型发由气相部分和液相部分模型组成，气相部分决定油滴的蒸发速率和传热量，液相部分决定液相油滴的表面参数[81]。对于气相，应用了准稳态模型。组分 i 的蒸发速率为

$$\omega_i = \frac{D_{im} Sh_i \xi_i B_i}{d} \tag{5-100}$$

式中，D_{im} 是组分 i 的质量扩散系数；d 是油滴直径；Sh_i 是组分 i 的舍伍德数，其计算式为

$$Sh_i = 2 + 0.6Re^{1/2}Sc_{gi}^{1/3} \tag{5-101}$$

ξ_i 的定义为

$$\xi_i = \frac{z_i}{e^{z_i} - 1} \tag{5-102}$$

式中，

$$z_i = \sum \omega_i d / D_{im} Sh_i \tag{5-103}$$

B_i 为组分 i 的传质数，其表达式为

$$B_i = \frac{Y_{gi,s} - Y_{gi,\infty}}{1 - Y_{gi,s} \sum \omega_i / \omega_i} \tag{5-104}$$

在式（5-104）中，$Y_{gi,\infty}$ 为油滴所处计算单元中组分 i 的气相质量分数。$Y_{gi,s}$ 为组分 i 在油滴表面的质量分数，由油滴表面的热力相平衡决定。气相与液相的摩尔分数之比为

$$x_{gi,s} = \frac{x_{li,s} P_{\text{sat}}(T_s)}{P} \tag{5-105}$$

式中，$x_{gi,s}$ 和 $x_{li,s}$ 是组分 i 的气相与液相摩尔分数；P 与 P_{sat} 是表面温度下的环境压力与饱和压力。

油滴的传热量表达式为

$$q = \frac{k_g Nu \zeta_T (T_\infty - T_s)}{d} - \sum \omega_i h_{vi} \tag{5-106}$$

式中，Nu 为

$$Nu = 2 + 0.6Re^{1/2} P_r^{1/3} \tag{5-107}$$

h_{vi} 为组分 i 的蒸发焓值。ζ_T 为

$$\zeta_T = \frac{z_T}{e^{z_T} - 1} \tag{5-108}$$

式中，

$$z_T = \sum \omega_i Cp_{gi} / (k_i Nu_i / d) \tag{5-109}$$

式中，Cp_{gi} 为组分 i 的热容。

由于油滴内部的扩散阻力和优先蒸发作用，油滴的物性分布一般是不均匀的。因此，我们用一个关于时间 t 的常微分方程来描述这种非均匀性的演变

$$\frac{\mathrm{d}\Phi_d}{\mathrm{d}t} = \frac{0.2\phi R / D - \Phi_d}{R^2 / \varsigma_1^2 D} \tag{5-110}$$

式中，Φ 表示温度 T 或质量分数 Y_i；$\varsigma_1 = 4.4934$；下标 "d" 表示表面值和平均值之间的差值。对于温度来说，D 是有效热扩散系数，并且

$$\phi = qD / k_l^e \tag{5-111}$$

式中，q 是对油滴的传热量；k_l^e 是有效导热系数。对于质量分数来说，D 为有效质量扩散系数且

$$\phi = \left[\omega_i - \left(\sum \omega_i \right) Y_{lim} \right] / \rho_l \tag{5-112}$$

式中，ω_i 是组分 i 的蒸发率；Y_{lim} 是组分 i 的质量分数；ρ_l 是液体密度。

在式（5-110）中，使用了有效扩散系数而不是物理扩散系数，来考虑内循环流的影响。以下两个方程给出了有效扩散系数与物理扩散系数的比值

$$\begin{cases} \dfrac{k_l^e}{k_l} = 1.86 + 0.86 \tanh \left[2.245 \log \left(\dfrac{RePr_{li}}{30} \right) \right] \\[3mm] \dfrac{\Gamma_{li}^e}{\Gamma_{li}} = 1.86 + 0.86 \tanh \left[2.245 \log \left(\dfrac{ReSc_{li}}{30} \right) \right] \end{cases} \tag{5-113}$$

式中，Γ 是质量扩散系数；Re 是雷诺数，Pr_l 与 Sc_l 是液相普朗特数与施密特数。

式（5-110）对时间的积分给出了表面温度和平均温度以及表面质量分数和平均质量分数之间的差值。通过使用如下组分整体质量守恒方程和能量守恒方程

$$\frac{\mathrm{d}T_m}{\mathrm{d}t} = \frac{6q}{\rho_l Cp_l d} \tag{5-114}$$

$$\frac{\mathrm{d}(\rho_l \pi d^3 Y_{lim}/6)}{\mathrm{d}t} = \pi d^2 w_i \tag{5-115}$$

就可以得到温度和质量分数的平均值。因此，使用简单的代数运算就可以求出表面温度或表面质量分数。

燃油组分的物性方程需要根据温度和组分确定。下面介绍一种计算方法[81,82]。对于液相，以平均温度和平均组分来计算物性。对于气相，用三分之一规则来计算物性，其参考温度和组分为

$$\begin{cases} T_r = T_s + \dfrac{T_\infty - T_s}{3} \\[3mm] Y_{ir} = Y_{is} + \dfrac{Y_{i\infty} - Y_{is}}{3} \end{cases} \tag{5-116}$$

对于没有在上文中提及的混合气物性，混合气的物性取自基于质量分数的组分物性平均值，即

$$\Omega_m = \sum_i Y_i \Omega_i \tag{5-117}$$

下列方程中的单位：长度：cm；时间：s；质量：g；温度：K；下标 c 表示临界状态。对于单一组分，其黏度为

$$\mu = \frac{40.785 f_c \sqrt{TM}}{\Omega V_c^{2/3}} 10^{-6} \tag{5-118}$$

式中，V_c 是临界点的比体积；M 是分子量。f_c 和 Ω 分别为

$$f_c = 1 - 0.2756\omega + 0.059035\mu_r{}^4 \qquad (5\text{-}119)$$

$$\mu_r = \frac{131.3D_f}{\sqrt{T_c V_c}} \qquad (5\text{-}120)$$

$$\Omega = \frac{1.16145}{(1.2593T/T_c)^{0.14874}} + \frac{0.52487}{\exp(0.9734T/T_c)} + \frac{2.16178}{\exp(3.0070T/T_c)}$$

$$(5\text{-}121)$$

式中，ω 是偏心率；D_f 是与燃油有关的常数。Wilke 法则用于计算混合气的黏度，即

$$\mu = \sum_i \frac{\mu_i \chi_i}{\sum_i \chi_i \varphi_{ij}} \qquad (5\text{-}122)$$

式中，χ 是摩尔分数。φ_{ij} 为

$$\varphi_{ij} = \frac{\left[1 + \left(\dfrac{\mu_i}{\mu_j}\right)^{0.5}\left(\dfrac{M_j}{M_i}\right)^{0.25}\right]^2}{\left[8\left(1 + \dfrac{M_i}{M_j}\right)\right]^{0.5}} \qquad (5\text{-}123)$$

对于单一组分，Wachters 和 Westerling 给出了其导热系数计算方式[83]：

$$k_g = \frac{3.75\varphi R\mu_g}{M} \qquad (5\text{-}124)$$

式中，M 是分子质量；R 是理想气体常数；μ 是黏度；φ 为

$$\varphi = 1 + \alpha \frac{0.215 + 0.28288\alpha - 1.061\beta + 0.26665z}{0.6366 + \beta z + 1.061\alpha\beta} \qquad (5\text{-}125)$$

$$\begin{cases} \alpha = c_v M/R - 1.5 \\ \beta = 0.7862 - 0.7109\omega + 1.3168\omega^2 \\ z = 2 + 10.5(T/T_c)^2 \end{cases} \qquad (5\text{-}126)$$

式中，c_v 是比热容。Wilke 法则用于计算混合气的导热系数，

$$k = \sum_i \frac{k_i x_i}{\sum_i x_i \varphi_{ij}} \qquad (5\text{-}127)$$

式中，φ_{ij} 由式（5-123）给出。液体密度是通过求解下列混合气的三次状态方程得到。

$$Z^3 - (1 - B)Z^2 + (A - 3B^2 - 2B)Z - (AB - B^2 - B^3) = 0 \quad (5\text{-}128)$$

式中，Z 是压缩系数，其计算公式为

$$Z = \frac{p}{\rho_l RT} \qquad (5\text{-}129)$$

A 和 B 与压力、温度、组分有关，其表达式为

$$A = \frac{aP}{R^2 T^2}, \quad B = \frac{bP}{RT} \qquad (5\text{-}130)$$

a 和 b 取决于混合气的组分及其临界物性，表达式为

$$a = \sum_i \sum_j x_i x_j a_{ij}, b = \sum_i \sum_j x_i x_j b_{ij} \qquad (5\text{-}131)$$

式中，a_{ij} 和 b_{ij} 为

$$b_{ij} = \left(\frac{b_i^3 + b_j^3}{2}\right)^{1/3} \qquad (5\text{-}132)$$

$$a_{ij} = \left(\frac{a_i a_j}{b_i b_j}\right)^{1/2} b_{ij} \qquad (5\text{-}133)$$

a_i 和 b_i 为

$$a_i = 0.45724 \frac{R^2 T_{ci}^2}{P_{ci}} \left\{ 1 + \kappa \left[1 - \left(\frac{T}{T_{ci}}\right)^{0.5} \right] \right\}^2 \qquad (5\text{-}134)$$

$$b_i = 0.07780 \frac{RT_{ci}}{P_{ci}} \kappa = 0.37464 + 1.54226\omega - 0.26992\omega^2 \qquad (5\text{-}135)$$

液体扩散系数与导热系数的关系可以用下面给出的刘易斯数 Le 计算。

$$D_{lm} = \frac{k_l}{Le C p_l} \qquad (5\text{-}136)$$

式中，Le 与温度和组分有关，对于大多数的液相混合物，Le 的取值为 1.0。

以上 CMC 模型经过了试验验证，此处给出一个案例。试验采用显微摄影技术和采样技术来测定时变的液滴的大小和组分[84]。液滴由两种烃类化合物混合而成，将其喷入一个高温、静止的环境中。主要试验参数和计算参数相同，具体见表 5-1。对燃油组分及摩尔分数为 $C_{16}H_{34}/C_{10}H_{22} = 47/53$、$C_{16}H_{34}/C_{12}H_{26} = 39/61$ 以及 $C_{16}H_{34}/C_{14}H_{30} = 35/65$ 的 A、B、C 三种组分构成进行了研究。图 5-19 展示了轻组分的平均摩尔分数随液滴尺寸的变化，液滴尺寸用 $1 - (R/R_0)^2$ 表示（R_0 为初始液滴半径）。对比结果显示，模型预测结果与试验数据吻合较好。由于液滴表面温度较低，早期蒸发非常缓慢。在油滴存续时间快结束时，一些质量较小的组分仍保留在油滴中。

表 5-1　测试初始参数

初始油滴直径	300μm	环境温度	1100K
初始油滴温度	293.15K	环境气体	N_2
初始油滴速度	0.060m·s^{-1}	环境压力	0.1MPa

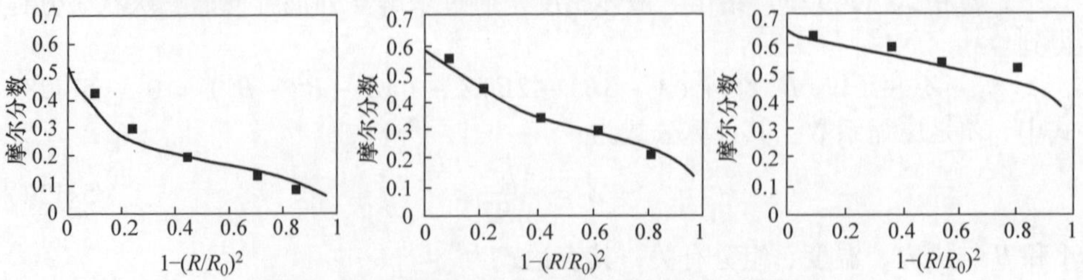

图 5-19　轻组分的平均摩尔分数随液滴尺寸的变化

注：从左向右分别为案例 A、B 和 C，图中符号为实验测量值。

5.5 喷雾碰壁现象

燃油喷雾碰壁现象发生在诸如进气道喷射发动机、直喷汽油机和车用柴油机等内燃机中。在一些直喷汽油机中，特意将喷雾喷射至特定设计的活塞凹坑上，以便形成最优的分层混合气[37,39]。在进气道喷射发动机中，喷雾被喷射到进气道内的进气门后背处，在进气门附近形成油气混合气和油膜。但是，喷雾碰壁也有缺点。例如，喷雾碰壁会导致进气道喷射发动机冷起动时的瞬态运行响应降低和 HC 排放增加[85,86]。喷雾碰壁会导致直喷汽油机出现湿壁现象，引起碳烟和 HC 排放恶化[87,88]。而在直喷柴油机中，喷雾碰壁可能导致 HC、CO 和碳烟排放以及油耗恶化[86]。因此，深入地理解燃油喷雾碰壁将有助于内燃机燃烧的开发。此外，随着多维模型正在成为内燃机设计中不可或缺的工具，这就迫切需要建立精确的碰壁模型，来提高内燃机数值模拟的可预测性。近年来在涡轮增压直喷汽油机上降低碳烟排放和控制爆燃燃烧的研究提高了在试验和计算方面理解喷雾 – 壁面相互作用细节的需求[89]。

喷雾壁面碰撞模拟的目的是预测碰撞后的结果，它包括在壁面附近发生的质量、热量和动量传递过程中液滴的尺寸、速度和温度的变化，同时还需要解析壁面上油膜的流体动力学和传热现象。至今已经提出了许多用于研究内燃机喷雾碰壁过程的模型。Naber 和 Reitz[15] 可能是最早尝试为多维内燃机模拟建立碰壁模型的研究者。在他们的模型中，根据入射液滴的韦伯数，液滴碰撞被分为三种模式，即附着、反弹和滑动。尽管此模型在柴油机上已用于模拟计算，但仍然存在一些问题。首先，这个模型忽略了飞溅现象，即碰撞后会产生许多较小的液滴（以下称为次级液滴），并从撞击位置向外飞出。飞溅现象很重要，它会影响壁面附近的喷雾扩散和蒸发，进而影响燃料与空气的混合。同时，在其模型中也未考虑活塞表面上的油膜。

一些研究人员认识到内燃机中尤其是柴油机和进气道喷射汽油机中存在油膜，因此将油膜流体动力学纳入其碰撞模型中[15,28,90-94]。这些模型假设油膜很薄，求解类似的质量、动量和能量方程。然而，在追踪油膜时采用了两种不同的数值方法。一种方法将油膜视为连续流体[90,91,94]，而另一种用拉格朗日数值粒子追踪油膜[28,92,93]。粒子追踪方法原则上可以应用于相对粗糙的表面网格（这在工程应用中可以应对有限计算资源的限制），而不会过度降低预测精度。

在模拟喷雾壁面（或油膜）相互作用中，人们提出了不同的喷雾碰壁模式及其过渡条件[15,27,28,92,94,95]。在大多数情况下，描述次级液滴尺寸和速度的飞溅模型的建立源于对碰壁实验数据的直接拟合，或者是利用已有的单粒液滴碰壁实验信息，以及源于对包括入射液滴、反弹液滴和油膜之间的质量、动量和能量再分配的各种解释。由于问题的复杂性和缺乏详细的实验数据，因此在这些模型中引入了许多经验公式和简略的假设。

O'Rourke 和 Amsden[93] 提出了粒子追踪油膜方法。他们还在 KIVA3V 程序中建立了壁函数模型来解析油膜上方湍流边界层中的蒸气质量、动量和能量的传输现象[23,96]。Trujillo 等发现，忽略油膜动量方程的惯性项会导致油膜远离碰撞部位的扩散明显不足[97]。故 O'Rourke 和 Amsden 将这一碰撞引起的惯性项和压力项纳入了模型的改进版本[27]。

在下面的内容中，我们首先讨论点燃式发动机的喷雾碰壁情况，然后介绍基于不稳定性分析的飞溅破碎模型和利用射流碰壁理论的次级液滴速度模型。接着描述壁面油膜动力学、传热和蒸发模型。

5.5.1 喷雾碰壁的形态

火花点燃发动机中的喷雾碰壁非常复杂，由于这些瞬变和稠密的喷雾被喷入高温高压的环境中，通常很难通过试验测量到发动机实际运行情况下的喷雾碰壁的相关细节。在进气道喷射发动机中，可以在进气口/气门区域以及缸盖和活塞的表面上观察到油滴飞溅和油膜形成现象[98,99]。对于缸内直喷汽油机，尽管有证据表明在光学发动机中的石英活塞表面上存在油膜[100]，但对于实际发动机而言，这可能并不是结论性结果。有研究表明，由于石英和铝的导热率差异很大，在大气条件下，异辛烷液滴碰撞在石英板上时的 Leidenfrost 温度大约比碰撞在铝板上的 Leidenfrost 温度高 80℃[101]。

对于悬浮在热壁面上的液滴，研究人员得出结论，壁面温度 T_s 会决定其不同的物理变化过程，从而导致该热壁面湿润（存在液膜）或非湿润（不存在液膜），并改变液滴的存续时间。如图 5-20 所示，当表面温度 T_s 低于液体的沸点（b 点）时，液滴呈凸镜状停留在表面并逐渐蒸发。当 T_s 到达 c 点（也就是被称为 Nukiyama 沸腾点温度）时，凸镜状液滴变成扁平状的液膜，接着发生急剧的蒸发，液

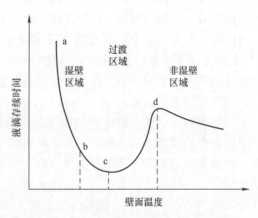

图 5-20 热表面上液滴存续时间的示意图

滴因受到最大的传热而以最高速率蒸发消失。在湿壁区域（a-c），液滴始终附着在壁面上。在 Nukiyama 沸腾点温度以上，扁平状液滴解体，并且形成一些小液滴从壁面上弹起。在达到被称为"Leidenfrost 温度"点 d 之前，液滴的存续时

间会增长。在（c－d）这个过渡区域，液滴会发生不稳定的粘连。在 Leidenfrost
温度及温度更高时，在壁面和液滴之间会形成一层薄薄的蒸气，随后液滴发生球
状蒸发。在非湿壁区域中（＞d），液滴不会直接附着在壁面上。

　　研究发现，这些特征温度点的数值随液体种类而改变。然而，对于碳氢燃
料，Leidenfrost 温度与液滴尺寸并无多大关系。实验还发现，随着环境压力的增
大，图 5-20 中的存续时间曲线向更高的温度范围移动，并且 Nukiyama 温度和
Leidenfrost 温度也会升高。有趣的是，当压力达到燃料的临界压力值时，Leiden-
frost 现象消失[101]。Nukiyama 温度和 Leidenfrost 温度定义了湿壁和非湿壁区域的
界限。图 5-21（见彩插）给出了可收集到的金属表面上油滴蒸发数据[101－104]，
同时也给出了汽油机油滴经历的温度和压力的典型范围。由图可知，Nukiyama
温度和 Leidenfrost 温度均随环境压力的增大而升高。此外，由于重烃组分的存
在，汽油在这些温度点更高。

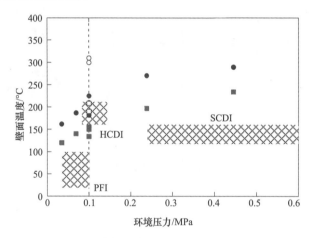

图 5-21　点燃式发动机中喷雾碰壁的模式
方形符号—Nukiyama 点　圆形符号—Leidenfrost 点　实心符号—庚烷　空心符号—汽油
注：图中符号表示实验数据。

　　前面已经指出在进气道喷射汽油机中，在大气压条件或低于大气压条件下将
燃油喷入进气道中，将形成油膜。直喷汽油机通常运行在两种不同的模式下。在
较低的发动机负荷下，燃油在压缩行程后期喷射到缸内形成分层混合气（SC-
DI），这时，碰壁的液滴经受较高的环境压力，从图 5-21 可知，在分层混合气直
喷条件下，即使采用庚烷燃料，喷雾碰撞也会导致湿壁。在这种情况下，较高的
环境压力进一步确保了油膜的存在。另一方面，在高负荷下，发动机在进气行程
期间喷射燃油以形成均匀混合气（HCDI），如果使用庚烷燃料，则相对较高的壁
温和较低的环境压力使碰壁后的液滴进入过渡区域，在该区域中可能不会发生湿

壁。但是如图 5-21 所示，汽油在这种情况下仍很有可能发生湿壁。

　　总之，在正常工作条件下，进气道喷射汽油机和直喷汽油机极有可能不会发生 Leidenfrost 现象。喷雾碰撞会导致湿壁，液体燃料直接与壁面接触。然而，由于液滴存续时间短，液体燃料在分层混合气直喷汽油机中是形成连续的油膜还是形成斑点状的小湿壁区域仍有待研究。由于存在润湿现象，因此进气道喷射汽油机和直喷汽油机的碰壁模型都应包括油膜模型。

　　已经有研究者开展实验工作来刻画液滴壁面碰撞现象。如图 5-22 所示，可以识别出热表面上的各种流体动力碰撞模式。在沉积模式（A）中没有观察到回弹，而在部分回弹模式（B）中只有部分液滴回弹。完全回弹模式（C）可再分为 C1、C2 和 C3 三种不同模式。在模式 C1 中的液滴反弹期间，在接触线处形成次级液滴，而在模式 C3 中，当存在液滴薄冠上快速形成气泡的情况时，次级液

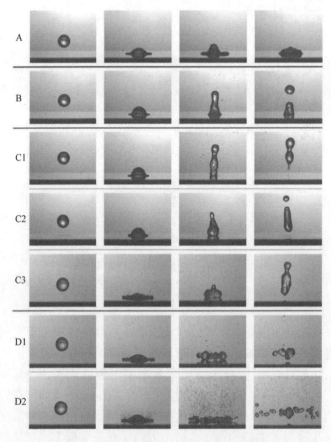

图 5-22　液滴碰撞到不同温度热表面的现象[55]

注：流体力学碰撞模式：A—沉积，B—部分液滴回弹，C—完全回弹，D—破碎和雾化。

滴则出现在液滴前进运动期间，这非常接近破碎雾化阶段。在模式 C2 中，在反弹中不会导致任何次级液滴。在破碎雾化模式（D），液滴在薄冠不稳定的情况下破碎，并形成多个次级液滴。液冠上快速形成和增长的气泡会使液冠产生孔洞，使之产生不稳定性，液冠破裂，分解成小液滴。当初级液滴分解成几个部分时，这种现象可能非常弱（D1），也可能比较强（D2），后者情况液滴分解成多个次级液滴。

在对液滴 – 壁面相互作用建模时，通常需要区别出实验中观察到的碰壁后典型结果。Bai 和 Gosman 把发动机的喷雾碰壁分为了四个模式，即附着、反弹、扩展和飞溅[95]。Stanton 和 Rutland 也采纳了这一假设[94]。对于湿润的表面，当碰撞能量非常低时，发生附着现象，此时液滴几乎以球形形式粘附在液膜上。随着碰撞能量的增大，在液滴和表面之间的空气层能量损失低，这时液滴会反弹。当冲击能量进一步增加到一定水平时，碰撞的液滴会扩展开来并与油膜融合。最后，在高碰撞能量下发生飞溅。

在这些碰壁模式中，飞溅是最重要和最难处理的。先前大多数研究的局限性之一是忽略了壁面粗糙度和油膜对飞溅临界值的影响。Mundo 等测量了干燥表面上的液滴碰壁，发现如果发生飞溅，由碰壁液滴的参数归一得到的无量纲参数 K 必须大于 57.7[105]，即

$$K = We_n^{0.5} Re_n^{0.25} > 57.7 \qquad (5\text{-}137)$$

式中，We_n、Re_n 是基于法向速度分量的碰壁液滴的韦伯数和雷诺数。

他们还发现，在无量纲表面粗糙度 β 在 0.03 ~ 0.86 范围内，当法向速度用于计算 K 值时，该临界值与液滴喷射角无关，这一临界值参数与 Stow 和 Hadfield 的早期研究一致[106]。

韩志玉等通过对实验数据进行曲线拟合，提出了一种考虑表面粗糙度对干燥表面飞溅临界值影响的方法[28]，得出经验公式为

$$H_{cr,dry} = 1500 + \frac{650}{\beta^{0.42}} \qquad (5\text{-}138)$$

当且仅当满足式（5-139）时发生飞溅

$$H = We_n Re_n^{0.5} \geqslant H_{cr,dry} \qquad (5\text{-}139)$$

式（5-139）表明，对于表面粗糙度参数 $\beta \ll 10^{-3}$，参数 $H_{cr,dry}$ 急剧增加，飞溅得到抑制。由于碰壁液滴与壁面之间接触线处的出流流体不能被反推为垂直于壁面的流动，这就是光滑的表面抑制飞溅发生的原因[107]。

对于湿润的表面，Yarin 和 Weiss[108] 提出了飞溅准则，他们研究了一系列液滴碰撞到壁板上的现象，发现当无量纲碰撞速度 u 大于 18 时，就会发生飞溅。它的计算公式为

$$u = w_0 \, (\rho_l/\sigma)^{0.25} v^{-0.125} f^{-0.375}$$

如果用 w_0/D 代替碰撞频率 f，该临界值基本上等同于 Mundo 等[105]提出的临界值。Cossali 等将一个液滴碰撞到由同一液体薄层覆盖的光滑表面上，通过改变液膜高度和碰撞液滴的参数来研究其对飞溅的影响[109]。他们发现，增加油膜高度（即当 $\delta = h/D > 0.1$ 时）会使飞溅起始韦伯数增大，从而抑制由于液滴变形过程中动能耗散增加而引起的飞溅的发生。同样，如果 $\delta \gg \beta$，表面形态就不会显著影响飞溅的发生。

把实验数据支持的液膜对飞溅的影响[109]考虑在内，韩志玉等[28]提出了一个飞溅临界值，该临界值考虑了壁面的粗糙度和预先存在的液膜高度，该临界值为

$$H_{cr} = \left(1500 + \frac{650}{\beta^{0.42}}\right)\left[1 + 0.1Re_n^{0.5}\min(\delta, 0.5)\right] \qquad (5\text{-}140)$$

式中，β 是无量纲的粗糙度参数；δ 是无量纲液膜厚度。此临界值在相对光滑的表面（$\delta \gg \beta$）上的浅油膜（$\sim\delta < 16$）情况下有效，而内燃机壁面通常满足这些条件。表 5-2 总结了文献中发表的其它经验性飞溅标准。

表 5-2　湿表面碰撞液滴发生飞溅的经验判断标准汇总，改编自 Moreira 等[110]

来源	离散临界	边界条件
Yarin 和 Weiss[108]	$K_w = K_c = Oh^{0.4}We$	$\delta \gg R_a$
Bai 和 Gosman[95]	$K_w = AOh^{0.36}$	不同油膜厚度的拟合
Cossali 等[109]	$K_w = 2100 + 5880\delta^{1.44}$	$0.1 < \delta < 1$ $Oh > 7 \times 10^{-3}$
韩志玉等[28]	$K_w = K_c\left[1 + 0.1Re_n^{0.5}\min(\delta, 0.5)\right]$	$0.1 < \delta < 1$ $Oh > 7 \times 10^{-3}$
Vander Wal 等[111]	$K_w = We^{0.5}Re^{0.17} = 63$	湿的光滑表面
Wang 等[112]	$K_w = We_c = 450$	$\delta \leqslant 0.1$
	$K_w = We_c = 1043.8 + 232.6\delta^{-1}$	$0.1 < \delta < 1$
	$K_w = We_c = 1043.8 + 232.6\delta^{-1} -$ $1094.4\delta^{-2} + 1576.4\delta^{-3}$	$\delta > 1.0$

注：表中 $K_c = Oh^{0.4}We$。

对于其它模式，研究者提出了在湿壁情况下相应的准则[28,94]，即

附着：

$$We_n \leqslant 5 \qquad (5\text{-}141)$$

反弹：

$$5 < We_n \leqslant 10 \qquad (5\text{-}142)$$

扩展：

$$We_n > 10, \text{ 并且 } We_n Re_n^{0.5} < H_{cr} \tag{5-143}$$

飞溅:

$$We_n Re_n^{0.5} \geqslant H_{cr} \tag{5-144}$$

5.5.2　碰壁结果的模型

在韩志玉等的模型中确定了四个模式,下面首先给出飞溅模式的解析模型[28]。实验观察表明,液滴碰撞时会形成冠状薄膜并向外扩展,如图 5-23 所示。液冠上出现的毛细管波动形成自由边缘。由于 Raleigh – Taylor 不稳定性,将形成尖蕾和液柱进而破碎成小液滴。液冠在后期飞溅阶段继续增长,最后坍塌到壁面上。根据实验观察,作为近似,假设液冠的离散过程类似于从喷雾器喷出的圆锥形油膜破碎过程,这种类比可以得到实验证据的支持,即在液冠上同时存在纵向波和角向波[109],Levin 和 Hobbs 在旋流喷雾器产生的液冠和液锥上发现了类似的波结构[113]。

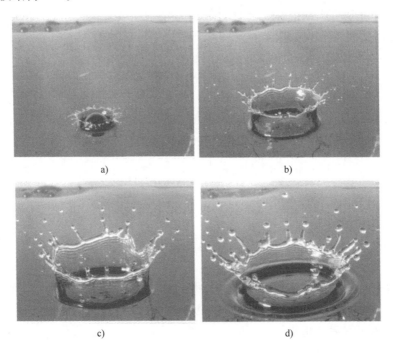

a)　　　　　　　　　　　　　　b)

c)　　　　　　　　　　　　　　d)

图 5-23　飞溅演变过程的摄影图像[109]

a) 延迟 0.4ms　b) 延迟 2.4ms　c) 延迟 6.4ms　d) 延迟 12.4ms

注:试验条件:水,大气环境,$\delta = h/D = 0.5$,$Oh = \mu / \sqrt{d\sigma\rho} = 0.0022$。

有关液膜离散导致破碎雾化已经进行了很长时间的研究。许多研究人员提出了波动不稳定性引发破碎雾化机理的假设，从而成功地预测了破碎后的液滴尺寸。Dombrowski 和 Johns[50] 提出了一个广泛使用的模型，在该模型中，液滴的大小与在液膜表面增长的波长相关。他们推导出了黏性液膜上具有微小振幅长波的增长率的频散方程，并假设增长率最大的波长是液膜破裂的原因。液膜以二分之一波长间隔离散成碎片。碎片由于表面张力收缩成不稳定的液带，然后破碎成液滴。

值得注意的是，由于液冠顶部液柱的形成和破碎，液冠的破碎机理可能比喷嘴液膜破碎更为复杂。Yarin 和 Weiss 对尖蕾（液柱）的形成给出了简单的解释[108]，但是，关于液冠扰动与液柱形成之间的关系的完整理论尚未建立。为了简化问题，忽略液柱的细节，因为液柱的尺寸类似于边缘带的尺寸，因而把液柱和边缘带视为"液带"，这些液带分解成液滴。可将不可压缩的黏性液膜的不稳定性分析[50, 114] 应用于如图 5-24 中所示的冠状液膜。

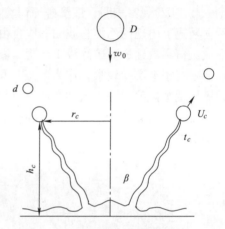

图 5-24　飞溅过程解析示意图

由于液柱与边缘带共同作为液带处理，所以液柱在此原理图中没有单独画出。通过不稳定性分析，可以得到次级液滴尺寸的计算公式为

$$d = \left(\frac{3\pi}{\sqrt{2}}\right)^{1/3} d_r \left[1 + \frac{3\mu}{(\rho_1 \sigma d_r)^{1/2}}\right]^{1/6} \tag{5-145}$$

式中，d_r 是自由边缘带的直径。对于长波，假定在每个波长内形成两次自由边缘，则自由边缘的直径为

$$d_r = \sqrt{\frac{8\sigma t_c}{\rho_g U_c^2}} \tag{5-146}$$

当前的任务是确定液冠的厚度 t_c 和相对速度 U_c。在对液滴碰撞的理论研究中，Yarin 和 Weiss[108] 推导出了一个公式，该公式描述了液冠在传播过程中随时间变化的径向位置，即

$$\frac{r_c}{D} = \frac{w_0^{0.5}}{6^{0.25}\pi^{0.5}v^{0.125}D^{0.25}f^{0.375}}\tau^{0.5} \tag{5-147}$$

式中，$\tau = 2\pi ft$ 是无量纲时间（t 是时间）。请注意，式（5-147）给出了对时间的平方根依赖关系。用 w_0/D 替换 f 得到

$$\frac{r_c}{D} = \frac{1}{6^{0.25}\pi^{0.5}} Re^{0.125}\tau^{0.5} \tag{5-148}$$

通过对式（5-148）求导，可以得到液冠传播的速度为

$$U_c = \frac{1}{\sin\beta} \frac{\mathrm{d}r_c}{\mathrm{d}t} \tag{5-149}$$

进一步可得

$$U_c = \frac{\pi^{0.5}}{6^{0.25}\sin\beta} Re^{0.125} \frac{w_0}{\tau^{0.5}} \tag{5-150}$$

为了获得液冠厚度，首先需要假定液冠的剩余体积（不包括次级液滴）与碰撞液滴的体积成正比，如式（5-151）所示

$$V_{crown} = C_0 \frac{\pi}{6} D^3 \tag{5-151}$$

式中，C_0 是比例常数，将在后面给出。另一方面，可以很容易得到

$$V_{crown} = \pi t_c h_c^2 \left(2\frac{r_c}{h_c} - \tan\beta \right) \tag{5-152}$$

通过近似 $\tan\beta = r_c/h_c$，并等同式（5-151）和式（5-152），同时应用式（5-148）则可得

$$t_c = \frac{C_0 \pi \tan\beta}{6^{0.5}} \frac{1}{Re^{0.25}} \frac{1}{\tau} D \tag{5-153}$$

将 U_c 和 t_c 代入式（5-145）和式（5-146）则有

$$\frac{d}{D} = 1.88 \times \sqrt{8}\sin\beta \tan^{0.5}\beta \sqrt{C_0} \frac{1}{We^{0.5}Re^{0.25}} \sqrt{\frac{\rho_l}{\rho_g}} \tag{5-154}$$

式（5-154）说明飞溅后次级液滴的大小是碰撞液滴的韦伯数和雷诺数的函数。它也受液体密度和环境气体密度之比的影响，这表明飞溅过程受空气动力学的影响。注意，C_0 是比例常数，其值被设为 0.25[28]。因此，最终获得的次级液滴的平均尺寸大小为

$$\frac{d_m}{D} = \frac{3}{We^{0.5}Re^{0.25}} \sqrt{\frac{\rho_l}{\rho_g}} \tag{5-155}$$

有趣的是，通过将次级液滴尺寸等同于碰撞液滴尺寸，式（5-155）给出了在大气条件下密度为 $1.0\mathrm{g} \cdot \mathrm{cm}^{-3}$ 的液体的飞溅临界值 $We^{0.5}Re^{0.25} \approx 85$，这与实验观察结果非常吻合［参见式（5-137）］。因此，可以得出环境气体密度对飞溅的发生也起着重要作用。这一发现对缸内直喷发动机（直喷汽油机和直喷柴油机）具有特别重要的意义。当喷射燃油时，缸内较高的气体密度将有助于液滴在较低的碰撞速度下发生飞溅。

式（5-155）给出了次级液滴的平均尺寸的计算方法。假设这种尺寸符合 Nukiyama – Tanasawa 函数分布[28]，即

$$f(d) = \frac{2}{3} \frac{d^2}{d_m{}^3} \exp\left[-\left(\frac{d}{d_m}\right)^{3/2} \right] \tag{5-156}$$

相应的体积分布为

$$\frac{\mathrm{d}V}{\mathrm{d}d} = \frac{1}{4} \frac{d^5}{d_m{}^6} \exp -\left(\frac{d}{d_m}\right)^{3/2} \tag{5-157}$$

在此分布函数下，可以得到 SMD（d_{32}）与分布函数的平均值 d_m 的如下关系

$$d_{32} = \frac{\Gamma(4)}{\Gamma(4/3)} d_m = 2.16 d_m \tag{5-158}$$

式中，Γ 是伽马函数。

图 5-25（见彩插）给出了式（5-156）曲线和实验数据的比较，由此可知该式可以很好地再现实验数据。

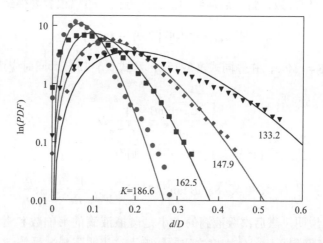

图 5-25　测量的液滴尺寸分布与模型拟合的比较

次级液滴的速度公式为

$$\boldsymbol{u} = w\boldsymbol{n} + v\zeta(\cos\varphi \boldsymbol{e}_t + \sin\varphi \boldsymbol{e}_p) \tag{5-159}$$

式中，在 $\boldsymbol{n}$ 和液滴入射速度构成的平面内，$\boldsymbol{n}$ 是壁面法向的单位矢量；$\boldsymbol{e}_t$ 是与壁面相切的单位矢量并且 $\boldsymbol{e}_p = \boldsymbol{n} \times \boldsymbol{e}_t$；$w$ 为法向速度分量，取自下面的 Nukiyama – Tanasawa 函数

$$P(w) = \frac{4}{\sqrt{\pi}} \frac{w^2}{w_m{}^3} \exp\left[-\left(\frac{w}{w_m}\right)^2 \right] \tag{5-160}$$

式中，分布平均值 w_m（w 的概率达到最大时的值）随着入射角（从法线测量）和方位角 φ 而变化，其式为

$$w_m = (0.1 + \xi\cos\varphi)w_0 \tag{5-161}$$

式中，ξ 的计算公式为

$$\xi = \frac{1}{900}\alpha \tag{5-162}$$

方位角 φ 为切向速度与壁平面中的矢量 e_t 所成的角度,并位于区间 $[-\pi, \pi]$ 中。根据 Naber 和 Reitz[15] 建议的分布函数进行统计选择:

$$\varphi = -\frac{\pi}{\gamma}\ln[1 - P(1 - e^{-\gamma})] \tag{5-163}$$

式中,P 是区间 $[0, 1]$ 中的随机数;γ 是与角度 α 相关的参数,即

$$\sin\alpha = \frac{e^\gamma + 1}{e^\gamma - 1}\frac{\gamma^2}{\gamma^2 + \pi^2} \tag{5-164}$$

式 (5-161) 的物理意义是:当斜向碰壁时,次级液滴的最可能的法向速度在碰撞点 ($\varphi = 0°$) 前面达到最大值,并从该位置随方位角增大而减小,它在碰撞点后方 ($\varphi = 180°$) 达到最小值。对于垂直碰壁,α 为零,w 沿方位角方向均匀分布。

次级液滴的切线速度 v 用正态分布描述为

$$N(v) = \frac{1}{\sqrt{2\pi}\delta}\exp\left[-\frac{(v - \bar{v})^2}{2\delta^2}\right] \tag{5-165}$$

式中,

$$\delta = c_1 v_0 + c_2 w_0 \tag{5-166}$$

$$\bar{v} = \sqrt{A v_0^2 + B w_0^2} \tag{5-167}$$

式 (5-166) 和式 (5-167) 中的常数设置为 $A = 0.7$,$B = 0.03$,$c_1 = 0.1$ 和 $c_2 = 0.02306$[28]。

式 (5-165) ~ 式 (5-167) 给出了切向速度大小的均匀分布,该方向是通过使用式 (5-163) 随机确定的。对于倾斜的碰壁来说,这种情况并不成立,根据实验喷雾图像[92],液滴在 $\varphi > 0$ 的方向上的运动比 $\varphi = 0$ 的方向慢。由于切向速度分布不均匀,在倾斜碰壁的实验中可以观察到椭圆形的喷雾形状,因此引入式 (5-159) 中的函数 ζ 来反映这一趋势。

在推导 ζ 时,继续使用射流比拟,假设次级液滴的散布遵循射流碰壁所产生的油膜破碎分布。在对两个相等的射流倾斜碰壁面形成的油膜破碎雾化的研究中,Ibrahim 和 Przekwas 给出了一种解析表达式来描述油膜的形状[115]。因为由射流碰壁产生的油膜在碰撞平面具有对称性,所以它们的结果可以应用于固体壁面上的喷雾碰壁。因此,在任意方位角 φ 处与液膜边缘之间的径向距离(用 $\varphi = 0$ 处的距离做归一化处理)就可以被推测出来。假定它与径向速度成正比,可得到 ζ 为

$$\zeta = \frac{\sin^2\left[(\pi/2)(1 - 2\alpha/\pi)^{\left(1 - \frac{|\varphi|}{\pi}\right)}\right]}{\cos^2\alpha}\exp\left(-\frac{\gamma}{\pi}|\varphi|\right) \tag{5-168}$$

飞溅导致许多较小的次级液滴从碰壁位置反弹。实验和理论分析表明，碰壁液滴的一部分会保留在表面上。虽然已经发现飞溅的液滴可能会从壁膜中带走液体[116]，但目前仍无法得到定量描述。

尽管次级液滴的总质量分数受表面条件的影响，但对其详细的了解非常有限。实验数据[108]表明，总的次级液滴质量 m 与入射液滴质量 M 的比值从零迅速增加到大约 0.75，然后保持恒定。根据数据拟合得到公式为[28]：

$$\frac{m}{M} = 0.75\{1 - \exp[-10^{-7}(H - H_{cr})^{1.5}]\} \tag{5-169}$$

式（5-155）和式（5-169）是基于单颗液滴碰壁情况推导的，正如上面所讨论，对于这种情况是有效的。然而，计算结果表明，直接使用这些公式对进气道喷射喷雾的次级液滴尺寸和质量沉积速率的预测存在极大的低估（可达50%）。为了考虑多个液滴相互作用的影响，作为粗略近似，提出了有效碰壁的假设。理由将在后面给出。在统计意义上，假设一组碰壁液滴的碰壁后特性可以用具有表征该组液滴的平均尺寸的单个液滴（称为有效液滴）的特性来表示。在数量上，首先计算出有效液滴的尺寸，然后定义一个所谓的有效碰壁因子。在每个计算单元中，在每个计算时间步长间隔里，计算得到所有已经碰壁的液滴团的有效液滴直径 D_{eff}，即：

$$D_{eff} = \min(\sqrt{\sum D_i^2}, 3D_{32}) \tag{5-170}$$

式（5-170）右边第一项表示表面积守恒，第二项来自实验观测，即液滴冠基的直径约为入射液滴直径的 3 倍[113]。将有效碰撞因子 $f_{eff,i} = D_{eff}/D_i$ 应用于数值液团，得到：

$$\frac{d}{D} = \frac{3}{We^{0.5}Re^{0.25}}\sqrt{\frac{\rho_1}{\rho_g}}f_{eff,i} \tag{5-171}$$

$$\frac{m}{M} = 0.75\{1 - \exp[-10^{-7}(H - H_{cr})^{1.5}]\}\frac{1}{f_{eff,i}} \tag{5-172}$$

如果只有一个液滴发生碰壁（$f_{eff,i} = 1$），上面的公式返回到式（5-155）和式（5-169），则得到单点碰壁的描述。

现在讨论附着和扩展模式。在这些模式下，入射的液滴将被视为油膜的一部分，它们的能量和动量完全转移到油膜中。对于反弹形态，液滴从壁面反弹，其大小保持不变。Bai 和 Gosman[95]建议反弹液滴的速度为

$$w = -ew_0 \tag{5-173}$$

$$v = \frac{5}{7}v_0 \tag{5-174}$$

式中，变量 e 是所谓的"恢复系数"，可表示为：

$$e = 0.993 - 1.76\theta + 1.56\theta^2 - 0.49\theta^3 \tag{5-175}$$

式中，θ 是从碰壁平面测量的碰撞角度。

通过试验对比对上述模型的预测进行评估[28]。测试案例见表 5-3，Nagaoka 等[92]的案例用 NKN 表示，Trujillo 等[97]的案例用 TMLP 表示。在这两个案例的实验中，都是在室温下将燃油喷到平板上。喷嘴是 PFI 发动机中使用的单孔轴针型。在 TMLP 案例中，将异辛烷喷射到有机玻璃平板上，使用相位多普勒粒子分析仪（PDPA）测量平板表面上方 5mm 处几个位置的次级液滴尺寸。

表 5-3　喷雾碰撞的试验条件

参数	NKN	TMLP
燃油品种	正庚烷	异辛烷
喷射压力/MPa	0.384	0.370
喷射脉宽/ms	4.00	8.45
喷雾锥角/(°)	18	7
初始油滴 SMD/mm	230	380
与壁面的距离/mm	70	100
与壁面的角度/(°)	90, 60, 30	60, 45, 30

采用带有上述模型的 KIVA3V 进行计算。图 5-26 显示了从垂直方向看到的 NKN 案例计算的喷雾结构。符号 × 表示试验测量的边界。试验和计算都反映了喷雾形状随碰撞角的变化。垂直喷雾碰壁情况下，次级液滴形成对称圆形结构。但是，当喷雾倾斜碰壁时，次级液滴的外边界变成椭圆形，且在碰撞位置的前面呈现出较大的半径。当碰撞角度从 60°减小到 30°时，液滴形状变得更加椭圆。同时，试验和计算都表明，即使对于 30°的碰壁情况，一些次级液滴也会朝入射方向相反的方向飞离碰壁位置。这是由于喷雾碰壁引起的飞溅和气体卷吸共同作用的结果。

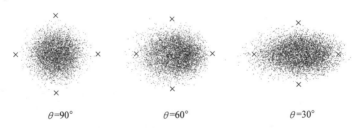

$\theta=90°$　　　　$\theta=60°$　　　　$\theta=30°$

图 5-26　计算的 PFI 汽油机喷雾碰壁后的油雾结构
（从垂直于碰撞平面的方向上看，符号 "×" 代表实测的油雾边界）

图 5-27 显示了从侧面和上面看到的 TMLP 案例计算喷雾结构，此时为喷射后 12ms，碰撞角度分别在 60°、45°和 30°时，在 TMLP 方案下计算出的开始喷射后 12ms 时的喷雾结构。在此案例中，有机玻璃的表面粗糙度为 0.1μm，表明其非常光滑。再次可以看到，如前所述，随着碰壁角的减小，喷雾形状变得越来越椭圆。在三种碰壁角的情况下，将计算得到的时均液滴尺寸与测量值进行比较，

结果如图5-28（见彩插）所示。观测点在四个固定位置上，即 $\varphi=0$ 时，距碰撞位置的距离分别为20mm、40mm、60mm和80mm，都在平板上方5mm。可以看出，试验和计算均表明，碰壁使喷雾液滴尺寸明显减小，从碰壁前的300μm左右减小到碰壁后的120μm左右。碰壁后液滴的大小对碰撞角度相对不敏感。当液滴远离碰撞位置时，液滴平均尺寸变大。

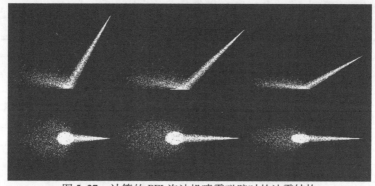

图5-27　计算的PFI汽油机喷雾碰壁时的油雾结构
（从左至右，碰壁角度分别为60°、45°和30°）

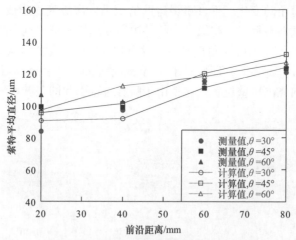

图5-28　计算与实测的次级液滴尺寸比较

　　虽然上述喷雾-壁面碰撞模型取得了一定的成功，但在这一领域还需要进行更多的研究工作。这些模型是基于单个液滴碰壁情况得出的。但是，更加复杂的喷雾碰壁情况是多个液滴依次或同时碰撞到壁面上，形成的液冠之间很可能发生复杂的相互作用，可能导致液冠的叠加、边缘破坏和交叉以及崩塌。液冠的不规则和早期坍塌将影响碰撞的结果（例如，次级液滴尺寸和液体沉积量）。因此，迫切需要对类似发动机条件下喷雾-壁面相互作用进行详细的实验研究，以揭示其物理机理，为数值模拟提供基础。

Sivakumar 和 Tropea 的实验揭示了壁面上的单液滴碰壁和喷雾碰壁之间的一些差异[117]，后者如图 5-29 所示，可以清晰地看到液冠形成的不规则性和液冠间

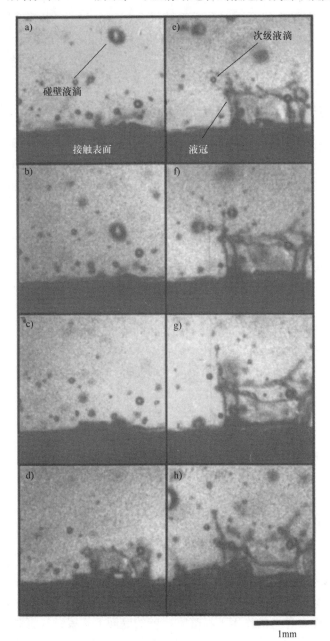

图 5-29　碰壁过程中液滴冠带扩展和飞溅现象的摄影图像[117]

注：碰壁喷雾的液滴数量密度为 2.78 个液滴·mm^{-3}；

碰壁液滴条件：$d = 241\mu m$，$U = 14.3m \cdot s^{-1}$，$h_0/d = 0.37$，$We = 676$。

的相互作用。更重要的是，在 Sivakumar 和 Tropea 的实验中，所有无量纲液冠半径（r_c/D）的实验数据接近正比于 $\tau^{0.2}$ 的增长率。这与 Yarin 和 Weiss 预测的 $\tau^{0.5}$ 增长率[108] 有很大的不同。后者的结果在式（5-147）中被使用。前者的新比例关系表明了边缘的径向尺寸，因而次级液滴尺寸将大于 Yarin 和 Weiss 基于质量守恒或式（5-154）所预测的结果[108]。这些实验证据部分地证明了式（5-154）对次级液滴尺寸的过低估算。

5.5.3 壁面油膜动力学与传热

在内燃机中喷雾碰撞的壁面通常会形成油膜。液体燃料在碰壁后积聚在壁面上，然后扩展开来形成油膜。在本节中，我们将按照 O'Rourke 和 Amsden[27,93] 的框架，结合作者和同事的补充[118-120]，描述油膜流体力学、传热和蒸发模型。在这些模型中，使用拉格朗日数值粒子表征油膜，来计算油膜的流体动力学。下面是应用于简化该问题的一些基本假设：

1）油膜非常薄（通常为 10^{-5}m 左右）。

2）油膜厚度远小于壁面的曲率半径，忽略旋转运动的影响。

3）油膜中的液体呈层流状态，油膜中的液体速度与壁面相切，并随壁面高度的增加而线性变化。

4）壁面（进气门、气缸套、气缸盖和活塞）上的温度低于燃油的沸点温度，油膜与壁面直接接触，忽略其它传热方式。

基于这些假设，应用守恒定律给出了油膜的控制方程。该质量守恒方程为

$$\frac{\partial \rho_l h}{\partial t} + \nabla_s \cdot [\rho_l(\boldsymbol{u}_f - \boldsymbol{u}_w)h] = \dot{M} \tag{5-176}$$

式中，ρ_l 是油膜液体密度；h 是油膜厚度；$\boldsymbol{u}_f$ 是油膜平均速度；$\boldsymbol{u}_w$ 是壁面速度；∇_s 是表面梯度算子。$\dot{M}$ 是由于碰撞或油膜蒸发而引起的单位壁面面积的质量源项：

$$\dot{M} = \dot{M}_{imp} + \dot{M}_{vap} \tag{5-177}$$

碰壁质量源项 $\dot{M}_{imp}$ 为

$$\dot{M}_{imp} = \iiint \frac{4}{3}\pi r^3 \rho_l \boldsymbol{v} \cdot \boldsymbol{n} f(\boldsymbol{x}_s, \boldsymbol{v}, r, T_d, t)\,\mathrm{d}\boldsymbol{v}\mathrm{d}r\mathrm{d}T_d \tag{5-178}$$

式中，f 是喷雾液滴分布函数；$\boldsymbol{n}$ 是指向气体的壁面单位法向矢量；$\boldsymbol{x}_s$ 是壁面上的一个点的坐标。蒸发源项 $\dot{M}_{vap}$ 的计算稍后给出。

液体油膜在多种力的作用下在喷雾碰壁的壁面上扩展：气流对油膜顶部施加的剪应力、油膜中的黏性力、重力、油膜惯性力、油膜压力梯度和碰壁喷雾所施加的力。研究发现，最后一项力在油膜扩展过程中，起到了特别重要的作用[120]。在这些力的作用下，油膜动量方程为

$$\rho_l h \left\{ \frac{\partial \boldsymbol{u}_f}{\partial t} + [(\boldsymbol{u}_f - \boldsymbol{u}_w) \cdot \nabla_s] \boldsymbol{u}_f \right\} + h \nabla_s p_f = \tau_w \boldsymbol{t}$$

$$- \mu_l(T_f) \frac{\boldsymbol{u}_f - \boldsymbol{u}_w}{\frac{h}{2}} + \dot{\boldsymbol{P}}_{imp} - (\dot{\boldsymbol{P}}_{imp} \cdot \boldsymbol{n}) \boldsymbol{n} + \tag{5-179}$$

$$\dot{M}_{imp} [(\boldsymbol{u}_w \cdot \boldsymbol{n})\boldsymbol{n} - \boldsymbol{u}_f] + \delta p_f \boldsymbol{n} + \rho_l h \boldsymbol{g}$$

式中，τ_w 是壁面油膜气体侧的剪应力；$\boldsymbol{t}$ 是沿 $\boldsymbol{u}_f - \boldsymbol{u}_w$ 方向与壁面相切的单位矢量；μ_l 是油膜黏度（和油膜温度相关）；T_f 是油膜平均温度；$\dot{\boldsymbol{P}}_{imp}$ 是由于碰壁而产生的单位面积动量源项；p_f 是油膜（碰壁）压力；δp_f 是导致 $(\boldsymbol{u}_f - \boldsymbol{u}_w) \cdot \boldsymbol{n} = 0$ 油膜两端的压力差；$\boldsymbol{g}$ 是重力加速度。由碰壁引起的动量源项由下式给出：

$$\dot{\boldsymbol{P}}_{imp} = - \iiint \frac{4}{3} \pi r^3 \rho \boldsymbol{v} \boldsymbol{v} \cdot \boldsymbol{n} f(\boldsymbol{x}_s, \boldsymbol{v}, r, T_d, t) \, \mathrm{d}\boldsymbol{v} \mathrm{d}r \mathrm{d}T_d \tag{5-180}$$

为了使油膜的能量守恒，我们假设油膜的温度曲线是分段线性的，即从壁温 T_w 变化到靠近壁面的半油膜处温度 T_f，从 T_f 变化到油膜另一半最近气体的表面温度 T_s。然后给出油膜能量方程为

$$\rho_l h C_{vl} \left\{ \frac{\partial T_f}{\partial t} + [(\boldsymbol{u}_f - \boldsymbol{u}_w) \cdot \nabla_s] T_f \right\} =$$

$$\lambda_l \left[\frac{T_s - T_f}{\frac{h}{2}} - \frac{T_f - T_w}{\frac{h}{2}} \right] + \dot{Q}_{imp} - I_l \dot{M}_{imp} \tag{5-181}$$

式中，C_{vl} 是油膜液体的比热；λ_l 是液体的导热系数；I_l 是温度 T_f 时的液体内能；T_w 是壁面温度。源项公式为

$$\dot{Q}_{imp} = - \iiint \frac{4}{3} \pi r^3 \rho_l I_l \boldsymbol{v} \cdot \boldsymbol{n} f(\boldsymbol{x}_s, \boldsymbol{v}, r, T_d, t) \, \mathrm{d}\boldsymbol{v} \mathrm{d}r \mathrm{d}T_d \tag{5-182}$$

式（5-181）大括号中的表达式是油膜单元沿壁面移动时的温度变化率。除了非定常项和热传导项之外，油膜平均温度还会由于喷雾碰壁而发生变化。在 O'Rourke 和 Amsden 的研究中[27, 93]，式（5-181）忽略了由燃油蒸发导致的油膜平均温度的微小变化，也忽略了由于速度和温度波动引起的膜内温度的变化。在邓鹏等[118]建立的另一个传热模型中，这些假设被放宽了，稍后将进行讨论。

为了计算油膜表面温度，我们需要气体侧传递到油膜的热量，用于蒸发燃油的能量以及液面侧导热传递的热量之间的守恒条件：

$$\dot{Q}_w = \dot{M}_{vap} L(T_s) + \lambda_l \frac{T_s - T_f}{h/2} \tag{5-183}$$

式中，L 是蒸发潜热；稍后给出 $\dot{Q}_w$ 的解释。

O'Rourke 和 Amsden[93] 推导出了考虑油膜蒸发影响的壁函数。他们在边界层完全湍流区，做了两个主要假设。首先，假定总输运量与壁面法向无关，而是湍

流扩散和蒸发速度对流引起的输运量之和。其次，与非蒸发边界层一样，湍流扩散系数与距离壁面的距离呈线性变化。因此，蒸发的质量速率由下式给出

$$\dot{M}_{vap} = H_Y \ln\left(\frac{1 - Y_v}{1 - Y_{vs}}\right) \tag{5-184}$$

式中，

$$H_Y = \begin{cases} \dfrac{\rho c_\mu^{1/4} k^{1/2}}{y_c^+ Sc_l + \dfrac{Sc_t}{\kappa}\ln\left(\dfrac{y^+}{y_c^+}\right)} & y^+ > y_c^+ \\[4mm] \dfrac{\rho c_\mu^{1/4} k^{1/2}}{y^+ Sc_l} & y^+ \leqslant y_c^+ \end{cases} \tag{5-185}$$

式中，Y_v 是 y^+ 处的燃油蒸气质量分量；$Y_{vs} = Y_{veq}(T_s)$ 是油膜表面温度下的蒸气平衡质量分量；k 是湍动能；c_μ 是 $k - \varepsilon$ 湍流模型常数，$c_\mu = 0.09$；Sc_l 和 Sc_t 分别是层流和湍流施密特数；κ 是冯卡门常数 0.433。

无量纲法向坐标 y^+ 由下式给出：

$$y^+ = \frac{y c_\mu^{1/4} k^{1/2}}{\nu_0} \tag{5-186}$$

式中，ν_0 是层流运动黏度。假设完全湍流区与壁面附近层流区的过渡发生在 y_c^+ 为 11.05 处，与蒸发质量速率无关。壁面剪切应力和传热量均由下两式给出：

$$\frac{\tau_w}{\rho |\boldsymbol{u} - \boldsymbol{u}_w| c_\mu^{1/4} k^{1/2}} = \begin{cases} \dfrac{M^*}{e^{BM^*(y^+)^{M^*/\kappa}} - 1} & y^+ > y_c^+ \\[4mm] \dfrac{M^*}{e^{M^* y^+} - 1} & y^+ \leqslant y_c^+ \end{cases} \tag{5-187}$$

$$\frac{\dot{Q}_w}{\rho c_p c_\mu^{1/4} k^{1/2}(T - T_s)} = \begin{cases} \dfrac{M^*}{e^{Pr_l M^* y_c^+}\left(\dfrac{y^+}{y_c^+}\right)^{M^* Pr_t/\kappa} - 1} & y^+ > y_c^+ \\[4mm] \dfrac{M^*}{e^{Pr_l M^* y^+} - 1} & y^+ \leqslant y_c^+ \end{cases} \tag{5-188}$$

式中，$B = 5.5$；Pr_l 和 Pr_t 是层流和湍流普朗特数。无量纲的蒸发速率 M^* 定义为

$$M^* = \frac{\dot{M}_{vap}}{\rho c_\mu^{1/4} k^{1/2}} \tag{5-189}$$

在小 M^* 的极限下，这两个方程简化为 3.3 节中讨论的非蒸发壁面上方湍流边界层的标准壁函数。在这种情况下，剪切速度 u^* 和剪切应力 τ_w 由下式关联：

$$u^* = \sqrt{\tau_w/\rho} \tag{5-190}$$

如果采用 $k-\varepsilon$ 模型计算气体湍流则有 $u^{*}=k^{1/2}c_{\mu}{}^{1/4}$。

值得注意的是，由式（5-180）体现出的喷雾碰壁施加的力的重要性，韩志玉等[120]修改了 O'Rourke 和 Amsden[27, 93] 的原始处理方法，该修改使预测有了很大的改进。碰壁动量源项 $\dot{P}_{imp}$ 包括附着和飞溅油滴的贡献，油滴 p 碰撞到壁面 a 上并驻留一个时间步长，有

$$\dot{P}_{imp,a}=\left[\sum_{p}\rho V_{p}\left(u_{p}{}^{n+1}-u_{p}{}^{n}\right)\right]\left(\left|A_{a}\right|\Delta t\right)^{-1} \tag{5-191}$$

式中，V_{p} 是与粒子 p 相关联的液体体积；A_{a} 是壁面 a 的面积投影矢量。在式（5-191）中，如果喷雾粒子飞溅，次级液滴速度 $u_{p}{}^{n+1}$ 由式（5-159）计算，液滴尺寸由式（5-155）和式（5-156）给出。如果一个粒子变成油膜粒子，它就会附着在壁面上，其动量就会沉积于油膜之中。

同时，入射液滴速度 $u_{p}{}^{n}$ 由下式得出：

$$u_{p}{}^{n}=w_{p,0}{}^{n}\boldsymbol{n}+v_{p,0}{}^{n}\left(\cos\varphi\boldsymbol{e}_{t}+\sin\varphi\boldsymbol{e}_{p}\right) \tag{5-192}$$

式中，$w_{p,0}$ 和 $v_{p,0}$ 是入射液滴的法向和切向速度；φ、$\boldsymbol{e}_{t}$、$\boldsymbol{e}_{p}$ 和 $\boldsymbol{n}$ 等已在上一节中定义。

需要关注的是，在 O'Rourke 和 Amsden[27] 的原始模型中，入射液滴速度 $u_{p}{}^{n}$ 被定义为 $u_{p}{}^{n}=w_{p,0}{}^{n}\boldsymbol{n}+v_{p,0}{}^{n}\boldsymbol{e}_{t}$。由于所有入射粒子都沿着碰撞方向 $\boldsymbol{e}_{t}$ 进入，因此油膜粒子的动量源项 $\dot{P}_{imp,a}$ 沿着碰撞方向占主导地位，这导致油膜锋面在碰撞方向上过度移动。

韩志玉等[120]在 O'Rourke 和 Amsden 的模型[27]基础上改进的油膜模型，经过了 Mathews 等的实测结果[121]的评估。在实验中采用 CCD 相机拍摄燃油膜的图像，应用光学非侵入式技术来确定沉积的燃油膜厚度。详细的实验条件与图 5-27 相同，并由表 5-3 引出。

图 5-30 给出了三种不同碰撞角度（60°、45°和 30°）下，按时间顺序排列的实验和计算的油膜图像。在喷射后 10ms 时，油膜正处于形成的早期阶段，来自图像右侧的粒子代表入射液滴。此时，如实验所示，油膜表面非常粗糙，说明入射液滴的碰撞仍在发生，并且油膜质量不断累积。壁面上的液体沿着撞击方向或其它方向被推离撞击点。油膜以椭圆形向外扩展。与实验相比，该模型很好地捕捉到随碰撞角度而改变的油膜延伸和形状变化。

在喷射后 15ms 时，仍然有一些液滴进入，同时油膜形状在继续变化。尽管油膜表面比喷射后 10ms 时光滑，但仍显示出一定的粗糙度，油膜前沿面成形并向外移动。在喷射后 20ms 时，不再发生油滴碰撞，油膜基本成形，变得非常光滑，并且油膜前沿面清晰可见。在喷射后 25ms 时，油膜的图像与喷射后 20ms 时的图像非常相似，前沿面没有移动，这表明油膜达到了稳定状态。总体而言，该模型很好地预测了油膜的形状和扩展历程，与实验图像吻合较好。但是，计算没有预测到

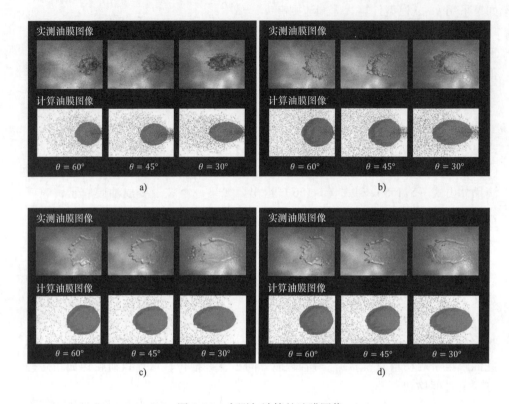

图 5-30　实测与计算的油膜图像

a）喷射后延迟 10ms　b）喷射后延迟 15ms

c）喷射后延迟 20ms　d）喷射后延迟 25ms

实验图像中的一些细节，如油膜边缘处的"分枝"和油膜的不稳定等。

　　Mathews 等的实验也提供了油膜前沿位移的数据[121]。该数据从 30 张图像平均测得。油膜前沿位移为沿碰撞方向的喷雾碰壁点与油膜前沿面的距离。误差值表示与平均值的最大偏差量。如图 5-31（见彩插）所示，计算得到的油膜前沿距离随时间变化与测量值进行了比较。计算得到的油膜前沿距离定义为油膜前沿厚度达到 $5\mu m$ 的位置与沿撞击方向的撞击点的距离。油膜前沿距离结果清楚地表明，随着撞击角度的减小，油膜将进一步滑离撞击点。对于所有三个碰撞角度，计算得到的结果表明油膜形成的油膜前沿位置与实验结果非常吻合。这证实了油膜图像的良好一致性。

　　实验还测量了沉积在有机玻璃表面上的油膜厚度。数据在沿喷射中心线和一个横截面两种情况下获得。沿喷射中心线和横向的油膜厚度平均值分别如图 5-32（见彩插）和图 5-33（见彩插）所示，图中还显示了与之对应的模型计

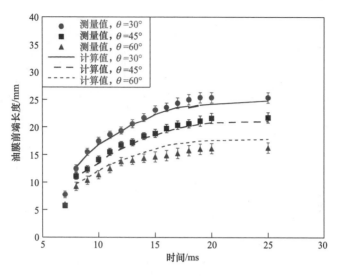

图 5-31 油膜前端长度随时间变化

算的结果。这些油膜厚度曲线表明，沿油膜的外围有液体堆积，如在油膜图像中所见。计算出的油膜厚度值可以反映出油膜的这一特性：油膜边缘的厚度峰值表明那里有更多的液体积聚。数值模拟可以捕获油膜前沿面的陡峭斜度。但是，该模型过高地预测了油膜前沿面边缘处的油膜厚度的峰值，也过低地预测了沿横向方向的中心区域的油膜厚度。模型没有计算出沿横向方向油膜厚度所显示的非对称特征。

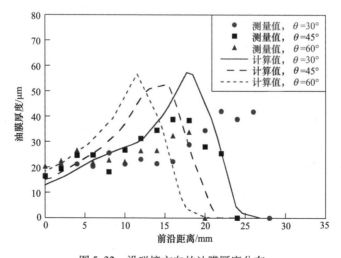

图 5-32 沿碰撞方向的油膜厚度分布

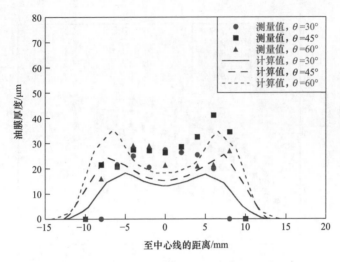

图 5-33　沿垂直于碰撞方向的油膜厚度分布

上述模型已被应用于直喷汽油机燃烧系统的开发模拟中[38, 39,122]。但是，对于柴油机喷雾碰壁，情况可能会有所不同，因为柴油机喷雾是在更高的喷射压力（大于 200MPa，比直喷汽油机喷射压力高一个数量级）下喷射的。柴油喷雾作用在壁面上的冲击动量远高于汽油喷雾，这给柴油机喷雾碰撞模型提出了新的挑战。

Katsura 等进行了柴油喷雾碰壁实验，发现碰壁后大量的液滴处于壁面附近，在喷雾碰壁的外围区域，观察到一个液滴密度较大且与周围气体发生湍流混合的漩涡[123]。这一观察使邓鹏等怀疑缺失对升力的考虑可能会影响柴油喷雾碰壁的模拟精度[119]。因此，邓鹏等[119]提出了一个修正模型，在理论气体射流速度分布的基础上增加了 Saffman 升力项[124, 125]和液滴 - 空气相对速度调节。

升力的大小由 Saffman 公式[124, 125]得出，为

$$F_{Saff} = 1.61 \mu_f d |u - v| \sqrt{Re_G} \qquad (5\text{-}193)$$

式中，μ_f 是环境气体的黏度；d 是液滴直径；u 是气体速度；v 是液滴速度；$Re_G = (d^2 \rho_f / \mu_f) |du/dy|$ 是剪切雷诺数。但是，F_{Saff} 是基于雷诺数 $Re_r = (\mu_f \rho_f d) |u - v|$ 得出，在 Re_r 远小于 Re_G 的假设前提下推导出的，不适用于类似柴油的喷雾碰壁现象。因而采用 Mei 的经验公式[126]，即

$$F_L / F_{Saff} = \begin{cases} (1 - 0.3314 \gamma^{1/2}) \exp\left(-\dfrac{Re_r}{10}\right) + 0.3314 \gamma^{1/2} & Re_r \leqslant 40 \\ 0.0524 (\gamma Re_r)^{1/2} & Re_r > 40 \end{cases}$$

$$(5\text{-}194)$$

式中

$$\gamma = \frac{d}{2 \mid u - v \mid} \frac{\mathrm{d}u}{\mathrm{d}y} \qquad (5\text{-}195)$$

由此，计算了在壁面法线方向上不处于附着状态的滑动液滴的升力 F_L。

现在，让我们进一步讨论壁面油膜传热模型。虽然对这一课题的研究已经取得了一定的进展，但准确模拟喷雾壁面碰撞区域的局部传热仍然是一个难题。部分原因是油滴在壁面温度作用下经历了多个物理过程，如图 5-20 所示。其他部分原因则来自于不同内燃机燃烧系统中处于不同工况下的大范围温度和压力变化下喷雾碰壁的复杂性，这使人们对任何单一模型的通用性产生了怀疑。

Moreira 等对喷雾碰壁的传热进行了较全面的综述[110]。他们将液滴-壁面传热现象归纳为四个阶段：

1）单相液油膜蒸发（$T_w < T_{sat}$）：当壁面温度 T_w 低于液滴的饱和温度 T_{sat} 时，热传递主要通过传导和自由对流进行，无相变发生。

2）核态沸腾（$T_{sat} < T_w < T_{CHF}$）：气泡在壁面附近形成，并因为浮力向液-气界面移动。热量由蒸发带走，并在达到临界热流温度 T_{CHF} 的最大值前随表面温度增加。

3）过渡（$T_{CHF} < T_w < T_{LF}$）：随着蒸发速率的增加，在液-固界面处形成了一个隔绝的蒸气层，在 Leidenfrost 温度 T_{LF} 下的热量下降到局部最小值。

4）液膜沸腾/Leidenfrost 模态（$T_w > T_{LF}$）：形成稳定的蒸气层，该蒸气层可阻止液滴与壁面接触，以及通过传导方式传递热量。辐射在较高温度下开始发挥不可忽略的作用。如果是燃油液滴，就可能发生着火，此后液滴生命存续曲线会略微降低。

在喷雾壁面碰撞区域内的复杂传热现象主要由上面的机理所阐述。另外，还存在局部气体流动的波动、液滴之间相互作用以及液滴与壁面之间的相互作用等体现了喷雾-壁面碰撞传热的复杂性。也许没有一个单一的模型或经验公式可以涵盖内燃机喷雾碰壁传热的广泛物理范围。因而，在某些情况下，用壁面函数类比来模拟喷雾-壁面相互作用的传热规律可能并不准确，因为它采用了许多在实际内燃机中无效的假设。邓鹏等[118]使用壁面函数模型[93]低估了柴油喷雾碰撞壁面传热[127]。幸运的是，目前对喷雾-壁面碰撞的研究主要集中在壁面温度低于燃油饱和温度的发动机冷起动上。单相油膜蒸发的假设是成立的。

考虑到问题的复杂性，已经开展了在宏观尺度上评估喷雾碰壁的局部传热的研究工作，以建立喷雾碰撞时局部传热系数的经验公式。试验已为类似内燃机工况下的柴油和汽油喷雾提供了测量数据。这些经验公式的例子见表 5-4。

表 5-4　喷雾碰撞面的局部传热系数公式，改编自 Moreira 等[110]

来源	燃料	局部传热系数（Nu）
Arcoumanis 和 Chang[128]	柴油	$0.34\dfrac{We^{0.94}}{Re^{0.53}Pr^{0.33}}$
Arcoumanis 等[129]	柴油	$0.0012\dfrac{Pr^{3.94}We^{1.59}}{Re^{1.89}}\left(\dfrac{U}{U+V_c}\right)^{-1.08}\left(\dfrac{d_{b32}}{d_{b32}+Z_{imp}}\right)^{-0.057}$
Moreira 等[130]	汽油	$3.4\times10^{-5}\dfrac{Re^{1.51}}{Ja^{0.254}}$

Eckhause 和 Reitz[20]基于试验观测[131]建立了柴油机喷雾-壁面传热模型，其中缸内表面温度的正常范围为 $400\sim600\mathrm{K}$，碰壁的流体动力学机理属于湿壁机理。该模型没有考虑 Leidenfrost 效应，但是根据壁面上是否存在油膜分别考虑了淹没和非淹没模态。在淹没模态下，基于边界层经验公式对传热进行模拟。在非淹没模态下，通过考虑碰撞在壁面上的单个液滴的经验公式来对传热进行模拟。

采用这样的方法，邓鹏等[118]根据试验得到的经验公式建立了一个模型。该模型从以下四个方面平衡了油膜区域的能量：气体与油膜之间的换热模型（$\dot{Q}_{g-to-f}$），油膜与壁面之间的导热（$\dot{Q}_{w-to-f}$），油膜的蒸发（$\dot{Q}_{vap}$）以及喷雾碰撞而造成的反弹/滑动液滴与油膜之间的能量交换（$\dot{Q}_{imp}$）。喷雾影响区域 A_f 在每个计算时间步长 Δt 处的能量平衡为

$$\frac{\Delta(m_f c_{p,f} T_f)}{A_f \Delta t} = \dot{Q}_{w-to-f} + \dot{Q}_{g-to-f} + \dot{Q}_{vap} + \dot{Q}_{imp} \qquad (5-196)$$

式中，m_f、$c_{p,f}$、T_f 和 A_f 分别表示油膜的质量、比热容、温度和面积。对于飞溅质量比 $\dot{m}$，有以下经验公式[118]

$$\dot{m} = \left[0.1 + 0.4\cdot\min\left(\frac{h}{d},1\right)\right]^{\left(\frac{C}{We}\right)^{0.25}} \qquad (5-197)$$

式中

$$C = \sqrt{We_{inj}} = \sqrt{\frac{\rho_l U_{inj}^{\,2} d_{noz}}{\sigma_l}} \qquad (5-198)$$

式中，We 是用冲击速度的法向分量计算的液滴的韦伯数；ρ_l 和 σ_l 分别是液体的密度和表面张力；U_{inj} 是液体的喷射速度；d_{noz} 是喷嘴直径。

在式（5-196）中，在每个计算单元中计算四个能量交换率项，它们的经验公式[118]如下：

对于油膜和壁面之间的热传递为

$$\dot{Q}_{w-to-f} = H_{T_{fw}}(T_w - T_f), Nu = 0.34\frac{We^{0.94}}{Re^{0.53}Pr^{0.33}} = \frac{H_{T_{fw}}h}{\lambda_l} \qquad (5-199)$$

对于气体与油膜之间的对流传热为

$$\dot{Q}_{g-to-f} = H_{T_{gf}}(T_g - T_f), Nu = 0.03Re_{inj}^a = \frac{H_{T_{gf}}h}{\lambda_g} \qquad (5-200)$$

$$a = 0.82 - \frac{0.32\left(1 - 1.95\left(\frac{x}{D_{noz}}\right)^{1.8} + 2.23\left(\frac{x}{D_{noz}}\right)^2\right)^{-1}}{\left(1 - 0.21\left(\frac{z}{D_{noz}}\right)^{1.25} + 0.21\left(\frac{z}{D_{noz}}\right)^{1.5}\right)} \qquad (5-201)$$

$$Re_{inj} = \frac{\rho_g U_{inj}}{\mu_g}D_{noz}\sqrt{\frac{\rho_l}{\rho_g}} \qquad (5-202)$$

对于因油膜蒸发而进行的热交换为

$$\dot{Q}_{vap} = \dot{M}_{vap} \cdot L(T_f), \dot{M}_{vap} = \rho H_Y \ln\left(\frac{1 - Y_\infty}{1 - Y_s}\right), \frac{H_Y}{H_{T_{gf}}} = \frac{1}{\rho c_p}\left(\frac{Pr}{Sc}\right)^{2/3}$$

$$(5-203)$$

由于将液滴碰撞到油膜上而进行的热交换为

$$\dot{Q}_{imp} = H_{T_{imp}}(T_d - T_f)\frac{\pi}{4}\sqrt{\frac{\rho_l d^3}{\sigma_l}}, Nu = 1.4Re^{1/2} = \frac{H_{T_{imp}}d}{\lambda_l} \qquad (5-204)$$

式（5-199）~式（5-204）中，We、Re 和 Pr 分别是基于其轴向速度计算的碰撞液滴的韦伯数、雷诺数和普朗特数；Nu 是碰撞液滴的平均值；h 是膜厚；λ_l 和 λ_g 分别是液体和气体的导热系数；Re_{inj} 是根据喷射速度和喷嘴距冲击壁面距离计算的喷射雷诺数；U_{inj} 是燃油喷射速度；D_{noz} 是喷嘴直径；H_Y 是传质系数；Y_∞ 是油膜上方的质量分数；Y_s 是油膜温度下的蒸气平衡质量分数。

邓鹏等还在类似发动机的条件下，用几组柴油喷雾碰壁的实验数据对模型进行了评估[118]。总的来说，实测数据在模型计算中得到了令人满意的复现。然而，这些基于测量的经验公式的应用应在进行实验的测试条件范围内。

本书引用其中一个案例进行讨论，其余的可以参考文献［118］。在这个例子中，Senda 等的实测传热量数据[132]被用来与计算结果进行比较。Senda 等在几个不同的压力/温度组合和不同的碰撞距离下，将瞬态柴油喷雾碰撞到容器中的冷却板（343K）上，环境温度为 500~1000K，压力为 1.5~3.0MPa，并测量了撞击点和其它不同径向位置的传热量[132]。图 5-34 给出了在两个位置（碰撞中心和距离碰撞中心 2.5mm）和在两个不同的环境空气温度（500K 和 1000K）下测量和计算的传热量的比较。从中可以看出测量数据和计算数据取得了良好的一致性。需要关注的是，较高的环境温度使得油膜温度较高，从而导致较高的热传递。较高的传热量穿过壁面。另一方面，碰撞区域存在较大的传热量空间变化，这表明了碰撞传热的复杂性，这也建议计算网格应该足够精细来解析这些变化。

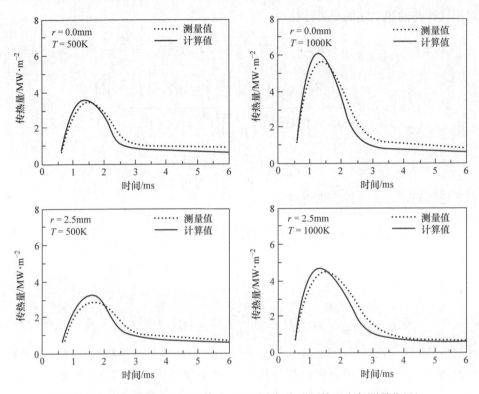

图 5-34 柴油喷雾碰壁处的传热量（图中标出了环境温度与测量位置）

参 考 文 献

［1］ LEFEBVRE A H, MCDONELL V G. Atomization and sprays ［M］. 2nd ed. Boca Raton：CRC press, 2017.

［2］ REITZ R D, BRACCO F V. Mechanism of atomization of a liquid jet ［J］. The Physics of Fluids, 1982, 25 (10)：1730 – 1742.

［3］ CHIGIER N, REITZ R D. Regimes of jet breakup and breakup mechanisms (physical aspects) ［J］. Progress in Astronautics and Aeronautics, 1996, 166：109 – 134.

［4］ CAI W, POWELL C F, YUE Y, et al. Quantitative analysis of highly transient fuel sprays by time – resolved x – radiography ［J］. Applied Physics Letters, 2003, 83 (8)：1671 – 1673.

［5］ LIU X, IM K – S, WANG Y, et al. Four dimensional visualization of highly transient fuel sprays by microsecond quantitative x – ray tomography ［J］. Applied Physics Letters, 2009, 94 (8)：084101.

［6］ HEINDEL T. X – ray imaging techniques to quantify spray characteristics in the near field ［J］. Atomization and Sprays, 2018, 28 (11)：1029 – 1059.

［7］ HIROYASU H. Diesel engine combustion and its modeling ［C］//Diagnostics and Modeling of

Combustion in Reciprocating Engines. COMODIA 85, Sept. 4 – 6, 1985, Tokyo. 1985: 53 – 75.

[8] HIROYASU H, KADOTA T. Fuel droplet size distribution in diesel combustion chamber [J]. SAE Transactions, 1974, 83 (3): 2615 – 2624.

[9] TAYLOR J J, HOYT J W. Water jet photography — techniques and methods [J]. Experiments in Fluids, 1983, 1 (3): 113 – 120.

[10] REITZ R D. Modeling atomization processes in high – pressure vaporizing sprays [J]. Atomisation Spray technology, 1987, 3 (4): 309 – 337.

[11] BEALE J C, REITZ R D. Modeling spray atomization with the Kelvin – Helmholtz/Rayleigh – Taylor hybrid model [J]. Atomization and Sprays, 1999, 9 (6): 623 – 650.

[12] DUKOWICZ J K. A particle – fluid numerical model for liquid sprays [J]. Journal of Computational Physics, 1980, 35 (2): 229 – 253.

[13] O'ROURKE P J. Collective drop effects on vaporizing liquid sprays [D]. Princeton: Princeton University, 1981.

[14] AMSDEN A A, O'ROURKE P J, BUTLER T D. KIVA – II: A computer program for chemically reactive flows with sprays [R]. Los Alamos, NM, USA: Los Alamos National Laboratory, LA – 11560 – MS, 1989.

[15] NABER J D, REITZ R D. Modeling engine spray/wall impingement [R]. SAE Technical Paper, 880107, 1988.

[16] HAN Z, PARRISH S E, FARRELL P V, et al. Modeling atomization processes of pressure – swirl hollow – cone fuel sprays [J]. Atomization and Sprays, 1997, 7 (6): 663 – 684.

[17] SCHMIDT D P, NOUAR I, SENECAL P, et al. Pressure – swirl atomization in the near field [J]. SAE Transactions, 1999, 108 (3): 471 – 484.

[18] LIPPERT A M, REITZ R D. Modeling of multicomponent fuels using continuous distributions with application to droplet evaporation and sprays [R]. SAE Technical Paper, 972882, 1997.

[19] RA Y, REITZ R D. A vaporization model for discrete multi – component fuel sprays [J]. International Journal of Multiphase Flow, 2009, 35 (2): 101 – 117.

[20] ECKHAUSE J E, REITZ R D. Modeling heat transfer to impinging fuel sprays in direct – injection engines [J]. Atomization and Sprays, 1995, 5 (2): 213 – 242.

[21] O'ROURKE P J, AMSDEN A A. The TAB method for numerical calculation of spray droplet breakup [R]. SAE Technical Paper, 872089, 1987.

[22] AMSDEN A A, RAMSHAW J D, O'ROURKE P J, et al. KIVA: A computer program for two – and three – dimensional fluid flows with chemical reactions and fuel sprays [R]. Los Alamos, NM, USA: Los Alamos National Laboratory, LA – 10245 – MS, 1985.

[23] AMSDEN A A. KIVA – 3V: A block – structured KIVA program for engines with vertical or canted valves [R]. Los Alamos, NM, USA: Los Alamos National Laboratory, LA – 13313 – MS, 1997.

[24] AMSDEN A A. KIVA – 3: A KIVA program with block – structured mesh for complex geome-

tries [R]. Los Alamos, NM, USA: Los Alamos National Laboratory, LA – 12503 – MS, 1993.

[25] ROSIN P, RAMMLER E. Laws governing the fineness of powdered coal [J]. Journal of Institute of Fuel, 1933, 7: 29 – 36.

[26] NUKIYAMA S, TANASAWA Y. Experiments on the atomization of liquids in an air stream, report 3, on the droplet – size distribution in a atomized jet [J]. Transactions of JSME, 1939, 5: 62 – 67.

[27] O'ROURKE P J, AMSDEN A A. A spray/wall interaction submodel for the KIVA – 3 wall film model [J]. SAE Transactions, 2000, 109 (3): 281 – 298.

[28] HAN Z, XU Z, TRIGUI N. Spray/wall interaction models for multidimensional engine simulation [J]. International Journal of Engine Research, 2000, 1 (1): 127 – 146.

[29] REITZ R D, DIWAKAR R. Structure of high – pressure fuel sprays [J]. SAE Transactions, 1987, 96 (5): 492 – 509.

[30] YI Y, REITZ R D. Modeling the primary breakup of high – speed jets [J]. Atomization and Sprays, 2004, 14 (1): 53 – 80.

[31] SHINJO J. Recent advances in computational modeling of primary atomization of liquid fuel sprays [J]. Energies, 2018, 11 (11): 2971.

[32] KONG S C, HAN Z, REITZ R D. The development and application of a diesel ignition and combustion model for multidimensional engine simulation [J]. SAE Transactions, 1995, 104 (3): 502 – 518.

[33] REITZ R D, BRACCO F B. On the dependence of spray angle and other spray parameters on nozzle design and operating conditions [R]. SAE Technical Paper, 790494, 1979.

[34] CHAVES H, KNAPP M, KUBITZEK A, et al. Experimental study of cavitation in the nozzle hole of diesel injectors using transparent nozzles [R]. SAE Technical Paper, 950290, 1995.

[35] HAN Z, ULUDOGAN A, HAMPSON G J, et al. Mechanism of soot and NO_x emission reduction using multiple – injection in a diesel engine [J]. SAE Transactions, 1996, 105 (3): 837 – 852.

[36] SARRE C V K, KONG S C, REITZ R D. Modeling the effects of injector nozzle geometry on diesel sprays [J]. SAE Transactions, 1999, 108 (3): 1375 – 1388.

[37] ZHAO F, LAI M C, HARRINGTON D L. Automotive spark – ignited direct – injection gasoline engines [J]. Progress in Energy and Combustion Science, 1999, 25 (5): 437 – 562.

[38] VANDERWEGE B A, HAN Z, IYER C O, et al. Development and analysis of a spray – guided DISI combustion system concept [J]. SAE Transactions, 2003, 112 (4): 2135 – 2153.

[39] HAN Z, WEAVER C, WOOLDRIDGE S, et al. Development of a new light stratified – charge DISI combustion system for a family of engines with upfront CFD coupling with thermal and optical engine experiments [J]. SAE Transactions, 2004, 113 (3): 269 – 293.

[40] REITZ R D, DIWAKAR R. Effect of drop breakup on fuel sprays [J]. SAE Transactions, 1986, 95 (3): 218 – 227.

［41］ CLARK C, DOMBROWSKI N. Aerodynamic instability and disintegration of inviscid liquid sheets ［J］. Proceedings of the Royal Society of London A Mathematical Physical Sciences, 1972, 329 （1579）: 467 – 478.

［42］ MIYAMOTO T, KOBAYASHI T, MATSUMOTO Y. Structure of sprays from an air – assist hollow – cone injector ［J］. SAE Transactions, 1996, 105 （3）: 1058 – 1070.

［43］ LEE C F, BRACCO F V. Comparisons of computed and measured hollow – cone sprays in an engine ［J］. SAE Transactions, 1995, 104 （3）: 569 – 594.

［44］ HAN Z, XU Z, WOOLDRIDGE S T, et al. Modeling of DISI engine sprays with comparison to experimental in – cylinder spray images ［J］. SAE Transactions, 2001, 110 （3）: 2376 – 2386.

［45］ LEFEBVRE A H. Atomization and Sprays ［M］. New York: Hemisphere, 1989.

［46］ RIZK N, LEFEBVRE A H. Internal flow characteristics of simplex swirl atomizers ［J］. Journal of Propulsion and Power, 1985, 1 （3）: 193 – 199.

［47］ SQUIRE H B. Investigation of the instability of a moving liquid film ［J］. British Journal of Applied Physics, 1953, 4 （6）: 167 – 169.

［48］ PARRISH S E, FARRELL P V. Transient spray characteristics of a direct – injection spark – ignited fuel injector ［R］. SAE Technical Paper, 970629, 1997.

［49］ SENECAL P, SCHMIDT D P, NOUAR I, et al. Modeling high – speed viscous liquid sheet atomization ［J］. International Journal of Multiphase Flow, 1999, 25 （6-7）: 1073 – 1097.

［50］ DOMBROWSKI N, JOHNS W R. The aerodynamic instability and disintegration of viscous liquid sheets ［J］. Chemical Engineering Science, 1963, 18 （3）: 203 – 214.

［51］ DOMBROWSKI N, HOOPER P C. The effect of ambient density on drop formation in sprays ［J］. Chemical Engineering Science, 1962, 17 （4）: 291 – 305.

［52］ KENNEDY J, ROBERTS J. Rain ingestion in a gas turbine engine ［C］ // Proceedings of 4th ILASS Meeting, Hartford, CT. 1990: 154.

［53］ WU P, HSIANG L, FAETH G. Aerodynamic effects on primary and secondary spray breakup ［C］ // First International Symposium on Liquid Rocket Combustion Instability, January, 1993, Pennsylvania State University, University Park, PA.

［54］ REOTZ R D. Computer modeling of sprays: Lecture notes at the spray technology short course ［Z］. Pittsburgh, PA, USA, 1996.

［55］ YARIN A L, ROISMAN I V, TROPEA C. Collision phenomena in liquids and solids ［M］. Cambridge: Cambridge University Press, 2017.

［56］ ASHGRIZ N, POO J. Coalescence and separation in binary collisions of liquid drops ［J］. Journal of Fluid Mechanics, 1990, 221: 183 – 204.

［57］ JIANG Y, UMEMURA A, LAW C. An experimental investigation on the collision behaviour of hydrocarbon droplets ［J］. Journal of Fluid Mechanics, 1992, 234: 171 – 190.

［58］ ORME M. Experiments on droplet collisions, bounce, coalescence and disruption ［J］. Progress in Energy and Combustion Science, 1997, 23 （1）: 65 – 79.

[59] QIAN J, LAW C K. Regimes of coalescence and separation in droplet collision [J]. Journal of Fluid Mechanics, 1997, 331: 59 - 80.

[60] BRENN G, VALKOVSKA D, DANOV K D. The formation of satellite droplets by unstable binary drop collisions [J]. Physics of Fluids, 2001, 13 (9): 2463 - 2477.

[61] GOTAAS C, HAVELKA P, JAKOBSEN H A, et al. Effect of viscosity on droplet - droplet collision outcome: Experimental study and numerical comparison [J]. Physics of Fluids, 2007, 19 (10): 102106.

[62] SCHMIDT D P, RUTLAND C. A new droplet collision algorithm [J]. Journal of Computational Physics, 2000, 164 (1): 62 - 80.

[63] MUNNANNUR A, REITZ R D. A comprehensive collision model for multi - dimensional engine spray computations [J] Atomization and Sprays, 2009, 19 (7): 597 - 619.

[64] POST S L, ABRAHAM J. Modeling the outcome of drop - drop collisions in Diesel sprays [J]. International Journal of Multiphase Flow, 2002, 28 (6): 997 - 1019.

[65] MUNNANNUR A, REITZ R D. A new predictive model for fragmenting and non - fragmenting binary droplet collisions [J]. International Journal of Multiphase Flow, 2007, 33 (8): 873 - 896.

[66] LIU A B, MATHER D, REITZ R D. Modeling the effects of drop drag and breakup on fuel sprays [J]. SAE Transactions, 1993, 102 (3): 83 - 95.

[67] EISENKLAM P, ARUNACHALAM S A, WESTON J A. Evaporation rates and drag resistance of burning drops [C] // Symposium (International) on Combustion. Elsevier, 1967, 11 (1): 715 - 728.

[68] YUEN M C, CHEN L W. On drag of evaporating liquid droplets [J]. Combustion Science and Technology, 1976, 14 (4 - 6): 147 - 154.

[69] RENKSIZBULUT M, YUEN M C. Numerical study of droplet evaporation in a high - temperature stream [J]. Journal of Heat Transfer, 1983, 105 (2): 389 - 397.

[70] LÁZARO B J, LASHERAS J C. Particle dispersion in a turbulent, plane, free shear layer [J]. Physics of Fluids A: Fluid Dynamics, 1989, 1 (6): 1035 - 1044.

[71] FAETH G M. Evaporation and combustion of sprays [J]. Progress in Energy and Combustion Science, 1983, 9 (1): 1 - 76.

[72] XU Z, YI J, CURTIS E, et al. Applications of CFD modeling in GDI engine piston optimization [J]. SAE International Journal of Engines, 2009, 2 (1): 1749 - 1763.

[73] SPALDING D B. The combustion of liquid fuels [C] // Symposium (International) on Combustion. Williams & Wilkins, 1953, 4 (1): 847 - 864.

[74] HAN Z, REITZ R D, CLAYBAKER P J, et al. Modeling the effects of intake flow structures on fuel/air mixing in a direct - injected spark - ignition engine [J]. SAE Transactions, 1996, 105 (4): 960 - 977.

[75] RANZ W, MARSHALL W R. Evaporation from drops, Parts I & II [J]. Chemical Enginering Progress, 1952, 48: 141 - 146, 173.

[76] HUBBARD G, DENNY V, MILLS A. Droplet evaporation: effects of transients and variable properties [J]. International journal of heat mass transfer, 1975, 18 (9): 1003 – 1008.

[77] VARGRAFTIK N. Tables on the thermophysical properties of liquids and gases in normal and dissociated states [M]. New York: Halsted Press, 1975.

[78] CURTIS E W. A numerical study of spherical droplet vaporization in a high pressure environment [D]. Madison: University of Wisconsin – Madison, 1991.

[79] RA Y, REITZ R D. A model for droplet vaporization for use in gasoline and HCCI engine applications [J]. Journal of Engineering for Gas Turbines and Power, 2004, 126 (2): 422 – 428.

[80] ZHU G S, REITZ R D. A model for high pressure vaporization of droplets of complex liquid mixtures using continuous thermodynamics [J]. International Journal of Heat and Mass Transfer, 2002, 45: 495 – 507.

[81] ZENG Y, LEE C F. A preferential vaporization model for multicomponent droplets and sprays [J]. Atomization and Sprays, 2002, 12 (1 – 3): 163 – 186.

[82] ZENG Y, HAN, Z. Implementation of multicomponent droplet and film vaporization models into the KIVA – 3V code [R]. Ford Technical Report, SRR – 2001 – 0165, 2001.

[83] WACHTERS L, WESTERLING N. The heat transfer from a hot wall to impinging water drops in the spheroidal state [J]. Chemical Engineering Science, 1966, 21 (11): 1047 – 1056.

[84] RANDOLPH A L, MAKINO A, LAW C K. Liquid – phase diffusional resistance in multicomponent droplet gasification [C] // Symposium (International) on Combustion. Elsevier, 1988, 21 (1): 601 – 608.

[85] CURTIS E W, AQUINO C F, TRUMPY D K, et al. A new port and cylinder wall wetting model to predict transient air/fuel excursions in a port fuel injected engine [R]. SAE Technical Paper, 961186, 1996.

[86] HEYWOOD J B. Internal combustion engine fundamentals [M]. 2nd ed. New York: McGraw – Hill Education, 2018.

[87] HAN Z, YI J, TRIGUI N. Stratified mixture formation and piston surface wetting in a DISI engine [R]. SAE Technical Paper, 2002 – 01 – 2655, 2002.

[88] HILDITCH J, HAN Z, CHEA T. Unburned hydrocarbon emissions from stratified charge direct injection engines [R]. SAE Technical Paper, 2003 – 01 – 3099, 2003.

[89] FANSLER T D, TRUJILLO M F, CURTIS E W. Spray – wall interactions in direct – injection engines: An introductory overview [J]. International Journal of Engine Research, 2020, 21 (2): 241 – 247.

[90] BAI C, GOSMAN A D. Mathematical modelling of wall films formed by impinging sprays [J]. SAE Transactions, 1996, 105 (3): 782 – 796.

[91] FOUCART H, HABCHI C, LE COZ J F, et al. Development of a three dimensional model of wall fuel liquid film for internal combustion engines [R]. SAE Technical Paper, 980133, 1998.

[92] NAGAOKA M, KAWAZOE H, NOMURA N. Modeling fuel spray impingement on a hot wall for

gasoline engines [J]. SAE Transactions, 1994, 103 (3): 878 - 896.

[93] O'ROURKE P J, AMSDEN A A. A particle numerical model for wall film dynamics in port - injected engines [J]. SAE Transactions, 1996, 105 (3): 2000 - 2013.

[94] STANTON D W, RUTLAND C J. Modeling fuel film formation and wall interaction in diesel engines [R]. SAE Technical Paper, 960628, 1996.

[95] BAI C, GOSMAN A D. Development of methodology for spray impingement simulation [J]. SAE Transactions, 1995, 104 (3): 550 - 568.

[96] AMSDEN A A. KIVA - 3V, release 2: Improvements to KIVA - 3V [R]. Los Alamos, NM, USA: Los Alamos National Laboratory, LA - 13608 - MS, 1999.

[97] TRUJILLO M, MATHEWS W, LEE C F, et al. A computational and experimental investigation of spray/wall impingement [C] // Proceedings of the 11th ILASS - Americas, 1998, Americas, Sacramento, CA. 17 - 21.

[98] MEYER R, HEYWOOD J B. Effect of engine and fuel variables on liquid fuel transport into the cylinder in port - injected SI engines [R]. SAE Technical Paper, 1999 - 01 - 0563, 1999.

[99] WITZE P O. Diagnostics for the study of cold start mixture preparation in a port fuel - injected engine [R]. SAE Technical Paper, 0148 - 7191, 1999.

[100] SALTERS D, WILLIAMS P, GREIG A, et al. Fuel spray characterisation within an optically accessed gasoline direct injection engine using a CCD imaging system [R]. SAE Technical Paper, 0148 - 7191, 1996.

[101] TEMPLE - PEDIANI R. Fuel drop vaporization under pressure on a hot surface [J]. Proceedings of the Institution of Mechanical Engineers, 1969, 184 (1): 677 - 696.

[102] ABU - ZAID M. An experimental study of the evaporation of gasoline and diesel droplets on hot surfaces [J]. International Communications in Heat and Mass Transfer, 1994, 21 (2): 315 - 322.

[103] TAMURA Z, TANASAWA Y. Evaporation and combustion of a drop contacting with a hot surface [C] // Symposium (International) on Combustion. Elsevier, 1958, 7 (1): 509 - 522.

[104] XIONG T, YUEN M. Evaporation of a liquid droplet on a hot plate [J]. International Journal of Heat and Mass Transfer, 1991, 34 (7): 1881 - 1894.

[105] MUNDO C, SOMMERFELD M, TROPEA C. Droplet - wall collisions: Experimental studies of the deformation and breakup process [J]. International Journal of Multiphase Flow, 1995, 21 (2): 151 - 173.

[106] STOW C D, HADFIELD M G. An experimental investigation of fluid flow resulting from the impact of a water drop with an unyielding dry surface [J]. Proceedings of the Royal Society of London A Mathematical Physical Sciences, 1981, 373 (1755): 419 - 441.

[107] MUNDO C, SOMMERFELD M, TROPEA C. On the modeling of liquid sprays impinging on surfaces [J]. Atomization and Sprays, 1998, 8 (6): 625 - 652.

[108] YARIN A L, WEISS D A. Impact of drops on solid surfaces: self - similar capillary waves,

and splashing as a new type of kinematic discontinuity [J]. Journal of fluid mechanics, 1995, 283: 141 – 173.

[109] COSSALI G E, COGHE A, MARENGO M. The impact of a single drop on a wetted solid surface [J]. Experiments in Fluids, 1997, 22 (6): 463 – 472.

[110] MOREIRA A L N, MOITA A S, PANÃO M R. Advances and challenges in explaining fuel spray impingement: How much of single droplet impact research is useful? [J]. Progress in Energy and Combustion Science, 2010, 36 (5): 554 – 580.

[111] VANDER WAL R L, BERGER G M, MOZES S D. Droplets splashing upon films of the same fluid of various depths [J]. Experiments in fluids, 2006, 40 (1): 33 – 52.

[112] WANG A B, CHEN C C, HWANG W C. On some new aspects of splashing impact of drop – liquid surface interactions [M] // Drop – surface interactions. Springer, 2002: 303 – 306.

[113] LEVIN Z, HOBBS P V. Splashing of water drops on solid and wetted surfaces: hydrodynamics and charge separation [J]. Philosophical Transactions of the Royal Society of London Series A, Mathematical and Physical Sciences, 1971, 269 (1200): 555 – 585.

[114] LI X, TANKIN R. On the temporal instability of a two – dimensional viscous liquid sheet [J]. Journal of Fluid Mechanics, 1991, 226: 425 – 443.

[115] IBRAHIM E, PRZEKWAS A. Impinging jets atomization [J]. Physics of Fluids A: Fluid Dynamics, 1991, 3 (12): 2981 – 2987.

[116] WEISS D A, YARIN A L. Single drop impact onto liquid films: neck distortion, jetting, tiny bubble entrainment, and crown formation [J]. Journal of Fluid Mechanics, 1999, 385: 229 – 254.

[117] SIVAKUMAR D, TROPEA C. Splashing impact of a spray onto a liquid film [J]. Physics of fluids, 2002, 14 (12): L85 – L88.

[118] DENG P, HAN Z, REITZ R D. Modeling heat transfer in spray impingement under direct – injection engine conditions [J]. Proceedings of the Institution of Mechanical Engineers, Part D: Journal of Automobile Engineering, 2016, 230 (7): 885 – 898.

[119] DENG P, JIAO Q, REITZ R D, et al. Development of an improved spray/wall interaction model for diesel – like spray impingement simulations [J]. Atomization and Sprays, 2016, 25 (7): 587 – 615.

[120] HAN Z, XU Z. Wall film dynamics modeling for impinging sprays in engines [R]. SAE Technical Paper, 2004 – 01 – 0099, 2004.

[121] MATHEWS W, LEE C – F, PETERS J E. Experimental investigations of spray/wall impingement [J]. Atomization and Sprays, 2003, 13 (2 – 3): 223 – 242.

[122] YI J, HAN Z, XU Z, et al. Combustion improvement of a light stratified – charge direct injection engine [J] SAE Transactions, 2004, 113 (3): 294 – 309.

[123] KATSURA N, SAITO M, SENDA J, et al. Characteristics of a diesel spray impinging on a flat wall [R]. SAE Technical Paper, 890264, 1989.

[124] SAFFMAN P G T. The lift on a small sphere in a slow shear flow [J]. Journal of Fluid Me-

chanics, 1965, 22 (2): 385 – 400.

[125] SAFFMAN P G T. Corrigendum to the lift on a small sphere in a slow shear flow [J]. Journal of Fluid Mechanics, 1968, 31 (3): 624.

[126] MEI R. An approximate expression for the shear lift force on a spherical particle at finite reynolds number [J]. International Journal of Multiphase Flow, 1992, 18 (1): 145 – 147.

[127] WOLF R S, CHENG W K. Heat transfer characteristics of impinging diesel sprays [R]. SAE Technical Paper, 890439, 1989.

[128] ARCOUMANIS C, CHANG J C. Heat transfer between a heated plate and an impinging transient diesel spray [J]. Experiments in Fluids, 1993, 16 (2): 105 – 119.

[129] ARCOUMANIS C, CUTTER P, WHITELAW D. Heat transfer processes in diesel engines [J]. Chemical Engineering Research Design, 1998, 76 (2): 124 – 132.

[130] MOREIRA A L N, CARVALHO J, PANÃO M R O. An experimental methodology to quantify the spray cooling event at intermittent spray impact [J]. International Journal of Heat and Fluid Flow, 2007, 28 (2): 191 – 202.

[131] NABER J D, FARRELL P V. Hydrodynamics of droplet impingement on a heated surface [J]. SAE Transactions, 1993, 102 (3): 1346 – 1361.

[132] SENDA J, FUKIMOTO H, YAMAMOTO K. Heat flux between impinged diesel spray and flat wall [R]. SAE Technical Paper, 912460, 1991.

第6章

燃烧与污染物生成

6.1 概述

在内燃机的燃烧过程中将发生燃料和空气混合物的化学反应。在往复式内燃机中，燃烧所释放的化学能（热量）通过活塞运动转换成机械功。此外，燃烧也会产生有害污染物，包括颗粒物（PM）、氮氧化物（NO_x）、一氧化碳（CO）和未燃碳氢化合物（HC）。在点燃式发动机中，燃料与空气在进气和压缩行程中混合，通常在火花塞点火之前形成均匀混合气。火花塞产生的电能使气体电离，并将其加热到数千开氏度。在高于 1000K 的温度下，引发高温化学反应。由此产生的火核起初通过层流运动发展，随后会演变为湍流火焰传播。在柴油机中，几束液态燃油喷雾被喷入充满高温压缩空气的燃烧室，燃油在自燃发生前蒸发并与空气部分混合。自燃过程具有相当的随机性和独立性，其会在喷雾周围的某些点发生。这些火核会引发混合气预混部分的快速燃烧，随后在部分预混和（或）非预混条件下发生扩散燃烧。

因此，精确地模拟燃烧过程和污染物生成是内燃机数值模拟的重要目标。在第 3 章的化学反应流体控制方程中，需要用燃烧模型来刻画化学源项 $\dot{\rho}_k^c$ 和 $\dot{Q}^c$。针对火花点燃汽油机、压缩着火柴油机以及低温燃烧发动机，已有多种模型用于模拟发动机的各种燃烧现象，包括火花点燃、燃料自燃、层流和湍流燃烧、预混、非预混和部分预混燃烧、化学反应动力学控制和湍流混合控制燃烧以及火焰传播燃烧等。对发动机燃烧模型的总结可参阅相关文献[1-4]。

在早期的内燃机多维模拟中，最简单的燃烧模型是平均反应速率模型，该模型采用高度简化的化学反应动力学机理，采用一个或至多几个全局或准全局化学反应动力学方程，这些方程基于与温度相关的阿伦尼乌斯近似法来描述反应物到生成物的转化过程[5,6]。这些模型本质上忽略了组分浓度和温度的湍流脉动对平均化学产物速率的影响，而且普遍表现出总体燃烧速率对化学反应动力学的极大依赖。这些模型给出的反应速率通常很高，即在非真实的短时间内释放能量。

尽管如此，阿伦尼乌斯参数可视为可调模型系数，调整后的模型与实测值能够较好地吻合，这类模型可在较窄的工况范围下用于变参数研究[7]。

为了在内燃机模拟中反映湍流燃烧的物理特性，建立了湍流混合控制火焰传播模型。一种更简单但计算效率更高的方法是层流和湍流特征时间燃烧（Characteristic Time Combustion，CTC）模型[8]。该模型遵循了旋涡破碎（Eddy – Break – up，EBU）模型[9]和旋涡耗散模型（Eddy Dissipation Model，EDM）[10]的基本思想，但也在化学反应动力学的影响十分重要时将其涵盖在内。EBU模型假设燃料 – 氧化剂混合气的燃烧速率是由湍流混合速率决定的，而非由化学反应速率决定。燃料和氧化剂被包含在两个单独的旋涡中，反应速率与湍流旋涡的耗散率（旋涡破碎时间）相当。在 $k-\varepsilon$ 湍流模型中，平均化学转化率与湍流旋涡翻转时间 $\tau = k/\varepsilon$ 成反比。

EBU模型主要用于预混燃烧。该模型不含化学反应动力学的影响，仅代表了快速化学反应极限。CTC模型同时考虑化学反应动力学和湍流的影响，允许这两个因素对燃烧速率进行控制。该模型已用于火花点燃燃烧[11]和柴油燃烧[12]，并在内燃机模拟中被广泛应用。下一节将进一步讨论CTC模型。

小火焰面模型是另一组广泛应用的模拟内燃机燃烧的方法。该模型利用典型进程变量的输运方程来跟踪湍流火焰的传播。针对预混燃烧（如在均匀混合气点燃式发动机中）Bray – Moss – Libby（BML）模型[13, 14]以归一化温度或归一化生成物质量分数作为进程变量 c；而拟序火焰模型（Coherent Flame Model，CFM）[15-17]将进程变量 c 扩展到火焰表面密度 Σ，并将其作为进程变量。同时，在水平集方法[18]中引入非反应标量 G 作为进程变量，提出了 G 方程燃烧模型来模拟火花点燃发动机的燃烧[19-21]。

对于压燃式柴油机和分层混合气点燃式发动机中的非预混（或部分预混）燃烧，可以采用混合气分数 Z 来确定火焰面，这与标量 G 在预混燃烧中有相似的作用[22]。在此基础上，亚琛工业大学 Peters 教授团队提出了代表性互动小火焰（Representative Interactive Flamelet，RIF）模型[23, 24]。该模型假设存在一个火焰薄层，使得湍流时间和长度尺度比化学反应时间和长度尺度大，从而使反应区不受湍流旋涡的介入。由于化学反应速率足以补偿干扰，因此火焰薄层只能被湍流运动拉伸，而火焰的化学结构保持不变，燃烧基本上发生在当量混合气附近区域。因此，流体力学和化学反应过程可在数值上分离（但仍通过混合气反应方程耦合），并可推导出使用详细化学反应机理的非预混湍流燃烧模型。化学状态通过守恒标量 Z 及其脉动来描述。组分质量分数的平均值经小火焰面计算由预设的 Z 的 β 函数 PDF 来确定，同理，也可推导出基于 Z 的碳烟颗粒数量密度的输运方程[23]。

使用非反应标量 G 的 G 方程小火焰面模型基于水平集方法[25]，其中等值面

$G(\boldsymbol{x},t) = G_0$（$G_0$ 通常设为 0）将流场分为两个区域，即未燃区（$G < G_0$）和已燃区（$G > G_0$）。Williams[26] 提出了 G 的输运方程。在 G 方程模型中，火焰的传播是由火焰峰前未燃混合气的整体流动速度和垂直于火焰的层流火焰速度推进的。Dekena 和 Peters[20]、Tan 和 Reitz[21, 27] 以及 Liang 和 Reitz[28] 已将湍流 G 方程模型成功地应用到了火花点燃发动机的燃烧模拟中。关于这些模型的更多描述将在 6.3 节中给出。

另外，也有研究者采用概率密度函数（PDF）模型，该模型方法是不同于 RANS 的另一种方法。在该模型中，PDF 通过求解其输运方程来计算，该方程可以从 Navier – Stokes 方程中推导出来。在 PDF 输运方程中，对流项、平均压力梯度项和化学反应源项均呈封闭形式[29 - 31]。因此，在 PDF 燃烧模型中，重点从化学反应源项的模拟转移到分子输运过程的模拟。在这些模型中，通常使用基于拉格朗日蒙特卡罗粒子的方法来求解速度和反应标量的组合速度 – 组分 PDF 输运方程。气相流动由许多粒子表达，每个粒子都包含有关位置、速度、温度和组分等信息。PDF 模型的主要缺点是存在随着每个计算单元的粒子数量 N_p 缓慢减小的统计误差，该误差与 $N_p^{-0.5}$ 成正比。为了获得可接受的数值精度，每个单元中必须存在超过 100 个的粒子[2]。因此，大多数内燃机模拟都无法使用 PDF 模型。

上述模型用于模拟混合控制燃烧。然而，对于化学反应动力学主导的情况，如在 HCCI 发动机中的燃烧，可以合理地假设湍流在燃烧（化学反应）过程中起较小的作用。在这种情况下，假设燃烧在每个计算单元中整体地发生，然后使用详细化学反应机理来模拟燃烧，以下称为亚网格直接化学反应（Sub – Grid Direct Chemistry，SGDC）方法。为此，CFD 软件与用于求解化学反应动力学的 CHEMKIN 程序[32] 集成在了一起。Kong 等[33] 和 Senecal 等[34] 发展了该方法的应用。其中，Kong 等将 KIVA – 3V[35] 和 CHEMKIN 集成在一起，形成了 KIVA – CHEMKIN 模型，Senecal 等在 CONVERGE 软件[36] 中开发了 SAGE 详细化学反应动力学求解器。SGDC 模型将在 6.5 节中进一步讨论。

在所述的模拟方法中有许多模型变形，同时也存在其它类型的模型。例如条件矩封闭（Conditional Moment Closure，CMC）[37 - 39]。然而，每种模型都有其适用范围。当使用 LES 进行内燃机湍流模拟时（如 4.4 节所述），只要模型在理论上与 LES 一致并适应于 LES 变量，上述模型就可以在 LES 中使用[40]。

着火发生在内燃机燃烧的早期。第 6.6 节将讨论模拟火花点燃和压缩自燃的模型。此外，在最后一节中介绍 NO_x 和碳烟生成模型。本章在描述物理模型的同时，还给出了一些发动机模拟应用实例，旨在鼓励读者对这些实例进行研究，以更好地理解模型本身和内燃机燃烧模拟的精髓。

6.2 特征时间模型

6.2.1 模型构建

如前所述，特征时间燃烧（CTC）模型考虑了湍流对燃烧过程的影响。在 CTC 模型中，当一种化学组分向另一种组分转化时，组分 m 的局部密度的时间变化率如下所示：

$$\frac{\mathrm{d}Y_m}{\mathrm{d}t} = -\frac{Y_m - Y_m^*}{\tau_c} \tag{6-1}$$

式中，Y_m 是组分 m 的质量分数；Y_m^* 是质量分数的局部瞬时热力学平衡值；τ_c 是达到这种平衡的特征时间。特征时间被假定为层流（化学反应动力学）时间尺度 τ_l 和湍流时间 τ_t 的总和，即

$$\tau_c = \tau_l + f\tau_t \tag{6-2}$$

式中，f 是延迟系数，用于在发展中的火核中逐渐引入湍流的支配作用。层流时间尺度基于阿伦尼乌斯动力学化学模拟，而湍流时间尺度被假定与湍流模型算得的旋涡翻转时间 k/ε 成正比。

针对汽油机和柴油机的燃烧模拟，提出了不同的 τ_l、τ_t 和 f 公式。这些公式之间的区别之一是延迟系数 f。在汽油机中，点火时刻是已知的，然后是明确的火焰传播过程。因此，在 Abraham 等的模型[11]中，当火核发展到与湍流旋涡尺寸相当时，假设它受到湍流的影响。因此，f 为

$$f = 1 - e^{-\frac{(t-t_s)}{\tau_d}} \tag{6-3}$$

式中，$\tau_d = C_{m1}l/S_L$；$(t-t_s)$ 是点火后的时间；S_L 是层流火焰速度；l 是湍流积分长度尺度；C_{m1} 是模型常数，其典型值为 7.4。

然而，柴油机的燃烧过程比汽油机更复杂。宽广的当量比范围以及非均质喷雾油滴燃烧使得对火核生长的预测变得困难。在 Kong 等的模型[12]中采用了以下思想，即燃烧由层流化学反应引发，然后逐渐由湍流支配。为了揭示层流化学反应和湍流各自的影响，将生成物的出现作为燃烧开始后混合影响的标志，f 由下式表达：

$$f = \frac{1 - e^{-r}}{0.632} \tag{6-4}$$

式中，r 是燃烧室中每一点的局部生成物量与总反应组分量的比值，即

$$r = \frac{Y_{CO_2} + Y_{H_2O} + Y_{CO} + Y_{H_2}}{1 - Y_{N_2}} \tag{6-5}$$

参数 r 表示在某个特定局部区域内的燃烧完成度。其值的范围为 0（尚未开始燃烧）~1（燃料完全消耗）。

在柴油机中，由于反应分子之间发生碰撞而在分子尺度发生燃烧。随后，燃烧受到湍流的强烈影响，这是由于湍流对输运特性和反应物的制备（混合）有显著的影响。延迟系数 f 根据局部条件从 0 到 1 变化。也就是说，燃烧的开始依赖于层流化学反应，只有在燃烧已经被观察到之后，湍流才开始产生影响。最终，在 $\tau_l \ll \tau_t$ 的区域，燃烧将主要由湍流混合控制。但是，在喷油器附近区域不能忽视层流时间尺度的影响，在该区域内高喷射速度下的湍流时间尺度很小。针对柴油机整体的燃烧过程，先预混再混合控制的总体机理与上述模型表述是一致的。

将函数 f 命名为延迟系数的想法来自于对点燃式发动机的模拟和火核的生长。当火核生长到与湍流旋涡尺寸相当时，就会受到湍流的影响。然而，柴油机的燃烧过程比点燃式发动机复杂，函数 f 必须用不同的公式表示。由于总的化学反应时间尺度也包括湍流时间尺度，因此也揭示了湍流对平均反应速率的影响。利用该燃烧模型，可以计算出组分连续方程中的化学反应源项和能量方程中的化学放热源项。

为了准确预测热力学平衡温度，考虑以下 7 种组分：燃料、O_2、N_2、CO_2、CO、H_2 和 H_2O，求解其中 6 种反应组分（除 N_2 外）的局部和瞬时热力学平衡值 Y_m^*。根据单粒油滴自燃试验的相关单步反应速率，推导出层流时间尺度为

$$\tau_l = \frac{1}{A}[fuel]^{0.75}[O_2]^{-1.5}e^{E/RT} \tag{6-6}$$

式中，若使用十四烷，则 $A = 1.54 \times 10^{10}$，$E = 77.3kJ \cdot (mol \cdot K)^{-1}$。

湍流时间尺度 τ_t 正比于旋涡翻转时间，即

$$\tau_t = C_2 \frac{k}{\varepsilon} \tag{6-7}$$

式中，湍流变量 k 和 ε，由 $k-\varepsilon$ 湍流模型计算给出；C_2 是常数，若使用 RNG $k-\varepsilon$ 模型，则 $C_2 = 0.1$。

由此，在给定的计算时间步长 Δt 下，可得到组分连续方程式（3-7）中的化学反应源项以及能量方程式（3-11）中的化学放热源项，如下所示：

$$\dot{\rho}_m^c = -\frac{\rho(Y_m - Y_m^*)}{\Delta t}(1 - e^{-\Delta t/\tau_c}) \tag{6-8}$$

$$\dot{Q}^c = -\sum_m \frac{\dot{\rho}_m^c}{W_m}(\Delta h_f^0)_m \tag{6-9}$$

式中，$(\Delta h_f^0)_m$ 是组分 m 的生成热。

请注意，上述公式用于高温反应，即自燃发生后的反应。燃烧模型与着火模

型（参见 6.6 节）结合起来，以模拟柴油机中的整体燃烧过程。选取反应混合气的某临界温度作为低温着火到高温反应的转换标准，该临界温度建议为 1000K。因此，在混合气温度低于 1000K 时，采用着火模型模拟低温化学反应；若温度高于 1000K，则激活上述燃烧模型来描述高温化学反应。

CTC 模型也可应用在点燃式发动机中[41-43]。在这些案例中，使用了 Abraham 等的延迟系数 f[11]。同时，建立了小火焰面湍流燃烧模型并应用于点燃式发动机，具体内容将在下节中讨论。

6.2.2 柴油机燃烧模拟

Kong 等[12]对三款中型和重型柴油机进行了模拟，以评估 CTC 模型，其结果如下所述。表 6-1 列出了卡特彼勒（Caterpillar）、坦康（Tacom）和康明斯（Cummins）这三款柴油机的规格参数。由于发动机燃烧室绕气缸轴线对称，且喷油器喷孔均匀分布，因此采用了扇形网格来进行模拟以节省计算时间，如图 6-1 所示。该研究采用 KIVA2 程序[6]，应用了 RNG $k-\varepsilon$ 湍流模型[44]和 WAVE 喷雾破碎模型[45]。为模拟滞燃期的低温化学反应，使用了 Shell 多步着火化学动力学模型。计算使用十四烷作为燃料，这是由于十四烷的 C/H 比与柴油相近。缸压通过压力传感器测得，而所谓的实测放热率是基于测得的压力数据计算得出的（计算公式见第 2 章）。关于该研究中试验和计算的更多信息详见文献[12]。另外，研究中也对这些柴油机的着火、碳烟和 NO_x 排放进行了预测，并与试验数据进行了对比，其结果将在 6.7 节中讨论。

表 6-1　柴油机规格和运行条件

参数	卡特彼勒	坦康	康明斯
（缸径/mm）×（行程/mm）	137.6×165.1	114.3×114.3	140.0×152.0
单缸排量/L	2.440	1.173	2.340
压缩比	15.1	16.0	10.0
喷油孔数量×（直径/mm）	6×0.259	8×0.180	8×0.203
喷雾角①/(°)	27.5	7.5	14.0
燃烧室形式	弱空气涡流	弱空气涡流	弱空气涡流
活塞凹坑形状	墨西哥帽形	墨西哥帽形	墨西哥帽形
进气压力/MPa	0.184	0.180	0.166
进气温度/K	310	334	423
进气门关闭角/(°)(CA)(ATDC)	-147	-140	-150
涡流比	1.0	1.0	1.0
发动机转速/r·min⁻¹	1600	1500	1200

（续）

参数	卡特彼勒	坦康	康明斯
试验用油	Amoco 特级 2 号	Amoco 特级 2 号	混合型(68% 七甲基壬烷和32% 十六烷,均为体积分数)
喷油系统	共轨式	柱塞式	康明斯 CELECT 系统
喷油压力/MPa	90	100(峰值)	84(峰值)
单缸每循环喷油量/g	0.1622	0.067	案例 1:0.0553 案例 2:0.1113
当量比	0.46	0.30	案例 1:0.25 案例 2:0.50
喷油持续期/(°)(CA)	21.5	25.0	16.0
喷射始点/(°)(CA)(ATDC)	−15.0, −11.0, −5.0	−10.5	−10.0

①　从气缸盖平面测量。

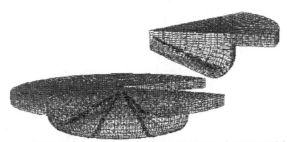

图 6-1　卡特彼勒柴油机在上止点位置的燃烧室几何形状和计算网格
（由凸起部分表示）的示意图（颗粒代表喷雾油滴）

图 6-2 展示了卡特彼勒柴油机的模拟结果。可以看到,随着喷油始点的变化,预测的缸压和放热率能够很好地吻合实测数据。模型常数没有进行逐例调整。放热率表示燃烧过程中放热量随时间的变化。放热率曲线中的两个峰值分别对应预混燃烧和扩散燃烧。在考虑气体湍流和层流火焰传播的情况下,CTC 模型可以比较准确定量地预测这两种燃烧模式,而单步全局阿伦尼乌斯平均反应速率模型则完全无法预测这些现象[12]。

需要注意的是,准确预测预混燃烧的着火时刻和预混燃烧量对燃烧计算的整体成功与否和排放计算的准确与否至关重要。只有很好地复现预混燃烧,即放热率曲线良好匹配,才能较好地吻合气缸压力。计算燃料的选择基于 C/H 比,计算结果对燃料所含总能量的变化不是特别敏感,对常见烃类燃料来说结果比较相近。但是,在数值模拟中,应当仔细检查燃烧过程释放的总能量。燃料释放的总能量通过对放热率（J/°）相对曲轴转角积分得到。实测和预测的放热率曲线下面的总面积必须保持一致。

图 6-3 给出了坦康柴油机的模拟结果。该发动机的活塞凹坑比卡特彼勒柴油

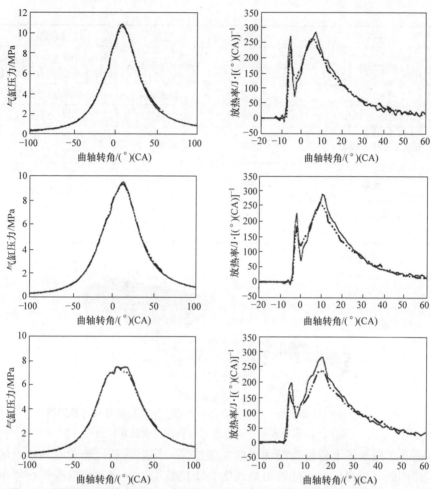

图 6-2 预测的（虚线表示）和实测的（实线表示）不同喷射定时下的气缸压力和
放热率（卡特彼勒柴油机）

注：图中从上至下喷油始点分别为 −15°、−11° 与 −5°（CA）（ATDC）。

机更浅，其排量也相对更小，喷雾更接近缸盖平面。在这种情况下，燃油喷雾的
雾化速度更快，且没有观察到过量的碰壁现象，仅有一些油滴碰撞到活塞表面较
远的一侧。在坦康柴油机中采用了柱塞式燃油喷射系统。结果表明，有必要将喷
雾破碎时间常数 B_1 从卡特彼勒柴油机案例的 60 调整为 40。常数 B_1 与喷油器的
喷嘴结构有关，且会随喷油器设计而改变，见 5.2.2 节。其它所有模型常数均与
上述卡特彼勒柴油机取值相同。同样地，在压力预测方面也取得了较好的吻合。
然而，模型没有很好地预测出预混燃烧的放热率峰值，这可能是由于喷雾蒸发和
自燃预测的综合误差所致。

  CTC 模型也用于模拟康明斯 N 系列柴油机。在模拟中，用十六烷（$C_{16}H_{34}$）

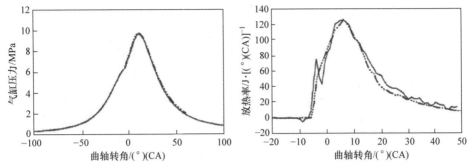

图 6-3　预测的（虚线表示）和实测的（实线表示）气缸压力和放热率（坦康柴油机）

来模拟柴油，同时相应修改了着火化学反应动力学参数。在该案例中，燃油喷雾靠近活塞燃烧室方向，但喷雾碰壁不明显。康明斯柴油机的喷雾破碎时间常数 B_1 采用了和坦康柴油机相同的值（即 40），并得到了良好的模拟结果。图 6-4 展示了表 6-1 中列出的两种不同负荷下缸压和放热率的计算值和实测值的对比结果。可以看到，预测和实测结果吻合较好。需要注意的是，在这两种工况下，必须根据试验用油（混合了 68% 的七甲基壬烷和 32% 的十六烷）的影响对着火模型常数进行经验调整，以最佳地匹配着火时刻。

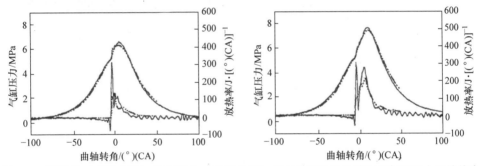

图 6-4　预测的（虚线表示）和实测的（实线表示）在两个发动机负荷下的气缸压力和放热率
（康明斯柴油机）

　　通过上述对多台柴油机在不同工况下的模型评估，验证了 CTC 模型对柴油燃烧具有良好的预测能力，这体现在对缸压和放热率的预测。这些发动机参数直接关系到发动机的性能和热效率。事实上，预测的碳烟和 NO_x 排放与试验结果也比较吻合，这表明对缸内温度的预测也比较准确，因为 NO_x 的生成对局部气体温度十分敏感，这部分内容将在 6.7 节中讨论。然而，正如 Kong 等所讨论的那样，一些少量的模型常数必须随着发动机的改变而进行调整才能获得良好的预测结果[12]。考虑到仅用一个简单的 CTC 模型来预测非常复杂的燃烧现象，这些调整就不足为奇了。

　　尽管上述 CTC 模型的效果不错，但也有人对模型提出了一些修改建议。例如，辛军等[46]认为模拟的组分同时接近其热力学平衡的假设存在疑问。相反，这些组分很可能以不同的速率或特征时间接近其平衡态局部密度，这取决于所涉及的反应和混合过程的性质。因此，对 CO 和 H_2 设置了更快的转化速率，或对最快的 CO 和 H_2 转化过程设置 $\tau_{c,CO} = \tau_{c,H_2} = 0.2\tau_{c,fuel}$。其研究表明，这种处理方式对计算出的全局宏观参数（如缸压和放热率）改变不大，但会改变局部化学反应，从而导致更高的温度分布，继而对 NO_x 和碳烟的预测产生实质性的影响。辛军等还考虑了废气再循环或残余气体对化学反应动力学的影响，并提出了层流时间尺度（式（6-6））下模型常数 A 与残余气体质量分数（包括 EGR）的相关公式，以及对式（6-5）中的比率 r 进行修正计算。经过对模型的修改，辛军等[46]成功地对表 6-1 中的卡特彼勒柴油机在六组不同工况下进行了预测，用以模拟美国联邦重型柴油机瞬态测试循环的六工况模式。在所有的六种工况下，计算的缸压和 NO_x 排放均与实测数据良好吻合，但对柴油机低负荷下的碳烟排放预测较差，这可能是由于忽略了可溶有机成分（Soluble Organic Fraction，SOF）在碳烟模型中的作用而导致的。

6.3　小火焰面方法

　　层流小火焰面集合的概念最早由 Williams[18] 提出，而 Peters[2, 22] 发展了其理论基础。湍流火焰可视为嵌入到非化学反应湍流中的薄反应扩散层（称为小火焰面）的集合体。小火焰面概念将湍流火焰视为湍流流场中局部一维的薄层流小火焰面结构的集合。

　　小火焰面模型着眼于火焰面的位置，而非反应标量本身。该位置定义为非反应标量的等值面，为此导出了与之匹配的场方程。对于非预混燃烧，混合气分数 Z 即是上述标量；对于预混燃烧，则引入了标量 G。在求解描述 Z 和 G 统计分布的方程后，即可使用小火焰面方程计算与火焰面垂直的反应标量的值。这些反应标量被假设附着在火焰面上，并在湍流流场中随着火焰面对流传输。

　　由于标量 Z 和 G 是非反应的，所以它们的输运方程不包含化学反应源项。因此，可以应用针对非反应标量的湍流模拟假设。从而，小火焰面模拟允许解耦详细化学反应动力学和湍流流体力学，同时保持化学反应动力学和分子输运之间紧密的局部耦合。小火焰面模型可适用于预混、非预混和部分预混燃烧。对于非预混火焰，该模型假设与混合气分数瞬时曲面平行的瞬态项和梯度项很小。因此通过假设所有组分的扩散系数相等，组分守恒方程就可以局部和瞬时地转化为定常层流小火焰面方程[22]。通过求解一维小火焰面方程，可以预先计算小火焰面结构。其计算结果存储在一张结构化表格内。根据混合气分数及其耗散率进行查表，可以确定组分的状态。组分的平均值通常可通过预设的 PDF 方法获得。该方法在柴油机燃烧中的应用可参阅相关文献[47-49]。

　　对于湍流预混火焰，假定 Lewis 数为 1 和一个无限薄的火焰结构，组分输运方程转化为一个单独的平衡方程，如 G 方程[20]。通过层流燃烧速度、表达湍流拉伸的修正因子以及火焰表面密度，可计算出反应速率。对于在分层混合气直喷汽油机中常见的部分预混湍流火焰，通常假设部分预混火焰是扩散火焰和预混火焰的组合，因此采用混合模型来对其模拟[50, 51]。

6.3.1　水平集 G 方程

　　G 方程小火焰面模型使用水平集方法跟踪火焰传播。Williams[26]首次提出了非反应标量 G 的层流火焰传播输运方程。Peters[2]随后将这种方法扩展到了湍流火焰。在 G 方程方法中，等值面 $G(\boldsymbol{x},t)=G_0$（G_0 通常设置为 0）定义了火焰前锋面，并将流场分为两个区域，即未燃区域（$G<G_0$）和已燃区域（$G>G_0$）。火焰的传播是由火焰峰前未燃混合气的流动速度 $\boldsymbol{v}_f$ 和垂直于火焰面的层流火焰速度 S_l 推动的。火焰位置 $\boldsymbol{x}_f$ 的变化率，即火焰传播速度为

$$\frac{\mathrm{d}\boldsymbol{x}_f}{\mathrm{d}t} = \boldsymbol{v}_f + \boldsymbol{n}S_l \tag{6-10}$$

法向矢量 $\boldsymbol{n}$ 定义为

$$\boldsymbol{n} = -\frac{\nabla G}{|\nabla G|} \tag{6-11}$$

则 G 的输运方程可导出为

$$\frac{\partial G}{\partial t} + \boldsymbol{v}_f \cdot \nabla G = S_l|\nabla G| \tag{6-12}$$

Peters[2]扩展了 G 方程以模拟湍流火焰，通过 Favre 平均，G 的均值 $\widetilde{G}$ 和脉动值 G'' 的方程为

$$\bar{\rho}\frac{\partial \widetilde{G}}{\partial t} + \bar{\rho}\,\widetilde{\boldsymbol{v}}_f \cdot \nabla \widetilde{G} = \overline{\rho_u}S_t^0|\nabla\widetilde{G}| - \bar{\rho}D_t\widetilde{\kappa}|\nabla\widetilde{G}| \tag{6-13}$$

$$\bar{\rho}\frac{\partial \widetilde{G''^2}}{\partial t} + \bar{\rho}\,\widetilde{\boldsymbol{v}}_f \cdot \nabla\widetilde{G''^2} = \nabla_\parallel \cdot (\overline{\rho_u}D_t\nabla_\parallel \widetilde{G''^2}) + 2\bar{\rho}D_t(\nabla\widetilde{G})^2 - c_s\bar{\rho}\frac{\widetilde{\varepsilon}}{\widetilde{k}}\widetilde{G''^2} \tag{6-14}$$

式中，$\widetilde{\boldsymbol{v}}_f$ 是流体速度；$\overline{\rho_u}$ 是未燃气体密度；$\bar{\rho}$ 是由 $G(x,t)=G_0=0$ 定义的湍流火焰平均位置处的气体密度；D_t 是湍流扩散系数；$\nabla_\parallel$ 是切向梯度算子；$\widetilde{k}$ 和 $\widetilde{\varepsilon}$ 分别是 $k-\varepsilon$ 湍流模型中的湍动能及其耗散率；$\widetilde{\kappa}$ 是火焰前锋面平均曲率，它可通过水平集函数 $\widetilde{G}$ 的形式表示为

189

$$\widetilde{\kappa} = \nabla \cdot \left(-\frac{\nabla \widetilde{G}}{|\nabla \widetilde{G}|} \right) \tag{6-15}$$

湍流燃烧速度 S_t^0 为

$$\frac{S_t^0}{S_l^0} = 1 - \frac{a_4 b_3^2}{2b_1} \frac{l}{l_F} + \left[\left(\frac{a_4 b_3^2}{2b_1} \frac{l}{l_F} \right)^2 + a_4 b_3^2 \frac{u'l}{s_l^0 l_F} \right]^{1/2} \tag{6-16}$$

式中，S_l^0 是二维非拉伸火焰的参考层流燃烧速度（火焰速度）。模型常数的取值为 $a_4 = 0.78$，$b_1 = 2.0$，$b_3 = 1.0$ 和 $c_s = 2.0$。湍流强度 $u' = \sqrt{2\widetilde{k}/3}$，$l$ 和 l_F 分别是湍流积分长度尺度和层流火焰厚度。湍流积分长度尺度可通过 $k - \varepsilon$ 模型计算。火焰厚度可由下式估算[52]：

$$l_F = \frac{(\lambda/c_p)_0}{\rho_u S_l^0} \tag{6-17}$$

在该方程中，导热系数 λ 和比热容 c_p 是在内层温度下计算的。

把上述 G 方程移植到 KIVA-3V 程序中时，考虑到 KIVA 程序中使用的任意拉格朗日-欧拉（Arbitrary Lagrangian-Eulerian，ALE）数值方法，G 方程对流项中的流动速度 $\widetilde{v_f}$ 由 $\widetilde{v}_f - v_{vertex}$ 代替，以包括运动网格节点的速度[21]，从而有

$$\overline{\rho} \frac{\partial \widetilde{G}}{\partial t} + \overline{\rho}(\widetilde{v}_f - v_{vertex}) \cdot \nabla \widetilde{G} = \overline{\rho_u} S_t^0 |\nabla \widetilde{G}| - \overline{\rho} D_t \widetilde{\kappa} |\nabla \widetilde{G}| \tag{6-18}$$

此外，Liang 和 Reitz 指出，式（6-16）针对的是完全发展的湍流火焰，当火花点燃火核从层流阶段进展到完全发展的湍流阶段时，引入一个进程变量 I_P 来模拟周围旋涡对火焰前锋面渐增的扰动作用[28]。因此，对于不稳定的湍流火焰，火焰速度方程改为

$$\frac{S_t^0}{S_l^0} = 1 + I_P \left\{ -\frac{a_4 b_3^2}{2b_1} \frac{l}{l_F} + \left[\left(\frac{a_4 b_3^2}{2b_1} \frac{l}{l_F} \right)^2 + a_4 b_3^2 \frac{u'l}{s_l^0 l_F} \right]^{1/2} \right\} \tag{6-19}$$

其中

$$I_P = \left[1 - \exp\left(-C_{m2} \frac{t - t_0}{\tau} \right) \right]^{1/2} \tag{6-20}$$

式中，t_0 是点火时刻。模型常数 C_{m2}（量级为 1.0）针对不同发动机可调，但对给定的发动机，其值应相同。

针对非拉伸的层流火焰速度 S_l^0，已有许多公式[53]。Liang 和 Reitz[28] 推荐了 Metgalchi 等的公式[54]：

$$S_l^0 = S_{l,ref}^0 \left(\frac{T_u}{T_{u,ref}} \right)^{\alpha} \left(\frac{P}{P_{ref}} \right)^{\beta} F_{dil} \tag{6-21}$$

式中，下标 ref 指的是 298K 和 0.1MPa 的参考状态；F_{dil} 是考虑混合气稀释影响的因子。与燃料类型无关的指数 α 和 β 和当量比 ϕ 关系如下：

$$\alpha = 2.18 - 0.8(\phi - 1)$$
$$\beta = -0.16 + 0.22(\phi - 1)$$

参考火焰速度为

$$S_{l,ref}^0 = B_M + B_2 (\phi - \phi_M)^2 \tag{6-22}$$

Liang 和 Reitz 给出了丙烷和异辛烷的 B_M、B_2 和 ϕ_M 值。然而，式（6-21）仅在 $0.6 < \phi < 1.7$ 时可用，该适用范围对分层混合气汽油机燃烧来说过窄。因此，Liang 和 Reitz[28] 对 Gülder 公式中的常数[55] 进行了修正，使之与试验数据更吻合，提出

$$S_{l,ref}^0 = \omega\phi^\eta \exp[-\xi(\phi - \sigma)^2] \tag{6-23}$$

其中，对异辛烷，常数取值为 $\omega = 26.9$，$\eta = 2.2$，$\xi = 3.4$，$\sigma = 0.84$。

由于内部残余气体和（或 EGR）引起的稀释对层流火焰速度有显著的影响，该影响由式（6-24）中的 F_{dil} 计入。一种适用于所有燃料类型的表达式[56] 为

$$F_{dil} = 1 - fY_{dil} \tag{6-24}$$

式中，Y_{dil} 是稀释物的质量分数；f 是由试验确定的常数，Liang 和 Reitz[28] 推荐取值为

$$\begin{cases} f = 2.1 + 1.33 \cdot Y_{dil}, & 0 < Y_{dil} < 0.2 \\ f = 2.5, & 0.2 < Y_{dil} < 0.476 \end{cases} \tag{6-25}$$

在火焰前锋经过后，平均火焰层中的混合气趋于局部和瞬时热力学平衡。据此可以计算出火焰前锋面上的组分转换率和相应的放热量。为了计算包含平均火焰前锋面的计算单元内的组分密度变化，Tan 和 Reitz[21] 在其研究中考虑了燃料、O_2、N_2、CO_2、H_2O、CO 和 H_2 等 7 种组分，并提出

$$\dot{\rho}_m^c = \rho(Y_{m,u} - Y_{m,b})\frac{A_{f,i}}{V_i}S_t^0 \tag{6-26}$$

式中，ρ 是单元 i 内混合气的平均密度；$Y_{m,u}$ 和 $Y_{m,b}$ 分别是未燃和已燃混合气内的组分 m 的质量分数（即该组分在计算单元内总质量的分数）；$A_{f,i}$ 是平均火焰前锋面积；V_i 是单元容积。

详细的数值算法可参阅相关文献[21]。当采用详细化学反应机理时，Liang 和 Reitz[28] 使用了一种修正的数值算法来处理由于大量中间产物组分引起的问题。

6.3.2　火花点燃发动机燃烧模拟

由威斯康星大学 ERC 的 Reitz 教授团队开发的 G 方程模型已大量地应用在发动机模拟中[21, 27, 28, 57-59]。其典型结果将在下文中讨论。

他们对一台由卡特彼勒柴油机改型的带有预混均质混合气的丙烷燃气发动机进行了模拟[21, 28]。发动机规格参数和运行条件见表 6-2。图 6-5 展示了点火正时和 EGR 的影响，图中比较了在不同点火时刻下缸压的实测值和计算值。总体

而言，模拟捕捉到了不同运行条件下的变化趋势，且预测值和实测值能够很好地定量吻合。当点火推迟时，缸内峰值压力降低。EGR率越高，层流火焰速度越慢，湍流火焰速度也越慢，从而在点火正时不变时降低了缸压。

表6-2 模拟的点燃式发动机规格参数和运行条件

发动机	卡特彼勒3400点燃式气体改型机
（缸径/mm）×（行程/mm）	137.2×165.1
压缩比	10.1
燃料	C_3H_8（丙烷）
当量比	化学计量
发动机转速/$r \cdot min^{-1}$	1000,1600,1900
进气门关闭角/(°)(CA)(ATDC)	−147.0
进气门关闭时气缸压力/MPa	0.051
点火正时/(°)(CA)(ATDC)	−10，−20，−30，−40
点火持续期/ms	2.0
EGR率(%)	0,5,10

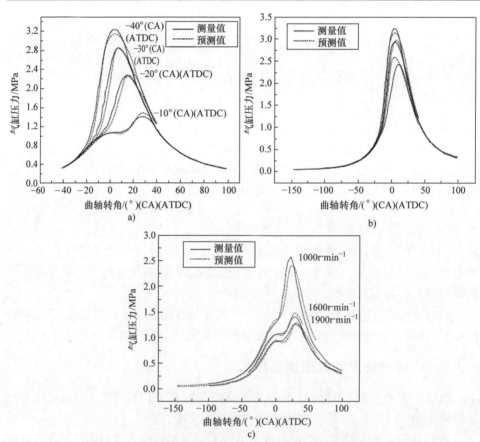

图6-5 点燃式燃气发动机预测与测量的气缸压力比较[21]

a）不同点火正时的影响（转速1600r·min^{-1}）

b）EGR率的影响（转速1600r·min^{-1}，点火时刻为−40°（CA）（ATDC））

c）发动机转速的影响（点火时刻为−10°（CA）（ATDC））

图 6-6（见彩插）展示了预测的火焰结构和温度等值图。图中显示了从发动机缸盖中间的火花塞开始的平均火焰前锋面的传播过程。黑色等值线表示平均火焰前锋的位置（$G_0 = 0$ 等值面）。针对化学反应，使用了 100 种组分、539 个反应的丙烷机理。可以看出，紧靠在湍流火焰前锋面后的气体温度在 2500K 以上，这与局部化学平衡温度近似相等。

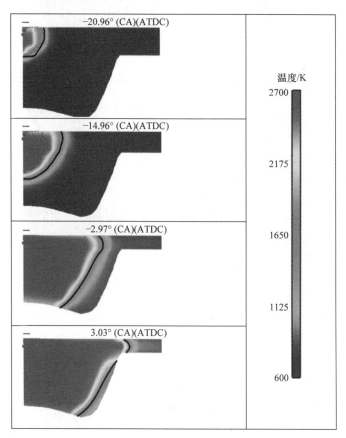

图 6-6　不同曲轴转角下的缸内温度等温线[28]

注：点火时刻为 -30°（CA）（ATDC）；图中黑色实线表示火焰前锋的位置。

图 6-7（见彩插）展示了在 -6°（CA）（ATDC）时预测的 C_3H_8（燃料）、CO_2、CO、OH、NO 和 NO_2 的缸内组分质量分数。在火焰前锋经过后，燃料分子被消耗掉，从而生成了 CO 和 CO_2。火焰前锋后的化学反应过程由 CO 氧化反应、$H_2 - O_2$ 系统反应和 NO_x 生成机理控制。如预期相同，NO 的质量分数在最高温度区域达到其峰值。大多数 NO_2 都在平均火焰前锋面之前产生。这是因为相对较低温度的燃烧条件有利于 NO_2 的生成。在该案例中，NO 是 NO_x 排放的主要成分，

其峰值质量分数比 NO_2 高出两个数量级。

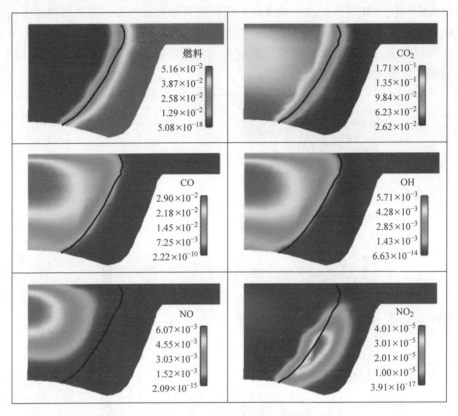

图 6-7 预测的组分质量分数[28]

注：图像时间为 $-6°$（CA）（ATDC），点火时刻为 $-30°$（CA）（ATDC）。

6.4 亚网格直接化学反应方法

6.4.1 方法描述

近年来，对汽油 HCCI 燃烧和柴油低温燃烧的研究推动了内燃机模拟中使用详细化学反应机理对燃烧现象的解析。例如，在 HCCI 燃烧中，燃油和空气预混后通过压缩着火的形式燃烧。然而，其混合气的燃油含量非常稀薄。尽管这些混合气通常太稀薄以至于不能支持火焰传播燃烧，但是当被活塞压缩至燃油自燃温度时，它们会在整个燃烧室体积内发生化学反应并整体燃烧。

为了模拟以化学反应动力学为主导的 HCCI 燃烧，湍流混合控制的燃烧模型就不适用了。而是假定每个计算单元体积整体放热，并将化学反应机理用于求解能量方程和组分守恒方程中的燃烧源项。上述方法在本书中称为亚网格直接化学反应（SGDC）方法。

通常，在化学反应求解器中求解刚性常微分方程组，该方程组控制反应中所涉及的化学组分的变化率。就包含 N 种组分和 n 个基元反应的方程组而言，其基元反应的一般形式写为

$$\sum_{k=1}^{N} v_{kj}' \chi_k \Leftrightarrow \sum_{k=1}^{N} v_{kj}'' \chi_k, j = 1, \cdots, n \tag{6-27}$$

式中，χ_k 表示第 k 个组分；v_{kj}' 和 v_{kj}'' 分别是反应物和生成物的摩尔化学计量系数。v_{kj}' 和 v_{kj}'' 对基元反应而言是整数，而对非基元反应而言是非整数。每个反应都满足元素和质量守恒。则有

$$\sum_{k=1}^{N} (v_{kj}' - v_{kj}'') W_k = 0 \tag{6-28}$$

式中，W_k 是第 k 个组分的分子量。对于化学反应动力学，用分子浓度 $[X_k] = \rho Y_k / W_k$ 计算第 j 个反应的反应率 $\dot{\omega}_j$，即

$$\dot{\omega}_j = K_{fj} \prod_{k=1}^{N} [X_k]^{v_{kj}'} - K_{rj} \prod_{k=1}^{N} [X_k]^{v_{kj}''} \tag{6-29}$$

式中，K_{fj} 和 K_{rj} 分别是第 j 个反应的正逆反应速率。通常使用阿伦尼乌斯经验公式来计算 K_{fj} 和 K_{rj}：

$$K_{fj} = A_{fj} T^{\beta_{fj}} \exp\left(-\frac{E_{fj}}{RT}\right) \tag{6-30}$$

$$K_{rj} = A_{rj} T^{\beta_{bj}} \exp\left(-\frac{E_{bj}}{RT}\right) \tag{6-31}$$

上式中，指数前因子 A_{fj} 和 A_{rj}、温度指数 β_{fj} 和 β_{bj} 以及活化能 E_{fj} 和 E_{bj} 由化学反应机理确定。通过平衡态常数，也可将逆反应速率与正反应速率关联：

$$K_{rj} = K_{fj} / K_{cj} \tag{6-32}$$

平衡态常数 K_{cj} 通过下式确定，即

$$K_{cj} = \left(\frac{p_{atm}}{RT}\right)^{\sum_{k=1}^{N} v_{kj}} \exp\left(\frac{\Delta S_j^0}{R} - \frac{\Delta H_j^0}{RT}\right) \tag{6-33}$$

式中，ΔS_j^0 和 ΔH_j^0 分别是第 j 个反应的比熵和比焓的变化量，其值为

$$\Delta S_j^0 = \sum_{k=1}^{N} v_{kj} S_k^0 \tag{6-34}$$

$$\Delta H_j^0 = \sum_{k=1}^{N} v_{kj} H_k^0 \tag{6-35}$$

随着反应率 $\dot{\omega}_j$ 的确定，得出了第 k 个组分的质量守恒方程（式（3-7））中的化

学反应源项：

$$\dot{\rho}_k^c = W_k \sum_{j=1}^{n} \upsilon_{kj} \dot{\omega}_j \qquad (6\text{-}36)$$

式中，υ_{kj} 是第 k 个组分的第 j 个反应的整体化学计量系数，即

$$\upsilon_{kj} = \upsilon_{kj}'' - \upsilon_{kj}' \qquad (6\text{-}37)$$

能量守恒方程（式（3-11））中的化学反应放热为

$$\dot{Q}^c = \sum_{j=1}^{n} \dot{\omega}_j \Delta H_j^0 \qquad (6\text{-}38)$$

上述基元反应动力学和平衡态反应方程组的求解非常复杂，且通常在 CFD 流体力学求解器以外求解。因此，在应用 SGDC 方法时，通常将 KIVA 等 CFD 程序与 CHEMKIN 集成在一起。CHEMKIN 是受到广泛应用的求解复杂化学反应动力学问题的软件工具。它最初是由美国 Sandia 国家实验室开发的，现已成为 ANSYS 软件工具包的一部分。已有许多研究者采用了上述软件集成方法，如 Kong 等[33]针对 HCCI 模拟开发了 KIVA3V – CHEMKIN 程序，Liang 等[57]针对点燃式发动机的爆燃预测开发了 KIVA3V – G – Equation – CHEMKIN 程序，以及李军成等[60]针对生物柴油燃烧开发了 KIVA3V – CHEMKIN 程序。

当 KIVA 等 CFD 程序与 CHEMKIN 集成时，其计算流程如图 6-8 所示。通过 CFD 程序对流场求解，而每个时间步长下计算单元 i 中的流体压力 p_i、温度 T_i 和组分质量分数 $Y_{i,k}$ 则传递给 CHEMKIN，由 CHEMKIN 基于化学反应机理计算组分质量分数的新状态 $Y_{i,k}'$ 和放热 q_i，最后将结果反馈给 CFD 单元 i。

在 SGDC 方法中，每个计算单元都被视为一个整体放热的"充分搅拌"的反应器。因此，燃烧模拟被假定由两部分构成：即流体力学和化学反应。流体力学求解流场的混合问题（动量、能量和组分分数）以及热力学状态，在网格节点上计算出平均压力、温度、组分和速度。化学反应求解组分浓度（是温度的函数）的变化以及单元内的平均放热量。因此，不再考虑亚网格湍流和化学反应的相互作用。显然，整体的模拟精度依赖于多种因素。第一，湍流模拟在求解的网格尺度上仍然很重要。虽然 RNG $k - \varepsilon$ 模型可以用于工程模拟，但通过 LES 模型可以改善湍流模拟。第二，化学反应机理的详细程度。虽然对于单一烃化合物的详细机理已经足够复杂，例如，典型的汽油代表燃料异辛烷的反应由 857 种组分和 3606 个基元反应构成[61]，但对发动机冷起动排放的研究已经表明了多组分燃料的重要性。对预测精度和计算步长的权衡迫使人们采用简化的化学反应机理。第三，由于单元"反应器"的性质，计算网格的尺寸起着显著的作用。显然，网格尺寸越小，可以解析的湍流流场细节就越多，热力场也是如此。Pomraning 等的网格尺寸敏感性研究[62]表明，为了实现 RANS 模拟的收敛，需要 10^{-4} m 的网格尺寸，这意味着如果细化当前普遍使用的 10^{-3} m 的网格尺寸，则

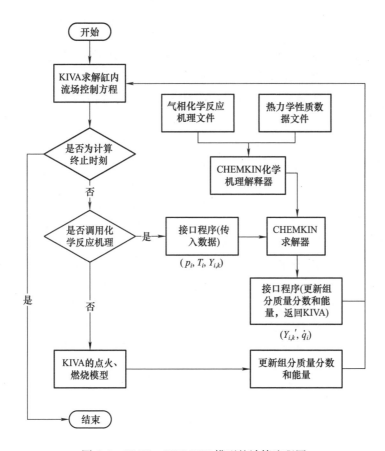

图 6-8　KIAV – CHEMKIN 模型的计算流程图

计算时长将增加 1000 倍，这可能是不可接受的。然而，SGDC 的一个优点是它为改善模拟精度指明了方向，即依赖于计算机能力的提高。期间，可以通过调节一些"旋钮"来达到满意的结果。这些"旋钮"包括具有较粗网格的 LES、简化的化学反应机理以及自适应网格加密等。

实际上，严格来说 SGDC 并不是一种新方法。在 6.1 节中简要讨论的平均反应速率模型就属于这种方法。区别在于，在平均反应速率模型中只采用一个或几个反应以及很少量的组分，而在目前的 SGDC 方法中一个完整的机理采用多达几千个反应和几百种组分。因此，前者可以看作是最简单的极端，而具有详细机理的后者可以看作是最复杂的极端。

虽然 SGDC 方法最初是针对 HCCI 燃烧研究开发的，但它已在点燃式汽油机、柴油机和替代燃料发动机等其它类型的燃烧（预混和非预混）中广泛使用[60,63,64]。其关键问题是在详细化学反应机理和试验数据的基础上采用简单

（或经过简化）的化学反应机理，这是因为详细化学反应机理对目前的发动机模拟并不实际。

研究者已开发出多种化学反应机理来描述不同燃料的氧化过程。汽油和柴油作为多组分燃料，其所有组分的机理尚未理清。为了简化这一问题，在简化化学反应模型中经常使用异辛烷和正庚烷作为代表性燃料，因为它们分别具有与汽油和柴油相似的化学反应特性。在大多数实际发动机模拟中，详细反应机理被简化为组分和基元反应数都低一个数量级的简化机理，简化方法将在 6.5 节中讨论。

6.4.2　均质压燃（HCCI）燃烧模拟

经过近二十年的深入研究，有关 HCCI 燃烧模型的文献已经大量发表。早期的研究工作集中在使用详细化学反应机理的模拟方法的开发上。混合气的自燃、燃油特性和热分层的影响是研究的重点，也对 NO_x、CO 和 HC 排放进行了模拟。作为示例，本节对 Kong 的工作[65]做讨论。

所研究的发动机是一款沃尔沃（Volvo）TD100 货车发动机，经过修改后可在 HCCI 模式下单缸运行。表 6-3 列出了发动机规格。燃油在进气门前约 30cm 的进气道位置处喷入进气道。进气由位于喷油器前的电加热器加热。试验中使用了两个不同的活塞，一个是碟形凹坑活塞，另一个是产生更强湍流的方形凹坑活塞。

表 6-3　HCCI 发动机规格

排量/cm^3	1600
（缸径/mm）×（行程/mm）	120.65×140
连杆长度/mm	260
压缩比	11.2
（进气门开启角/(°)(CA)(ATDC)）|（进气门关闭角/(°)(CA)(ABDC)）	5|13
（排气门开启角/(°)(CA)(BBDC)）|（排气门关闭角/(°)(CA)(BTDC)）	39|10
发动机转速/r·min⁻¹	1200
燃油/喷射形式	异辛烷/进气道喷射
当量比	0.4
进气压力/MPa	0.2（增压）
排气压力/MPa	0.23
估计的壁面温度/K	450（碟形凹坑活塞）
	460（方形凹坑活塞）

该研究使用了 CHEMKIN - KIVA 3V 程序。采用由 79 种组分和 398 个反应组

成的异辛烷化学反应机理来模拟低温和高温条件下的复杂化学反应。通过模拟不同初始条件和恒定压力下异辛烷的滞燃期，验证了该机理。在压缩过程中，混合气的温度和压力变化范围很广，在大多数情况下，自燃发生在低温化学反应中。化学反应很快转变为表征燃烧阶段的高温化学反应，随后混合气在很短的时间内完成燃烧。

为了缩短模拟时间，在碟形凹坑活塞情况下，计算采用了 0.5° 的扇形网格，在方形凹坑活塞情况下，采用了 90° 的扇形网格。模拟假设混合气均匀分布，并在进气门关闭（IVC）时刻开始计算。考虑燃油雾化、进气歧管和气缸内的传热以及进气和内部残余气体的混合，估算了 IVC 时刻的混合气初始温度。值得注意的是，初始温度的估计存在不确定性。而模拟结果表明燃烧的预测对初始温度非常敏感。

表 6-4 列出了发动机试验运行条件。需要注意的是，为了获得相同的着火时刻，碟形凹坑活塞情况下的试验进气温度比方形凹坑活塞情况下高出约 10K。图 6-9（见彩插）展示了案例 S1 和 D1 的结果。案例 S1 在 IVC 时刻使用 442K 的估算缸内初始温度，可以很好地预测着火时刻和燃烧持续期。值得注意的是，预测的着火前略高的缸压是由所谓的低温或"冷焰"化学反应引起的能量释放所致。试验结果显示，在方形凹坑活塞情况下，由于传热损失增加，燃烧持续期有所延长。对于这两个类似的案例（案例 D1 和案例 S1），该模型还预测到了相同的趋势。

表 6-4　HCCI 发动机试验运行条件

案例	进气温度/K	燃油供给率/g·s^{-1}	峰值放热率时刻/（°）（CA）
碟形凹坑活塞			
D1	430	0.6194	10.4
D3	451	0.6047	1.0
方形凹坑活塞			
S1	418	0.6487	10.8
S3	440	0.6246	0.8

注：案例代表符号取自原文献[65]。

在两种活塞形状下，着火几乎同时发生，但方形凹坑活塞情况下的峰值放热率较低，燃烧持续期也较长。由图 6-9 还可看出，方形凹坑活塞情况下的缸内气体平均温度峰值比碟形凹坑活塞下的略低。由于这两种情况下释放的总能量相同，因此认为上述差异是由于不同几何形状下壁面传热速率不同导致的。

该模型还用于模拟表 6-4 中的其它案例。图 6-10 展示了案例 D3 和 S3 的预测缸压和放热率与试验值有良好的一致性。可以看到，与图 6-9 中的案例相比，由于进气温度高出 20K，这两个案例下的自燃都会更早发生，从而导致峰值压力提前 10°（CA）出现，并且压力升高率也更大。此外，在试验和计算中都捕捉到了发动机性能对进气温度的敏感性。

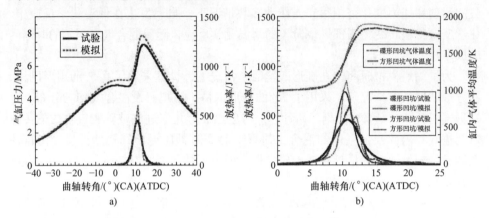

图 6-9　HCCI 发动机计算结果与试验结果比较[65]

a）案例 S1 的缸内压力和放热率　b）案例 S1 与 D1 的放热率和缸内气体平均温度

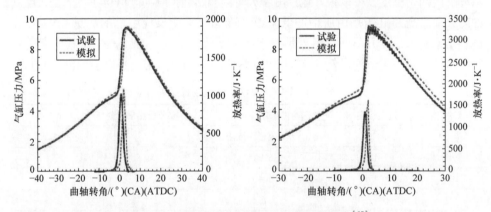

图 6-10　案例 S3 与 D3 的缸内压力和放热率[65]

图 6-11 对比了预测的 NO_x 排放和发动机的实测数据。模型计算出的 NO_x 数据是 NO 和 NO_2 的总和。NO_x 的预测也对初始温度非常敏感，其预测精度与燃烧的预测精度高度相关。结果表明，使用当前模型对缸压（即热力学状态）的准确预测非常有助于 NO_x 的预测。尽管存在与初始条件和 CFD 模型相关的不确定性，但该模型仍可以预测出燃烧和排放的趋势。该模型对模拟经验的要求不高，可以用与常规发动机燃烧模拟相同的方式进行。因此，可以使用该模型作为工具来探索不同发动机几何形状和工况下的 HCCI 燃烧，从而为发动机设计提供指导。

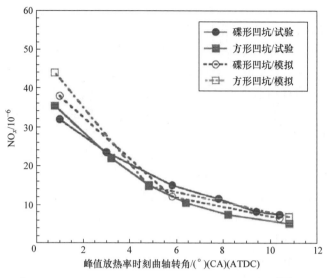

图 6-11　HCCI 发动机实测的与预测的 NO_x 排放[65]

6.5　化学反应动力学机理及简化

　　如前所述，需要采用详细的化学反应动力学来解析由化学反应主导的内燃机燃烧过程。当在燃烧模型中使用详细反应机理时，由于计算时间过长，通常无法在工程实践中的发动机模拟中实现。虽然使用了代表性燃料（即正庚烷代表柴油，异辛烷代表汽油），但代表燃料本身的详细机理也很复杂。例如，正庚烷的详细机理包括 561 种组分和 2539 个反应[66]，异辛烷的详细机理有 857 种组分和 3606 个反应[61]，代表生物柴油的癸酸甲酯（Methyl Decanoate，MD）的详细机理则有 2878 种组分和 8555 个反应[67]。化学反应动力学在组分和反应数量上的扩大在很大程度上与计算机能力的增加是并行的。当前代表燃料的反应机理规模在组分数上已超过了 10^3 的数量级，而在反应数上超过了 10^4 的数量级[68]。因此，小规模的简化机理是必要的，这些简化机理能够在宽广的条件下代表其对应的详细机理。

　　在过去几十年里，研究者们提出了很多机理简化方法[69, 70]，其中采用了不同的数值方法并强调不同侧重的物理和化学过程。每种方法的目的都是相同的，即识别并消除多余的组分和反应，从而生成更少组分数和反应数的简化机理（通常至少减少一个数量级），这些简化机理仍能在对应研究条件下复现相应详细机理的主要特征。

骨架机理简化通常是机理简化的第一步，通过敏感度分析[71,72]、主要成分分析[73,74]、Jacobian 分析和计算奇异摄动[75,76]、直接关系图（Directed Relation Graph，DRG）[77]和其它基于 DRG 的方法[78,79]，从详细机理中去除不重要的组分和反应。在骨架简化后，可以将其它方法应用于骨架机理，以进一步减小机理规模，例如通过集总法[80-82]对相关组分进行分组。

DRG 方法通过定向图来映射组分的耦合，从而根据选择的目标组分和可接受的误差阈值找出不重要的组分并去除掉。该方法已被证明是一种特别有效和可靠的简化大型反应机理的方法。特别是，DRG 方法基于反应速率和组分变化率分析，不涉及 Jacobian 矩阵计算和因式分解。因此，与大多数其它简化方法相比，它具有较低的简化成本。DRG 方法的进一步发展分为两个主要方向：①DRG辅助敏感度分析（DRG-aided Sensitivity Analysis，DRGASA）[83,84]，通过对未被 DRG 去除的组分进行敏感度分析以进一步简化机理；②带有误差传播的DRGEP（Directed Relation Graph with Error Propagation）[78]，其考虑了按定向图去除组分而引起的误差传播。

有学者提出了一种融合 DRGEP 和 DRGASA 主要功能的方法，即带有误差传播和敏感度分析的 DRG，并命名为 DRGEPSA[85]。DRGEPSA 首先使用 DRGEP 有效去除大量不重要的组分，然后再利用敏感度分析以进一步去除不重要的组分，从而在给定的误差范围内产生最佳的小骨架机理。因此，DRGEP 和 DRGASA的结合使得 DRGEPSA 方法能够克服二者各自的缺陷，特别是 DRGEP 不能识别所有不重要组分的问题以及 DRGASA 会使不重要组分免于被去除的问题。

在生物柴油发动机燃烧的研究中，李军成[86]提出了一种所谓的组团消除（Group Species Elimination，GSE）法来简化由劳伦斯利弗莫尔国家实验室（Lawrence Livermore National Laboratory，LLNL）提出的非常详细的癸酸甲酯（MD）化学反应机理。GSE 方法基于 DRGEPSA 方法，通过该方法从初始机理中同时去除了一组在强力敏感度分析（Brute-Force Sensitivity Analysis，BFSA）[83]中导致负误差系数或正误差系数的组分。与其它基于 BFSA 的组分消除方法相比，GSE 可以缩短机理简化的计算时间，因为它无须逐个删除不重要的组分，也无须每次都对诱发误差进行评估。下面对 GSE 方法的更多细节进行介绍。

GSE 简化流程首先始于利用详细化学反应机理模拟定容自燃过程。与其它简化方法一样，GSE 将滞燃期作为主要参数来评估所产生的简化机理的整体效果。此外，GSE 将累计放热量作为辅助参数，以防止由于反应途径变化而可能导致不完全放热的组分消除。GSE 和 DRGEPSA 的相同部分是使用 DRGEP 进行第一阶段的简化，不同的部分是在实施 BFSA 的第二阶段。李军成认为，DRGEPSA 中滞燃期的诱发误差 δ_k 的绝对值不能反映相对于参考机理的误差方向。因此，尽管一些组分的误差 δ_k 可能很小，但去除这些组分可能会导致滞燃期的偏差超出允许的最大限度。这可能就是 DRGEPSA 的作者提到的其在简化流程中会出现提前终止的原因[85]。

GSE 将强力敏感性系数定义为

$$e_{k,i} = \frac{\tau_{k-el,i} - \tau_{b,i}}{\tau_{b,i}} \times 100\% \tag{6-39}$$

式中，下标 i 表示第 i 个测试算例；$\tau_{k-el,i}$ 是在第 i 个算例中去除组分 k 的机理的滞燃期；$\tau_{b,i}$ 是初始机理的滞燃期。显然，$e_{k,i}$ 是相对于初始机理的误差。同理，累计放热量的强力敏感性系数定义为

$$eq_{k,i} = \frac{Q_{k-el,i} - Q_{b,i}}{Q_{b,i}} \times 100\% \tag{6-40}$$

式中，$Q_{k-el,i}$ 是在第 i 个算例中去除组分 k 的机理的累计放热量。

需要注意的是，$e_{k,i}$ 用于误差分析，而 $eq_{k,i}$ 则用作辅助参数，以防止由于反应途径变化而可能导致不完全放热的组分消除。经 DGREP 简化后的初始机理和详细机理之间的滞燃期误差为

$$E_{b,i} = \frac{\tau_{b,i} - \tau_{d,i}}{\tau_{d,i}} \times 100\% \tag{6-41}$$

式中，$\tau_{d,i}$ 是第 i 个测试算例中详细机理的滞燃期。

基于 $e_{k,i}$，将在误差范围内同时去除一组 $e_{k,i}$ 值有正有负的组分，因为这些组分的正负误差影响将会互相抵消。这就是 GSE 方法的主要思想。在此基础上，GSE 方法还给出了基于 $e_{k,i}$、$eq_{k,i}$ 和 $E_{b,i}$ 分析的机理简化流程。GSE 方法也被编程，形成了称为机理简化程序（Mechanism Reduction Code，MRC）的计算机程序，用于简化计算。简化流程和 MRC 的用法说明可参见相关文献[86]，为简洁起见，此处不再赘述。

GSE 方法已在各种测试算例中进行了评估，这里给出几个例子。它将包含857 种组分和3606 个反应的异辛烷详细化学反应机理[61]简化为了包含99 种组分和314 个反应的 SA99 简化机理。图 6-12（见彩插）展示了滞燃期的 SA99 机理计算值、详细机理计算值和激波管测量值[87,88]的对比。可以看到，SA99 机理在压力（p）为 1.520~4.154MPa、当量比（ϕ）为 0.5~2.0 以及温度（T）为650~1350K 的条件范围内与详细机理吻合得很好，最大误差为 -29.82%。当与实测值对比时，SA99 机理与详细机理的大部分偏差相同。这两种机理均在负温度系数（Negative Temperature Coefficient，NTC）区域显示出相对较大的误差，而在其它区域则显示出与实测值良好的一致性。

为了形成生物柴油代表燃料的简化机理，使用 GSE 方法分别简化正庚烷和癸酸甲酯的详细机理，并将这两个简化机理结合在一起。正庚烷的简化机理包含从 LLNL 详细机理[66]中的 561 种组分简化而来的 60 种组分，而癸酸甲酯的简化

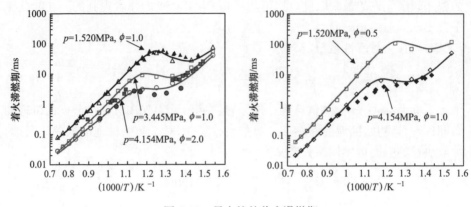

图 6-12　异辛烷的着火滞燃期
实线—详细机理　空心符号—SA99 机理　实心符号—激波管数据

机理包含从 LLNL 详细机理[67]中的 2878 种组分简化而来的 87 种组分。生物柴油代表燃料的最终机理（Bio111）包含了 111 种组分和 310 个反应[86]。图 6-13（见彩插）展示了该简化机理中的一个评估案例结果。将用 Bio111 机理计算的癸酸甲酯的滞燃期与激波管测量数据[89]进行比较，并在图中同时展示 LLNL 的癸酸甲酯机理的计算结果。可以看出，Bio111 机理与 LLNL 机理相吻合，并且可以很好地复现测量结果。

　　针对内燃机燃用各种燃料的多维燃烧模拟，研究者还提出了其它的燃料反应简化机理。例如，代表汽油的异辛烷的详细机理被简化为 195 种组分和 647 个反应[90]，以及 22 种组分和 42 个反应[57]；代表柴油的正庚烷的详细机理被简化为 34 种组分和 77 个反应[91]；正庚烷和丁酸甲酯的混合燃料的详细机理被简化为 56 种组分和 169 个反应[92]。简化机理的规模通常取决于所求解的问题。就计算时间而言，相对详细的机理可能更适合 RANS 模拟，而更加简化的机理可能更适合 LES 模拟。

　　另一方面，也已开展了加快化学反应求解过程的数值方法改进的研究[90,93]。其中一种改进方法被称为自适应多网格化学反应（Adaptive Multi-grid Chemistry，AMC）模型[90]。AMC 的基本思想是在发动机燃烧模拟中对热力学相似（压力、温度、组分构成）的单元进行分组，以减少对化学反应求解器的调用频率。由此，大大减少了需由化学反应求解器计算的单元数。在 AMC 方法中涉及两个关键步骤：①将符合条件的单元映射（分组）在一起，并结合化学反应求解器对分组后的单元进行求解；②将组群信息重新分配回各个单元，以便保持相关梯度函数。已经建立了相关具体的算法来完成这两个步骤。事实证明，AMC 模型在对 HCCI 和柴油机保持相同预测精度水平的同时，可将计算时间减少一个数量级。更多细节可参阅 Shi 等的著作[94]。

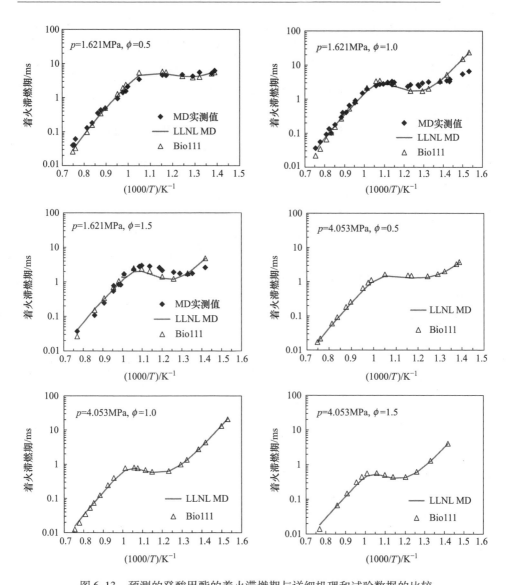

图 6-13 预测的癸酸甲酯的着火滞燃期与详细机理和试验数据的比较

6.6 点火和着火模型

6.6.1 火花点燃

在火花点燃发动机中,火焰由火花塞的放电引起。点火过程包括放电、等离子体击穿和激波传播。所有的现象都发生在很短的时间内（少于 10^{-6}s），并且发生在一个相对较小的区域（约 1mm 的火花塞间隙）内。在发动机模拟中求解该过程是不切实际的，因为计算网格的尺寸和时间步长都比这些现象发生时的尺度要大得多。因此，通常使用现象学模型来模拟对火核发展具有重要意义的火花点燃过程。

通过在火花持续时间内凭借经验向点火单元内添加能量，可以简单地模拟火花点燃[6]。但是，此方法对计算网格尺寸很敏感，且没有考虑周围流动和混合气状态的影响。有学者也提出了其它模型来考虑更多的点火物理现象[43,95-97]。Pyszczek 等[97] 使用了 4 个子模型来模拟火花过程中的火花路径变化历程、电路、温度扩散和点火延迟。范礼等[43] 重点关注了在火花塞电极间引发的早期火核的发展，并开发了 DPIK（Discrete Particle Ignition Kernel，离散粒子点火火核）模型，其中使用了一组拉格朗日粒子来表达火焰面。该模型的优点之一是大大降低了点火预测对数值网格尺寸的敏感度。Tan 和 Reitz[21] 在此基础上提出了一种改进模型，该模型考虑了火花放电能量以及湍流对火核发展的影响。

范礼等[43] 给出的火核半径 r_k 为

$$r_k = \left(\frac{T_{ad}}{T}S_l + \sqrt{2k/3}\right)(t-t_0) + r_0 \tag{6-42}$$

式中，T 是局部气体温度；T_{ad} 是绝热火焰温度；k 是湍动能；S_l 是层流火焰速度；$t-t_0$ 是从点火开始经历的时间；r_0 是初始火核尺寸，约为 $0.5\sim1.0$mm。

在推导改进的 DPIK 模型[21] 时，假设火核质量燃烧速率 dm_k/dt 与火核质量的增加有关，则

$$\frac{dm_k}{dt} = \rho_u A_k (S_t + S_{plasma}) \tag{6-43}$$

式中，ρ_u 是未燃气体密度；A_k 是火核表面面积；S_t 是湍流火焰速度；S_{plasma} 是所谓的等离子体速度，它是由火花放电能量产生的。S_t 与 S_{plasma} 之和被视为有效火核发展速度。从质量守恒出发，忽略对流和火核内压力升高的影响，得出粒子到火花塞的距离 r_k 为

$$\frac{dr_k}{dt} = \frac{\rho_u}{\rho_b}(S_t + S_{plasma}) \tag{6-44}$$

式中，ρ_b 是已燃气体密度。考虑到点火火核内的能量守恒，得出等离子体速度为

$$S_{plasma} = \frac{\dot{Q}_e \eta}{4\pi r_k^2 \rho_u (e_b - h_u + p/\rho_b)} \tag{6-45}$$

式中，$\dot{Q}_e$ 是火花电能释放率；η 是电能转换效率，约为 30%；e_b 和 h_u 分别是已燃混合气的内能和未燃混合气的比焓。

湍流火焰速度可以通过式（6-19）或其它公式计算，式中考虑了湍流应变和曲率对火核的影响。Tan 和 Reitz[21] 给出了层流和湍流火焰速度的更多细节。一旦点火火核超过与流场湍流积分长度尺度相关的临界半径，点火模型便会切换到燃烧模型。火核发展阶段的化学反应是基于所使用的燃烧模型来处理的，燃烧模型可以是 CTC 模型中的单步反应[43]，也可以用与 G 方程燃烧模型中火焰传播相同的方式处理。由于 G 场是由火核粒子的位置构成的，因此为化学反应放热计算提供了必要的信息[98]。

6.6.2　压缩着火

在柴油机中，当局部热力学和化学条件适宜时，就会发生压缩自燃，随后引发高温燃烧。在数值上，自燃着火不受亚网格尺度的湍流影响。因此，当使用 SGDC 方法时，着火会包含在化学反应动力学计算中。不过，相对简单的 Shell 着火模型[99] 已在 KIVA 程序中实现，以模拟柴油机着火，该模型可结合 CTC 燃烧模型使用以提高模拟的计算效率。Shell 模型最初是为点燃式汽油机的爆燃预测而开发的。Kong 等[12] 将其应用于 KIVA2 以模拟柴油机自燃，并取得了不错的结果。

Shell 模型包含 5 种组分和 8 个基于碳氢退变分支特征的反应。反应和组分如下：

$$RH + O_2 \rightarrow 2R^* \qquad\qquad K_q \qquad R1$$
$$R^* \rightarrow R^* + P + 热量 \qquad K_p \qquad R2$$
$$R^* \rightarrow R^* + B \qquad\qquad f_1 K_p \qquad R3$$
$$R^* \rightarrow R^* + Q \qquad\qquad f_4 K_p \qquad R4$$
$$R^* + Q \rightarrow R^* + B \qquad f_2 K_p \qquad R5$$
$$B \rightarrow 2R^* \qquad\qquad\qquad K_b \qquad R6$$
$$R^* \rightarrow 终止 \qquad\qquad\quad f_3 K_p \qquad R7$$
$$2R^* \rightarrow 终止 \qquad\qquad\quad K_t \qquad R8$$

在这些反应中，R1 是初始反应，R2 ~ R6 是链传播循环中的传播反应，R7 和 R8 是两个终止反应。RH 是烃类燃料（$C_n H_{2m}$），R^* 是由燃料形成的自由基，B 是分支介质，Q 是不稳定的中间产物，P 是氧化产物，其包括特定比例的 CO、CO_2 和 H_2O。K_q、K_p、K_b、K_t、f_1、f_2、f_3 和 f_4 的表达式均在阿伦尼乌斯方程式中，这些表达式和其它许多燃料的参数在相关文献[12] 中给出。

如前面所述，着火模型应用于柴油机模拟时，其适用于混合气温度低于 1000K 的任何时间和任何区域，以模拟低温化学反应。如果混合气温度高于 1000K 时，则激活燃烧模型（如 CTC 模型）以描述高温反应。

应用着火模型计算了着火滞燃期并与试验数据[100]进行了对比。计算使用十二烷（$C_{12}H_{26}$）来模拟试验所用的 2 号柴油，结果如图 6-14 所示。模型较好地反映了着火滞燃期随气体温度和压力的升高而缩短的规律。但是，随着环境压力的升高，当环境温度低于约 800K 时，模型与试验的差异增大。尽管如此，如 6.2.2 节中的模拟算例所示，Shell 模型及其在 KIVA 程序中的应用在柴油机着火模拟中显示出良好的效果。

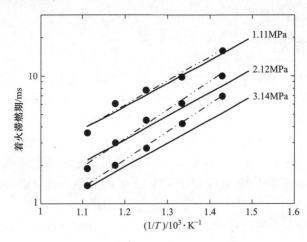

图 6-14　预测的（带有符号的虚线表示）与实测的（实线表示）柴油着火滞燃期比较

6.7　氮氧化物和碳烟排放的生成模型

随着污染物的排放法规越来越严格，不得不采用高成本的技术以减少燃烧过程中污染物的生成（例如高压喷射），并通过后处理装置减少排气尾管中的污染物排出量（例如 DPF 和 SCR）。因此，内燃机燃烧模拟的一个主要目标就是预测污染物生成并找到减少燃烧过程中污染物生成的方法。其中最受关注的是氮氧化物和碳烟颗粒。本节将讨论 NO_x 和碳烟生成模型。

内燃机中的 NO_x 生成机理已经比较清楚了。虽然一氧化氮（NO）和二氧化氮（NO_2）通常被统称为 NO_x 排放物，但一氧化氮是内燃机气缸内产生的主要氮氧化物。对于内燃机模拟，扩展的 Zel'dovich 机理[101]已被广泛用于预测 NO 排放。该机理包括以下反应：

$$N_2 + O \rightleftharpoons NO + N \tag{6-46}$$

$$N + O_2 \rightleftharpoons NO + O \tag{6-47}$$

$$N + OH \rightleftharpoons NO + H \tag{6-48}$$

前两个反应是由 Zel'dovich 针对从大气中的 N_2 生成 NO 而首先提出。这两个反应都具有较大的活化能，这导致 NO 的生成速率对温度具有很强的依赖性。第三个反应是由 Lavoie 等[102] 添加的，且其作用显著。

氢自由基在下述反应中达到局部平衡态：

$$O + OH \rightleftharpoons O_2 + H \qquad (6-49)$$

假设在速率方程中（由式（6-46）~式（6-48）得到）N 的生成是稳态的，即 $d[N]/dt = 0$，扩展的 Zel'dovich 机理可以给出 NO 的单一反应速率方程：

$$\frac{d[NO]}{dt} = 2K_{1f}[O][N_2]\left\{\frac{1 - [NO]^2/K_{12}[O_2][N_2]}{1 + K_{1b}[NO]/K_{2f}[O_2] + K_{3f}[OH]}\right\} \qquad (6-50)$$

式中，$K_{12} = (K_{1f}/K_{1b})(K_{2f}/K_{2b})$，下标 1、2、3 分别对应式（6-46）、式（6-47）和式（6-48）。O、OH、O_2 和 N_2 均假设为处于局部热力学平衡。反应速率的表达式可参见文献 [103]。

由于扩展的 Zel'dovich 机理仅涉及 NO 的生成，当使用代表更多组分的详细化学反应机理时，NO 和 NO_2 的生成反应可通过基于 GRI NO_x 机理的简化机理[104] 进行计算。该简化机理由以下反应组成：

$$\begin{aligned}
N + NO &\rightleftharpoons N_2 + O \\
N + O_2 &\rightleftharpoons NO + O \\
N_2O + O &\rightleftharpoons 2NO \\
N_2O + OH &\rightleftharpoons N_2 + HO_2 \\
N_2O + M &\rightleftharpoons N_2 + O + M \\
NO + HO_2 &\rightleftharpoons NO_2 + OH \\
NO + O + M &\rightleftharpoons NO_2 + M \\
NO_2 + O &\rightleftharpoons NO + O_2 \\
NO_2 + H &\rightleftharpoons NO + OH
\end{aligned} \qquad (6-51)$$

该模型已在内燃机模拟中得到应用，在 6.4.2 节中给出了它在 HCCI 燃烧模拟中应用的一个实例。

碳烟颗粒的排放非常复杂，关于碳烟生成的机理尚不完全清楚。关于碳烟生成的综述可参阅相关文献[103,105]。从概念上讲，在柴油机中，碳烟颗粒主要由燃油中的碳形成。其生成过程起始于 H/C 比约为 2 且包含 12~22 个碳原子的燃油分子，最终形成直径通常为 100nm 左右、由直径为 10~25nm 的微粒组成的颗粒。碳烟的生成发生在温度约 1600K 的燃烧喷雾中，以及局部过浓混合气中。在超过 1300K 的温度下，会引发快速聚合反应，从而导致生成多环芳烃（Polycyclic Aromatic Hydrocarbons，PAHs），PAHs 被认为是火焰中颗粒物的基本组分。

通常来说，碳烟的生成过程被认为具有两个阶段：第一是碳烟的生成，这一阶段中燃料分子通过部分氧化和（或）热解产物产生首批凝聚态物质；第二是颗粒的增长，包括表面生长、凝结和聚合。在碳烟的整个生成过程中，碳烟在前体物形成阶段、成核阶段和颗粒阶段均可能发生氧化。颗粒生成顺序中的最后一个过程是碳氢化合物的吸附和凝聚。该过程发生在缸内气体从发动机排出后，此时这些气体在排气系统中通过与空气混合而被稀释、冷却。

韩志玉等发现湿壁是影响直喷汽油机排烟水平的重要原因[106]。随后，该结论通过光学发动机的观测得到了证实[107,108]（参见 7.5 节）。因此，韩志玉等提出在直喷汽油机模拟中最大限度地避免燃烧室表面（包括活塞顶、缸套和气门表面）上的喷雾碰壁来减少发动机的碳烟排放[109]。在壁面引导分层混合气条件下运行的直喷汽油机中，碳烟排放的其它来源还可能是局部较浓的混合气和未完全蒸发的液态油滴燃烧。

在对碳烟生成机理的认识不断积累的同时，目前碳烟生成的经验模型仍广泛用于柴油机数值模拟。在这类模型中，只计算表征碳烟颗粒的总质量，其中碳烟或者直接由燃油蒸气或者由起始组分（前体物）生成。这类模型中最突出的例子是广安博之模型[110]和广安博之-NSC 模型[111]，它们被广泛应用于柴油机模拟中。广安博之两步碳烟模型考虑碳烟前体物生成和碳烟氧化，其中氧化阶段模型通常被 Nagle 和 Strickland-Constable 提出的 NSC 模型[112]所取代。有两个经验公式被用于计算碳烟生成和碳烟氧化。碳烟的净生成率由下式确定：

$$\frac{\mathrm{d}M_s}{\mathrm{d}t} = \frac{\mathrm{d}M_{sf}}{\mathrm{d}t} - \frac{\mathrm{d}M_{so}}{\mathrm{d}t} \tag{6-52}$$

碳烟的生成率为

$$\frac{\mathrm{d}M_{sf}}{\mathrm{d}t} = A_{sf}M_{fv}p^{0.5}\exp\left(-\frac{E_{sf}}{RT}\right) \tag{6-53}$$

式中，$A_{sf} = 40$；M_{fv} 是被视为碳烟前体物的燃油蒸气质量；p 是压力（bar）；E_{sf} 是活化能，$E_{sf} = 12500\mathrm{cal} \cdot \mathrm{mol}^{-1}$。

NSC 碳烟氧化率为

$$\frac{\mathrm{d}M_{so}}{\mathrm{d}t} = \frac{6M_c}{\rho_s D_s}M_s R_{ox} \tag{6-54}$$

式中，M_s 是碳烟质量；ρ_s 是碳烟密度；D_s 是碳烟颗粒直径；M_c 是碳分子量；R_{ox} 是反应速率，R_{ox} 为

$$R_{ox} = \left(\frac{K_A p_{O_2}}{1 + K_Z p_{O_2}}\right)x + K_B p_{O_2}(1 - x) \tag{6-55}$$

其中

$$x = \frac{p_{O_2}}{p_{O_2} + K_T/K_B} \tag{6-56}$$

式中，p_{O_2} 是氧气分压。模型参数为

$$K_A = 20.0\exp\left(-\frac{30000.0}{RT}\right)$$

$$K_B = 4.46 \times 10^{-3}\exp\left(-\frac{15200.0}{RT}\right)$$

$$K_T = 1.51 \times 10^5\exp\left(-\frac{97000.0}{RT}\right)$$

$$K_Z = 21.3\exp\left(-\frac{4100.0}{RT}\right)$$

式中，$R = 1.98\text{kcal} \cdot (\text{mol} \cdot \text{K})^{-1}$。在计算单元中，碳烟质量在一个时间步长 Δt 内的变化为

$$\Delta M_s = \left(\frac{\dot{M}_{sf}}{A_{sf}} - M_s\right)\left[1 - \exp(-A_{sf}\Delta t)\right] \tag{6-57}$$

当采用简单的反应模型（例如，CTC 模型）时，通常将燃油蒸气设为碳烟前体物。当采用详细化学反应模型时，其它组分诸如乙炔（C_2H_2）或苯（C_6H_6）也可用作碳烟前体物，只要它们被包含在化学反应机理中即可。Kong 等[104]使用了结合详细机理的两步碳烟模型，当反应开始时，燃油会快速耗尽并形成中间碳氢产物。因此，在碳烟模型中使用乙炔作为碳烟前体物，即在计算中不用 M_{fv}，而使用 $M_{C_2H_2}$。这是因为乙炔是烃类燃料中与碳烟生成最相关的组分。

现在，我们讨论模型预测的结果。图 6-15 展示了坦康柴油机（如 6.2.2 节所述，见表 6-1）中预测的缸内 NO 生成演变。该研究采用了 Shell 着火模型和 CTC 燃烧模型。计算的 NO 变化曲线与缸内组分分析试验数据[113]进行了对比。扩展的 Zel'dovich 机理可以很好地复现试验数据。但是，为了定量比较试验数据，不得不对 NO 生成速率使用 0.78 的比例因子[12]。此处产生的不一致可能不是由 NO 机理造成的，而很可能是由于对气体温度和混合过程求解不准确而导致的。

接下来，我们还将讨论在 6.2.2 节中提到的辛军等[46]对卡特彼勒柴油机 6 种工况模式下的排放预测，该研究采用了 Shell 着火模型和改进的 CTC 燃烧模型。图 6-16 给出了预测的 NO_x 和碳烟排放。柴油机及其工况信息同样在表 6-1 中给出。在所有 6 种工况下，计算的 NO_x 排放均与实测数据良好吻合。但是，使用广安博之两步模型对碳烟的预测结果却不太吻合，特别是在柴油机低负荷下。部分原因可能是由于在碳烟模型中忽略了可溶有机成分（SOF）的作用，另一部分原因也归结于未能精确解析流场和热力场细节。

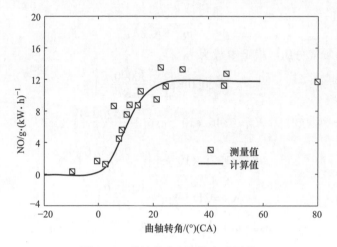

图 6-15 柴油机中 NO 的生成历程

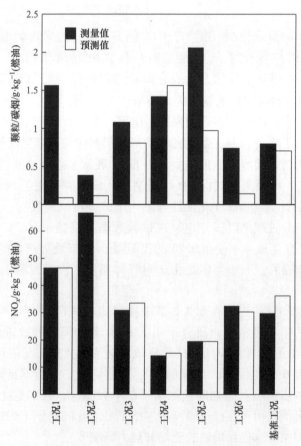

图 6-16 预测的与实测的 6 工况下的碳烟与 NO$_x$ 排放比较

Kong 等[104]通过使用更先进的计算模型对同样的卡特彼勒基础发动机进行了模拟。在该案例中，对低温（着火）和高温（扩散火焰）化学反应均采用了 KIVA3V – CHEMKIN 软件中的 SGDC 模型，该模型中还包含了正庚烷骨架反应机理（29 种组分和 52 个反应）。此外，采用了简化的 GRI NO_x 机理和广安博之两步碳烟模型。ERC 在喷雾和其它模型方面的改进也包括在内。模型和发动机条件的详细信息可参阅 Kong 等的文献[104]。

预测的碳烟和 NO_x（即 NO 和 NO_2 的总和）排放同样与实测数据进行了对比，如图 6-17（见彩插）所示。从图中可以看出，预测结果很好地捕捉到了碳烟和 NO_x 相对喷射始点（SOI）的总体趋势。有趣的是，当燃油靠近上止点喷射时，发动机的碳烟排放达到峰值，当 SOI 进一步推迟时，碳烟排放转而减少。该模型还正确地预测了不同 EGR 水平下进一步推迟喷射时刻造成的碳烟减少。

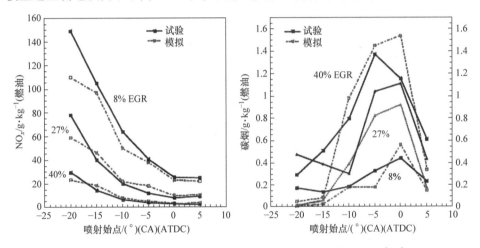

图 6-17　喷射始点和 EGR 率对发动机 NO_x 和碳烟排放的影响[104]

针对内燃机模拟，已开发出更先进的碳烟模型。Kazakov 和 Foster 的模型[114]同样具有经验性质，但其通过两个物理量来刻画碳烟，即碳烟质量分数和颗粒数（Particel Number，PN）。另一种方法是通过随机粒子来表示碳烟颗粒的尺寸分布，并使用蒙特卡罗法来模拟颗粒的生长和氧化[115]。Tao 等[116]建立了一种多步现象学碳烟模型，该模型考虑了碳烟的表面生长、起始与凝结、氧气和 OH 对碳烟的氧化以及氧气对碳烟前体物的氧化。

Vishwanathan 和 Reitz[117]开发了一种新的正庚烷简化反应机理，该机理包含了多环芳烃（PAHs）并将其用作碳烟生成前体物。在对壁面引导分层混合气直喷汽油机进行模拟时，Jiao 和 Reitz[118]在该模型上增加了更多的特性。当碳烟颗粒形成后，模型中就会包含乙炔（C_2H_2）和 PAHs（包括 1 ~ 4 环的芘）的碳烟颗粒表面生长，从而增大碳烟颗粒尺寸。该机理还考虑了氧气和 OH 自由基对碳烟的氧化作用。模拟结果表明，高碳烟排放在靠近壁面油膜的浓混合气区域形成，模拟结果成功地将碳烟生成与壁面油膜的油量相关联，试验结果也证实了这一点。

参 考 文 献

[1] REITZ R D, RUTLAND C J. Development and testing of diesel engine CFD models [J]. Progress in Energy and Combustion Science, 1995, 21 (2): 173 – 196.

[2] PETERS N. Turbulent combustion [M]. Cambridge: Cambridge University Press. 2000.

[3] HAWORTH D C. A review of turbulent combustion modeling for multidimensional in – cylinder CFD [J]. SAE Transactions, 2005, 114 (3): 899 – 928.

[4] REITZ R D, RUTLAND C J. Multidimensional simulation [M] //Crolla D A, Foster, D E, Kobayashi, T. Encyclopedia of Automotive Engineering. Chichester: John Wiley & Sons, 2014: 1 – 19.

[5] DIWAKAR R. Assessment of the ability of a multidimensional computer code to model combustion in a homogeneous – charge engine [J]. SAE Transactions, 1984, 93 (2): 85 – 108.

[6] AMSDEN A A, O'ROURKE P J, BUTLER T D. KIVA – II: A computer program for chemically reactive flows with sprays [R]. Los Alamos, NM, USA: Los Alamos National Laboratory, LA – 11560 – MS, 1989.

[7] TSAO K C, HAN Z. An exploratory study on combustion modeling and chamber design of natural gas engines [R]. SAE Technical Paper, 930312, 1993.

[8] REITZ R D, BRACCO F V. Global kinetics models and lack of thermodynamic equilibrium [J]. Combustion and Flame, 1983, 53 (1 – 3): 141 – 144.

[9] SPALDING D B. Mixing and chemical reaction in steady confined turbulent flames [C]// Symposium (International) on Combustion. Elsevier, 1971, 13 (1): 649 – 657.

[10] MAGNUSSEN B F, HJERTAGER B H. On mathematical modeling of turbulent combustion with special emphasis on soot formation and combustion [C]// Symposium (International) on Combustion. Elsevier, 1977, 16 (1): 719 – 729.

[11] ABRAHAM J, BRACCO F V, REITZ R D. Comparisons of computed and measured premixed charge engine combustion [J]. Combustion and Flame, 1985, 60 (3): 309 – 322.

[12] KONG S C, HAN Z, REITZ R D. The development and application of a diesel ignition and combustion model for multidimensional engine simulation [J]. SAE Transactions, 1995, 104 (3): 502 – 518.

[13] BRAY K N C, MOSS J B. A unified statistical model of the premixed turbulent flame [J]. Acta Astronautica, 1977, 4 (3 – 4): 291 – 319.

[14] BRAY K N C, LIBBY P A. Recent developments in BML model of premixed turbulent combustion [M] // Libby P A, Williams F A. Turbulent Reacting Flows. New York: Academic Press, 1994.

[15] MARBLE F E, BROADWELL J E. The coherent flame model for turbulent chemical reactions

［R］. Project SQUID, TRW - 9 - PU, 1977.

［16］DUCLOS J M, VEYNANTE D, POINSOT T. A comparison of flamelet models for premixed turbulent combustion ［J］. Combustion and Flame, 1993, 95 (1 - 2): 101 - 117.

［17］MUSCULUS M P, RUTLAND C J. Coherent flamelet mlodeling of diesel engine combustion ［J］. Combustion Science and Technology, 1995, 104 (4 - 6): 295 - 337.

［18］WILLIAMS F A. Recent advances in theoretical descriptions of turbulent diffusion flames ［M］// Murthy, S. N. B. Turbulent Mixing in Nonreactive and Reactive Flows. New York: Plenum Press, 1975: 189 - 208.

［19］WIRTH M, KELLER P, PETERS N. A flamelet model for premixed turbulent combustion in SI - engines ［J］. SAE Transactions, 1993, 102 (3): 2200 - 2213.

［20］DEKENA M, PETERS N. Combustion modeling with the G - equation ［J］. Oil & Gas Science and Technology, 1999, 54 (2): 265 - 270.

［21］TAN Z, REITZ R D. Modeling ignition and combustion in spark - ignition engines using a level set method ［J］. SAE Transactions, 2003, 112 (3): 1028 - 1040.

［22］PETERS N. Laminar diffusion flamelet models in non - premixed turbulent combustion ［J］. Progress in Energy and Combustion Science, 1984, 10 (3): 319 - 339.

［23］PITSCH H, WAN Y P, PETERS N. Numerical investigation of soot formation and oxidation under diesel engine conditions ［J］. SAE Transactions, 1995, 104 (4): 938 - 949.

［24］PITSCH H, BARTHS H, PETERS N. Three - dimensional modeling of NO_x and soot formation in DI - diesel engines using detailed chemistry based on the interactive flamelet approach ［J］. SAE Transactions, 1996, 105 (4): 2010 - 2024.

［25］SETHIAN J A. Level set methods and fast marching methods ［M］. Cambridge: Cambridge university press, 1999.

［26］WILLIAMS F A. Turbulent combustion ［M］//Buckmaster J. The Mathematics of Combustion. Philadelphia: Society for Industrial and Applied Mathematics, 1985: 97 - 131.

［27］TAN Z, REITZ R D. Development of a universal turbulent combustion model for premixed and direct injection spark/compression ignition engines ［R］. SAE Technical Paper, 2004 - 01 - 0102, 2004.

［28］LIANG L, REITZ R D. Spark ignition engine combustion modeling using a level set method with detailed chemistry ［R］. SAE Technical Paper, 2006 - 01 - 0243, 2006.

［29］POPE S B. PDF methods for turbulent reactive flows ［J］. Progress in Energy and Combustion Science, 1985, 11 (2): 119 - 192.

［30］POPE S B. Turbulent flows ［M］. Cambridge: Cambridge University Press, 2000.

［31］HAWORTH D C. Progress in probability density function methods for turbulent reacting flows ［J］. Progress in Energy and Combustion Science, 2010, 36 (2): 168 - 259.

［32］KEE R J, RUPLEY F M, MILLER J A. Chemkin - II: A fortran chemical kinetics package for the analysis of gas - phase chemical kinetics ［R］. Livermore, CA, USA: Sandia National Laboratory, SAND89 - 8009, 1989.

[33] KONG S C, MARRIOTT C D, REITZ R D, et al. Modeling and experiments of HCCI engine combustion using detailed chemical kinetics with multidimensional CFD [J]. SAE Transactions, 2001, 110 (3): 1007 – 1018.

[34] SENECAL P K, POMRANING E, RICHARDS K J, et al. Multi – dimensional modeling of direct – injection diesel spray liquid length and flame lift – off length using CFD and parallel detailed chemistry [J]. SAE Transactions, 2003, 112 (3): 1331 – 1351.

[35] AMSDEN A A. KIVA – 3V: A block – structured KIVA program for engines with vertical or canted valves [R]. Los Alamos, NM, USA: Los Alamos National Laboratory, LA – 13313 – MS, 1997.

[36] RICHARDS K J, SENECAL P K, POMRANING E. CONVERGE Manual (v2. 4) [Z]. Convergent Science Inc. , 2017.

[37] KLIMENKO A Y, BILGER R W. Conditional moment closure for turbulent combustion [J]. Progress in Energy and Combustion Science, 1999, 25 (6): 595 – 687.

[38] SEO J, LEE Y, HAN I, et al. Extended CMC model for turbulent spray combustion in a diesel engine [R]. SAE Technical Paper, 2008 – 01 – 2411, 2008.

[39] WRIGHT Y M, BOULOUCHOS K, DE PAOLA G, et al. Multi – dimensional conditional moment closure modelling applied to a heavy – duty common – rail diesel engine [J]. SAE International Journal of Engines, 2009, 2 (1): 714 – 726.

[40] RUTLAND C J. Large – eddy simulations for internal combustion engines – a review [J]. International Journal of Engine Research, 2011, 12 (5): 421 – 451.

[41] REITZ R D, KUO T. Modeling of HC emissions due to crevice flows in premixed – charge engines [J]. SAE Transactions, 1989, 98 (4): 922 – 939.

[42] HAMPSON G J, XIN J, LIU Y, et al. Modeling of NO_x emissions with comparison to exhaust measurements for a gas fuel converted heavy – duty diesel engine [J]. SAE Transactions, 1996, 105 (4): 1503 – 1517.

[43] FAN L, LI G, HAN Z, et al. Modeling Fuel Preparation and Stratified Combustion in a Gasoline Direct Injection Engine [J]. SAE Transactions, 1999, 106 (3): 105 – 119.

[44] HAN Z, REITZ R D. Turbulence modeling of internal combustion engines using RNG k–ε models [J]. Combustion Science and Technology, 1995, 106 (4 – 6): 267 – 295.

[45] REITZ R D. Modeling atomization processes in high – pressure vaporizing sprays [J]. Atomisation Spray technology, 1987, 3 (4): 309 – 337.

[46] XIN J, MONTGOMERY D, HAN Z, et al. Multidimensional modeling of combustion for a six – mode emissions test cycle on a DI diesel engine [J]. Journal of Engineering for Gas Turbines and Power, 1997, 119 (3): 683 – 691.

[47] LEE D, RUTLAND C J. Probability density function combustion modeling of diesel engines [J]. Combustion Science and Technology, 2002, 174 (10): 19 – 54.

[48] HU B, RUTLAND C J. Flamelet modeling with LES for diesel engine simulations [R]. SAE Technical Paper, 2006 – 01 – 0058, 2006.

[49] PAULS C, GRÜNEFELD G, VOGEL S, et al. Combined simulations and OH – chemilumines-cence measurements of the combustion process using different fuels under diesel – engine like conditions [J]. SAE Transactions, 2007, 116 (4): 1 – 17.

[50] HAWORTH D C. A probability density function/flamelet method for partially premixed turbulent combustion [C] // Proceedings of the summer program, 2000: 145 – 156.

[51] HU B, JHAVAR R, SINGH S, et al. LES modeling of Diesel combustion under partially premixed and non – premixed conditions [R]. SAE Technical Paper, 2007.

[52] GÖTTGENS J, MAUSS F, PETERS N. Analytic approximations of burning velocities and flame thicknesses of lean hydrogen, methane, ethylene, ethane, acetylene, and propane flames [C] // Symposium (International) on Combustion. Elsevier, 1992, 24 (1): 129 – 135.

[53] AMIRANTE R, DISTASO E, TAMBURRANO P, et al. Laminar flame speed correlations for methane, ethane, propane and their mixtures, and natural gas and gasoline for spark – ignition engine simulations [J]. International Journal of Engine Research, 2017, 18 (9): 951 – 970.

[54] METGHALCHI M, KECK J C. Burning velocities of mixtures of air with methanol, isooctane, and indolene at high pressure and temperature [J]. Combustion and Flame, 1982, 48: 191 – 210.

[55] GÜLDER Ö L. Correlations of laminar combustion data for alternative SI engine fuels [R]. SAE Technical Paper, 841000, 1984.

[56] METGHALCHI M, KECK J. Burning velocities of methanol, ethanol and iso – octane – air mixtures [C] // 19th Symposium (International) on Combustion, 1983: 275.

[57] LIANG L, REITZ R D, IYER C O, et al. Modeling knock in spark – ignition engines using a G – equation combustion model incorporating detailed chemical kinetics [R]. SAE Technical Paper, 2007 – 01 – 0165, 2007.

[58] SINGH S, REITZ R D, WICKMAN D, et al. Development of a hybrid, auto – lgnition/flame – propagation model and validation against engine experiments and flame liftoff [J]. SAE Transactions, 2007, 116 (3): 176 – 194.

[59] YANG S, REITZ R D. Improved combustion submodels for modelling gasoline engines with the level set G equation and detailed chemical kinetics [J]. Proceedings of the Institution of Mechanical Engineers, Part D: Journal of Automobile Engineering, 2009, 223 (5): 703 – 726.

[60] LI J, HAN Z, SHEN C, et al. A study on biodiesel NO_x emission control with the reduced chemical kinetics model [J]. Journal of Engineering for Gas Turbines and Power, 2014, 136 (10): 101505.

[61] CURRAN H J, GAFFURI P, PITZ W J, et al. A comprehensive modeling study of iso – octane oxidation [J]. Combustion and Flame, 2002, 129 (3): 253 – 280.

[62] POMRANING E, RICHARDS K, SENECAL P K. Modeling turbulent combustion using a RANS model, detailed chemistry, and adaptive mesh refinement [R]. SAE Technical Paper,

2014 – 01 – 1116, 2014.

[63] SINGH S, REITZ R D, MUSCULUS M P B. Comparison of the characteristic time (CTC), representative interactive flamelet (RIF), and direct integration with detailed chemistry combustion models against optical diagnostic data for multi – mode combustion in a heavy – duty DI diesel engine [J]. SAE Transactions, 2006, 115 (3): 61 – 82.

[64] RA Y, LOEPER P, REITZ R, et al. Study of high speed gasoline direct injection compression ignition (GDICI) engine operation in the LTC regime [J]. SAE International Journal of Engines, 2011, 4 (1): 1412 – 1430.

[65] KONG S C. Simulation of low temperature combustion in engines [M] // Handbook of Combustion: Online. Wiley Online Library, 2010: 35 – 52.

[66] CURRAN H J, GAFFURI P, PITZ W J, et al. A comprehensive modeling study of n – heptane oxidation [J]. Combustion and Flame, 1998, 114 (1): 149 – 177.

[67] HERBINET O, PITZ W J, WESTBROOK C K. Detailed chemical kinetic oxidation mechanism for a biodiesel surrogate [J]. Combustion and Flame, 2008, 154 (3): 507 – 528.

[68] CURRAN H J. Developing detailed chemical kinetic mechanisms for fuel combustion [J]. Proceedings of the Combustion Institute, 2019, 37 (1): 57 – 81.

[69] LU T, LAW C K. Toward accommodating realistic fuel chemistry in large – scale computations [J]. Progress in Energy and Combustion Science, 2009, 35 (2): 192 – 215.

[70] ZHEN X, WANG Y, LIU D. An overview of the chemical reaction mechanisms for gasoline surrogate fuels [J]. Applied Thermal Engineering, 2017, 124: 1257 – 1268.

[71] TOMLIN A S, PILLING M J, TURÁNYI T, et al. Mechanism reduction for the oscillatory oxidation of hydrogen: Sensitivity and quasi – steady – state analyses [J]. Combustion and Flame, 1992, 91 (2): 107 – 130.

[72] TURANYI T. Sensitivity analysis of complex kinetic systems. Tools and applications [J]. Journal of Mathematical Chemistry, 1990, 5 (3): 203 – 248.

[73] VAJDA S, VALKO P, TURANYI T. Principal component analysis of kinetic models [J]. International Journal of Chemical Kinetics, 1985, 17 (1): 55 – 81.

[74] VAJDA S, TURANYI T. Principal component analysis for reducing the Edelson – Field – Noyes model of the Belousov – Zhabotinskii reaction [J]. The Journal of Physical Chemistry, 1986, 90 (8): 1664 – 1670.

[75] TURANYI T. Reduction of large reaction mechanisms [J]. New journal of chemistry (1987), 1990, 14 (11): 795 – 803.

[76] VALORANI M, CRETA F, GOUSSIS D A, et al. An automatic procedure for the simplification of chemical kinetic mechanisms based on CSP [J]. Combustion and Flame, 2006, 146 (1 – 2): 29 – 51.

[77] LU T, LAW C K. A directed relation graph method for mechanism reduction [J]. Proceedings of the Combustion Institute, 2005, 30 (1): 1333 – 1341.

[78] PEPIOT – DESJARDINS P, PITSCH H. An efficient error – propagation – based reduction

method for large chemical kinetic mechanisms [J]. Combustion and Flame, 2008, 154 (1 - 2):67 - 81.

[79] SUN W, CHEN Z, GOU X, et al. A path flux analysis method for the reduction of detailed chemical kinetic mechanisms [J]. Combustion and Flame, 2010, 157 (7): 1298 - 1307.

[80] AHMED S S, MAUß F, MORÉAC G, et al. A comprehensive and compact n - heptane oxidation model derived using chemical lumping [J]. Physical Chemistry Chemical Physics, 2007, 9 (9): 1107 - 1126.

[81] LI G, RABITZ H, TÓTH J. A general analysis of exact nonlinear lumping in chemical kinetics [J]. Chemical Engineering Science, 1994, 49 (3): 343 - 361.

[82] RANZI E, DENTE M, GOLDANIGA A, et al. Lumping procedures in detailed kinetic modeling of gasification, pyrolysis, partial oxidation and combustion of hydrocarbon mixtures [J]. Progress in Energy and Combustion Science, 2001, 27 (1): 99 - 139.

[83] ZHENG X L, LU T F, LAW C K. Experimental counterflow ignition temperatures and reaction mechanisms of 1, 3 - butadiene [J]. Proceedings of the Combustion Institute, 2007, 31 (1): 367 - 375.

[84] LU T, LAW C K. Strategies for mechanism reduction for large hydrocarbons: n - heptane [J]. Combustion and Flame, 2008, 154 (1 - 2): 153 - 163.

[85] NIEMEYER K E, SUNG C - J, RAJU M P. Skeletal mechanism generation for surrogate fuels using directed relation graph with error propagation and sensitivity analysis [J]. Combustion and Flame, 2010, 157 (9): 1760 - 1770.

[86] 李军成. 生物柴油化学反应机理模型及燃烧分析应用的研究 [D]. 长沙: 湖南大学, 2014.

[87] FIEWEGER K, BLUMENTHAL R, ADOMEIT G. Shock - tube investigations on the self - ignition of hydrocarbon - air mixtures at high pressures [C] // Symposium (International) on Combustion. Elsevier, 1994, 25 (1): 1579 - 1585.

[88] FIEWEGER K, BLUMENTHAL R, ADOMEIT G. Self - ignition of SI engine model fuels: A shock tube at high pressure [J]. Combustion and Flame, 1997, 109 (4): 599 - 619.

[89] WANG W, OEHLSCHLAEGER M A. A shock tube study of methyl decanoate autoignition at elevated pressures [J]. Combustion and Flame, 2012, 159 (2): 476 - 481.

[90] SHI Y, GE H W, BRAKORA J L, et al. Automatic chemistry mechanism reduction of hydrocarbon fuels for HCCI engines based on DRGEP and PCA methods with error control [J]. Energy & Fuels, 2010, 24 (3): 1646 - 1654.

[91] PATEL A, KONG S, REITZ R D. Development and validation of a reduced reaction mechanism for HCCI engine simulations [R]. SAE Technical Paper, 2004 - 01 - 0558, 2004.

[92] BRAKORA J L, REITZ R D. Investigation of NO_x predictions from biodiesel - fueled HCCI engine simulations using a reduced kinetic mechanism [R]. SAE Technical Paper, 2010 - 01 - 0577, 2010.

[93] LIANG L, STEVENS J G, FARRELL J T. A dynamic adaptive chemistry scheme for reactive

flow computations [J]. Proceedings of the Combustion Institute, 2009, 32 (1): 527 – 534.

[94] SHI Y, GE H W, REITZ R D. Computational optimization of internal combustion engines [M]. London: Springer, 2011.

[95] DUCLOS J M, COLIN O. Arc and kernel tracking ignition model for 3D spark ignition engine calculations [C] // Diagnostics and Modeling of Combustion in Internal Combustion Engines. COMODIA 2001, July 1 – 4, 2001, Nayoga. 343 – 350.

[96] DAHMS R, FANSLER T D, DRAKE M C, et al. Modeling ignition phenomena in spray – guided spark – ignited engines [J]. Proceedings of the Combustion Institute, 2009, 32 (2): 2743 – 2750.

[97] PYSZCZEK R, HAHN J, PRIESCHING P, et al. Numerical modeling of spark ignition in internal combustion engines [J]. Journal of Energy Resources Technology, 2020, 142 (2): 022202.

[98] TAN Z, REITZ R D. An ignition and combustion model based on the level – set method for spark ignition engine multidimensional modeling [J]. Combustion and Flame, 2006, 145 (1 – 2):1 – 15.

[99] HALSTEAD M P, KIRSCH L J, QUINN C P. The autoignition of hydrocarbon fuels at high temperatures and pressures—Fitting of a mathematical model [J]. Combustion and Flame, 1977, 30: 45 – 60.

[100] IGURA S, KADOTA T, HIROYASU H. Spontaneous ignition delay of fuel sprays in high pressure gaseous environment [J]. Transactions of the Japan Society of Mechanical Engineers, 1975, 41 (345): 1559 – 1566.

[101] HEYWOOD J B. Pollutant formation and control in spark – ignition engines [J]. Progress in Energy and Combustion Science, 1976, 1 (4): 135 – 164.

[102] LAVOIE G A, HEYWOOD J B, KECK J C. Experimental and theoretical study of nitric oxide formation in internal combustion engines [J]. Combustion Science and Technology, 1970, 1 (4): 313 – 326.

[103] HEYWOOD J B. Internal combustion engine fundamentals [M]. 2nd ed. New York: McGraw – Hill Education, 2018.

[104] KONG S C, SUN Y, RIETZ R D. Modeling diesel spray flame liftoff, sooting tendency, and NO_x emissions using detailed chemistry with phenomenological soot model [J]. Journal of Engineering for Gas Turbines and Power, 2007, 129 (1): 245 – 251.

[105] KITTELSON D, KRAFT M. Particle formation and models [M] //Crolla D, Foster D E, Kobayashi T, et al. Encyclopedia of Automotive Engineering. Chichester: John Wiley & Sons, 2014: 1 – 23.

[106] HAN Z, YI J, TRIGUI N. Stratified mixture formation and piston surface wetting in a DISI engine [R]. SAE Technical Paper, 2002 – 01 – 2655, 2002.

[107] WOOLDRIDGE S, LAVOIE G, WEAVER C. Convection path for soot and hydrocarbon emissions from the piston bowl of a stratified charge direct injection engine [C] // Proceedings of

the Third Joint Meeting of the US Sections of the Combustion Institute 2003, Chicago.

[108] DRAKE M C, FANSLER T D, SOLOMON A S, et al. Piston fuel films as a source of smoke and hydrocarbon emissions from a wall – controlled spark – ignited direct – injection engine [J]. SAE Transactions, 2003, 112 (3): 762 – 783.

[109] HAN Z, WEAVER C, WOOLDRIDGE S, et al. Development of a new light stratified – charge DISI combustion system for a family of engines with upfront CFD coupling with thermal and optical engine experiments [J]. SAE Transactions, 2004, 113 (3): 269 – 293.

[110] HIROYASU H, KADOTA T. Models for combustion and formation of nitric oxide and soot in direct Injection diesel engines [J]. SAE Transactions, 1976, 85 (1): 513 – 526.

[111] PATTERSON M A, KONG S C, HAMPSON G J, et al. Modeling the effects of fuel injection characteristics on diesel engine soot and NO_x emissions [J]. SAE Transactions, 1994, 103 (3): 836 – 852.

[112] NAGLE J, STRICKLAND – CONSTABLE, R F. Oxidation of carbon between 1000 – 2000℃ [C] // Proceedings of the Fifth Carbon Conference, London, England. Pergammon Press, 1962, 1: 154.

[113] DONAHUE R J, BORMAN G L, BOWER G R. Cylinder – averaged histories of nitrogen oxide in a DI diesel with simulated turbocharging [J]. SAE Transactions, 1994, 103 (4): 1789 – 1801.

[114] KAZAKOV A, FOSTER D E. Modeling of soot formation during DI diesel combustion using a multi – step phenomenological model [J]. SAE Transactions, 1998, 107 (4): 1016 – 1028.

[115] BALTHASAR M, KRAFT M. A stochastic approach to calculate the particle size distribution function of soot particles in laminar premixed flames [J]. Combustion and Flame, 2003, 133 (3): 289 – 298.

[116] TAO F, FOSTER D E, REITZ R D. Soot structure in a conventional non – premixed diesel flame [J]. SAE Transactions, 2006, 115 (4): 24 – 40.

[117] VISHWANATHAN G, REITZ R D. Modeling soot formation using reduced PAH Chemistry in n – heptane lifted flames with application to low temperature combustion [C] // Proceedings of the ASME 2008 Internal Combustion Engine Division Spring Technical Conference. ASME, 2008: 29 – 36.

[118] JIAO Q, REITZ R D. Modeling soot emissions from wall films in a direct – injection spark – ignition engine [J]. International Journal of Engine Research, 2015, 16 (8): 994 – 1013.

第7章

优化直喷汽油机燃烧

在内燃机中，空气和燃料（有时还包括 EGR）被引入燃烧室内发生放热化学反应。在此过程中燃料被消耗而产生有用功，同时生成并排出有害排放物（CO、HC、NO_x 和 PM）以及温室气体 CO_2。因此，内燃机燃烧开发及燃烧系统设计优化的目标就是在可接受的成本内尽可能以最低的燃料消耗量获得最大的转矩（或功率）输出，同时降低缸内有害排放物的生成。改善进气系统、燃油喷射策略和燃烧室几何形状的设计、探索新的燃烧方法和策略、降低材料成本和缩短开发时间都是内燃机燃烧开发和优化的工作任务。内燃机数值模拟已经被证明可以对这些工作提供重要帮助。

本章首先介绍内燃机数值模拟工程应用的方法，然后对常用的 CFD 程序和软件进行简要的描述。随后结合实例，对直喷汽油机在均匀混合气燃烧和分层混合气燃烧模式下的油气混合模拟和优化进行讨论。在实例中，讨论了燃油湿壁导致的碳烟和未燃碳氢排放问题以及降低湿壁的设计。这些实例着眼于显著影响发动机燃烧和性能的关键问题，希望读者能够理解这些实例的基本原理并从中得到启发，从而在研究和工作中探索新思路和新方法。

7.1 先进的燃烧开发方法

7.1.1 模拟引导的方法

内燃机中的现象高度复杂，从物理上可以将其定性为在体积快速变化的复杂几何形体内的瞬态三维湍流，并包含化学反应以及液体和气体两相同时存在的现象。另一方面，从工程角度来看，内燃机的过程涉及各个子系统和部件之间在多个设计参数空间中的复杂相互作用，要求以经济高效的设计获得优秀的性能属性，包括燃油经济性、动力性、排放、驾驶性、NVH 等。鉴于当前内燃机的技术水平和燃烧过程的复杂性，传统的基于试验的试错方法已经难以提供有效的帮助，现代内燃机的燃烧开发需要先进的研发技术和方法。

福特汽车公司研究实验室（FRL）建立了一个模拟引导的设计方法，该方法被应用在多个发动机开发项目上，包括一系列汽油直喷燃烧概念的开发[1-5]。这一方法基于前置的 CFD 设计优化和样机测试验证这一核心内涵，将数值模拟、光学发动机诊断和热力发动机试验进行了系统整合。在窄域混合气分层（LSC）直喷汽油机产品开发项目中证明了上述方法的有效性和

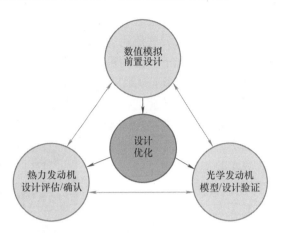

图 7-1　先进的模拟引导的燃烧系统设计方法

高效性。相比于原进气道喷射汽油机，在开发周期缩短的情况下，LSC 发动机的整车 NEDC 循环油耗改善了 10.1%[6]。图 7-1（见彩插）给出了上述方法的总结[4]。这一方法也可以应用到涉及气体运动、喷雾和燃烧室复杂交互作用的其它发动机开发中。

　　该方法从整车模拟进行目标分解开始，通过推算发动机和整车油耗及排放性能目标，将油耗和排放目标分解到多个有代表性的发动机负荷和转速工况点上[6]。这一过程之后是设计和验证阶段。这一阶段工作在很大程度上要依赖于对进气过程、缸内气体流动、喷雾雾化及蒸发、混合和燃烧过程的前置详细 CFD 模拟。通过模拟评估多个发动机运行工况以优化燃烧系统的部件设计配置，如燃烧室形状、喷油器位置、气道形状、活塞顶部形状、喷雾结构参数、配气定时和喷射策略等。福特公司研究实验室开发并使用了一个内部 CFD 程序 MESIM，在第 1 章中已对该程序进行了介绍。

　　经过模拟优化的设计随后被制作成样机，并在光学单缸发动机和热力单缸发动机上进行试验验证。在这一阶段，试验部分的工作和样机 CFD 模拟迭代工作同时进行，用于鉴别及验证与目标相关的燃烧系统的多个性能特性。最后，通过整车模拟和多缸发动机试验对整体排放和油耗性能进行验证。上述方法的优点之一是通过深入了解缸内物理过程的细节和相互作用来获得高质量的设计，同时显著缩短开发时间和开发成本。

　　光学发动机诊断为观测缸内燃油喷雾和火焰现象提供了可视化手段，有助于深入理解缸内燃烧过程。就燃烧系统特征和发动机结构而言，光学发动机的设计应与热力发动机相同，但应进行修改以实现光学介入。各种激光引导的光学诊断技术已应用到具有光学视窗的发动机[7-9]。光学可视化既可以是在光学发动机上的全部可视，也可以是在热力发动机上使用内窥镜的局部可视。光学发动机可

以采用高质量的石英缸套和透明活塞对发动机燃烧室进行全光学可视，继而用于研究缸内油气混合、气流运动、燃烧和火焰传播。光学发动机可以运行在与热力发动机相当的工况下。发动机光学诊断可以揭示燃烧过程中的新现象，同时它的测量数据可以用于验证 CFD 模型。然而，光学发动机仅能在高度定制的测试环境中以中低负荷和转速运行，这是因为其活塞加长，重量增加，产生额外的惯性力，同时光学视窗的结构强度受限。

图 7-2（见彩插）给出了福特研究实验室曾使用过的一台光学发动机[4,10]。为实现光学可视，对原热力发动机进行了改造。该发动机配有活塞扩展件用于安装不同的活塞，并装有一个下拉式缸套，该缸套采用全尺寸的透明石英玻璃制造。此外，在缸盖上安装了一个单独的窗口以实现对篷形燃烧室的光学可视。在该发动机上进行的光学测量是 LSC 燃烧系统开发工作的一部

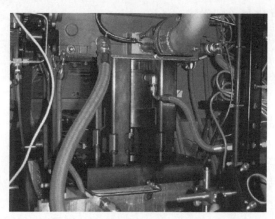

图 7-2　单缸光学发动机

分。这些测量包括利用平面激光诱导荧光（Planar Laser Induced Fluorescence，PLIF）来评估混合气形成，采用粒子成像测速（PIV）测量流速，利用激光米氏散射（Laser Mie Scattering）拍摄喷雾、碳烟颗粒以及燃烧亮度[10-13]。

不同的光学诊断技术适用于测量特定的物理变量。热线风速仪（Hot Wire Anemometry，HWA）、激光多普勒风速仪（LDA）和 PIV 是常用的气体流场测量方法。米氏散射、相位多普勒粒子分析仪（Phase Doppler Particle Analyzer，PDPA）和平面激光粒径诊断法（Laser Sheet Droplet Sizing，LSD）主要用于对喷雾粒径的测量。激光瑞利散射（Laser Rayleigh Scattering，LRS）、自发拉曼散射（Spontaneous Raman Scattering，SRS）和激光诱导荧光（Laser Induced Fluorescence，LIF）用于测量燃油蒸气浓度。双相激光诱导荧光（Laser Induced Exciplex Fluorescence，LIEF）和双波长激光吸收（Laser Extinction/Absorption，LEA）可以实现对燃油蒸气及油滴液相的同时测量。缸内火焰的可视化可以通过带电荷耦合装置（Charge Coupled Device，CCD）的摄像机和相关的发光方法（如 LIF）来实现。

作为整体开发方法的一部分，单缸热力发动机通过测量发动机部分负荷油耗和排放以及全负荷性能来验证设计[6,14]。尽管在后期会使用多缸发动机，但是单缸发动机在燃烧系统的开发中有许多独特的优势，包括快速制造、低成本以及

避免各缸之间均匀性问题（这在多缸发动机中经常出现并使情况变得更加复杂）。但是，单缸发动机也面临着一些问题，包括不具代表性的摩擦和进气歧管。这些限制可以通过仔细的基于模拟的负荷加载和增压设置来消除。

发动机需要在宽广的转速和负荷范围内运行，因此需要不同的运行策略，这往往会导致设计上的妥协。在许多情况下，汽油机会根据运行工况组织不同方式的燃烧，即进行燃烧模式切换。如第 2 章所述，在低负荷工况采用分层燃烧或者低温燃烧来改善油耗，而在高负荷及全负荷工况采用当量或者加浓的均质燃烧以提升转矩输出。为了在分层模式下获得理想的混合气分层，以及在均质模式下获得理想的混合气均匀性，往往需要在选定的关键工况点进行一系列的模拟分析。这些工况点往往具有独特的混合气制备要求和挑战。

图 7-3 给出了分层燃烧系统数值模拟的典型工况点，并在各工况点旁边的文本框里给出了该工况模拟分析的关注点。例如，在均匀混合气模式的节气门全开（Wide-open Throttle，WOT）工况下，优化气道设计、喷油器参数（喷雾形态）、气流组织和喷油策略以确保获得优异的混合气均匀性。同时，在低速 WOT 工况，有必要优化喷油器参数以减少气门湿壁，进而降低碳烟生成。另一方面，在分层混合气模式的部分负荷工况，备选的喷油器参数必须能够获得所需的混合气分层以实现稳定的燃烧，进而降低碳烟、HC 和 NO_x 的生成。在发动机冷起动工况（图中未给出），需要采用特殊的喷油策略（如多次喷射）以获得快速起燃并降低排放，为此，需要对备选的喷油器和燃烧室进行分析验证。

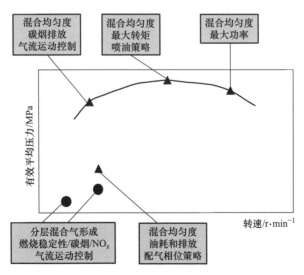

图 7-3　分层混合气直喷汽油机燃烧系统模拟工况点与关注指标

该多工况模拟方法适用于其它类型的燃烧系统开发（如柴油机或者低温燃

烧发动机），但是具体细节包括工况点选择及对应的关注指标取决于特定的燃烧概念。为了得到一个类似于图7-3的模拟工况图，需要首先甄别关键问题和设计目标，这需要在物理上理解所关注的燃烧过程。例如，在RCCI发动机中通过改变两种燃料的比例来控制燃烧相位及燃烧平顺性，因此该比例和缸内燃油喷射策略对于扩展RCCI运行范围肯定就非常重要。在柴油机中，活塞顶上的燃烧室形状及其与喷雾油束的空间关系对污染物的生成至关重要。由于喷雾贯穿距受发动机转速的影响很小，因此需要在低速和高速工况下对喷油器或者喷雾特性的设计以及与燃烧室的关系进行评估。

　　为了有效且快速地进行设计迭代并满足开发项目的时间节点，应该在整个设计流程中实施模拟引导设计的开发流程。图7-4给出了基本的流程图，概述了这一流程的主要步骤。设计的主要重点是喷油器参数（喷雾特性）、燃烧室形状和进气道。发动机CFD模拟也包括其它设计和运行参数，如配气定时、喷油策略及EGR等。用图7-3所示的模拟工况图进行模拟之后，便制作样机（样件），并在热力及光学发动机上开展试验验证。发动机试验中测量的数据可以用于验证CFD模型和模拟结果。上述步骤可能需要多次迭代，直到获得满意的发动机性

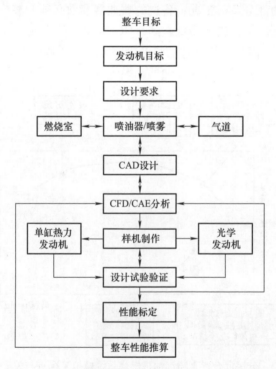

图7-4　数值模拟引导的直喷汽油机燃烧开发流程

能结果。这一过程的关键点是在样机制作之前的数值模拟。因为许多的设计迭代是在计算机上进行的,从而降低开发时间和成本。

CFD 模拟时常由于其准确性和输出结果而受到质疑。模拟结果的准确性可以通过采用高精度模型来改善,但这会牺牲计算时间。一个巨大的挑战是在当前的情况下,CFD 模拟无法给出一些可以通过发动机测试获得的性能结果,例如,碳氢排放量、颗粒物的尺寸和排放量、燃烧稳定性(由标准方差衡量)、失火次数及爆燃临界点火角等。所有这些参数对于判定燃烧系统的优劣至关重要。由于受到模型预测能力及计算时间限制,即使使用更先进的模型,目前的发动机工程模拟也很难直接得到这些结果。

但是,可以采用定量解析和经验近似相结合的方法来迂回解决这个问题,如图 7-5 所示。通过这种方法,用 CFD 模拟可以准确地预测一些缸内中间变量 I,而这些变量受设计参数 D 的影响。另外,通过经验近似方法将这些变量与发动机性能 F 关联起来。这样就可以通过 CFD 模拟间接评估设计参数对发动机性能的影响。在数学上,在定量解析中,F 是 D 的函数,即 $F = f(D)$;而在定量解析和经验近似相结合的方法中,I 是 D 的函数 $g(D)$,而 F 是 I 的经验关联公式 $h(I)$,因此,$F \approx h(g(D))$。此处的黑体字表示多个变量。

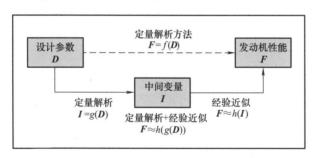

图 7-5　内燃机数值模拟中的定量解析 – 经验近似相结合的方法

例如,CFD 能够定量预测缸压、指示功(或者随转速变化的功率)和指示热效率。但是,CFD 不能定量地预测直喷汽油机排出的碳烟和 HC 排放量。由于燃油湿壁被认为是这些排放物的主要来源,因而可以用 CFD 定量预测由于喷雾湿壁产生的燃油沉积量。同时,可以把燃油沉积量与发动机排出的碳烟和 HC 排放量定性或定量地关联起来,因此,用基于定量解析和经验近似相结合的方法就可以通过模拟引导的设计优化方法来评估设计参数及喷射策略对发动机碳烟及 HC 排放的影响,并通过减少湿壁量来降低这些排放[1,15]。定量解析和经验近似相结合的方法已经被证明非常有效,该方法的关键在于找出中间变量和它们与发动机性能的关联,而这需要基础研究和专业知识。后续章节中将给出应用该方法的多个实例。

7.1.2　优化算法概述

内燃机数值模拟能够用来指导内燃机的设计优化。但是，当前的设计优化很大程度上依靠工程师的专业知识和直觉。内燃机优化是一个多目标问题，同时需要优化多个设计参数。随着现代内燃机中燃烧复杂性的增长，需要考虑的设计和运行参数急剧增加。内燃机多参数、多目标的计算优化需要可靠的数学方法。

Shi 等对内燃机的计算优化方法和应用进行了很好的总结[16]。我们在这里仅就计算优化方法作简要介绍。内燃机计算优化的目的是找出获得目标函数最大或最小值的设计变量的最优组合。优化方法通常分为三类。最常用的一类是参数化研究，即通过模拟对设计参数进行变化分析。有许多实例通过改变关键设计参数来获得最大或最小目标。例如，在开发 LSC 直喷汽油机中，通过参数化研究，就喷雾锥角和活塞凹坑形状对部分负荷分层混合气形成（燃烧稳定性）、全负荷混合气均匀性（功率输出）和燃油湿壁量（碳烟排放）进行了详细评估和优化[4,5]。但是，随着设计变量的增加，获得最佳方案所需的评估数量显著增加，这限制了它在复杂设计问题中的应用。此外，变量之间的非线性影响将使问题变得更加复杂。

第二类是非进化方法。Tanner and Srinivasan 探索了针对非道路直喷柴油机优化的共轭梯度优化方法[17]。Jeong 等直接采用响应曲面法来优化一台乘用车柴油机的燃烧室[18]。非进化方法的性能在很大程度上依赖于空间信息，例如设计变量的目标函数响应面的梯度。在现实世界的优化问题中，此类响应曲面可能非常复杂且不可微分，这限制了非进化优化方法的使用。

第三类是进化方法。与非进化方法相比，进化方法如遗传算法（Genetic Algorithm，GA）和粒子群优化算法（Particle Swarm Optimization，PSO）在发动机计算优化中得到了更广泛的应用，因为这些算法对于复杂非线性问题的优化具有更普遍的适用性。

遗传算法的概念最早由 Holland[19]提出，是模拟生态系统进化过程的数学算法。它们的易用性和全局视角是其在工程优化中越来越受欢迎的主要原因。遗传算法是一种简单的搜索技术，利用预先创建的设计上"最适合"属性来生成新设计，目的是将进化过程移向更优解。在此过程中，使用二进制字符串或实数构成数学表达式（表示"基因"）对设计空间编码，对它们进行评估以提供基因交叉的"最适合"信息。遗传算法通常使用几个随机生成的设计进行初始化，每一代中评估的设计数量称为种群大小。被评估的设计之间的交叉为那些更优设计（基因）提供了存活到下一代更高的可能性。为了模拟自然进化，引入了部分设计变量的随机变化（基因突变），以避免局部优化并保持解的多样性。因此，影响交叉和变异的参数对于遗传算法的性能（最优性和多样性）至关重要。基因编码、交叉以及突变的方法有很多。这些方法与针对特殊应用的特殊处理方法相结合产生了多种遗传算法。

21 世纪初，遗传算法受到了威斯康星大学 ERC 研究人员的关注，他们将其应用于柴油机优化中[20-22]，开启了遗传算法在发动机上的应用。Senecal 和 Reitz 将微种群遗传算法与 KIVA 相结合，研究了 6 个运行参数对一台重型柴油机高速和中等负荷工况下的排放和性能的综合影响[20]。这些参数包括喷射始点、喷射压力、EGR 率、增压压力以及分段喷射类型和速率。Wickman 等针对一台高速直喷柴油机和一台重型柴油机优化了 9 个设计变量，包括活塞几何参数、喷油模式、涡流比和 EGR 率等[22]。

遗传算法的应用已从单目标优化发展到多目标优化，成为内燃机数值优化和设计的主要方法。Shi 和 Reitz 评估了三种广泛使用的多目标遗传算法[23]，即 μ - GA[24]、非支配遗传算法（NSGA II）[25]和范围自适应多目标遗传算法（AR-MOGA）[26]。他们应用这三种方法优化了一台重型柴油机在高负荷工况的活塞几何形状、喷雾方位角和涡流比。他们还定义了 4 个变量，根据最优解的最优性和多样性来量化优化方法的性能。研究发现，大种群数的 NSGA II 表现最佳。为了将优化过程从单工况扩展到多工况，Ge 等建议首先在高负荷或全负荷工况下优化发动机设计参数（活塞的几何形状、喷孔的数量和喷射角度等），然后采用相同的发动机设计参数在其它工况对可调整的运行参数（喷射时刻、涡流比、增压压力和喷射压力）进行优化[27]。结果发现，该方法对于所研究的案例除了非常低的负荷之外是有效的，获得了同时减少油耗和污染物排放的最优设计。

Jeong 等开发了一种混合进化方法，包括遗传算法和粒子群优化算法[28]。其基本思想来源于如下事实，遗传算法保留解的多样性，而粒子群优化算法在多目标优化问题中能快速收敛至最优解。他们使用两组数学函数对混合算法进行了测试，结果表明混合算法的性能优于纯遗传算法或纯粒子群优化算法。然而，由于高昂的计算成本，该混合方法的性能未与其它针对发动机问题的优化方法进行对比。

与单目标优化方法总是获得单个全局最优解不同，多目标优化方法在发动机设计问题中通常会产生多个最优解。通过人工来分析如此大量的数据是一件烦琐的工作。因此，有必要在发动机数值优化中使用数据回归方法。数据挖掘经常与优化模拟同等重要，Shi 等也对其进行了较全面的研究和介绍[16]。

7.2　常用的内燃机计算流体力学程序和软件

内燃机多维数值模拟起源于 20 世纪 70 年代，其功能和应用范围的早期发展受限于计算机能力及缺乏通用的 CFD 程序或软件。直到 20 世纪 80 年代中期，美国洛斯阿拉莫斯国家实验室在 1985 年公开发布了其开发的 KIVA 程序[29]，而起源于伦敦帝国理工学院的 STAR – CD 的第 1 版也在 1987 年上市。这两个程序具有针对往复式内燃机的功能。由于 KIVA 开放其源代码，它很快就在内燃机研究界占据了主导地位。经过 30 多年的发展，通过在物理模型、数值方法、网格生成、数据后处理、并行计算以及易用性等方面的改进，内燃机 CFD 在精度和效率方面获得了显著的改善。在工业界需求和技术进步的推动下，新的 CFD 程序和软件应运而生，现有的 CFD 程序和软件也得到了不断改善。

自 KIVA 程序诞生以来，大学的研究人员就开始使用它。物理模型的极大改进主要是由威斯康星大学 ERC 推动的。ERC 做的改进已在第 1 章中进行了说明。含有 ERC 模型的 KIVA 程序版本也被称为 KIVA – ERC 程序。

CONVERGE[30] 是一款商业 CFD 软件，它于 2007 年首次发布，主要用于模拟三维流体流动，尤其是内燃机。其优点之一是领先的网格自动生成及自适应加密技术（参见第 3.2 节）。CONVERGE 还具有针对多种现象的多个物理模型，包括化学反应、湍流、多相流、喷雾和辐射传热等。具体有 RANS 和 LES 湍流模型、喷射、破碎、蒸发和其它与喷雾过程有关的模型以及用于预混和非预混火焰的燃烧模型等。CONVERGE 包含一个详细的化学求解器 SAGE，它根据化学反应动力学原理使用局部热力条件来计算反应速率。该求解器与流动求解器完全耦合，但是化学和流动求解器彼此独立，从而加快了模拟速度。为了加快详细反应机理的计算速度，CONVERGE 使用了许多策略，例如自适应分区、动态机理简化和负载平衡。这些策略可以帮助人们使用更详细的反应机理来准确地模拟化学控制的燃烧现象和排放生成。CONVERGE 的其它功能还包括共轭传热、与 GT – SUITE 耦合以双向传输边界条件、用于优化设计的遗传算法以及用户在 CONVERGE 软件中添加自定义模型和其它功能的便利性。

下面简要介绍具有内燃机专用功能的 CFD 程序和软件（按字母排序）。

1）AVL FIRE：用于内燃机及拉格朗日-欧拉多相流，并带有自动前处理功能的商业软件包。AVL 公司产品，参见 http：//www. avl. com/fire。

2）CONVERGE：用于模拟三维流体流动，侧重于内燃机模拟的 CFD 软件。Convergent Sciences 公司产品，参见 http：//www. convergecfd. com。

3）FLUENT：用于模拟流体流动、传热传质及化学反应，并具有往复式内燃机模拟能力的通用 CFD 软件包。Ansys 公司产品，参见 https：//www. ansys. com/products/fluids/ansys – fluent。

4）FORTÉ：内燃机模拟软件，它集成了 CHEMKIN – Pro 求解器，可以计算详细化学动力学，并包括燃料多组分与喷雾动力学模型。Ansys 公司产品，参见 https：//www. ansys. com/products/fluids/ansys – forte。

5）KIVA：用于内燃机模拟的系列开源程序。最新版本 KIVA – 4mpi 是 KI-

VA - 4 的并行版本，是 KIVA 最先进的版本。KIVA - 4mpi 可以在多台计算机处理器上并行计算模拟化学反应、湍流及多相黏性流。KIVA - 4mpi 的内燃机模拟功能与 KIVA - 4 相同，并且基于 KIVA - 4 的非结构化网格。洛斯阿拉莫斯国家实验室产品，参见 https：//www. lanl. gov/projects/feynman - center/deploying - innovation/intellectual - property/software - tools/kiva/index. php。

6）OpenFOAM：由许多 C + + 模块组成的免费开源 CFD 程序，可以用于模拟复杂的流体流动，包括内燃机中的化学反应、传热、液体喷雾和油膜等，采用非结构化网格。OpenFOAM 基金会产品，参见 http：//www. openfoam. org。

7）STAR - CCM + ：商业 CFD 软件，它取代了 20 世纪 80 年代末开始的 STAR - CD 软件，采用多面体网格技术和物理模型对内燃机模拟。西门子数字工业软件公司产品，参见 https：//www. plm. automation. siemens. com/global/en/products/simcenter/STAR - CCM. html。

8）VECTIS：用于车辆和发动机中流动模拟的 CFD 软件。它具有结构化和非结构化的流体求解器，可以应对任何类型的网格。里卡多公司产品，参见 https：//software. ricardo. com/products/vectis。

7.3　直喷汽油机的喷雾刻画

燃油喷射和其产生的喷雾直接影响直喷汽油机中的油气混合（参见第 2.2 节）。因此，对喷雾的准确模拟是进行直喷汽油机燃烧模拟的基础。作为开发直喷汽油燃烧系统的第一步，需要评估燃油喷雾的特性。评估的常用方法是在大气环境或在较高压力和温度条件下在封闭容器中测量喷雾图像和测量油滴尺寸。获得的喷雾图像以及从中量测的喷雾锥角和贯穿距用来评价喷雾的特征和性能，并用于验证喷雾模型。有时也在光学发动机中测量喷雾，以获取更接近真实发动机条件下的喷雾特性。

在第 5.2.3 节中，已对压力涡流喷油器的空锥喷雾模型进行了描述，在这里我们进一步讨论空锥喷雾的结构。如图 5-11 所示，锥形喷雾头部产生旋涡气团并趋向于坍塌，这可以通过图 7-6 来解释这一现象。图 7-6 给出了在喷雾轴线中心平面上的计算流场（由速度矢量表示）以及喷雾液滴叠加图像[31]。在图中，利用后处理程序将计算的速度矢量重新映射到一个较粗的网格，以便于更清楚地展示气体卷吸现象。

喷雾运动导致气流在喷雾中卷吸回流。卷吸的气流与喷雾液滴相互作用，抑制了喷雾锥角的发展。气体旋涡运动也倾向于携带小的喷雾液滴回流，因此在喷雾头部可以看到旋涡气团。上述的气体卷吸现象有利于油气混合。

图 7-7 给出了处于喷雾轴线中心平面的燃油液体密度和燃油蒸气密度的等值

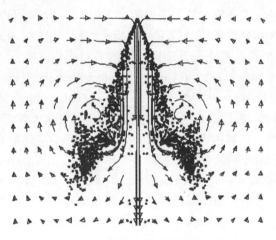

图 7-6　喷雾诱导的气体卷吸运动

线计算值（喷射后 2.7ms）[31]，揭示了处于蒸发状态下的空锥喷雾结构。该图中的喷雾参数与图 7-6 的相同，但是环境气体的初始温度升高到 500K。有趣的是，尽管液相结构由于气体卷吸作用而变形，但它仍保持空锥状结构，如图 7-6 所示。然而，回流气流将燃油蒸气带到喷雾的中心区域，并且蒸气呈现"实心锥"分布。该结果对直喷汽油机的油气混合具有重要影响。

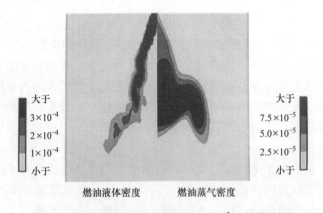

大于
3×10^{-4}
2×10^{-4}
1×10^{-4}
小于

大于
7.5×10^{-5}
5.0×10^{-5}
2.5×10^{-5}
小于

燃油液体密度　　　燃油蒸气密度

图 7-7　燃油液体和蒸气密度（$g \cdot cm^{-3}$）等值线图，
显示了处于蒸发状态下的压力涡流喷雾结构

用于直喷汽油机的常见各类喷油器已由图 2-10 展示。多孔喷油器主要用于近年来的涡轮增压直喷汽油机，它的一个优点是可以更加灵活地设计喷雾结构，对每个喷孔的油束方向进行特定设计，从而改善混合并减少发动机燃油湿壁，这将在后面讨论。在第 5.2 节和 5.3 节中介绍的 WAVE 雾化和破碎模型可以用于此类喷雾的模拟。图 7-8（见彩插）给出了一个喷孔非均匀分布的 10 孔喷油器的喷雾模拟结果，图像时间是在喷射后的 1.0ms。喷射压力为 10MPa，背景环境为室内条件。可以看到，WAVE 模型可以很好地重现试验显示的喷雾结构。

通常在喷油器的下游 30mm 处测量喷雾油滴尺寸，因为这一距离是油滴在直喷汽油机气缸中碰到活塞或缸壁之前行进的典型距离。图 7-9 给出了通过 PDPA 测量的一个多孔喷油器的喷雾平均油滴尺寸（索特平均直径）的径向分布。喷射压力为 10MPa，测量环境为室内条件。可以看到，较大的油滴在喷雾的边缘，较小的油滴在喷雾的内部，平均油滴尺寸约为 20μm。

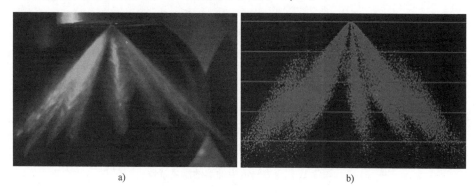

a)　　　　　　　　　　　　　　　　b)

图 7-8　多孔喷嘴产生的喷雾

a）试验图像　b）计算图像

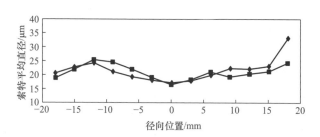

图 7-9　多孔喷嘴产生的喷雾液滴尺寸径向分布

注：图中数据为喷嘴下游 30mm 处的两次测量结果。

韩志玉等[32]研究了光学发动机中涡流喷油器产生的喷雾特性。他们首先评估了两个喷油器的燃油流量特性。涡流喷油器具有复杂的内部几何形状，通常由涡流通道和圆形喷孔通道组成。假定基于喷射压力的稳态体积流量为 $Q = C_D A_0 \sqrt{2(p_1 - p_2)/\rho_l}$，其中 p_1 为燃料喷射压力，p_2 为环境压力，A_0 为喷孔截面积，C_D 为流量系数。它与喷射压力的关系如图 7-10 所示。喷油器 A 的喷孔直径为 0.505mm，喷油器 B 的为 0.9mm。测量和计算结果均表明，流量系数 C_D 与喷油器正常工作范围内的喷油压力无关。喷油器 A 的 C_D 为 0.38，喷油器 B 的 C_D 为

0.16。因此，当从已知流量（通常由喷油器供应商提供）计算获得 C_D 后，可以将其用于预测其它压力条件下的流量。还应注意的是，这种喷油器的流量系数非常小，其原因在于空气内核的存在（如图 5-10 所示），空气内核阻塞了喷孔的中心部分。计算出的流量可用作液膜破碎雾化模型的初始条件（参见第 5.2.3 节）。

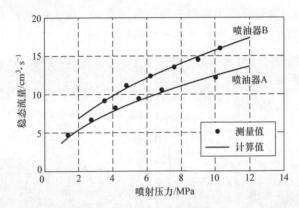

图 7-10 压力涡流喷油器的流量特性

研究所用的单缸光学发动机是可以在分层混合气燃烧下运行的，它具有一个4 气门的篷形燃烧室，活塞上有凹坑。在整个燃油喷射过程中，在选定的曲轴转角下测量滚流平面上的喷雾图像。使用激光米氏散射获得缸内燃油喷雾（液相）的二维图像。成像系统由 CCD 摄像机和激光光源组成。喷油器位于缸盖两个进气道之间。该喷油器产生 70°名义锥角的喷雾，燃油压力为 10MPa。

在两个不同的发动机工况下对光学发动机中的喷雾进行了计算，并将结果与试验图像进行比较。在分层混合气的条件下（燃油晚喷）获得了一组喷雾试验图像，在均匀混合气的条件下（燃油早喷）获得了另一组。在两组试验中，发动机均在 1 500r·min⁻¹ 的转速下倒拖运转。表 7-1 中列出了试验工况的详细信息。数值模拟使用了带有进气门运动的三维发动机网格，网格尺寸约为 2mm。计算从进气门开启时刻开始，在压缩 TDC 时刻结束。计算模型包括 RNG k-ε 湍流模型、单组分油滴蒸发模型、油滴碰撞和聚合模型等。在计算中使用异辛烷来模拟光学发动机测试中使用的英杜林燃料。

表 7-1 光学发动机的运行条件

运行条件	分层混合气	均匀混合气
发动机转速/r·min⁻¹	1500	1500
进气压力/MPa	0.09	0.1
涡流比	0.8	0

（续）

运行条件	分层混合气	均匀混合气
冷却液温度/℃	50	50
润滑油温度/℃	50	50
燃油	英杜林（$C_{18}H_{25}NO$）	英杜林（$C_{18}H_{25}NO$）
喷油压力/MPa	10	10
喷射始点/(°)（CA）（BTDC）	66.5	249.5
喷射持续期/(°)（CA）	11.2	34.4
每循环喷油量/mg	11.72	39.55

在早喷情况下，为形成均匀混合气，燃油在 249.5°（CA）（BTDC）时刻喷射。图 7-11（见彩插）给出了实测喷雾图像和计算喷雾图像的比较。图中的斜

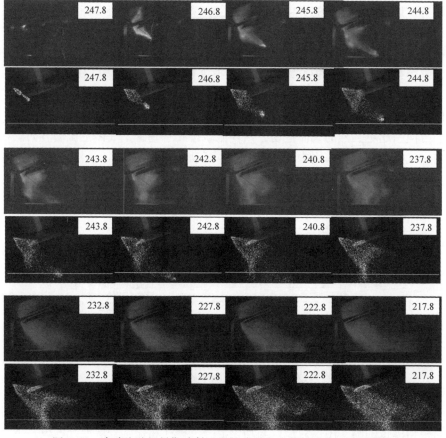

图 7-11　直喷汽油机早期喷射过程的喷雾米氏散射图像和计算图像

注：每个图像上的数字表示了对应的曲轴转角（BTDC）。

线与喷油器中心线对齐，计算图像中下方的横线对应于光学发动机中石英缸套的下边界。在光学发动机中，在该边界的下方，喷雾就不可视了。从图 7-11 中可以看到，在喷射后的前几个曲轴转角，可以观察到一个锥角不断扩大的初始喷雾。喷雾的这一初始阶段持续了约 2° （CA）。然后，开始形成一个更大锥角的主喷雾。与主喷雾相比，初始喷雾具有较小的锥角和较大的液滴。该初始喷雾在喷射的初始阶段形成，此时喷嘴内部的涡流流动还没有完全建立起来，因此还建立不起大锥角的喷雾。在试验中还观察到，主喷雾的锥角在很短的时间段（约 0.1ms）内经历了一个发展过程，从较小的角度变为一个稳定值。从物理上讲，这可能与喷嘴轴针被提起时喷油器内部瞬态角动量变化有关。CFD 模型较好地捕捉到了从初始喷雾到主喷雾的过渡。

就喷雾形状和详细结构而言，模拟与试验总体吻合非常好。图 7-12 （见彩插）给出了详细的喷雾贯穿距的比较。可以看出，计算的初始喷雾和主喷雾贯穿距与从试验图像测得的贯穿距非常吻合。喷雾结构的最突出特征是初始喷雾在喷射开始后不久就向下（在喷射器中心线下方）偏转。此特征在 246.8° （CA）（BTDC）（SOI 后 2.7°）开始发展。2° （CA） 后，在 244.8° （CA） （BTDC）时，整个初始喷雾均在中心线以下，模拟能够捕捉到此结构特征。模拟结果表明，在 248.8° （CA）（BTDC）（SOI 之前 0.7°）时，强劲的气流从进气道流入，分解成朝着喷油器下游的流动。在 247.8° （CA）（BTDC）时，燃油被喷入并沿喷射方向引起更强烈的气体运动，该气流轨迹几乎垂直于气体主流动方向。在喷雾与进气流动的相互作用中，喷雾被气体流动向下推动。

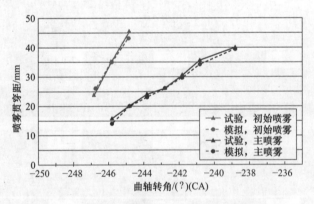

图 7-12　直喷汽油机早期喷射的喷雾贯穿距

对于晚喷的情况，图 7-13 （见彩插）给出了 12° （CA） 范围内米氏散射测量与模型模拟的喷雾图像对比。与均匀混合气模式相比，分层混合气模式下喷油时刻时的缸压较高 （约 0.3MPa）。如试验图像所示，在这种相对较高的环境压力条件下喷雾发生坍塌，导致喷雾锥角变小。模拟计算很好地捕捉到了该喷雾坍陷现象。总体而言，模拟的喷雾在形状和贯穿距方面与光学图像很相似。

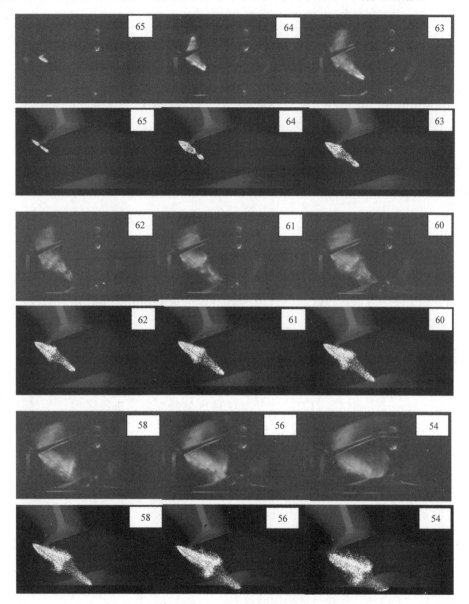

图 7-13 直喷汽油机晚期喷射过程的喷雾米氏散射图像和计算图像
注：每个图像上的数字表示对应的曲轴转角（BTDC）。

从试验图像中观察到主喷雾追赶上了初始喷雾。与早喷情况相比，这种情况下主喷雾和初始喷雾之间的边界不清晰，模拟的喷雾也表明了这一点。图 7-14 给出了喷雾贯穿距的详细对比，计算的贯穿距与测量值也非常吻合。

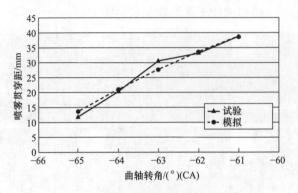

图 7-14　直喷汽油机晚期喷射的喷雾贯穿距

非常有趣的是,从米氏散射图像中可以看到在喷射早期,喷雾与喷油器的中心线是对齐的。但是在喷射后期,喷雾开始偏离该中心线,并朝着燃烧室顶部抬起。在 58°(CA)(BTDC)时,大部分喷雾处在该中心线以上;到了 54°(CA)(BTDC)时,几乎所有喷雾都处在该中心线以上。模拟的喷雾也呈现出相同的形态。为了便于解释这种现象的机理,图 7-15(见彩插)中给出了气缸中心截面上相对于活塞的气体流速矢量分布。从该图看出,由于气体卷吸,喷雾在其外周产生了气体旋涡运动。该旋涡在三维空间中具有环形结构,但不对称。这种不对称的流动形态导致喷雾下方的流动更强,将喷雾向上推。当活塞靠近上止点时,流动不对称性增强,喷雾被推得更高。

为了进一步了解活塞引起的流动对这种现象的影响,进行了发动机转速为 $3000r \cdot min^{-1}$ 的模拟。燃油喷射量和 SOI 与上述计算相同,以保持相同的喷雾动量。同时在图 7-15 中展示了在此情况下 50°(CA)(BTDC)时的喷雾以及气缸中心平面上的气体相对活塞的速度。尽管由于发动机转速较高导致活塞引起的气体运动更强,但喷雾引起的气体卷吸仍保持在与 $1500r \cdot min^{-1}$ 相似的水平。结果并没有看到喷雾具有更强的上升趋势,这证实了喷雾与其引起的气流之间的相互作用起着更重要的作用。

汽油喷雾的结构受燃油温度的影响。在过热条件下喷雾发生闪沸并坍塌[33,34],许敏等发现这对油气混合和燃烧有很大影响[35]。Wu 等[36]研究了燃油温度对一个六孔喷油器喷雾结构的影响。在这项研究中,正庚烷燃料在 10MPa 的喷射压力下喷入一个封闭容器中,该容器在 23℃ 下被抽真空至 0.05MPa。图 7-16 给出了燃油温度从 25℃ 升高到 130℃ 时的喷雾图像。P_a/P_s 是用于衡量燃油过热度的参数,其中 P_a 是环境压力,P_s 是燃油蒸气压。当燃油处于 25℃ 和 50℃ 温度时,喷雾处于过冷状态,其结构几乎相同。此种情况下,喷雾结构主要由喷油器结构和燃料特性决定。将燃油加热到 90℃,燃油蒸气压力大于环境压

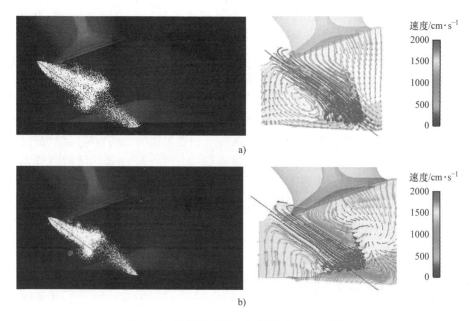

图 7-15　计算的喷雾与气体相对速度矢量场

a) 发动机转速为 1500r·min^{-1}，图像时间为 56°（CA）（BTDC）

b) 发动机转速为 3000r·min^{-1}，图像时间为 50°（CA）（BTDC）

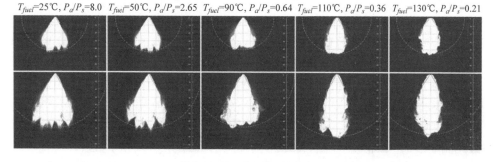

图 7-16　高速摄影喷雾图像显示燃油温度对直喷汽油机喷雾结构的影响[36]

注：图中从左边起燃油温度分别为 25℃、50℃、90℃、110℃ 与 130℃；

从喷油始点的延迟时间为 0.5ms（上图）与 1.0ms（下图）。

力，喷雾发生过热闪沸，从而导致喷雾坍陷并改变结构。可以看到，喷雾比在较低燃油温度下更紧凑，贯穿距更短。但是仍然可以观察到多个油束，这表明过热闪沸和喷油器结构同时决定着喷雾结构。

随着燃油温度进一步升高到 110℃ 和 130℃，可以观察到喷雾结构发生重大改变。所有的油束合并为一体，从而导致更窄更长的喷雾。喷油器结构对喷雾结

构的影响变得不明显，喷雾结构主要受闪沸现象控制。比较燃油温度从 90℃ 到
130℃ 时的喷雾结构发现，当燃油温度升高到 110℃ 时会发生明显的收缩；但是
当燃油温度继续升至 130℃ 时，喷雾结构的差别变小。喷雾坍塌程度已饱和，这
意味着进一步提高过热度不会导致更强的喷雾收缩。

Zhang 等[37] 和 Wu 等[36] 还研究了闪沸对其它喷油器结构的喷雾特性的影
响，测试了分别具有单个、三个和四个条形喷孔产生的喷雾，并研究了不同的分
段喷射策略的影响。结果发现，在过冷条件下，喷射器的结构对喷雾结构有很大
的影响，但在强烈的过热闪沸条件下，喷雾结构几乎与喷油器的结构细节无关，
并且由于喷雾坍塌而只产生单个油束。对于六孔喷油器，无论燃油温度如何，紧
挨的两次喷射都不会改变燃油的喷射贯穿距。但是，当采用四次喷射时，其贯穿
距显著降低。当采用三次和四次喷射策略时，在其它喷油器中也发现喷雾贯穿距
缩短的现象[36]。

7.4 壁面引导直喷系统的油气混合

7.4.1 均匀混合气的形成

在以均匀混合气燃烧模式运行的进气道喷射汽油机或直喷汽油机中，关键问
题是在气缸内形成均匀混合气。混合气的不均匀性会导致不完全燃烧，并因此导
致在部分负荷下产生过量的 CO 和 HC 排放，而在全负荷时降低发动机转矩输出。
混合气的均匀性受喷雾特性、喷射策略、大尺度气体流动和湍流等的影响。因
此，必须优化这些参数。

在均匀混合气模式下，燃油在进气行程被喷射到气缸内。在此期间，将发生
一些重要的物理现象[38]。在此，首先讨论这些现象。在第 4.1.1 节中我们已经
讨论了直喷汽油机中进气运动与喷雾之间存在很强的相互作用，这些相互作用改
变了油滴的轨迹，卷吸了燃油蒸气，增加了气体湍流，并增强了混合。燃油喷入
气缸后会发生蒸发。图 7-17 给出了某直喷汽油机燃油喷射后液体燃油和燃油蒸
气的总体变化（用总燃油量归一化）。该直喷汽油机具有 4 气门，篷形燃烧室，
压缩比为 10.5，在其顶部安装了一个涡流喷油器。模拟工况为 1500r·min^{-1}，
WOT、当量比 1.18。如图 7-17 所示，燃料持续蒸发，有超过 97% 的燃油在压缩
行程结束时完成蒸发（未对燃烧进行模拟）。通过比较循环中不同时间的蒸气曲
线的斜率，可以看出蒸发速率在约 180°（CA）后降低，这是因为在此时间之后
由喷雾碰撞到活塞和缸壁表面而形成的油膜量（湿壁量）增加，而油膜的蒸发
速率较低的缘故。

图 7-18 中给出了位于气缸壁面和活塞表面上的液体燃油量（用总喷油量归

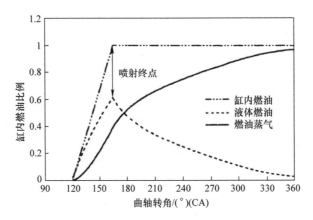

图 7-17　直喷汽油机中的燃油蒸发历程

注：喷射始点为 120°（CA）；360°（CA）为压缩上止点。

一化）随时间的变化。可以看出，直到大约 180°（CA）才发生明显的燃油碰壁。由于油滴的连续碰壁，在壁面上的液体燃油首先增加，然后由于蒸发而减少。在这个给定的案例下，在压缩阶段早期的 240°（CA）时，在活塞和缸壁表面上的最高燃油湿壁量为 14% 和 2%，但在压缩行程结束时，这些燃油湿壁量分别减少到不足 2% 和 1%。

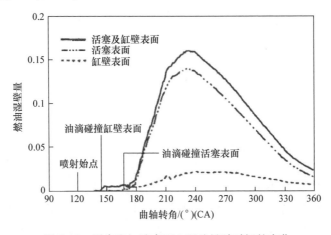

图 7-18　活塞和缸壁表面上湿壁量随时间的变化

值得注意的是，喷雾会因进气流动的作用而发生偏转，从而将一些油滴带到缸壁上；喷雾油滴向下运动并碰撞到活塞。因此，在推迟喷油时，由于进气流动对喷雾的影响变小，因此在缸壁上的燃油量显著降低。不难理解，如果燃油喷射过早或过晚，当活塞靠近缸盖时，都会增加活塞表面上的湿壁量[31]。

燃油蒸气与空气混合后形成油气混合气。由于液体燃油的分布变化和各向异性的气体运动，混合气的局部当量比或空燃比在空间和时间上都会变化。为了表征混合气的混合质量，图7-19给出了缸内不同当量比范围内的混合气的体积分数随曲轴转角的变化。可以看出，在进气和压缩过程中，可燃混合气的量（$0.5 \leqslant \phi \leqslant 1.5$）增加而超稀混合气（$\phi < 0.5$）的量减少。这是因为通过蒸发，燃油蒸气不断得到补充。需注意的是，在大约270°（CA）之后，可燃混合气的形成速率明显增加，同时超稀混合气的量迅速减少。这表明在压缩行程后期，因压缩导致的气体温度升高以及扩散作用对于油气混合变得更加重要。到压缩行程结束时，约占84%燃烧室容积的混合气处于可燃状态。虽然在压缩行程结束时没有留存超稀混合气，但约16%的混合气处于浓混合气状态（$\phi > 1.5$）。这部分混合气到240°（CA）时积累形成，然后在整个压缩过程中几乎保持不变。这一部分混合气主要来自活塞表面存在油膜的附近区域，在压缩行程后期，该区域由于油膜蒸发有更多的燃油蒸气。

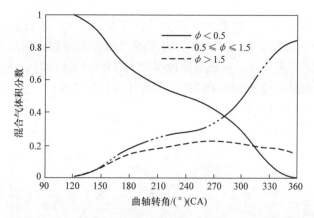

图7-19   不同当量比范围内的缸内混合气体积分数的变化历程

缸内燃油喷射也会影响混合气的热力学性质。一个重要的现象就是混合气冷却，这是直喷汽油机独有的特性。图7-20比较了无喷油和喷油情况下的缸内平均气体温度。在有缸内喷油的情况下，蒸发的燃油液滴吸收了缸内气体的热量，导致缸内气体温度降低。在进气门关闭时刻，喷油蒸发导致气体温度下降了16.4℃。显然，混合气冷却会受到燃油湿壁的影响，燃油碰壁后从壁面吸收热量进行蒸发。因此，影响喷雾碰壁的因素（例如喷射时刻）将对混合气冷却产生影响。

混合气冷却现象可以带来一些好处。具体地说，如图7-20所示，压缩行程结束时的气体温度明显降低。无喷雾情况下为812.5K，而喷油始点为120°（CA）时为696.5K，降低了116K。众所周知，限制点燃式汽油机压缩比增加的障碍之一是爆燃燃烧，而爆燃是末端混合气自燃的结果。由于直喷汽油机中的混

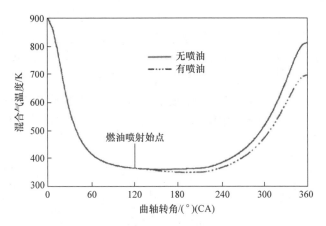

图 7-20　燃油蒸发引起的缸内混合气冷却现象

合气冷却现象导致气体压缩温度降低，因此可以提高发动机的压缩比，有利于改善发动机的燃油经济性。

混合气冷却的另一个好处是可以提高发动机的充量系数。计算表明，与无喷油情况相比，直喷汽油机在进气行程期间的进气质量增加，这是由于混合气冷却导致缸内气体密度增加的缘故。在图 7-20 所示的案例中，进气质量可以增加2.5%，充量系数的改善有利于发动机转矩输出的提高。但是，当喷射时刻推迟时，进气量的增量会降低。特别地，当在压缩行程期间喷油时，充量系数的收益将消失。

上面讨论了缸内油气混合的一些物理现象，我们现在讨论混合气均匀性及其改善。在开发直喷汽油机时，会研究发动机在全速、节气门全开工作时的油气混合情况，这是因为该工况点对发动机的额定功率输出很重要。由于多种原因，自然吸气直喷汽油机在该工况形成均匀混合气最具挑战性。首先，由于发动机转速最高，进气和压缩行程的时间最短，这意味着可用于燃油蒸发和混合的时间最短。其次，进气气流的动量最大，对燃油喷雾的影响也最大。第三，在这些高速条件下不能使用增强缸内气体运动的辅助装置（例如进气道上的涡流控制阀，如图 4-1 所示）以避免充量系数的恶化。最后，由于喷射时间长，燃油喷射始点的变化范围受到限制。当喷射压力为 10MPa 时，燃油喷射持续时间与进气过程的持续时间大致相当。

在开发分层混合气直喷汽油机时，福特研究实验室的研究人员采用了模拟引导的设计方法，开展了前置 CFD 模拟，以改善发动机的油气混合。对许多设计参数和运行策略进行了变参数研究，以找到优化的解决方案。图 7-21（见彩插）展示了进气流动对分层直喷汽油机在 6000r·min^{-1} 和 WOT 条件下喷雾分布的影响[2]。该发动机自然吸气，每个气缸装有一个侧置的喷油器，单缸排量为 0.5L，压缩比为11.3。从图7-21a可以看出，强劲的进气流动迫使喷雾油滴向进气侧偏转，导致油滴的贯穿距不足以跨越整个气缸。在压缩上止点之前60°（CA）（图7-21b）仍可以看到剩余油滴的这种偏转分布。图7-21c给出了在下止点时油滴与气流速度的叠加分布图像。可以看出，进气流动将燃油喷雾推离其轴线方向，另外，活塞凹坑的几何形状将气流引入凹坑中，并形成旋涡结构，如箭头所示。该旋涡运动阻碍了喷雾油滴的贯穿，有助于将油滴留在进气侧。

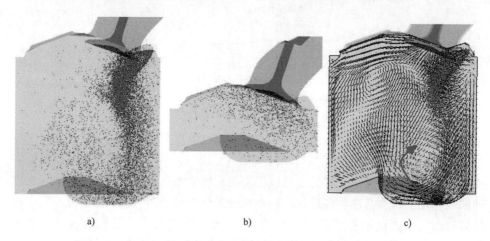

a)   b)   c)

图7-21　直喷汽油机全速满负荷时进气流动对燃油液滴分布的影响

a）BDC时的油滴分布　　b）60°（CA）（BTDC）时的油滴分布

c）BDC时中心平面的气体流速与油滴叠加图像

进气流动影响液态燃油的不均匀分布，导致了油气混合气的浓度分层，如图7-22（见彩插）所示。混合气在排气侧偏稀，在进气侧较浓，图中用颜色表示空燃比分布。这种混合气的空燃比不均匀性是非常不理想的，它将导致碳烟排放和转矩输出恶化。

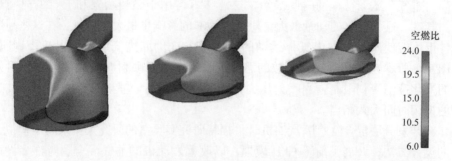

图7-22　早期的燃烧系统设计出现的空燃比分层

注：从左到右的时间为100°（CA）（BTDC），60°（CA）（BTDC），20°（CA）（BTDC）。

为了增加燃油喷雾的贯穿距，必须减轻进气流动对喷雾的影响。Yi 等[2] 提出了在两个进气门之间采用遮挡面罩设计。该设计可阻挡喷油器侧的部分气流，有效减轻进气流动对喷雾的作用。结果表明，喷雾更加完整，并能够进一步贯穿气缸，如图 7-23（见彩插）所示。比较图 7-23 和图 7-22 中的油滴分布可以看到，在 60°（CA）（BTDC）时，图 7-23 中的剩余油滴在气缸中的分布要均匀得多，因此混合气也更加均匀。燃烧模拟表明混合气均匀性的改善使预测的转矩增加了约 2%，同时发动机测试结果显示混合气均匀性的改善减少了碳烟排放[14]。

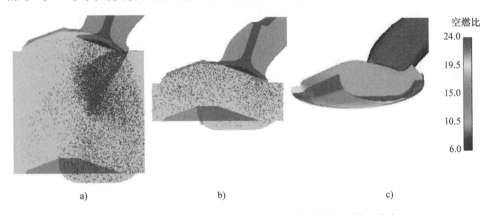

空燃比

a)　　　　　　　　　　b)　　　　　　　　　　c)

图 7-23　进气门遮挡面罩设计改善了油滴分布与空燃比分布

a) BDC 时的油滴分布　b) 60°（CA）（BTDC）时的油滴分布

c) 20°（CA）（BTDC）时的空燃比分布

如图 7-21 所示，活塞凹坑对油滴分布和混合过程产生了不利影响。在分层直喷汽油机中，活塞凹坑的形状对分层混合气的形成有显著的影响，所以其设计应首先满足部分负荷下分层混合气形成的要求，然后评估其对高负荷下均匀混合气形成的影响。如下一节所述，图 7-24（见彩插）所示的较浅活塞凹坑设计显著改善了分层混合气的形成。它还改善了 6000r·min^{-1} 全负荷下的混合气均匀性，如图 7-24 中所示，尤其是它消除了在较深凹坑设计方案中排气侧出现的稀混合气气团。

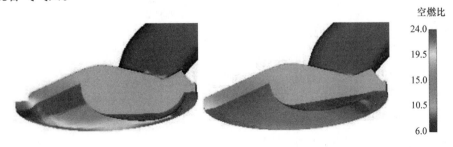

空燃比

图 7-24　20°（CA）（BTDC）时的空燃比分布，较浅的活塞凹坑可以改善混合气均匀性

在较低的发动机转速下形成均匀混合气比较容易。混合气的形成可以通过调整一些运行参数来改善。例如，对于相同质量的燃油，在 1500r·min^{-1} 时的喷射持续时间（曲轴转角）仅为在 6000r·min^{-1} 时的四分之一，因此可以模拟预测改变喷油定时的影响。为了提高低速运行时的混合速率和燃烧速率，可以使用涡流控制阀（Swirl Control Valve, SCV）来增加进气的大尺度流动强度。图 7-25 显示了 SCV 对 1500r·min^{-1} 全负荷条件下混合气形成的影响，它给出了在 20°（CA）（BTDC）时缸内混合气处于一定当量比 φ 范围内的体积百分比或称为 φ 的体积概率分布。该参数可以用于衡量给定时间的混合气的均匀度。理论上，φ 的概率分布曲线越窄越高，则混合气越均匀。如图 7-25 所示，当 SCV 关闭时，混合气变得更加均匀，并且在燃烧发生之前，所有混合气均在 0.7 < φ < 1.3 的范围内。

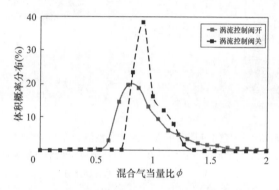

图 7-25　直喷汽油机混合气当量比体积概率分布图

注：20°（CA）（BTDC）；发动机转速为 1500r·min^{-1}，负荷为全负荷。

但是 SCV 的使用对转矩输出有不利的影响，因为当 SCV 关闭时，发动机的充量系数会降低，热损失会增加。为此，在开发 LSC 直喷系统（见图 2-8）时，SCV 在低速 WOT 条件下保持打开状态，采用分段喷射策略来改善混合气的均匀性[40]。在分段喷射策略中，燃油分两次进行喷射，中间有一个停顿。图 7-26（见彩插）比较了在 1500r·min^{-1} WOT 条件下单次喷射和 50–50 分段喷射时喷雾油滴分布的变化。在这个图里，压缩上止点为 720°（CA）。单次喷射开始于 463°（CA），持续时间为 35°（CA）。而在分段喷射中，第一次喷射（50% 的燃油）开始于 437°（CA），结束于 454°（CA）；第二次喷射开始于 507°（CA），结束于 524°（CA）。可以看出，在单次喷射的情况下，喷雾油滴朝着排气侧的气缸下部运动。而在分段喷射的情况下，油滴在蒸发之前大部分位于气缸中心区域。第一次喷油朝着气缸的排气侧运动，第二次喷油受到第一次喷射引起的旋涡运动的影响，并因卷吸作用而在中心区域停留的时间更长，从而导致燃油液滴分布更加均匀。分段喷射改善了喷雾油滴的分布，因而改善了混合气在燃烧发生之前的空燃比均匀性，如图 7-27（见彩插）所示。在分段喷射下，看不到在单次喷射中出现的排气侧稀混合气区域。发动机台架测试表明，分段喷射减少了废气中的氧含量，这证实了混合均匀性得到了改善[40]。

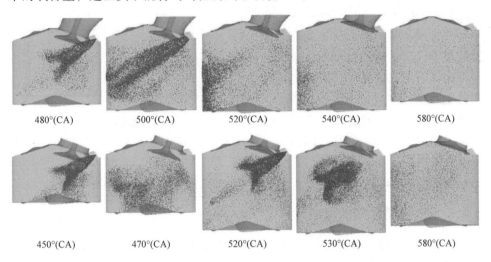

图 7-26　单次喷射（上图）与 50 – 50 分段喷射（下图）时油滴分布随时间的变化

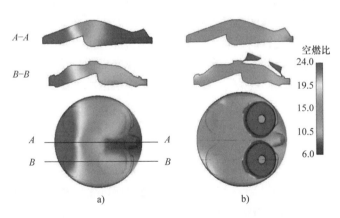

图 7-27　喷油策略对混合气空燃比分布的影响

a）单次喷射　b）50 – 50 分段喷射

注：20°（CA）（BTDC）；发动机转速为 1500r·min^{-1}，负荷为全负荷。

分段喷射的另一个优点是可以减少气缸壁面的湿壁量。图 7-28（见彩插）比较了这两种喷射方案下的气缸壁面上的瞬时燃油湿壁量。在单次喷射情况下，燃油湿壁量的峰值为 0.8%，而在分段喷射情况下仅为 0.1%。这可以通过观察图 7-26 中的油滴分布演变来解释。在分段喷射情况下，到达排气侧的燃油液滴更少。

在结束本节前，给出以下总结。气缸中的大尺度流动会显著影响油气混合。在高速下，进气流动对燃油液滴的运动轨迹有很大的影响，应该避免进气流动对喷雾的作用。除了前面所述的遮挡面罩设计、活塞凹坑形状、喷射策略（分段喷射和喷射时刻）和进气运动控制（SCV）外，喷油器位置、喷雾锥角和配气正时也会影响混合气的均匀性。因篇幅受限的原因，在此不再进行赘

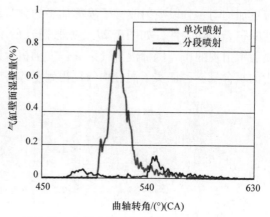

图 7-28　分段喷射对气缸壁面湿壁量的影响

述。特别要注意的是，在改善油气混合的同时也要避免或减少燃油湿壁量。

7.4.2　分层混合气的形成

如第 2 章所述，稀薄混合气燃烧可降低汽油机部分负荷的燃油消耗，这是因为稀燃可以减少泵气损失和通过气缸壁的传热损失。在直喷汽油机中，较晚的燃油喷射（在压缩行程的后期）可以在燃烧室内形成燃油与空气混合气的分层而使发动机在总体燃油稀薄的条件下运行。分层的要点是在火花塞周围形成接近化学当量空燃比的混合气，而过量的空气围绕在这部分可燃混合气气团的周围。因此，开发分层燃烧系统的关键问题包括：在火花塞周围形成接近化学当量空燃比的混合气气团以实现稳定燃烧；降低活塞的湿壁量以减少发动机的碳烟和碳氢排放。为了优化设计，需要对影响因素进行数值分析和试验测试。这些因素通常包括一些发动机的设计参数和运行参数，例如活塞凹坑形状和喷油器安装位置、喷雾结构参数（喷油器规格）、喷射策略（时刻和压力）、点火时刻和气体运动控制等。图 2-7 展示了一个壁面引导直喷系统中分层混合气的形成过程。以下讨论将再次以 LSC 系统（参见图 2-6）为例，阐述分层混合气形成的重要内容以及数值模拟如何帮助获得最佳解决方案。

常规的分层混合气直喷系统通常在相对较高的发动机负荷和转速范围采用分层模式运行，例如，对于壁面引导系统，最高为 0.4MPa BMEP 和 2500r·min⁻¹左右[1]。然而，在壁面引导系统中，分层模式的可运行负荷受到发动机碳烟的限制。虽然更深的活塞凹坑可以帮助扩展分层模式的运行负荷范围，但由于活塞表面积增加导致传热损失增加，高负荷运行时混合气均匀性下降（如图 7-24 所示）而降低空气利用率和燃烧效率，深坑活塞会在节气门全开时对发动机转矩输出造成不利影响。在常规的分层直喷系统中还需要进行其它方面的权衡。例

如，随着分层运行范围增加，驾驶循环油耗减少。但是，由于分层模式相对于均匀模式的油耗收益减少以及后处理系统需要的清扫频率增加（需要加浓混合气），因此油耗的改善效果减弱。而且，随着分层运行范围的增加，后处理系统成本增加。因此，分层混合气运行的价值递增随着其运行范围的增加而降低。

LSC 直喷系统使用减小的分层混合气运行工况范围，即转速从怠速到 2000r·min⁻¹，负荷到 0.2MPa BMEP。减小分层混合气运行范围可以显著放宽对稀燃后处理系统的要求，但与非分层运行相比，仍可显著地提高发动机的燃油经济性。

LSC 系统倾向于简单的活塞顶设计。活塞顶部有一个浅凹坑，凹坑外部凸起的冠状侧面或拱顶形状旨在满足可变凸轮正时范围和压缩比的要求，并具有最小的表面积以减少传热损失。另一方面，浅坑活塞设计可将活塞的重量降至最低，从而获得更好的 NVH 性能。另外，如前一部分所述，可以改善早喷情况下的混合气均匀性。以下讨论活塞凹坑形状对分层混合气形成的影响。

研究发现，活塞凹坑形状的细节对发动机性能有很大的影响。图 7-29（见彩插）显示了两个代表性的设计，一个是"圆形"，另一个是"收缩形"，其中排气位于左侧，进气位于右侧。圆形设计在前边缘（排气侧）具有宽阔的开口，而收缩形设计则减小了从凹坑背面（进气侧）到前侧的宽度。下面是 CFD 模拟结果的讨论。

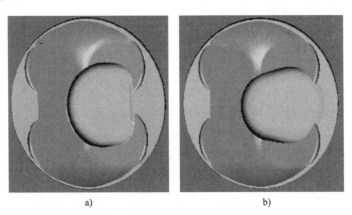

a)　　　　　　　　　　　　b)

图 7-29　两种活塞凹坑形状的比较
a）圆形活塞凹坑　b）收缩形活塞凹坑

图 7-30（见彩插）给出了怠速工况下在 20°（CA）（BTDC）时两个进气门之间的中心平面上的空燃比等值线。模拟的发动机工况为 0.1MPa BMEP，750r·min⁻¹。选择该工况的原因是该工况比在较高发动机负荷下更难形成分层混合气。喷射终点（End of Injection，EOI）为 60°（CA）（BTDC）。尽管 CFD

模拟发现这两种设计在早期会产生相似的混合气分层，但在点火时刻附近，燃油蒸气分布细节变得明显不同，在收缩形设计中，火花塞电极间隙（图中用十字符号表示）周围的混合气更浓。

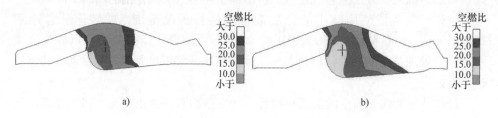

图 7-30　不同活塞凹坑对混合气空燃比分布的影响
a）圆形活塞凹坑　b）收缩形活塞凹坑

　　图 7-31 给出了火花塞间隙位置处的局部空燃比变化；图 7-32 给出了 25°（CA）（BTDC）时（MBT 点附近）活塞凹坑中的燃油蒸气分布。模拟的运行条件为 1500r·min^{-1}，0.1MPa BMEP，EOI 为 62°（CA）（BTDC），喷雾锥角为 70°。图 7-31 表明，收缩形凹坑设计为火花塞间隙周围提供了更浓的混合气，可以产生较慢的初始燃烧和总体上更好的燃烧相位。如图 7-32 所示，该设计产生的接近当量空燃比的混合气较少，从而减少了总的 NO 生成，但浓混合气（当量比大于 1.5）更多，增加了碳烟的形成。

　　这两种活塞设计的发动机测试结果如图 7-33 所示，试验中进气配气定时相同，但收缩形活塞方案的排气凸轮推迟了 10°。收缩形活塞在整个 EOI 扫点中产生了更高的碳烟排放，从而确认了前面的 CFD 预测结果。另一方面，较浓的混合气使收缩活塞方案能够在更大气门重叠的情况下运行。尽管气门重叠增加，但收缩活塞方案的净有效平均压力（NMEP）的标准差几乎与圆形活塞方案相同或更好。如前所述，收缩形活塞方案中的接近当量空燃比的混合气较少以及气门重叠角增加改善了 NO$_x$ 排放，同时减少了未燃碳氢排放并改善了燃烧相位，因而降低了燃油消耗（NSFC）。

　　很重要的是，分层混合气模式需要在一个稳定的运行参数窗口内运行，在该窗口内实现低油耗和低碳烟排放。对于一个壁面引导直喷汽油机而言，分层燃烧的碳烟排放生成主要受到活塞燃油湿壁的影响。图 7-34（见彩插）用发动机台架测试的结果比较了燃油喷雾角度的影响。采用 60°喷雾锥角的喷油器，可以获得稍低一些的油耗并在提前喷油下达到低碳烟排放目标值。但是，当 EOI 提前并超过 70°（CA）（BTDC）时，燃烧稳定性迅速降低。能够同时满足碳烟极限和稳定性约束的 EOI 运行窗口对 60°锥角喷雾较小，只有 6°（CA）。70°喷雾锥角的喷油器有类似的结果（图中未给出）。采用 70°锥角喷雾外加 5°轴向偏置的

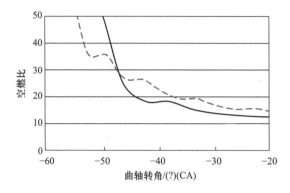

图 7-31　活塞凹坑形状对火花塞位置处的局部空燃比的影响

虚线—圆形活塞凹坑设计　实线—收缩形活塞凹坑设计

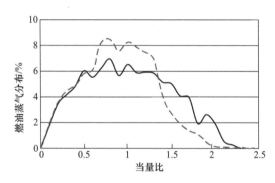

图 7-32　活塞凹坑形状对点火时刻时燃油蒸气分布的影响

虚线—圆形活塞凹坑设计　实线—收缩形活塞凹坑设计

喷油器（70°/5°喷油器），即燃油喷雾方向向下朝活塞方向偏移 5°，结果表明能获得更大的稳定 EOI 运行窗口，该窗口为 20°（CA），在该窗口范围内的碳烟很低或者基本消除。

图 7-35（见彩插）展示了模拟的 60°/0°和 70°/5°两个喷油器产生的油气分布。在图中可以看到，当 EOI 为 67°时，两个喷油器均在火花塞间隙位置（符号"+"的位置）处产生了可燃混合气。但当 EOI 为 77°时，60°/0°喷油器方案中的部分混合气越过了活塞凹坑，在火花塞处留下了较稀的混合气，而 70°/5°喷油器方案继续产生良好的油气分布。

图 7-36（见彩插）中给出了光学发动机 PLIF 测量的混合气分层分布结果，70°/5°喷油器和 70°喷油器产生的混合气分布存在显著差异。70°/5°喷油器有更宽的喷油定时范围（EOI 范围），在火花塞区域形成良好的空燃比混合气。当 EOI 为 74°（CA）（BTDC）时，对于 70°喷油器方案，明显会出现燃油进入燃烧

室排气侧的现象，这标志着达到了该喷油器的喷射始点极限，进一步提前喷油会
造成燃烧不稳定性急剧增加。

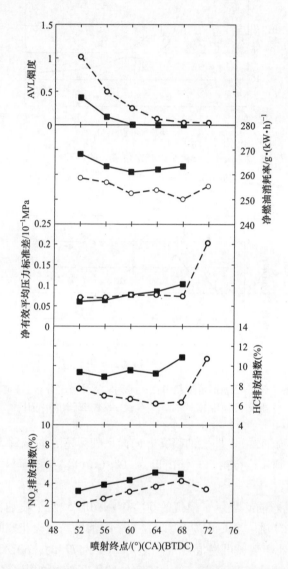

图 7-33　喷射终点时间扫点试验显示的活塞凹坑设计的影响
实心符号—圆形活塞凹坑设计　空心符号—收缩形活塞凹坑设计

　　上面的 CFD 模拟、光学发动机测量和热力单缸发动机测试结果都表明在
LSC 系统的特定设计中，采用偏置的喷雾时，稳定燃烧的喷油定时范围更为宽
广，并且可以同时获得稳定的燃烧和低的碳烟排放。

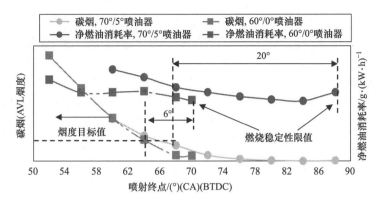

图 7-34　喷雾角度对燃烧稳定性时间窗口的影响

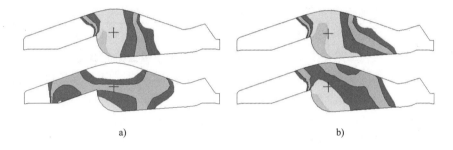

图 7-35　喷雾角度对混合气空燃比分布的影响

a) 60°/0°喷油器　b) 70°/5°喷油器

注：上图喷射终点为 67°（CA）（BTDC），下图喷射终点为 77°（CA）（BTDC）。

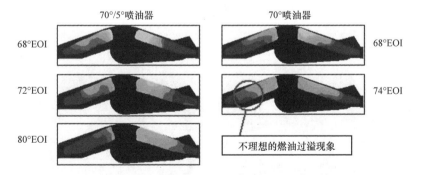

图 7-36　通过光学发动机获得的两种喷油器下的分层混合气分布

（平面激光诱导荧光强度分布）

7.5 燃油湿壁与碳烟及碳氢排放

在壁面引导的直喷系统中，难以避免喷雾碰壁而导致活塞湿壁。而在其它情况下，例如在早喷的均匀混合气模式下也会在活塞和气缸壁面上发生湿壁，在喷雾引导式直喷系统中也会发生活塞湿壁。如下文所述，在湿壁的表面上将形成液态油膜，油膜产生池火燃烧，从而产生碳烟和 HC 排放。因此，尽量减少燃油碰壁是开发直喷燃烧系统的主要任务之一，准确预测喷雾碰壁也就十分有必要。一旦发生喷雾碰壁，数值模拟可以给出液态油膜的位置、沉积量和蒸发的详细信息。下面将介绍一些案例，其中模拟中采用的物理模型在第 5.5 节中给予了介绍。

在对一台直喷汽油机的模拟中，韩志玉等[1] 发现在 SOI 之后不久，喷雾碰撞到了活塞凹坑上，并且大部分碰撞的燃油都附着在了凹坑的表面上，从而发生了所谓的活塞湿壁现象。附着的液体燃油会蒸发并在壁面附近形成非常浓的混合气，或者在点火时刻仍然保持液相。图 7-37a（见彩插）给出了计算的点火时刻时（20°（CA）（BTDC））活塞凹坑表面上的液体燃油（用燃油液滴颗粒表示），发动机运行工况为 $1500r \cdot min^{-1}$，0.262MPa BMEP，喷油压力 10MPa。液态燃油主要集中在与喷油器侧相反方向的活塞凹坑内部区域。图 7-37b 显示了光学发动机活塞的图片。光学发动机的活塞设计与模拟计算的相同，并在相似的工作条件下用异辛烷（与模拟中使用的燃油相同）运行约 5min，然后拆出活塞进行拍照。从图片中可以清楚地看到，由于池火燃烧，在活塞凹坑内部积聚了许多炭黑。计算出的液态燃油的位置与碳沉积物的位置相同，因而可以得出结论：由于燃油喷雾碰壁，活塞上的液体燃油会在燃烧过程中形成碳烟，从而导致发动机的

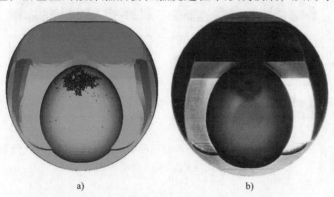

a)   b)

图 7-37　活塞表面液体燃料沉积与积碳的比较
a）计算的活塞表面液体燃油　b）光学发动机活塞上的积炭

碳烟排放。

这一结论通过在同一光学发动机中开展的火焰和碳烟散射成像试验得到了证实[13]，如图 7-38（见彩插）所示。缸内碳烟颗粒的二维图像是通过激光弹性（米氏＋瑞利）散射获得的，燃烧火焰的彩色图像用彩色 CCD 摄像机获得。发动机工况为 1500r·min^{-1}，90kPa MAP，点火时刻为 25°（CA）（BTDC），SCV 部分打开，90℃ 冷却液温度，60°（CA）（BTDC）EOI，1.6ms 喷油脉宽，10MPa 喷油压力，英杜林燃料。该图像显示在燃烧室中形成小的碳烟颗粒，并被输送到排气门侧而排出。在相同的发动机工况下对未燃燃油和碳氢化合物进行了 PLIF 成像。PLIF 结果显示，未燃燃油或部分氧化的燃油出现在碳烟生成区域。因此，弹性散射和燃油示踪 LIF 测量提供了试验证据，确认了喷雾湿壁是分层直喷汽油机中碳烟和碳氢的重要来源。

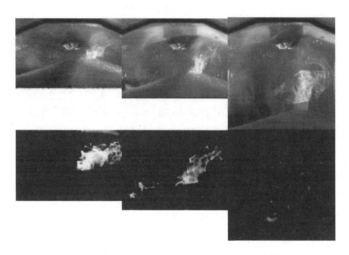

图 7-38　光学发动机图像序列显示膨胀过程中来自活塞凹坑的碳烟[13]

注：图像右侧为排气门；自左起上下单组图像对应的曲轴转角分别为 33°、43° 与 63°（CA）（ATDC）。

由于当时没有精确的碳烟预测模型，因此采用定量解析和经验近似相结合的方法（参见图 7-5），把点火时刻时沉积在活塞表面上的剩余液体燃油作为中间变量，将其与发动机排出的烟度定性地关联起来。图 7-39（见彩插）展示了该关联性。图中给出了针对不同设计方案计算的活塞表面液体燃油的变化，并给出了在相同工况条件下从单缸发动机测得的发动机烟度值（Filter Smoke Number, FSN）。可以看到，在点火时刻，残留在活塞上的液体燃油越多，发动机的烟度值就越高。

值得指出的是，发动机的碳烟排放是非常复杂的燃烧过程的综合结果。在发动机燃烧过程中，液体燃油继续蒸发并与周围气体混合，另外碳烟形成后还伴随

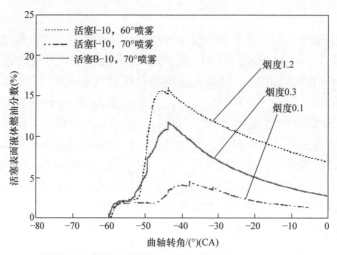

图 7-39　计算的活塞表面液体燃油量与测得的发动机排气烟度的相关性

着氧化。因此，燃烧之前的液体湿壁燃油量很难与发动机烟度水平定量地相关。

　　图 7-40（见彩插）展示了喷油始点、喷雾锥角、气体涡流运动和发动机负荷对活塞湿壁的影响。延迟喷射会导致更多的喷雾碰壁，以及更多的液体燃油沉积在活塞表面上，如图 7-40a 中的较高峰值所示。喷雾锥角对喷雾运动有很大影响，因此对混合气的形成也有显著影响。较大的锥角会导致更宽、更分散的燃油液滴分布，从而有助于燃油蒸发和混合。同样地，在相同的喷射压力下，较大锥角的喷雾的轴向速度也较小，这导致了较慢的喷雾轴向贯穿。由于这些原因，减少了活塞的喷雾碰壁量，如图 7-40b 所示。此外，可以通过关闭进气道上的 SCV 来产生涡流和滚流。在该发动机中，关闭 SCV 时测得的涡流比为 0.94。如图 7-40c 所示，与无涡流运动（SCV 打开）相比，气体涡流运动减少了喷雾的活塞碰壁量，并减少了活塞上残留的液体燃油。这是因为气体运动会使喷雾偏转并导致燃油液滴分散，同时加强燃油液滴的蒸发，因此减小了液态油滴碰撞到活塞表面上。

　　发动机负荷的影响如图 7-40d 所示。当发动机负荷增加到 0.4MPa BMEP 时，活塞湿壁量增加。尽管提前 SOI 可以帮助减少活塞的湿壁量，但仍不能避免大量的液体燃油沉积，这表明在发动机高负荷下会发生较高的碳烟排放。对于壁面引导式分层燃烧系统，负荷超过 0.4MPa BMEP 时，高的碳烟排放通常是一个限制其采用分层燃烧的重要因素。

　　喷油器的位置、安装角度、喷雾方位角（是否偏置）和燃油喷雾锥角是壁面引导式分层直喷汽油机的关键设计参数。如图 7-40b 所示，较大的喷雾锥角可以减少活塞的湿壁。但是在早喷的情况下，大锥角喷雾可能会导致不希望的进气门湿壁。在 LSC 分层汽油机中，早期设计的 70°喷雾导致发动机在低速全负荷时烟度水平较高。通过后来的 CFD 模拟发现，受进气流动的影响，喷雾碰到了进气门。图 7-41（见彩插）显示了在1500r·min^{-1}，WOT 工况进气行程期间 70°和 60°锥角喷雾的计算结果。结果显示，当使用 70°喷雾时，喷雾会碰到进气门，而使用 60°喷雾时，喷雾会"错过"气门。图 7-42（见彩插）进一步给出了这两种情况下的气门湿壁量的变化曲线，70°喷雾情况下，气门湿壁量的峰值要高出很多。

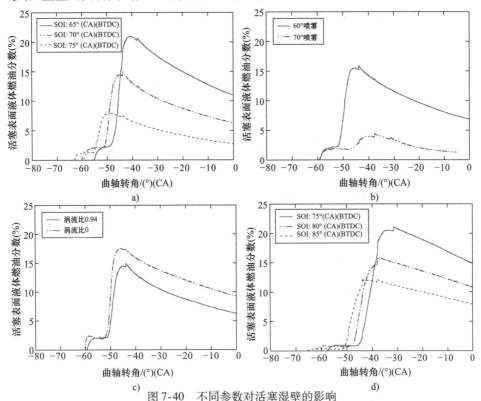

图 7-40　不同参数对活塞湿壁的影响

a）喷射始点　b）喷雾锥角　c）气体涡流　d）发动机负荷

注：发动机转速为 1500r·min^{-1}；发动机负荷在 a）、b）与 c）中为 0.262MPa BMEP，在 d）中为 0.4MPa BMEP。

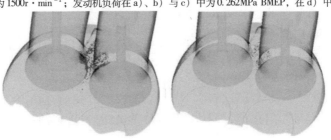

图 7-41　CFD 计算的进气门喷雾碰壁现象

a）70°喷雾喷油器　b）60°喷雾喷油器

光学发动机试验验证了喷雾碰撞气门对发动机烟雾排放的影响。图7-43（见彩插）中的火焰图像显示，与60°喷雾喷油器相比，70°喷雾喷油器在进气门处产生了池火燃烧，这些池火导致了碳烟的生成。比较图7-41和图7-43可以看到预测的气门湿壁区域与池火位置重合。如图7-44所示，在70°喷雾情况下气门过度

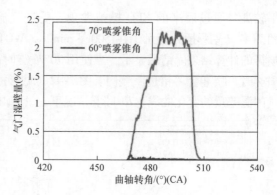

图7-42 CFD预测的喷雾锥角对气门湿壁量的影响

湿壁与测得的高烟度水平相关，而当使用60°喷雾时，发动机的烟度明显减少。

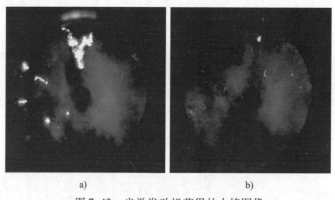

a) b)

图7-43 光学发动机获得的火焰图像

a）70°喷雾喷油器 b）60°喷雾喷油器

虽然60°喷雾喷油器在大负荷时将发动机的烟度降低到比目标低得多的水平，但在低负荷分层燃烧模式下，如前面的讨论，它没有提供令人满意的燃烧稳定性窗口。因此采用了70°喷雾加上5°喷雾偏移角（朝活塞方向）的喷油器设计方案，该方案经过验证可以避免喷雾与气门碰撞，同时给出满意的分层混合气性能（见图7-35）。

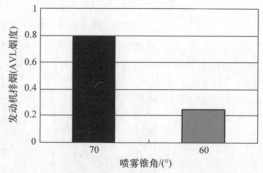

图7-44 发动机实测的喷雾锥角对烟度的影响

高未燃HC排放有时是分层燃烧的一个问题。准确预测分层燃烧的HC排放

一直是一个挑战，部分原因是分层燃烧时的 HC 生成机理不明。Hilditch 等[15] 提出了一个经验模型，该模型使用定量解析和经验近似相结合的方法来预测 HC 排放。在点燃式均匀混合气汽油机中，缝隙区域中存储的燃油被认为是 HC 排放的主要来源[41]。但是，此 HC 机理不适用于分层燃烧，因为燃油存在于活塞凹坑区域。Hilditch 等[15] 提出了分层燃烧 HC 排放的三个来源，如图 7-45 所示。这些来源包括：①分层混合气气团外围非常稀薄的混合气（发生火焰熄火）；②活塞上（和其它潜在位置）的液态油膜；以及③火花塞间隙区域。对于 HC 排放，他们提出了以下相关经验公式：

$$HC = 2.1(\alpha + \beta)\exp(-0.055SA) + 2.5 \qquad (7-1)$$

式中，α 和 β 分别是当量比小于 0.3 的混合气中燃油的百分比和活塞表面上沉积的燃油百分比，由 CFD 模型预测。该预测模型通过点火提前角（SA）的指数函数来调整以适应燃烧相位。式（7-1）中的系数可能会因不同的发动机或工况而变化。

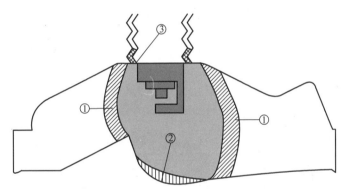

图 7-45　分层混合气燃烧中未燃碳氢化合物的来源

　　式（7-1）表明可以通过改变设计参数降低 α 和 β 来减少 HC 排放。例如，在一台单缸排量为 0.38L 的 V6 发动机上评测了两个设计变型，即"设计 A"方案和"设计 B"方案。相对于设计 B，设计 A 的活塞凹坑要深 1.5mm，活塞凹坑前边缘壁的曲线半径更小，所用的喷雾锥角要宽 5°。

　　图 7-46 对比了火花塞间隙处的空燃比变化，发动机在 1500r·min^{-1}，0.175MPa NMEP 工况下运行。两种设计之间的混合气形成略有差异，这可以通过混合气气团到达火花塞间隙的时间看到。由于设计 B 的喷雾贯穿距更长，因此混合气气团更早地到达点火位置。根据此图，可以认为从 685°（CA）开始的一段较长时间范围，这两种设计都能够在火花塞间隙处提供接近当量比的可燃混合气。

　　但是，混合气的分布细节揭示了这两种设计的明显差异，如图 7-47（见彩插）所示。设计 A 中的混合气气团垂直聚集在火花塞位置，而设计 B 中的混合气气团则更加分散，且其边缘移向燃烧室的排气侧。这些结果被具有相同设计的光学发动机中获得的 PLIF 图像[10] 印证，如图 7-47 所示。图 7-48 进一步对比了在 25°（CA）（BTDC）时预测的燃油蒸气分布的差异。设计B 中更稀薄混合气里的燃油比例明显更多。此外，设计 B 的活塞湿壁量也明显高于设计 A。设计B 的峰值活塞湿壁量超过 10%，

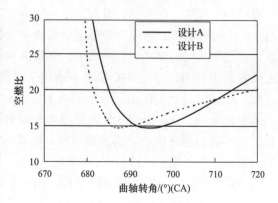

图 7-46   计算的火花塞间隙处空燃比的变化

而设计 A 的峰值活塞湿壁量约为 1%。利用这些信息，使用式（7-1）来预测两种设计的发动机 HC 排放，结果如图 7-49 所示。可以看出，设计 A 显著减少了未燃 HC 排放，同时可以看到预测值与试验测量值很接近，说明模型能够较好地预测 HC 排放。

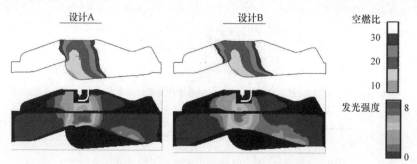

图 7-47   CFD 预测的（上图）与光学发动机 PLIF 测量的
（下图）活塞凹坑形状对混合气分层的影响

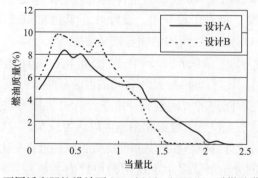

图 7-48   不同活塞凹坑设计下 25°（CA）（BTDC）时燃油蒸气的分布

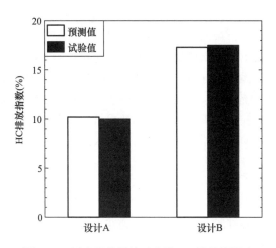

图 7-49 活塞凹坑设计对未燃 HC 排放的影响

7.6 喷雾引导直喷系统和增压直喷系统的油气混合

在上一节中，我们重点介绍了壁面引导式直喷系统。在喷雾引导式直喷系统中也可以实现分层燃烧。在本节我们首先讨论涡旋引导分层直喷燃烧系统（VISC）中的混合和燃烧特征[3]。之后讨论最近的涡轮增压均匀直喷汽油机中的一些混合策略。

在壁面引导系统中，喷油器通常放置在进气门下方，并产生相对较窄的喷雾锥角（50°～70°），以便将燃油喷射贯穿气缸。正如上面的讨论，该系统存在一些问题。喷雾容易导致活塞湿壁且混合不充分，从而导致较多的碳烟排放，特别是在发动机高负荷。因此，燃油喷射始点必须处在压缩行程较早时期，以避免过多的活塞湿壁。但是，较早的喷射时刻可能会导致有些区域过混合，从而导致高 HC 排放并增加油耗。尽管提前点火时刻可以减少 HC 排放，但它会使燃烧过于提前，从而降低热效率并增加 NO_x 排放。事实证明，这种燃烧效率和热效率之间的权衡关系很难在壁面引导系统中得到大的改善。

另一方面，典型的喷雾引导燃烧系统使用大锥角燃油喷雾以及紧密耦合的喷油器和火花塞。大锥角喷雾不易坍塌，因此在高环境压力下依然可用，紧密的耦合使喷射时刻更接近点火时刻。这些综合效果可以保证燃油在较晚时刻喷射，从而改善碳氢排放量与燃烧相位之间的权衡关系。然而在这样的紧密耦合系统中，通常没有手段来减慢燃油喷雾的贯穿距，喷雾将快速跨过火花塞。因此，点火时刻被限制在喷射即将结束时的狭窄窗口内以避免失火。这种紧邻的时间关系限制了燃烧控制的灵活性，并且几乎没有时间使燃油液滴充分蒸发和混合。这会导致过浓混合气和油滴燃烧，从而容易产生碳烟排放。

为了克服上述缺点以提高燃烧效率和燃烧稳定性，福特研究实验室的研究人员开发了一种被称为涡旋引导分层燃烧的分层燃烧系统，如图 2-8 所示。与典型的壁面引导式燃烧系统相比，它在充分燃烧和燃烧相位之间取得了更好的平衡，保证了稳定的燃烧并控制了碳烟排放，油耗更低。该系统是典型的喷雾引导式燃烧系统，它使用紧邻的喷油器和火花塞，并最大限度地减少燃油喷雾与活塞表面的交互作用。结合大锥角喷雾的使用，可以显著推迟燃油喷射时间，比壁面引导式燃烧系统大约晚 30°~40°（CA）。

在任何分层燃烧汽油机中火花塞电极间隙必须置于可燃混合气区域，火花塞电极还不能被燃油液滴打湿，否则会导致火花塞结垢和腐蚀问题。在 VISC 系统中，燃油喷雾不直接对准火花塞，火花塞位于燃油喷雾外部形成的回流（涡旋）区中。该涡旋将燃油蒸气从喷雾中带到火花塞位置。图 7-50（见彩插）中的 CFD 模拟显示了喷雾涡旋是如何影响混合气形成的。图 7-50a 显示了经过火花塞下方的喷雾（用颗粒代表），而速度矢量显示在喷雾外围形成的回流涡旋（用大箭头表示）。图 7-50b 中的空燃比等值线显示了燃油蒸气围绕着火花塞间隙，从而提供可燃混合气。

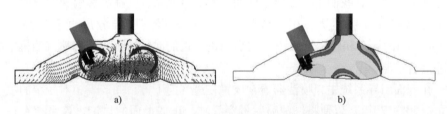

a)   b)

图 7-50　显示 VISC 概念的 CFD 图像

a）喷雾引起的涡旋　b）空燃比等值线与火花塞间隙的位置关系

VISC 系统使用了一个外开式轴针喷油器，该喷油器的燃油喷雾锥角为 90°。试验和计算得到的喷雾图像和贯穿距分别如图 7-51 和图 7-52 所示。在模拟中使用了第 5.2.3 节中的液膜破碎雾化模型和第 5.3.1 节中的二次液滴破碎 TAB 模型，获得了较好的预测结果[42]。试验和模拟均表明：①在高压环境条件下，喷雾的贯穿距和速率不大，这有利于其在喷雾引导概念中使用；②喷雾在高压环境条件下不会像涡流喷油器那样产生喷雾坍塌（如图 7-13 所示）；③喷雾不像涡流喷油器那样产生初始油团（如图 7-11 所示）。在 10MPa 燃油喷射压力和 0.1MPa 环境压力下，距喷嘴 25mm 处测得的 SMD 为 14.3μm，而预测的平均 SMD 为 13μm。

喷雾引导式直喷燃烧的主要挑战之一是扩大保证不失火和稳定燃烧的喷射终

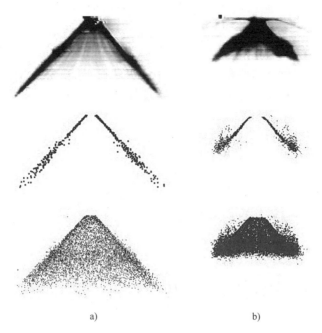

图 7-51 不同环境压力下试验与模拟的喷雾图像比较

a) 0.1MPa 环境压力 b) 0.5MPa 环境压力

注：上图—试验图像，中图—模拟的喷雾剖面图，下图—模拟的喷雾前视图。

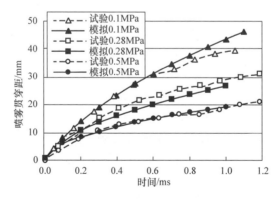

图 7-52 三个不同环境压力下的喷雾贯穿距随时间的变化

点与点火提前角之间的时间窗口。紧密耦合的喷射终点和点火提前角不利于稳定燃烧的鲁棒性。在开发 VISC 的早期，喷射终点和点火提前角不能分开。在重新设计了活塞顶部形状（燃烧区域），以及火花塞间隙位置和喷油嘴顶部伸出距离后，实现了点火提前角和喷射终点的充分分离而不失火。这表明 VISC 系统的分层燃烧是通过非常稳定的混合气分层机制实现的。试验发现在 1500r·min^{-1} 和

0.262MPa BMEP 时，喷射终点和点火提前角之间的最小时间间隔为喷射终点之后约 4°。该时间间隔被用于 CFD 模拟中对混合气形成优劣进行评估。

Iyer 等[42]进行了一系列 CFD 模拟以评估设计和运行参数对混合气形成的影响。其主要目标是优化这些参数，以便在较高的发动机转速和负荷条件下，在火花塞间隙周围获得稳定的可燃混合气以实现分层燃烧，并在高负荷至全负荷下形成均匀的混合气。

活塞顶部形状对混合气形成的影响如图 7-53（见彩插）所示。早期设计的活塞穹顶几何形状具有严重的失火问题，失火的原因归结于活塞穹顶导致不良的混合气分层。挤流与涡旋相互作用将混合气推向侧面，从而导致混合气气团在中间分离。相比之下，改进的活塞浅坑设计可以很好地托住火花塞间隙周围的混合气气团。当提升喷油器轴向位置后，此活塞设计消除掉了失火现象。

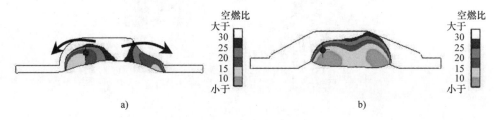

图 7-53　不同活塞形状中以空燃比等值线显示的混合气结构的比较
a）穹顶活塞　b）碗形活塞
注：图中带有蓝点的十字符号与火花塞的位置相对应。

研究发现喷油器的轴向位置（喷嘴伸出量）对失火有重大影响。减少 4mm 的伸出量（喷油器抬起）可以在较宽的 EOI 范围下消除失火现象[3]。图 7-54（见彩插）显示了喷油器处在两个轴向位置的 CFD 模拟结果，这两个位置分别是带有 1.5mm 垫片和 5.5mm 垫片的喷油器位置。图中给出了空燃比分布和气体速度的叠加图像。喷油器位置升高消除失火的原因为：首先，相对于抬升 1.5mm，抬升 5.5mm 的喷油器可以在喷雾碰撞到活塞之前，有更多的空间在喷雾周围形成头部涡旋，如 22°（CA）（BTDC）的速度图所示。这时气流卷吸的发展受活塞运动的干扰较小。

其次，火花塞与气流旋涡的相对位置较好。对于升高的喷油器位置，火花塞周围的混合气气团较高，如 16°（CA）（BTDC）的空燃比分布所示。同样，在喷射终点，对于升高的喷油器位置，火花塞更靠近喷雾。第三，两个喷油器位置的混合气气团的形状非常不同。在喷油器位置较低时，混合气气团要低得多，更靠近活塞，而在喷油器位置较高时，混合气气团覆盖更大的燃烧室区域，如 16°（CA）（BTDC）时刻所示。

由于火花塞间隙必须置于涡旋回流区中，因此火花塞与喷油器的相对位置对

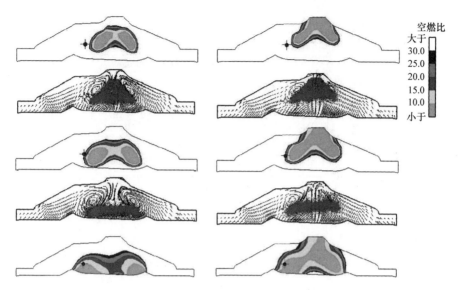

图7-54　计算的气缸中心平面上的空燃比分布图和叠加的喷雾与气体速度图

注：左列图中的喷油器比右列图中喷油器多伸进燃烧室4.0mm；从上至下一二行、

三四行与第五行图的时间顺序分别为24°、22°和16°（CA）（BTDC）。

于保证分层运行的稳定点火非常重要。在试验中，通过添加垫片来调节火花塞的位置。通过使用三个火花塞轴向位置（基准位置，上移0.7mm和上移1.4mm）评估了火花塞位置对失火的影响。台架试验数据显示，将火花塞从其基准位置上移，严重加剧了失火的趋势。

　　CFD模拟被用来研究火花塞上移时失火的原因。图7-55（见彩插）给出了EOI为26°（CA）（BTDC）（即694°（CA））时，三个方案下火花塞位置处的空燃比模拟结果。如前所述，可燃混合气直到EOI后4°~6°才到达火花塞。因此，我们需要查看EOI+4°处火花塞位置的空燃比以确定混合气是否可燃。如图7-55所示，其中标记了EOI+4°线（698°（CA））。对于基准火花塞位置，混合气空燃比为23，可点燃；对于上移0.7mm的火花塞位置，混合气的空燃比为30；对于上移1.4mm的火花塞位置，混合气空燃比为37。因此可以预见，从基准位置抬升的两个火花塞位置会发生失火。

　　CFD还用于模拟关闭SCV后进气流动的影响。关闭SCV，气体流动具有较强的涡流和滚流，涡流比从0.03增加到1.47，滚流比从0.04增加到0.82，横向滚流比从0.01增加到0.55。图7-56（见彩插）给出了气缸中心平面上的空燃比和气体速度分布。与SCV打开时相比，SCV关闭时，燃烧室内的涡流运动会导致较高的速度，从而导致火花塞周围的混合气气团升高，这使得SCV关闭情况具有更高的稳定性。此外，SCV关闭时气缸内的湍流强度较高，可以改善混合及燃烧稳定性。

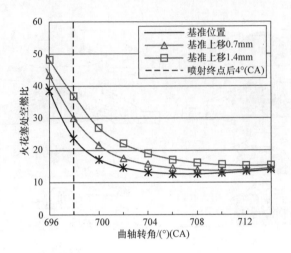

图 7-55　三个不同火花塞位置火花塞间隙处的空燃比变化

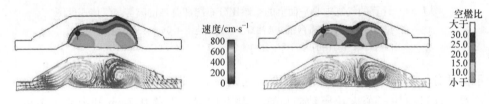

图 7-56　20°（CA）（BTDC）时中心平面的空燃比与气体流速分布
注：左列图为 SCV 阀关闭，右列图为 SCV 阀开。

　　分段喷射被用来降低高负荷下分层燃烧的燃油消耗和碳烟排放，使用 CFD 模拟研究了分段喷射策略。图 7-57（见彩插）给出了两种情况下中心平面上空燃比的变化情况。发动机工况为 1500r · min⁻¹ 和 0.5MPa BMEP，单次喷射的 EOI = 40°（CA）（BTDC）；分段喷射时第一次喷射的 EOI1 = 50°（CA）（BTDC），第二次为 EOI2 = 26°（CA）（BTDC）。在分段喷射情况下，可以看到在第二次喷射之前，空燃比在火花塞周围变得稀薄，如 28°（CA）（BTDC）时刻所示。在第二次喷射之后，混合气变得更浓，如图 7-58（见彩插）所示。

　　图 7-59a 给出了 20°（CA）（BTDC），即点火时刻气缸中燃油蒸气在不同混合气当量比下的分布。如图所示，与单次喷射策略相比，分段喷射策略减少了浓混合气的量。如图线旁边的实测数据所示，较少的浓混合气使分段喷射的一氧化碳排放量降低。一氧化碳的排放量从单次喷射的 55g · （kW · h）⁻¹ 降低至分段喷射的 28g · （kW · h）⁻¹。图 7-59b 显示了沉积在活塞上的液态燃油量随曲轴转角的变化曲线。分段喷射在活塞上沉积的液态燃油量要少得多，这与图线旁边显示的台架实测烟度值（FSN）有很好的相关性，该值从单次喷射的 0.92 下降

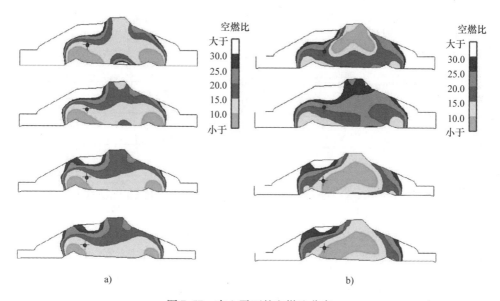

图 7-57　中心平面的空燃比分布

a) 单次喷射　b) 分段喷射

注：从上到下的时间顺序分别为 28°、24°、20° 与 18°（CA）（BTDC）。

到分段喷射的 0.37。此外，相对于单次喷射，分段喷射在点火时刻缸内的平均湍流强度更高。在第二次喷射期间，湍流强度增加到比单次喷射更高的水平，这有助于加速燃烧。

如前所述，对于装有侧置喷油器的壁面引导式直喷汽油机，高速全负荷下的油气混合均匀性一直是一个非常具有挑战性的问题。在 VISC 系统中，喷油器安

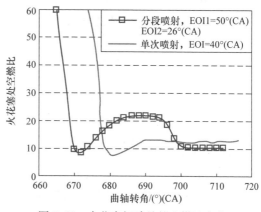

图 7-58　火花塞间隙处的空燃比变化

装在燃烧室的中心，进气气流和燃油喷雾之间的相互作用远不如在壁面引导式直喷汽油机中显著，在低和高的发动机转速下均可获得良好的均匀油气混合。

图 7-60（见彩插）显示了发动机在 1500r·min⁻¹、WOT、SCV 全开、EOI 为 300°（CA）（BTDC）情况下的混合演变情况。可以看到，即使在 SCV 打开的情况下，涡流和滚流运动较弱，也可以实现良好的油气混合，并且看不到任何过浓或过稀的区域。EOI 扫点的模拟结果表明，在进气行程结束之前喷油，混合均匀性对 EOI 不敏感。

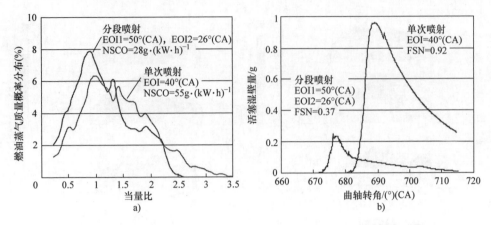

图7-59 单次喷射与分段喷射的比较（一氧化碳与烟度测量值显示在图线旁边）

a）20°（CA）（BTDC）时燃油蒸气质量概率分布 b）活塞湿壁量的变化

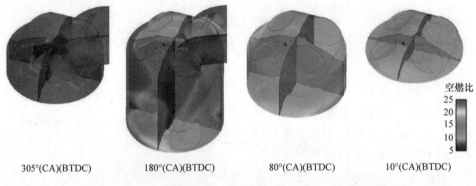

305°(CA)(BTDC)　　180°(CA)(BTDC)　　80°(CA)(BTDC)　　10°(CA)(BTDC)

图7-60 VISC系统均匀混合气模式下的混合气形成过程

下面分析高速情况下的油气混合过程。如前所述，在发动机高转速下，壁面引导系统（WGDI）的油气均匀混合具有挑战性。图7-61比较了VISC系统和WGDI系统（见图7-23）的混合均匀性，发动机工况为6000r·min⁻¹，WOT。可以看出，VISC发动机中的油气混合比WGDI发动机中的要好很多。VISC系统的当量比分布较窄，曲线的峰值高于WGDI，表明其混合更好。

可以通过图7-62（见彩插）来进一步解释这个结果，该图比较了VISC和WGDI系统中的燃油喷雾的油滴分布。发动机工况仍然为6000r·min⁻¹，WOT，WGDI的EOI为230°（CA）（BTDC），VISC的EOI为280°（CA）（BTDC）。如图7-62a所示，在WGDI系统中，进气气流与喷射燃油之间的强烈相互作用使燃油喷雾从其轴线偏斜。油滴主要保持在进气侧。然而，在VISC发动机中，如图7-62b所示，燃油喷雾受进气流动的影响小。这主要是由于喷油器的中心位置位于进气门之间相对较宽的空间。然后，大锥角喷雾将燃油液滴更均匀地分布在整个气缸中。尽管可以通过使用遮挡面罩设计（图7-23）或分段喷射（图7-26）来改善 WGDI 中的油气混合，但中置喷油器以及大锥角、低贯穿距的喷雾是 VISC 系统中形成均匀混合气的天然优势。

近年来，为了利用现有的三元催化器后处理装置，大多数小型化（Down – sizing）增压直喷汽油机在整个运行范围内均采用当量空燃比的均匀混合气燃烧模式[5,43-46]。一些直喷系统在冷起动时会采用分层混合气燃

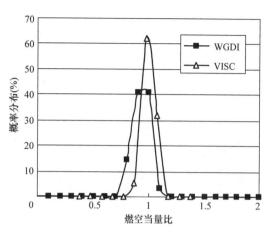

图 7-61　高速全负荷下壁面引导直喷系统（WGDI）与涡旋引导分层燃烧系统（VISC）在 20°（CA）（BTDC）时混合气均匀性的比较
注：6000r·min⁻¹，WOT。WGDI 喷射终点为230°（CA）（BTDC），VISC 喷射终点为280°（CA）（BTDC）。

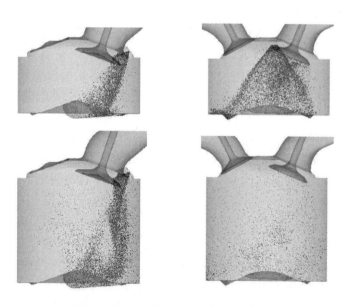

图 7-62　高速全负荷下壁面引导直喷系统（WGDI）与涡旋引导分层燃烧系统（VISC）中的喷雾油滴分布的比较
注：6000r·min⁻¹，WOT。上图时间为 280°（CA）（BTDC），下图时间为 230°（CA）（BTDC）。

烧[47,48]。在这些直喷汽油机中采用了高滚流气道和多孔喷油器。使用上述的模拟方法，通过对喷雾形态、活塞形状、进气流动和喷射策略的计算优化，可以获得保证良好混合均匀性的设计。如图 7-63（见彩插）所示，多孔喷油器在喷雾油束的数量和方向上提供了一定程度的设计灵活性，通过优化每个独立喷雾油束的方向，可以减轻涡流喷油器遇到的湿壁和气流阻碍喷雾贯穿的困难[49]。

喷油器1 喷油器2,5,7 喷油器3,4,6 喷油器8 喷油器9

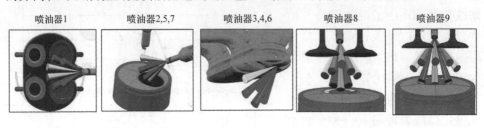

图 7-63　涡轮增压直喷汽油机开发中使用 CFD 模拟评估的喷雾结构示例[5]

通过使用涡轮增压器，发动机充量系数和滚流比之间的权衡关系变得不再像自然吸气发动机那么重要，这可以为改变进气道形状提供一些自由度。为获得较大的滚流比，可以对进气道设计进行优化，而 CFD 在这方面可以提供很大帮助[50]。正如在直喷汽油机早期开发工作中发现的那样，在均匀和分层混合气燃烧模式下，分段喷射策略均比单次喷射具有更多优势[3,4]。分段喷射也适用于直喷汽油机冷起动工况。在现代直喷系统中，多次喷射策略已被普遍采用。

冷起动时的燃烧优化对于直喷汽油机满足当前非常严格的排放法规至关重要，因为冷起动期间前 20s 内的 HC 排放构成了整个排放测试循环的绝大部分。分段喷射产生的分层可以在火花塞间隙处提供接近当量空燃比的混合气，从而可以在减少过度喷油的情况下获得可靠的点火和稳定的燃烧。由于受喷油器动态流量的限制，必须降低喷油压力以实现更长的喷油持续时间。徐政等[51]研究表明，通过使用分段喷射、优化的活塞形状以及可变的喷射时刻和压力，直喷汽油机在冷起动期间的 HC 排放量可以减少 30%，同时燃油消耗更低，燃烧稳定性显著提高。

参 考 文 献

[1] HAN Z, YI J, TRIGUI N. Stratified mixture formation and piston surface wetting in a DISI engine [R]. SAE Technical Paper, 2002 – 01 – 2655, 2002.

[2] YI J, HAN Z, TRIGUI N. Fuel – air mixing homogeneity and performance improvements of a stratified – charge DISI combustion system [J]. SAE Transactions, 2002, 111 (4)：965 – 975.

[3] VANDERWEGE B A, HAN Z, IYER C O, et al. Development and analysis of a spray – guided DISI combustion system concept [J]. SAE Transactions, 2003, 112 (4)：2135 – 2153.

[4] HAN Z, WEAVER C, WOOLDRIDGE S, et al. Development of a new light stratified – charge

DISI combustion system for a family of engines with upfront CFD coupling with thermal and optical engine experiments [J]. SAE Transactions, 2004, 113 (3): 269 – 293.

[5] YI J, WOOLDRIDGE S, COULSON G, et al. Development and optimization of the Ford 3.5 L V6 EcoBoost combustion system [J]. SAE International Journal of Engines, 2009, 2 (1): 1388 – 1407.

[6] WESTRATE B, COULSON G, KENNEY T, et al. Dynamometer development of a lightly stratified direct injection combustion system [J]. SAE Transactions, 2004, 113 (3): 310 – 323.

[7] ZHAO H, LADOMMATOS N. Optical diagnostics for in – cylinder mixture formation measurements in IC engines [J]. Progress in Energy and Combustion Science, 1998, 24 (4): 297 – 336.

[8] 张玉银, 张高明, 许敏. 直喷汽油机燃烧系统开发中的喷雾激光诊断技术 [J]. 汽车安全与节能学报, 2011, 2 (4): 294 – 307.

[9] AGARWAL A K, SINGH A P. Lasers and optical diagnostics for next generation IC Engine development: ushering new era of engine development [M] // Combustion for Power Generation and Transportation. Springer, 2017: 211 – 259.

[10] MCGEE J, ALGER T, BLOBAUM E, et al. Evaluation of a direct – injected stratified charge combustion system using tracer PLIF [J]. SAE Transactions, 2004, 113 (3): 324 – 336.

[11] ALGER T, BLOBAUM E, MCGEEJ, et al. PIV characterization of a 4 – valve engine with a camshaft profile switching (CPS) system [J]. SAE Transactions, 2003, 112 (4): 1066 – 1078.

[12] ALGER T, MCGEE J, WOOLDRIDGE S. Stratified – charge fuel preparation influence on the misfire rate of a DISI engine [J]. SAE Transactions, 2004, 113 (4): 229 – 238.

[13] WOOLDRIDGE S, LAVOIE G, WEAVER C. Convection path for soot and hydrocarbon emissions from the piston bowl of a stratified charge direct injection engine [C] // Proceedings of the Third Joint Meeting of the US Sections of the Combustion Institute 2003, Chicago.

[14] WESTRATE B, WARREN C, VANDERWEGE B, et al. Dynamometer development results for a stratified – charge DISI combustion system [R]. SAE Technical Paper, 2002 – 01 – 2657, 2002.

[15] HILDITCH J, HAN Z, CHEA T. Unburned hydrocarbon emissions from stratified charge direct injection engines [R]. SAE Technical Paper, 2003 – 01 – 3099, 2003.

[16] SHI Y, GE H W, REITZ R D. Computational optimization of internal combustion engines [M]. London: Springer, 2011.

[17] TANNER F X, SRINIVASAN S. Optimization of fuel injection configurations for the reduction of emissions and fuel consumption in a diesel engine using a conjugate gradient method [R]. SAE Technical Paper, 2005 – 01 – 1244, 2005.

[18] JEONG S, MINEMURA Y, OBAYASHI S. Optimization of combustion chamber for diesel engine using kriging model [J]. Journal of Fluid Science Technology, 2006, 1 (2): 138 – 146.

[19] HOLLAND J H. Adaptation in natural and artificial systems [M]. Cambridge: MIT press, 1975.

［20］ SENECAL P K, REITZ R D. Simultaneous reduction of engine emissions and fuel consumption using genetic algorithms and multi – dimensional spray and combustion modeling ［J］. SAE Transactions, 2000, 109 (4): 1378 – 1390.

［21］ SHRIVASTAVA R, HESSEL R, REITZ R D. CFD optimization of DI diesel engine perform-ance and emissions using variable intake valve actuation with boost pressure, EGR and multiple injections ［J］. SAE Transactions, 2002, 111 (3): 1612 – 1629.

［22］ WICKMAN D D, SENECAL P K, REITZ R D. Diesel engine combustion chamber geometry optimization using genetic algorithms and multi – dimensional spray and combustion modeling ［J］. SAE Transactions, 2001, 110 (3): 487 – 507.

［23］ SHI Y, REITZ R D. Assessment of optimization methodologies to study the effects of bowl ge-ometry, spray targeting and swirl ratio for a heavy – duty diesel engine operated at high – load ［J］. SAE International Journal of Engines, 2008, 1 (1): 537 – 557.

［24］ COELLO C A C, TOSCANO Pulido G. A micro – genetic algorithm for multiobjective optimiza-tion ［C］ // International Conference on Evolutionary Multi – Criterion Optimization, Berlin, Heidelberg. Springer, 2001: 126 – 140.

［25］ DEB K, PRATAP A, Agarwal S, et al. A fast and elitist multiobjective genetic algorithm: NSGA – II ［J］. IEEE Transactions on Evolutionary Computation, 2002, 6 (2): 182 – 197.

［26］ SASAKI D, OBAYASHI S. Efficient search for trade – offs by adaptive range multi – objective genetic algorithms ［J］. Journal of Aerospace Computing, Information, and Communication, 2005, 2 (1): 44 – 64.

［27］ GE H W, SHI Y, REITZ R D, et al. Engine development using multi – dimensional CFD and computer optimization ［R］. SAE Technical Paper, 2010 – 01 – 0360, 2010.

［28］ JEONG S, OBAYASHI S, MINEMURA Y. Application of hybrid evolutionary algorithms to low exhaust emission diesel engine design ［J］. Engineering Optimization, 2008, 40 (1): 1 – 16.

［29］ AMSDEN A A, RAMSHAW J D, O'ROURKE P J, et al. KIVA: A computer program for two – and three – dimensional fluid flows with chemical reactions and fuel sprays ［R］. Los Ala-mos, NM, USA: Los Alamos National Laboratory, LA – 10245 – MS, 1985.

［30］ RICHARDS K J, SENECAL P K, POMRANING E. CONVERGE Manual (v2. 4) ［Z］. Con-vergent Science Inc. , 2017.

［31］ HAN Z, PARRISH S E, FARRELL P V, et al. Modeling atomization processes of pressure – swirl hollow – cone fuel sprays ［J］. Atomization and Sprays, 1997, 7 (6): 663 – 684.

［32］ HAN Z, XU Z, WOOLDRIDGE S T, et al. Modeling of DISI engine sprays with comparison to experimental in – cylinder spray images ［J］. SAE Transactions, 2001, 109 (3): 2376 – 2386.

［33］ XU M, ZHANG Y, ZENG W, et al. Flash boiling easy and better way to generate ideal sprays than the high injection pressure ［J］. SAE International Journal of Fuels and Lubricants, 2013, 6 (1): 137 – 148.

［34］ AORI G, HUNG D L S, ZHANG M, et al. Effect of nozzle configuration on macroscopic spray characteristics of multi – hole fuel injectors under superheated conditions ［J］. Atomization and Sprays, 2016, 26 (5): 439 – 462.

［35］ XU M, HUNG D, YANG J, et al. Flash – boiling spray behavior and combustion in a direct injection gasoline engine ［C］// Australian Combustion Symposium, 2015, Melbourne, Australia.

［36］ WU S, MEINHART M, YI J. Experimental investigation of spray characteristics of multi – hole and slot GDI injectors at various fuel temperatures using closely spaced split – injection strategies ［J］. Atomization and Sprays, 2019, 29 (12): 1109 – 1131.

［37］ ZHANG G, XU M, ZHANG Y, et al. Characteristics of flash boiling fuel sprays from three types of injector for spark ignition direct injection (SIDI) engines ［C］// Proceedings of the FISITA 2012 World Automotive Congress, 2013, Berlin, Heidelberg. Springer: 443 – 454.

［38］ HAN Z, FAN L, REITZ R D. Multidimensional modeling of spray atomization and air – fuel mixing in a direct – injection spark – ignition engine ［J］. SAE Transactions, 1997, 106 (3): 1423 – 1441.

［39］ HAN Z, REITZ R D, YANG J, et al. Effects of injection timing on air – fuel mixing in a direct – injection spark – ignition engine ［J］. SAE Transactions, 1997, 106 (3): 848 – 860.

［40］ YI J, HAN Z, XU Z, et al. Combustion improvement of a light stratified – charge direct injection engine ［J］. SAE Transactions, 2004, 113 (3): 294 – 309.

［41］ HEYWOOD J B. Internal combustion engine fundamentals ［M］. 2nd ed. New York: McGraw – Hill Education, 2018.

［42］ IYER C O, HAN Z, YI J. CFD modeling of a vortex induced stratification combustion (VISC) system ［R］. SAE Technical Paper, 2004 – 01 – 0550, 2004.

［43］ SHIMIZU M, YAGETA K, MATSUI Y, et al. Development of new 1. 6 liter four cylinder turbocharged direct injection gasoline engine with intake and exhaust valve timing control system ［R］. SAE Technical Paper, 2011 – 01 – 0419, 2011.

［44］ MITANI S, HASHIMOTO S, NOMURA H, et al. New combustion concept for turbocharged gasoline direct – injection engines ［J］. SAE International Journal of Engines, 2014, 7 (2): 551 – 559.

［45］ SHIBATA M, KAWAMATA M, KOMATSU H, et al. New 1. 0L I3 turbocharged gasoline direct injection engine ［R］. SAE Technical Paper, 2017 – 01 – 1029, 2017.

［46］ XU Z, PING Y, CHENG C, et al. The new 4 – cylinder turbocharged GDI engine from SAIC motor ［R］. SAE Technical Paper, 2020 – 01 – 0836, 2020.

［47］ SHINAGAWA T, KUDO M, MATSUBARA W, et al. The new Toyota 1. 2 – liter ESTEC turbocharged direct injection gasoline engine ［R］. SAE Technical Paper, 2015 – 01 – 1268, 2015.

［48］ XU Z, YI J, WOOLDRIDGE S, et al. Modeling the cold start of the Ford 3. 5L V6 EcoBoost engine ［J］. SAE International Journal of Engines, 2009, 2 (1): 1367 – 1387.

[49] IYER C O, YI J. Spray pattern optimization for the Duratec 3.5L EcoBoost engine [J]. SAE International Journal of Engines, 2009, 2 (1): 1679 – 1689.

[50] IYER C O, YI J. 3D CFD upfront optimization of the in – cylinder flow of the 3.5 L V6 Eco-Boost engine [R]. SAE Technical Paper, 2009 – 01 – 1492, 2009.

[51] XU Z, YI J, CURTIS E, et al. Applications of CFD modeling in GDI engine piston optimization [J]. SAE International Journal of Engines, 2009, 2 (1): 1749 – 1763.

第8章

优化柴油机和替代燃料发动机燃烧

本章是上一章的延续，重点讨论柴油机和替代燃料发动机的模拟和优化。本章的第一部分讨论柴油机燃烧的几个重要问题。首先讨论燃油多次喷射降低碳烟和 NO_x 排放的机理。其次介绍高速车用柴油机螺旋进气道和燃烧室形状的优化。最后分析在冷起动条件下，燃油分段喷射对污染物排放的影响。第二部分介绍替代燃料发动机的数值模拟和优化。首先分析进气道喷射点燃式天然气发动机的混合气形成。接着讨论柴油－天然气双燃料发动机的 RCCI 燃烧计算优化。另外，生物柴油因其低的碳烟排放而具有吸引力，也将介绍以柴油和生物柴油混合燃料汽车发动机的燃烧和 NO_x 排放，并讨论生物柴油混合比的影响。

8.1　直喷柴油机

如第 2.3 节所述，不同于点燃式汽油机，常规柴油机的混合气形成和燃烧无法完全分开。因此，对柴油机的数值模拟需要涵盖燃油喷射、自燃、燃烧和排放形成过程。在第 6 章中已经介绍了一些柴油机燃烧预测的案例。在本节中，我们将继续讨论柴油机燃烧的模拟和优化。同样地，重点是关注柴油燃烧和设计中的一些关键问题。

8.1.1　降低排放的燃油多次喷射

燃油多次喷射策略已被广泛用于直喷柴油机中以控制燃烧噪声和排放。韩志玉等[1]通过对一台卡特彼勒重型柴油机的燃烧模拟分析，研究了分段喷射减少碳烟和 NO_x 排放的机理。该发动机的详细参数如表 6-1 所示。在模拟中，使用了前几节中讨论的 RNG k-ε 模型、WAVE 喷雾模型、Shell 着火模型、CTC 燃烧模型、NO_x 和碳烟生成模型。图 8-1 对比了缸内压力和放热率的预测值与实测值。结果表明，在不改变模型常数的情况下，模型能够在宽广的工况范围内较准确地预测分段喷射的燃烧。分段喷射策略的标注方式如下：第一次喷油量占总喷油量的百分比，两次喷射间隔的曲轴转角以及第二次喷油量占总喷油量的百分比。例如，10-8-90 表示在第一次喷射中喷了 10% 的燃油，在第二次喷射中喷了 90% 的燃油，两次喷射的间隔为 8°（CA）曲轴转角。从图 8-1 中可以看出，随着第一次喷油量的增加，扩散燃烧阶段出现两个明显峰值。

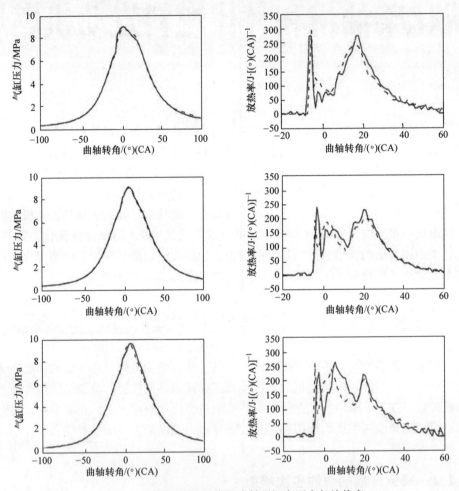

图 8-1 预测的柴油机分段喷射下缸内压力与放热率
实线—实测数据 虚线—预测值
注：发动机转速为 1500r·min⁻¹，当量比为 0.46；
图中从上至下的分段喷射策略为 25-8-75、50-8-50 与 75-8-25。

为了研究分段喷射降低排放的机理，设计并计算了一系列喷射方案，包括三个单次喷射和三个两次喷射。图 8-2 给出了喷射方案示意图。在 75-8-25（-10）的命名表述中，括号中的数字表示燃油的 SOI（°）（CA）（ATDC）。所有设计方案的燃油喷射量均相同，并使用一步（或两步）阶跃且具有相同高度的方波函数来模拟喷油速率曲线，从而保证所有方案的喷油速率相同。在所有的两次喷射方案中，总喷油持续期 $\Delta\varphi$ 为 28°（CA），而前两个单次喷射方案的喷油持续期为 20°（CA）。最后一种单次喷射方案的喷油持续期比其它单次喷射策略长 8°（CA），因此，其喷孔半径减小了 15.5%，以保持相同的燃油喷射量。通过使用这样的设计方案，消除了试验中当量比和喷油定时可能不同而造成的影响。此外，该设计方案与图 8-1 所示的试验设置相差不大，因模拟结果与试验结果吻合较好，因此认为计算结果具有足够的可信性。

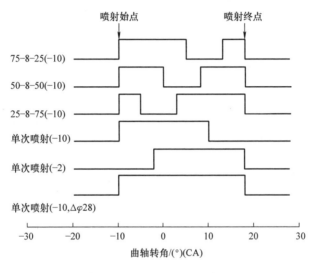

图 8-2　模型喷射方案示意图

图 8-3a 和图 8-3b 分别给出了各方案下的燃油喷射质量分数以及燃油燃烧质量分数的变化曲线。可以看出，两次喷射的燃烧曲线被喷油持续期为 20°（CA）的两个单次喷射的燃烧曲线所包含。在第一次喷射对应的时间段，两次喷射方案的燃烧曲线与喷射始点为 - 10°（CA）（ATDC）的单次喷射的燃烧曲线一致，而在第二次喷射对应的时间段，两次喷射方案与喷射始点为 - 2°（CA）的单次喷射接近。由于在两次喷油之间存在间隔，燃烧曲线会出现一个过渡。该过渡期的开始时间取决于第一次喷射的燃油量。这些特征表明，从宏观的角度来看，两次喷射方案的燃烧与某一个单次喷射方案部分相同或接近。但是，喷油间隔之后的第二次喷射使燃烧过程变得复杂。例如，在着火后不久，25 - 8 - 75（ - 10）方案的燃烧就变得与单次喷射（ - 10）方案不同，这是由于燃油蒸发和混合的非线性影响所致。具有 28°（CA）喷油持续期的单次喷射方案的燃烧曲线也落在具有 20°（CA）喷油持续期的两个单次喷射的燃烧曲线之间，但是在着火后并没有跟随或接近它们的任何部分。

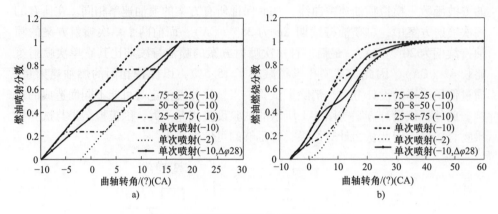

图 8-3 不同喷射策略喷油与燃烧的比较

a）喷射燃油的演变 b）已燃燃油的演变

图 8-4 给出了上述设计喷射方案模拟预测的碳烟和 NO 排放的平衡关系。再次证明，两次喷射可以有效地减少碳烟和 NO 排放。例如，相对于喷射始点为 $-10°$（CA）（ATDC）的单次喷射方案，$75 - 8 - 25$（-10）的两次喷射方案的碳烟排放量降低了约 80%，而 NO 排放仅略微增加，如图 8-4 所示。当使用 $50 - 8 - 50$（-10）的两次喷射方案时，碳烟和 NO 排放量均低于喷射始点为 $-10°$（CA）（ATDC）的单次喷射方案。但是，当使用 $25 - 8 - 75$（-10）的两次喷射方案时，碳烟排放量显著增加，而 NO 排放量明显减少。

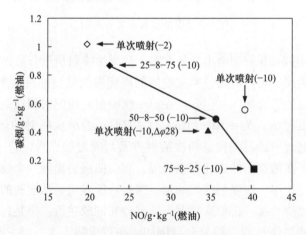

图 8-4 预测的碳烟 – NO 结果

研究这些观察到的排放降低现象的原因很有意义。通常而言，使用两次喷射方案可以减少 NO 排放，并且在某些情况下可以减少碳烟排放。另外注意到，相对于采用 SOI 为 $-10°$（CA），喷油持续期为 $20°$（CA）的单次喷射方案，采用

SOI 为 -10°（CA），喷油持续期为 28°（CA）的单次喷射策略，碳烟和 NO 都降低了。这是由于这种单次喷射方案的燃烧类似于图 8-3b 中所示的 50 - 8 - 50（-10）两次喷射方案的燃烧，因此这种单次喷射方案产生的碳烟和 NO 排放水平与该两次喷射方案大致相同，如图 8-4 所示。但是，该单次喷射方案在实际应用中将需要使用较小的喷油器喷孔尺寸。

NO 降低机理：图 8-5 给出了预测的缸内 NO 生成历程与已燃燃油质量分数的关系。由图可以看出，75 - 8 - 25（-10）的两次喷射方案 NO 生成历程与（-10）的单次喷射方案非常相似。两次喷油之间的间隔不会显著影响 NO 的生成，第二次喷射的 25% 燃油的燃烧只会导致 NO 生成量的少许增加。但是，在 25 - 8 - 75（-10）的两次喷射

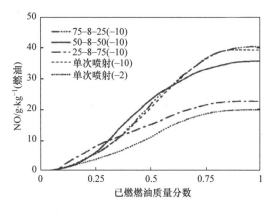

图 8-5　NO 生成历程与已燃燃油质量分数的关系

方案下，两次喷油之间的时间间隔的影响就变得更显著。与（-10）的单次喷射方案相比，它推迟了主燃烧部分，显著降低了 NO 的生成量。25 - 8 - 75（-10）的两次喷射方案与（-2）的单次喷射方案相比，喷油始点提前了 8°（CA），但它们在主要燃烧阶段的 NO 生成量变得相似，如图 8-5 所示。这些现象与图 8-3b 中所示的燃烧演变历程密切相关。虽然因为喷油正时的不同，在 10°（CA）（ATDC）之前，25 - 8 - 75（-10）的两次喷射方案与（-2）的单次喷射方案的燃烧有很大的不同，但是两次喷射方案中第二次喷射的燃油的燃烧因喷油间隔而推迟。结果，在 10°（CA）（ATDC）之后，25 - 8 - 75（-10）两次喷射方案的主燃部分与（-2）的单次喷射方案的主燃部分相似。

从图 8-3b 中还注意到，由于存在喷油间隔，在 5°（CA）（ATDC）之后，75 - 8 - 25（-10）两次喷射方案的燃烧与（-10）单次喷射方案的燃烧变得非常不同。然而，如前所述，这两种方案的 NO 生成历程差别不大。众所周知，NO 的生成对燃烧过程中的气体温度非常敏感。图 8-6 给出了温度大于 2200K 的混合气质量分数与已燃燃油质量分数的关系。在燃烧了 25% 燃油后，25 - 8 - 75（-10）两次喷射方案的高温混合气质量分数的变化与（-2）单次喷射方案相似。在燃烧 25% 的燃油之前，前一种方案有更多的高温混合气，从而导致 NO 的生成量略高（见图 8-5）。还可以看出，在燃烧 80% 的燃油之前，75 - 8 - 25（-10）两次喷射方案和（-10）的单次喷射方案具有几乎相同的高温气体质量分数变化历程。因此，它们具有非常相似的 NO 生成量。

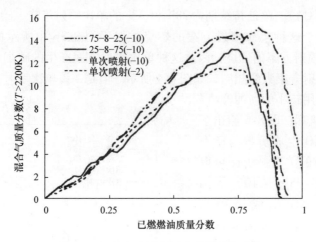

图 8-6　缸内高温混合气质量分数的变化

通过对比图 8-5 和图 8-6 发现，在燃烧后期，75 – 8 – 25 （ – 10） 两次喷射方案和 （ – 10） 单次喷射方案之间较大的高温气体质量分数差异不会显著影响 NO 的生成，而在燃烧的早期阶段，两者之间相对较小的高温气体质量分数差异则会导致相对较大的 NO 生成量的差异。这可以用以下事实来解释：NO 对早期燃烧细节敏感，因为在单次喷射方案下，燃烧产物在高温下停留的时间最长，并且燃烧区域不会因后续喷射的燃油的蒸发而冷却。在所有研究的方案下，燃烧大约 80% 的燃油后，NO 的生成量将基本保持不变，这是由于活塞处于膨胀行程，后期燃烧的混合气在高温下的停留时间较短。

基于以上讨论可知，多次喷射降低 NO 的机理类似于单次喷射推迟喷油正时的机理。通过使用多次喷射，第二次喷射燃油的燃烧由于喷油间隔而延迟。当第一次喷射燃油的比例较大时，两次喷射的 NO 生成历程类似于在相同喷油正时的单次喷射时的 NO 生成历程。第二次喷射的燃油的燃烧不会显著影响 NO 的生成。随着第一次喷射中燃油的比例降低，两次喷射的 NO 生成过程变得类似于按两次喷射的喷油间隔而推迟的单次喷射的 NO 生成过程。在这种情况下，第一次喷射的燃油的燃烧对 NO 的生成具有重要的影响，这导致在燃烧早期阶段中形成更多的 NO，继而造成 NO 总生成量的增加。

碳烟降低机理：如图 8-4 所示，某些多次喷射方案可以显著减少碳烟排放，而另一些则增加碳烟排放。图 8-7 给出了各种方案下燃烧过程中碳烟的生成历程。可以看出，多次喷射方案的缸内碳烟生成历程与单次喷射方案相比有很大的不同。由于喷油间隔的存在，多次喷射生成的缸内碳烟峰值明显降低，并且在燃烧结束时碳烟的净生成量也存在差异。碳烟净生成量是碳烟生成和碳烟氧化之间平衡的结果。图 8-8 对比了 75 – 8 – 25 （ – 10） 两次喷射和 （ – 10） 单次喷射方案的碳烟生成、氧化和净生成的变化历程。可以看出，喷射间隔会抑制碳烟的生成和氧化过程，但是对碳烟生成的影响比对碳烟氧化的影响更显著（如图中的数字和箭头所示）。因此，在 75 – 8 – 25（–10）两次喷射方案下，生成 – 氧化平衡的结果使得碳烟的生成显著减少（约80%）。

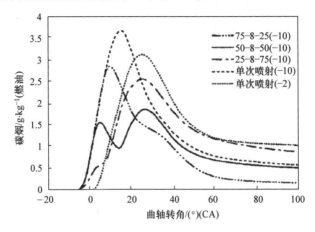

图 8-7　单次喷射与分段喷射方案的缸内碳烟生成历程

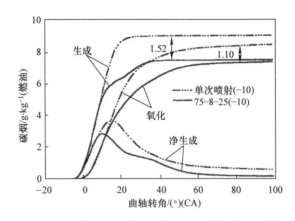

图 8-8　缸内碳烟生成、氧化和净生成的变化历程

　　可以预期，第二次喷射也可增强燃油和空气的混合，这一推论在图8-9中得到了印证。图8-9显示了瞬时总体积归一化的缸内富油混合气（当量比 ϕ >2）体积随已燃燃油质量分数的变化情况。可以看出，在 75 – 8 – 25（–10）两次喷射方案下，喷油间隔后，浓混合气的量大幅度减少，这是因为在两次喷射之间油气混合气继续扩散，而没有受到高动量燃油油束的影响。该过程趋向于使混合气变得稀薄，从而减少了碳烟的生成。

　　图 8-10 示意性地说明了使用分段喷射减少碳烟的机理。碳烟生成并积聚在

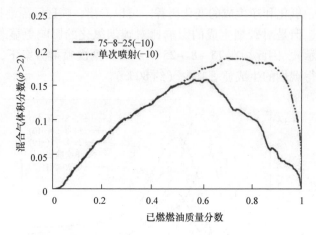

图 8-9　缸内富油混合气体积分数随燃烧进程的变化

喷雾的头部区域。Dec 和 Espeey[2] 在光学可视直喷柴油机中通过试验也观察到
了碳烟在喷雾头部的积聚现象（参见图 2-15）。在单次喷射燃烧中，高动量喷射
的燃油会贯穿到喷雾头部区域的富油且相对低温的区域，并不断补充该富油区
域，从而生成碳烟。然而，在分段喷射中，第二次喷射的燃油进入了由第一次喷
油燃烧造成的相对贫油的高温区域。在利于碳烟生成的富油混合气集聚之前，所
喷射的燃油被燃烧迅速消耗，所以碳烟生成显著降低。这也可以从图 8-9 中看
出，在该图中，最后 25 % 的喷油量不会增加燃烧室中浓混合气的数量。另外，
第一次喷雾油束形成的碳烟气团未能补充新鲜燃油，而是继续氧化，结果可以显
著降低分段喷射燃烧中碳烟的净
生成量。特别是如果优化两次喷
油之间的时间间隔，使其足够长
以至于第一次喷油形成的碳烟生
成区域不会补充新鲜燃油，同时
又足够短以至于第二次喷油到达
时缸内的温度足够高以促使燃油
快速燃烧，从而减少碳烟的生成。
　　图 8-11 所示的计算结果进一
步支持了这一机理。尽管计算得
出的碳烟分布会因气流运动和壁
面/喷雾相互作用而复杂化，但可
以清楚地看到，在单次和分段喷
射情况下，高碳烟区域都位于喷

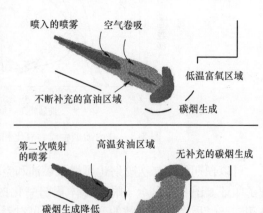

图 8-10　分段喷射减少碳烟生成机理的示意图
注：上图为单次喷射，下图为分段喷射。

雾的前部（参见图 8-11 的中间图）。此时，第一次形成的碳烟团的前缘已向上移动到活塞凹坑的上方，并位于气缸盖区域。在单次喷射方案下，形成的大量碳烟会被氧化（碳烟生成量较大是因为在喷油结束之前，该区域的新鲜燃油不断得到补充），结果在 25°（CA）（ATDC）时，总的缸内碳烟量减少（图 8-11a 下图）。但是，在分段喷射的情况下，如图 8-11b 上图的温度等值线所示，在 15°（CA）ATDC 时第二次喷射的燃油在喷嘴附近形成一个单独的燃烧区域。与单次喷射相比，燃油 – 空气混合气变得相对稀薄。由于第二次喷射油束生成的碳烟明显减少，因此此时在该区域中没有看到明显的碳烟。然而，到 25°（CA）AT-DC，可以看到在燃烧室底部由第二次喷射油束生成了一定量的碳烟，但相对于第一次喷射油束产生的碳烟而言，其浓度非常低。

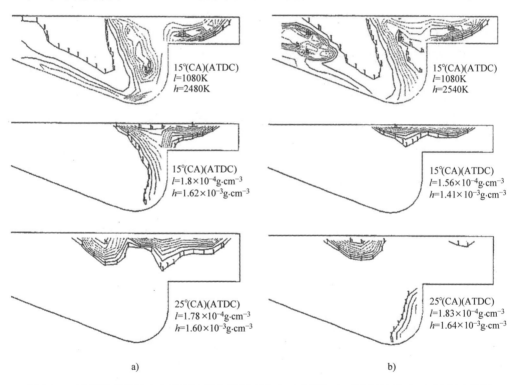

图 8-11　计算的喷雾轴中心平面上的气体温度分布（上图）与碳烟浓度分布（中图与下图）

a）单次喷射，喷射始点为 –10°（CA）（ATDC）

b）分段喷射，75 – 8 – 25，喷射始点为 –10°（CA）（ATDC）

以上结果解释了为什么多次喷射可以改善碳烟 – NO 平衡关系。另一方面，对于 25 – 8 – 75（–10）两次喷射方案，燃烧的主要部分会因喷射间隔而延迟，在这种情况下，碳烟的生成机理与推迟喷油正时的单次喷射的碳烟生成机理相似，此时由于碳烟氧化的减少，导致碳烟的排放增加。通过图 8-7 中对比的 25 - 8 - 75 (-10)两次喷射方案和 (- 2) 单次喷射方案，确实可以看出这一点。

如果喷油始点也有所变化，则有望进一步减少排放。图 8-12 给出了预测的使用不同喷射始点的碳烟 - NO 平衡关系。从图中可以清楚地看到，当两次喷射和单次喷射采用相同的喷油始点，相对于单次喷射，75 - 8 - 25 两次喷油方案将碳烟 - NO 的平衡关系转移到了更低的碳烟排放水平，并且在研究的曲轴转角范围内（ -14°（CA） ~ 2°（CA）），如果喷射始点与单次喷射一样的话，NO 的排放几乎没有恶化。在单次喷射的情况下，通过推迟喷油始点，可以减少 NO 的生成，但会相应增加碳烟的生成。在 75 - 8 - 25 分段喷油方案下也可以看到这种现象。但是，结合两次喷射方案和延迟喷油始点方案，可以同时实现 NO 和碳烟的显著降低。这些预测结果与 Tow 等的试验观察一致[3]，试验证明采用 75 - 10 - 25 两次喷油策略，观察到的颗粒急剧减少。

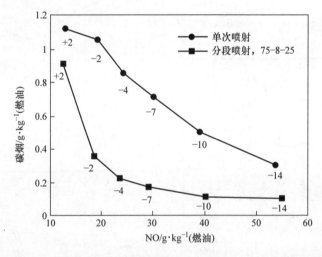

图 8-12　预测的分段喷射和喷射始点对碳烟和 NO 生成的影响
注：图中的数字为喷射始点 (°)（CA）（ATDC）。

8.1.2　螺旋气道和燃烧室形状

众所周知，燃烧室形状和燃油喷射策略对柴油机的燃烧和排放物的生成都极为重要。在高速小缸径柴油机中，由螺旋进气道产生的缸内涡流运动有利于促进快速燃烧以控制碳烟排放。随着政府对燃油经济性和排放监管的日益严格，通过优化设计进气道、燃烧室形状以及喷油器参数（喷雾特性）以提高发动机性能将是一项持续的任务。在 20 世纪 90 年代中期，少数领先的内燃机公司开始使用内燃机数值模拟来帮助改善柴油机的燃烧，现在柴油机燃烧数值模拟及燃烧系统优化技术已经在全球范围内获得推广。

在开发一款 1.6L 高速乘用车用柴油机时，王勇等[4]和李军成等[5]利用数值模拟优化了螺旋进气道、燃烧室形状和喷油器参数。螺旋进气道设计的目的是在获得最大涡流比的同时，保证进气充量系数不受大的影响。王勇等[4]采用 CFD 计算对该柴油机的螺旋进气道形状进行了优化。该柴油机是一款涡轮增压、4 气门、直列 4 缸柴油机，压缩比为 18.1，其额定功率和最大转矩分别为 80kW（4000r·min^{-1}时）和 230N·m（2000r·min^{-1}时）。

图 8-13（见彩插）给出了该柴油机和螺旋进气道的几何结构。在设计螺旋进气道时，共考虑了 5 个设计参数，这些参数在进气道结构图中标出，如图 8-13b 所示。使用 CONVERGE 软件[6]进行 CFD 模拟计算。模拟的发动机工况为 2000r·min^{-1}，涡流比的计算不考虑增压。首先进行敏感性研究，以检验设计参数对涡流比和缸内进气量的影响，表 8-1 中给出了计算结果。可以看出，在压缩行程结束时，通过在工程允许范围内独立地改变 H、η、μ、θ 和 Δa，上止点时涡流比的变化分别为 13.28%、17.00%、6.26%、18.81% 和 16.54%。但是，由于切向进气道设计没有改变，这些参数对进气量的影响在 1.06% 以内。

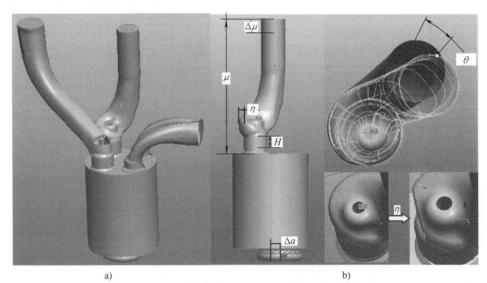

a)　　　　　　　　　　　　　　b)

图 8-13　高速柴油机燃烧系统结构图

a）高速柴油机的几何形状　b）螺旋进气道设计参数（在图中标记）

应当指出，所有研究的参数都显示出对涡流比有相当大的影响，并且可以预期它们之间存在相互作用。为了进一步评估其相互作用，如果对每个参数考虑

11 个变化水平，则问题将变成 5 个因素和 11 个水平的试验设计。计算数量将为 $5^{11} = 48828125$，这显然是不可接受的。因此，采用均匀设计方法[4,7]来简化试验设计。均匀设计方法是析因试验设计方法，可以显著减少试验设计的计算数量。使用均匀设计方法，仅需计算 11 种试验设计方案，结果在表 8-2 中给出。

表 8-1 各参数对涡流比的影响

曲轴转角/(°)（CA）（ATDC）	参数 H(%)	参数 η(%)	参数 μ(%)	参数 θ(%)	参数 Δa(%)
−20	16.37	17.94	5.84	18.87	13.46
0	13.28	17.00	6.26	18.81	16.54
20	10.64	17.09	6.36	17.92	12.49

表 8-2 根据均匀设计方法安排的数值模拟及结果

试验	H/mm	η/mm	Δμ/mm	Δa/mm	θ/(°)	SR（TDC 时）	吸入气体质量/g
1	6.5	0.30	4	4	20	0.9601	0.5435
2	7.0	0.90	10	9	3	0.7099	0.5433
3	7.5	1.27	16	3	29	0.9482	0.5430
4	8.0	1.80	0	8	15	0.8530	0.5434
5	8.5	2.40	6	2	1	0.9029	0.5434
6	10.5	0	12	7	27	0.8249	0.5432
7	12.5	0.60	18	1	10	0.8981	0.5429
8	13.0	1.10	2	6	0	0.7834	0.5436
9	13.5	1.50	8	0	25	0.9250	0.5432
10	14.0	2.10	14	5	5	0.7979	0.5431
11	14.5	2.54	20	10	30	0.7289	0.5428

采用多元非线性回归方法，可以得到一个回归方程，并可以根据该回归方程预测各参数的最优值。优化获得涡流比的最大值和最小值分别为 1.0358 和 0.6708，并确定了相应设计参数的取值[4]。为了验证优化获得的设计参数，分别对获得最大涡流比的方案 A 和最小涡流比的方案 B 进行了模拟，结果如图 8-14 所示。可以看出，两组设计参数确实使得涡流比的变化非常不同，并且使用上述优化方法在上止点处模拟的涡流比最大值与预测值保持一致。

李军成等[5]使用 KIVA 程序对同一柴油机进行了燃烧模拟。如图 8-15 所示，对三个燃烧室几何形状、两个喷雾夹角（149°和 153°）以及四个喷油器喷嘴轴向位置（突出 1.1mm、1.6mm、2.1mm 和 2.6mm）的组合，进行了总共 24 个方案的研究。燃烧室 A、喷雾角度 149°以及喷油嘴突出 1.6mm 的设计参数组合为基准方案，并对该方案进行了试验测试。由于喷油器位于气缸中心且具有 6 束均

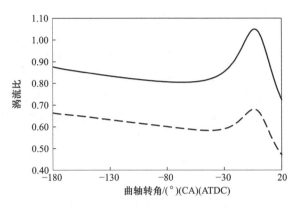

图 8-14　案例 A（实线表示）与案例 B（虚线表示）涡流比的变化历程

匀分布的喷雾，因此使用了 60° 扇形网格以节约计算时间。模拟工况为 2000r·min⁻¹ 和 0.2MPa BMEP，这是乘用车常用的典型部分负荷工况。模拟计算使用了如前面描述的改进的物理模型。

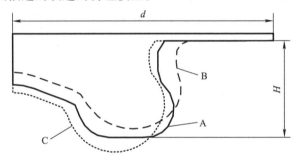

图 8-15　高速柴油机的燃烧室几何形状：A、B 与 C 三种设计方案

　　首先，使用不同工况下的缸压及放热率曲线、碳烟和 NO_x 排放的测试数据对计算模型进行了验证。图 8-16 对比了基准方案的预测排放量和实测排放量。

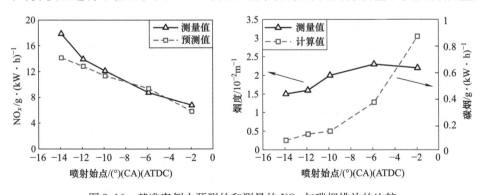

图 8-16　基准案例中预测的和测量的 NO_x 与碳烟排放的比较

287

结果显示，NO_x 的预测值与试验值非常吻合，但碳烟的预测值仅与试验值在量级上吻合。

图 8-17（见彩插）给出了预测的 NO_x 和碳烟排放随设计参数的变化。总体来说，随着喷油器伸出高度的变大，碳烟的排放呈下降的趋势。较浅的燃烧室形状可减少碳烟的排放，燃烧室 B 的碳烟排放最低。但是，喷油器伸出高度对 NO_x 排放的影响是非线性的。除了一种情况外，NO_x 的排放随喷油器伸出高度的增加，先增加后减少。燃烧室 B 通常导致更高的 NO_x 排放，这是典型的碳烟和 NO_x 排放的平衡关系。喷雾夹角的小幅增加（4°）会导致碳烟排放显著恶化，而 NO_x 排放则略有增加。可以看到，在部分负荷工况下，采用燃烧室 B、喷油器伸出高度为 1.6mm，同时喷雾角度为 149° 的方案比基准方案（燃烧室 A 和 149° 喷雾角度）的碳烟排放量减少约 2/3，同时 NO_x 排放量略有减少。

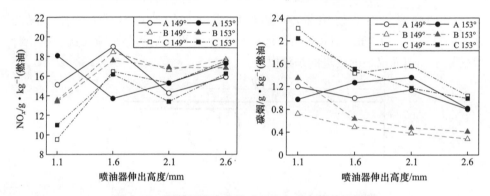

图 8-17　预测的设计参数对 NO_x 与碳烟排放的影响

8.1.3　冷起动的排放

邓鹏[8]采用数值模拟的方法研究了燃油喷射策略对柴油机冷起动排放的影响，模拟的发动机为图 8-13 所示的同一款柴油机。为了预测燃烧和详细的排放物生成，使用的 KIVA – CHEMKIN 模型包含了一个简化的正庚烷反应机理[9]，具有 12 个反应的 NO_x 机理[10]和广安博之 – NSC 碳烟模型（参见第 6.7 节）。用邓鹏等[11,12]的模型模拟喷雾碰壁的流体运动和传热。使用了 60° 扇形网格，并在进气门关闭时刻开始模拟。

在两种发动机工况下对模型进行了验证，在图 8-18 和图 8-19 中给出了试验值和模拟值的对比。在工况 1 下，发动机转速为 $1000r \cdot min^{-1}$，负荷为 0.2MPa BMEP，采用两次喷射，第一次喷射始点为 – 30°（CA）（ATDC），喷油量为 1.8mg，第二次喷射始点为 – 10°（CA）ATDC，喷油量为 5.7mg。在工况 2 下，发动机转速为 $2\,000r \cdot min^{-1}$，负荷为 0.2MPa BMEP，采用两次喷射，第一次喷

射始点为 −30°（CA）ATDC，喷油量为 1.8mg，第二次喷射始点为 −10°（CA）ATDC，喷油量为 7.8mg。如图 8-18 所示，模拟计算结果能很好地重现发动机缸压曲线和放热率曲线。但模拟计算的排放与实测的排放之间存在一些差异，如图 8-19 所示。由于缺少碳烟试验数据，因此未对碳烟的预测结果进行比较。

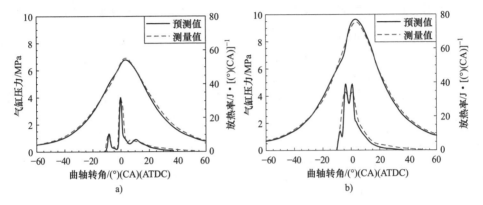

图 8-18　预测和测量的两次喷射下气缸压力和放热率的比较

a）工况 1　b）工况 2

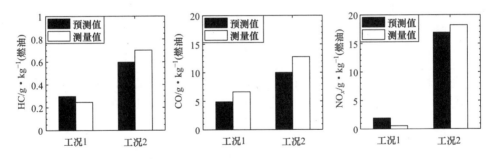

图 8-19　工况 1 与工况 2 下预测和测量的 HC、CO 和 NO_x 排放的比较

　　柴油机的冷起动过程是一个非常复杂的变工况过程，需要模拟循环间喷油和热力条件不断变化的多个循环，这将受到计算机计算能力以及可用试验数据的限制。为了简化问题，选择了四个发动机转速来代表起动过程，即 200r·min⁻¹、400r·min⁻¹、600r·min⁻¹ 和 800r·min⁻¹。在找到每个发动机转速下的失火边界之后，确定了模拟中每个发动机转速下的最小喷油量，对应于上述发动机转速的燃油喷射量分别设置为 50mg、30mg、24mg 和 20mg。考虑到发动机加速时的预热效果，进气门关闭时的初始气体温度分别设置为 273K、278K、283K 和 293K。假定发动机壁面温度为 273K（0℃），并在起动过程中保持不变。有关模拟条件的更多详细信息，请参见邓鹏的论文[8]。

模拟中不同的喷射方案如图 8-20 所示，通过模拟分析了这些不同喷油方案的影响。图中每个方案都有一个标签，其中第一个数字表示第一次喷射燃油的百分比，第二个数字表示第二次喷射燃油的百分比。例如，50-50 表示第一次喷射了 50% 的燃油，第二次也喷射了 50% 的燃油。对于所有的喷射策略，喷射始点和喷射终点时刻都分别设置为 $-15°$（CA）（ATDC）和上止点（TDC）。

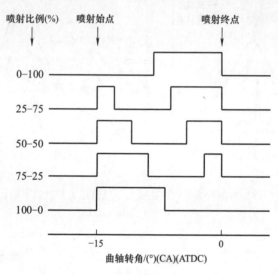

图 8-20　模拟喷射方案示意图

如图 8-21 所示，可以发现在具有相同喷射始点的方案下，两次喷射的着火滞燃期比单次喷射更短。其原因是在单次喷射的情况下，更多的燃油蒸发导致更强的混合气冷却，从而使缸内气体温度降低。

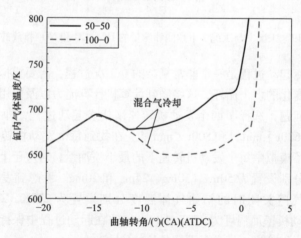

图 8-21　400r · min^{-1} 时发动机缸内气体温度变化，两次喷射缩短了着火滞燃期

喷射策略也会影响燃烧室表面燃油的沉积或燃油油膜的形成。图 8-22 显示了两种发动机转速工况下，燃烧室表面油膜质量的变化。可以观察到大量的液态油膜沉积在燃烧室表面并保留到燃烧发生，在此期间，由于气体温度升高，油膜迅速蒸发。然而，一部分沉积的油膜在燃烧后仍然残留。两次喷射既减少了燃油碰壁又减少了燃油的残留。当发动机转速从 400r·min^{-1} 增加到 800r·min^{-1} 时，沉积和残留的燃油都将明显减少。图 8-23 总结了在所有研究的方案下，燃烧后残留的油膜质量分数（用总燃油量归一化处理），其趋势与现有的试验数据[13]一致。

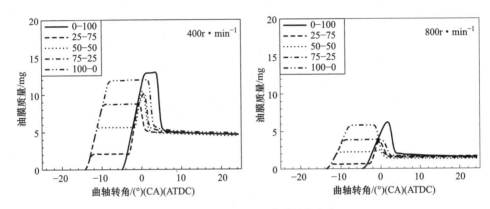

图 8-22　活塞表面油膜质量的变化

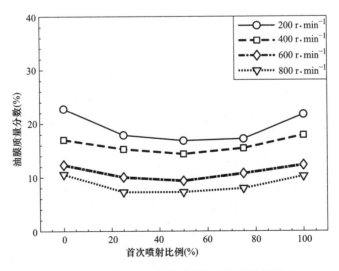

图 8-23　喷射方案对燃烧后剩余油膜质量的影响

图 8-24 给出了 400r·min⁻¹ 时，各种喷射方案下计算的缸压、放热率和气体温度变化曲线。可以看出，柴油机冷起动具有较长着火滞燃期的特征。较长的着火滞燃期会导致快速燃烧和放热，因此在冷起动时会出现较高的噪声。两次喷射有助于降低燃烧速率，但幅度不大。在其它发动机转速下也可以看到相似的现象。需要注意的是，峰值气体温度通常小于 2000K，这会对 HC、CO 和碳烟的生成产生负面影响，这将在下面进行讨论。

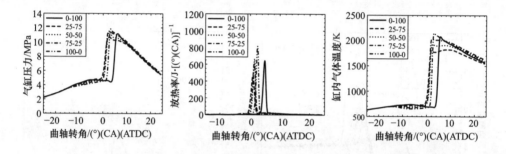

图 8-24　计算的 400r·min⁻¹ 时的发动机气缸压力、放热速率与气体温度

图 8-25 给出了 200r·min⁻¹ 时预测的未燃 HC、CO、NO_x 和碳烟的排放。燃烧室表面沉积了液态油膜，其附近区域发生浓混合气燃烧，导致了大量的 HC 和 CO 的排放。另一方面，由于发动机低转速下混合气混合不充分，使得燃烧室内部的燃烧温度相对较低且氧气浓度不足，从而导致 HC 和 CO 的氧化不充分。由于相同的原因，碳烟的排放也很高。但是，NO_x 排放量低主要是由于低的燃烧温度。模拟结果表明，在所有工况下，气体最高温度均低于 2000K（参见图 8-24），这有利于降低 NO_x 排放，而不利于降低碳烟排放，正如第 2.4 节中图 2-23 所示。两次喷射改善了油气混合并减少了燃油的沉积，因而可以减少 HC 和 CO 排放。然而，这对 NO_x 和碳烟排放的影响似乎不明显，这表明整体温度和气流运动起着更重要的作用。随着发动机转速的提高，例如提高到 800r·min⁻¹ 时，由于油气混合和热力条件的改善，HC 和 CO 排放量也显著降低，如图 8-25 所示。从上面的分析总结，通过 CFD 模拟深入了解到在冷起动过程中，污染物生成的过程和主要影响因素，同时看到发动机低速时的前几个循环会产生较高的 HC 和 CO 排放。

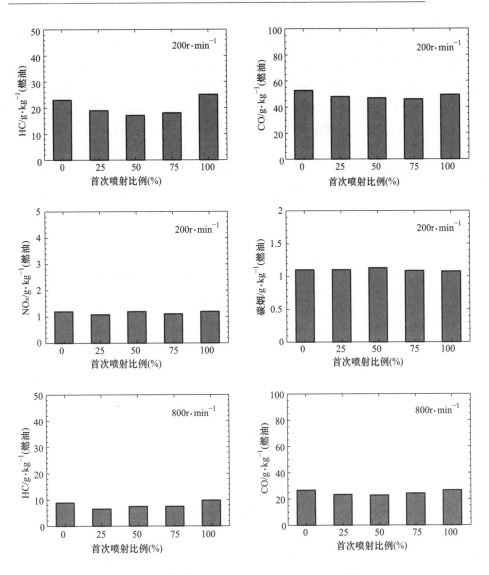

图 8-25　柴油机冷起动时采用各种喷射策略的排放量预测

8.2　替代燃料发动机

　　为了减少石油资源的消耗，在内燃机中已经开始使用替代燃料替代常规的石油燃料（汽油和柴油）。替代燃料包括天然气、酒精（甲醇、乙醇）、生物柴油、二甲醚、氢气等。另一方面，大部分替代燃料也可以减少二氧化碳的排放。在汽油和柴油发动机中，降低燃油消耗可以减少二氧化碳的排放。在相同的燃油转换效率下，燃烧低碳燃料（例如天然气、酒精、氢气等）可以显著减少二氧化碳的产生。例如，在化学当量条件下，燃烧天然气比燃烧汽油产生的二氧化碳排放量约低20%。因此，为减少温室气体排放，在资源允许的情况下应使用低碳燃料。

由于具有优异的化学和物理特性，天然气（Natural Gas，NG）已被广泛使用[14]。天然气主要由甲烷组成。在碳氢燃料中，甲烷的碳氢比最低，因此与燃烧汽油或柴油相比，燃烧天然气可以减少二氧化碳和颗粒物（PM）的排放。在2005—2018 年期间，全球天然气汽车（Natural Gas Vehicle，NGV）占汽车总量的比例从大约0.5%增加到1.52%，到2018 年，使用中的天然气车辆总数量达到了两千六百万辆[15]，如图8-26（见彩插）所示。通过使用不同的燃烧策略，天然气可以在点燃式发动机和压燃式发动机中燃烧。作者的研究团队已发表了一些关于点燃式天然气（Spark – Ignition Natural Gas，SING）发动机[16,17]和天然气 – 柴油双燃料（Diesel and Natural Gas Dual – Fuel，DNGDF）发动机的研究成果。本节将讨论利用CFD 模拟帮助理解和优化这些发动机中的燃烧。

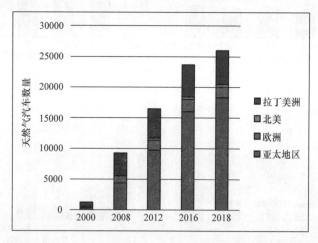

图 8-26　2000—2018 年按地区分列的全球天然气汽车数量[15]

此外，可以从许多物质中提取生物柴油，例如大豆、葡萄籽、亚麻子、葵花籽、藻类和动物脂肪等。由于生产生物柴油的原料是可再生的，因此在内燃机中燃烧生物柴油可以减少对不可再生能源如石油的依赖。生物柴油可以与常规柴油充分混合，并且在不对发动机进行较大改装的情况下就可在大多数现代柴油机中燃用。由于生物柴油分子中含氧，使得生物柴油发动机可以同时减少 CO、PM和 HC 的排放[22]。但是，使用生物柴油也会带来一些负面影响[23]。燃烧生物柴油产生的 NO_x 排放量比燃烧柴油高10% ~ 20%。较高的 NO_x 排放已经成为生物柴油使用，特别是纯生物柴油使用的主要阻碍之一。关于减少生物柴油发动机的

NO_x 排放，已经有较广泛的研究。除了试验研究外，研究者也采用 CFD 耦合化学反应动力学的方法来模拟生物柴油燃烧，用于评估发动机的性能和排放[24]。Herbinet 等[25] 提出了一个详细的生物柴油反应机理，并且在 CFD 燃烧模拟中使用了简化反应机理。本节将以作者研究团队的 CFD 模拟研究工作[26,27] 为例，讨论生物柴油的燃烧。

8.2.1　火花点燃式天然气发动机

与汽油预混燃烧类似，在气缸中形成均匀的空气 – 天然气混合气对火花点燃式天然气发动机也很重要。由于天然气密度较低，在喷射天然气时，其轴向和径向贯穿距都很小，因此，将天然气直接喷射到缸内形成均匀混合气将面临很大挑战。发动机的工作过程时间非常短，扩散过程对混合气的形成影响很小。因此，天然气与空气的混合主要取决于气缸中大尺度气体流动。由于缺乏商用的缸内直喷喷射器，采用进气道喷射是轻型车用点燃式天然气发动机的主要供油方式。由于充量系数降低而导致的发动机转矩变差，可以通过涡轮增压来进行补偿[28,29]。

吴振阔和韩志玉[16] 采用多循环模拟研究了涡轮增压、进气道喷射、点燃式天然气发动机混合气的形成。该发动机是一台 1.2 L 直列四缸发动机，其计算区域如图 8-27（见彩插）所示，图中标出了缸内气体流动（涡流和滚流）的正方向。在每个气缸的两个进气道接合处的上游位置安装了一个电子控制的喷射器，喷射器以 0.7MPa 的喷射压力喷射天然气。表 8-3 列出了发动机相关参数，表 8-4 给出了模拟的发动机运行工况。

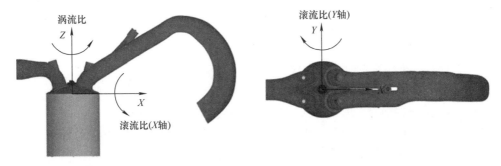

图 8-27　增压天然气发动机及其在下止点的计算范围
（箭头指向所使用的坐标系中的正向流动）

表 8-3　增压天然气发动机的规格

参数	值
（缸径/mm）×（行程/mm）	69.7×79
排量/L	1.2

（续）

参数	值
连杆长度/mm	121
压缩比	12
进气门开启角/(°)(CA)(ATDC)	343
进气门关闭角/(°)(CA)(ATDC)	619
排气门开启角/(°)(CA)(ATDC)	130
排气门关闭角/(°)(CA)(ATDC)	363
喷射压力/MPa	0.7
燃料	天然气

表 8-4　模拟发动机的运行条件

参数	工况 1	工况 2	工况 3
发动机转速/r·min^{-1}	5500	2000	2000
发动机负荷	WOT	WOT	0.2MPa BMEP
有效平均压力/MPa	1.673	1.378	0.200
进气压力/MPa	0.1576	0.1425	0.0410
进气温度/K	306	297	294
燃料喷射量/mg	27.27	23.80	4.82
喷射持续期/(°)(CA)	473	150	30
喷射正时/(°)(CA)(ATDC)	-103	180	180
点火正时/(°)(CA)(ATDC)	-12.0	-12.0	-23.6

在模拟中采用甲烷（CH_4）代表发动机试验所用的天然气，因为它占据了天然气成分的 96% 以上。在模拟中使用了 CONVERGE 软件[30]和前文讨论过的 RNG k-ε 湍流模型、考虑气体压缩性的传热模型和 G 方程燃烧模型。为了深入了解混合气的形成，模拟了三种典型的发动机工况，包括中速低负荷、中速高负荷以及高速高负荷。在本研究中，压缩上止点是 0°(CA)和 720°(CA)。所有的计算均从 -420°(CA)(ATDC)开始，该时刻接近排气上止点。由于进气道的气体喷射和混合受到缸内回流和初始条件的影响而很难估测，因此，必须进行多循环的模拟，并且将前一个循环的计算结果作为当前循环计算的边界和初始条件。计算结果表明，至少需要计算三个循环才能获得收敛的结果，如 3.3.1 节中的图 3-1 所示。在下面的讨论中，所有结果均取自第三个循环的模拟结果。

图 8-28 和图 8-29 分别给出了在进气行程和压缩行程期间三种工况下燃料质量分数空间分布的变化过程。需要注意，为更好地呈现结果，图 8-28（见彩插）

和图 8-29（见彩插）的图例的最大值不同。由于采用闭阀喷射（CVI）以及在压缩行程早期燃料的回流，在进气行程开始时（–380°（CA）ATDC），进气道充满了燃料，如图 8-28 所示。浓的混合气聚集在进气门附近，这会在进气行程早期阻止新鲜空气进入气缸，从而导致气缸内混合气体不均匀，如图中 –320°（CA）和 –300°（CA）所示。在 –340°（CA）时，工况 2 和工况 3 的燃料开始进入气缸，而工况 1 则有明显的进气回流。由于缸内压力和进气道压力（负压）之间的压差而引起的进气回流，改善了进气道中天然气和空气的混合。与其它两个全负荷工况相比，这将在进气行程期间获得更好的均匀性。应当注意的是，进气道必须足够长以确保回流的燃油 – 空气混合气不会流入进气总管（本研究中未包括），否则将不利于喷射控制并造成较大的气缸间的差异。如图 8-28 中的 –340°（CA）所示，在当前的研究中不会发生这种不良现象，这表明进气歧管和气门定时的设计是合理的。

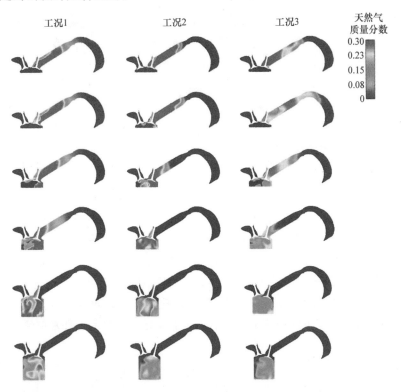

图 8-28　涡轮增压天然气发动机进气行程中在两个剖切面上的燃料质量分数分布

注：图中从上至下的时间顺序为 –380°、–340°、–320°、–300°、–270° 与 –240°（CA）（ATDC）。

由于使用单一的气门相位不能覆盖整个发动机工作范围，与工况 2 相比，工况 3 出现了进气滞后。总体而言，在进气行程后期三个工况的混合过程相似，充足的新鲜空气流入气缸，并在强劲的气流运动促进下与浓混合气混合。在图 8-29 所示的压缩行程过程中，三种工况下都观察到了相似的结果。进气门晚关将导致部分燃油再次流回进气道，这对精确控制燃油质量是一个挑战。当活塞向上止点运动时，缸内燃料和空气开始形成均匀的混合气。然而，在气缸排气门侧的混合气仍比进气门侧更稀薄。

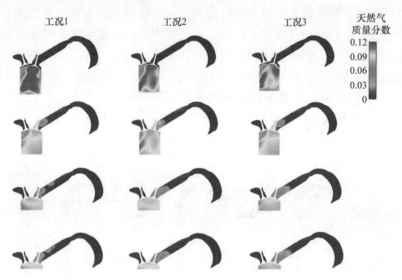

图 8-29　涡轮增压天然气发动机压缩行程中在两个剖切面上的燃料质量分数分布

注：图中从上至下的时间顺序为 −180°、−120°、−60° 与 −30°（CA）（ATDC）。

图 8-30（见彩插）给出了点火时刻缸内混合气当量比的空间分布情况。可以看出，在工况 1 下获得了最均匀的混合气分布，而在工况 3 下获得了最差的混合气分布。这表明，即使在很短的混合时间内，发动机高转速下强劲的气流运动（高速）也可以使发动机产生更均匀的混合气。相比之下，工况 3 的混合时间更长，几乎是工况 1 的三倍，但是由于工况 3 的气流运动较弱，而并不能确保获得更好的混合气。模拟结果显示，在所有研究的工况下，都没有出现当量比大于 1.25 的浓混合气。在工况 1 和工况 2 下，整个气缸中的混合气都是可燃的（0.7 <

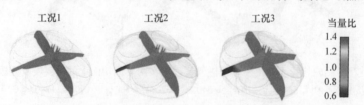

图 8-30　火花点火时的混合气当量比分布

$\phi < 1.25$）。在工况 3 下，观察到一些稀薄的混合气，因此，可以预测在该工况下可能会产生未燃烧的燃油和 HC 排放。

下面定义了一个参数 ϕ_{nstd} 来表示混合气的不均匀度[16]，如下式所示：

$$\phi_{nstd} = \frac{\phi_{std}}{\phi_{mean}} \tag{8-1}$$

缸内混合气当量比的标准差如下式所示：

$$\phi_{std} = \sqrt{\frac{\sum_{cell} m_{cell} (\phi_{cell} - \phi_{mean})^2}{\phi_{mean}}} \tag{8-2}$$

式中，ϕ_{mean} 是整个缸内混合气的平均当量比；m_{cell} 是计算网格的混合气质量（g）；ϕ_{cell} 是该计算网格的当量比。在物理上，ϕ_{nstd} 的值越小，则混合气越均匀。

下面讨论天然气喷射定时对混合气形成的影响。如表 8-4 所示，工况 1 的喷射持续期为 473°（CA），喷射持续时间约为发动机工作循环的四分之三。由于该发动机为进气道喷射，因此，喷射定时比缸内直喷更加灵活，在直喷系统中，必须在进气行程内或者再加上压缩行程前期内喷射所有燃料。为了研究了不同喷射定时下的混合气形成，模拟计算了闭阀喷射（CVI）、半开阀喷射（Half-Open-Valve Injection，HOVI）和开阀喷射（OVI）等三种喷射策略。表 8-5 给出了三种工况下三种喷射策略的喷射定时。

表 8-5　CVI、HOVI 与 OVI 的喷射定时方案

参数	值		
发动机转速/r·min⁻¹	2000	2000	5500
发动机负荷	0.2MPa BMEP	WOT	WOT
燃料喷射量/mg	4.86	20.50	27.27
喷射持续期/(°)(CA)	30	129	473
(CVI 喷射始点|终点)/(°)(CA)(ATDC)	180|210	180|309	−103|370
(HOVI 喷射始点|终点)/(°)(CA)(ATDC)	330|360	290|419	−3|470
(OVI 喷射始点|终点)/(°)(CA)(ATDC)	480|510	400|529	−303|170

表 8-6 给出了在点火时刻，三种喷油策略缸内混合气的不均匀度。与闭阀喷射策略相比，半开阀喷射和开阀喷射策略在所有工况下均具有较低的不均匀度，这表明在进气行程进行喷射可获得更均匀的混合气。三种喷油策略在两个全负荷工况下的差异很小，但在 2000r·min⁻¹、0.2MPa BMEP 的工况下，闭阀喷射和开阀喷射策略之间的差异相对较大（约 0.03）。此外，在两个全负荷（WOT）工况下，所有的喷射定时在点火时刻都能形成可燃混合气。在 2000r·min⁻¹、0.2MPa BMEP 的工况下，只有开阀喷射策略获得了全部的可燃混合气，而闭阀喷射和半开阀喷射策略都导致了少量的混合气超出了可燃范围。但是，不可燃混

合气占比非常小，介于1%和3%之间，且还会在燃烧过程中继续混合。综上可以得出结论，在进气道喷射点燃式天然气发动机中，喷射定时对点火时刻的混合气可燃性的影响可以忽略不计。因此，在发动机标定中可以灵活地选取喷射定时。

表8-6　点火时刻时三种喷射策略下的混合气不均匀度

运行工况	CVI	HOVI	OVI
5500r · min⁻¹，WOT	0.050	0.041	0.033
2000r · min⁻¹，WOT	0.070	0.058	0.062
2000r · min⁻¹，0.2MPa BMEP	0.110	0.104	0.081

在这台增压天然气发动机的概念设计阶段，提出了一种独特的进气门开启方案，称之为"异步气门开启方案"[31]。在这种新设计方案中，两个进气门的凸轮轮廓不相同（不对称），因此两个进气门不会同步打开。通过使用这种气门开启策略，会产生倾斜的进气气流，从而不仅产生滚流，还会产生涡流，并增强缸内的湍流。如图 8-31（见彩插）所示的混合气当量比分布证明，通过使用"异步气门开启方案"可以改善混合气的均匀性，特别是在 2000r · min⁻¹、0.2MPa BMEP（工况 3）的工况下，图 8-30 中所示的稀混合气气团消失了。定量地，在 2000r · min⁻¹、0.2MPa BMEP 的工况下，不均匀度 ϕ_{nstd} 从使用常规同步气门开启方案的 0.11（如表 8-6 所示）降低到 0.075。

图 8-31　通过使用异步气门开启方案改善点火时刻的混合气混合质量

异步气门开启方案同时会使进气量增加，这将有利于提升发动机的转矩输出。在模拟中发现，采用异步气门开启方案后，该发动机进气量增加了约4%，并在试验中得到证实。由于气体混合的改善和进气量的增加，在不调整涡轮增压器的情况下，2000r · min⁻¹ 全负荷工况的发动机转矩增加了7.7%[19]。类似的，将异步气门开启方案应用于一台 2.4L 涡轮增压进气道喷射天然气发动机中，其转矩测试结果如图 8-32 所示[32]。配置方案 1 采用了基准汽油发动机的涡轮增压器和进气门正时，方案 2 采用低流量的涡轮，方案 3 和 4 使用了与方案 2 相同的涡轮，但是进气持续期和气门升程缩短。如图 8-32 所示，后两种方案显著提高了发动机的低速转矩。在方案 4 中使用了异步气门开启方案，这使得发动机的低速转矩得到了更大的改善。

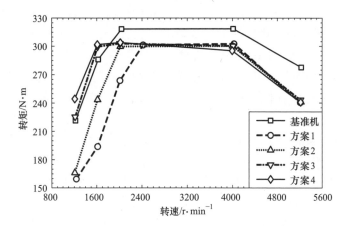

图 8-32　涡轮增压天然气发动机采用异步气门开启方案提高了低速转矩

8.2.2　天然气 – 柴油双燃料 RCCI 燃烧

如 2.4 节所述，在 RCCI 燃烧概念中，可以通过在进气道喷射低反应活性燃料，同时在缸内喷射高反应活性燃料来实现缸内燃料的混合。与常规的燃烧方法相比，这种新颖的燃烧概念已被证明具有优秀的燃油经济性和极低的排放[33]。

在天然气 – 柴油双燃料发动机中，天然气可被作为低反应活性燃料，而柴油则可被作为高反应活性燃料。因此，在天然气 – 柴油双燃料发动机中，可以通过进气道喷射天然气，结合缸内直喷柴油来实现 RCCI 燃烧，其中柴油被压燃，从而促进混合燃料的快速可控化学动力学燃烧[34]。另一方面，天然气 – 柴油双燃料发动机通常采用柴油喷射引燃（Diesel Pilot Ignition，DPI）燃烧。在这种燃烧方式下，天然气在进气道中与空气预先混合，然后将混合气引入缸内，并在压缩行程末期由直接喷射的柴油点燃[35]。DPI 和 RCCI 之间的主要区别在于，在 DPI 中，柴油是在上止点附近喷射的，而在 RCCI 中，柴油是在压缩行程早期喷射的。因此，在 RCCI 中有足够的时间让柴油与空气天然气混合气进行混合，从而形成近乎均匀的混合燃料混合气以及后续发生的多点自燃的低温燃烧。而在 DPI 中，柴油一旦喷射到空气天然气的混合气中，很快就会自燃，从而在双燃料混合气中产生局部高温火焰传播，导致较高的 NO_x 排放。而在 RCCI 燃烧中，由于低温燃烧使得 NO_x 排放极低，并且较低的传热损失使得燃油消耗量得到改善。

控制 RCCI 燃烧始点或燃烧相位的一种方法是改变预混合的低活性燃料的量，如第 2.4 节中的图 2 – 20 所示。吴振阔等[18]对天然气 – 柴油双燃料发动机中影响 RCCI 燃烧相位的其它因素进行了数值研究。模拟的天然气 – 柴油双燃料发动机由重型柴油机改造而来，排量为 2.44L，压缩比为 16.0。采用 CON-VERGE 软件[30]对其进行模拟，其中使用 SAGE 化学求解器来模拟燃烧，采用 Reitz 的 WAVE 模型对缸内喷射的柴油喷雾进行模拟。Ra 和 Reitz[9] 开发的包含 45 种组分和 142 个反应的简化反应机理被作为柴油和天然气的反应机理，该反应机理还包括一个简化 NO_x 机理[10]。为了节约计算时间，采用了 51.43°的扇形网格（对应于 7 孔喷油器的一个喷孔）并假设在 IVC 时刻空气与天然气已充分混合来简化模拟。

他们分析了柴油的喷射始点 SOI 对发动机燃烧的影响。发动机的运行工况为 1300r·min^{-1}、中等负荷。在该工况下，燃用了 115mg 的当量柴油，其中总热量的 90% 来自预混天然气，而 10% 的热量来自喷射的柴油。图 8-33 显示了燃烧始点 SOC 随柴油 SOI 的变化情况，其中 SOC 定义为 CA10 时刻，即在该曲轴转角时刻累积放热量达到了 10%。如图 8-33 所示，当 SOI 提前时，SOC（或 CA10）呈现非单调变化趋势。在 DPI 模式下，随着 SOI 的提前，SOC 也随之提前。当 SOI 超过 −30°（CA）ATDC 时，这一趋势将逆转，即 SOC 开始推后。此时，燃烧开始表现出 RCCI 特征。当 SOI 进一步提前时，就会出现明显的 RCCI 燃烧，其特征是分离的两个阶段燃烧，包括柴油的低温放热和混合燃料的单峰快速放热，如图 8-34（见彩插）所示。

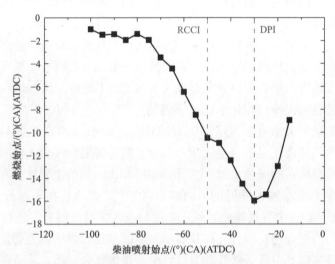

图 8-33　天然气−柴油双燃料发动机中柴油喷油始点对燃烧模式过渡的计算图示

图 8-34 给出了三个 SOI 时刻的计算放热率。当 SOI 为 −85°（CA）ATDC 时，可以清楚地看到分离的两级燃烧，这是典型的 RCCI 燃烧特征。当 SOI 推迟到 −45°（CA）ATDC 时，由于滞燃期缩短，放热率中的第一个峰值变大。当 SOI 进一步推迟到 −15°（CA）ATDC 时，可以观察两个紧邻的高温放热阶段，

这是典型的 DPI 燃烧特征。在这种情况下，第一阶段的放热是由着火延迟引起的柴油的预混燃烧，第二阶段对应于混合气的火焰传播。

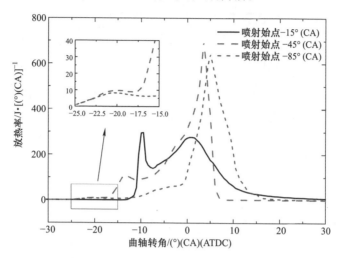

图 8-34　喷油始点变化对计算的放热率的影响

图 8-35 显示了燃烧相位与 SOI 的关系。此处，采用 CA50（即累积放热量为 50% 的曲轴转角）来定义燃烧相位。对于 DPI，可以明显看到燃烧相位对 SOI 的依赖关系，因为在这种情况下，燃烧与燃油喷射是强耦合的。同时可以看到，SOI 也近乎单调地影响 RCCI 模式的燃烧相位，这意味着 SOI 也可以作为控制天然气 – 柴油双燃料发动机 RCCI 燃烧的额外参数。

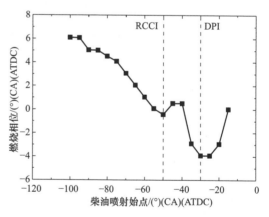

图 8-35　喷射始点变化对燃烧相位的影响

计算的总指示比油耗（Gross Indicated Specific Fuel Consumption，GISFC）与 CA50 的关系如图 8-36（见彩插）所示。再次说明，GISFC 是根据从 IVC 时刻到 EVO 时刻的气缸压力积分得到的功来计算的。与 DPI 相比，RCCI 燃烧可提供更好的燃料转化效率，这是因为 RCCI 模式具有较高的燃烧效率、较快的燃烧以及更合适的燃烧相位。此外，RCCI 燃烧产生较低的排放，如图 8-37 所示，其 HC 和 CO 排放较低。对于 DPI 燃烧，尽管可以通过提前喷射来减少其相对较高的 CO 和 HC 排放量，但随之而来的是 NO_x 排放的恶化。RCCI 燃烧的低油耗和低排放特性再次证明了其比常规 DPI 燃烧更具优势。

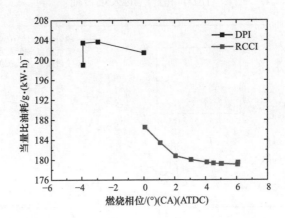

图 8-36　燃烧相位（CA50）对 RCCI 与 DPI 燃烧的燃油消耗影响

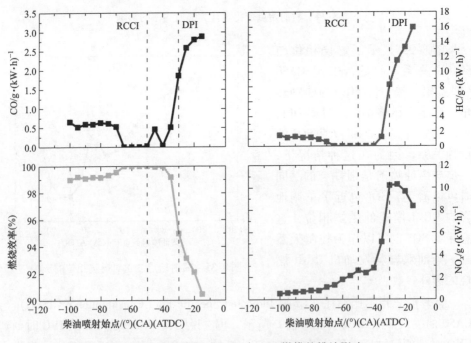

图 8-37　喷射始点对 RCCI 与 DPI 燃烧的排放影响

　　吴振阔等使用微种群遗传算法（Micro－GA）对该双燃料发动机中的柴油喷射策略进行了全面的优化计算[21]。在优化中，考虑了多个运行参数，包括柴油喷油量、单次喷射策略、两次喷射策略、每次喷射的喷射压力及喷射定时和

EGR 率等。优化目标是在三个不同的负荷（低负荷、中负荷和高负荷）下，在满足峰值压力和峰值压力升高率限制的情况下，实现发动机热效率的最大化。

在 7.1.2 节中，已经简要介绍了用于优化发动机中复杂非线性问题的遗传算法。在众多遗传算法中，微种群遗传算法可以在一代中使用数量较小的种群（在本研究中为 8 个），这有利于减少计算时间。一个种群是指一组独立个体的组合，一个个体由需要优化的参数组成，或者是优化问题的一个解决方案。在优化过程中，每个个体的所有设计参数都转换为二进制字符串，称为染色体，这有利于代码在繁殖过程中执行交叉遗传[18,36]。有关微种群遗传算法的优化过程细节可以在文献 [21] 中找到。

研究中使用了 CONVERGE 软件，该软件已经集成了微种群遗传算法的求解器 CONGO[30]。该研究选择了具有相同发动机转速但负荷不同的三个工况，详细的工况参数如表 8-7 所示。其中，工况 1（OP1），工况 2（OP2）和工况 3（OP3）分别代表低负荷、中负荷和高负荷工况。表 8-7 中的当量柴油质量（Equivalent Diesel Fuel Mass，EDM）定义如式 8.3 所示：

$$EDM = m_d + m_{ng} \frac{LHV_{ng}}{LHV_d} \tag{8-3}$$

式中，m_{ng} 是天然气质量；m_d 是柴油质量；LHV_{ng} 是天然气低热值；LHV_d 是柴油低热值。

表 8-7　发动机优化的运行条件

运行工况	工况 1	工况 2	工况 3
发动机转速/r·min^{-1}	1300	1300	1300
名义负荷/MPa	约 0.5	约 1.0	约 2.0
进气门关闭时压力/MPa	0.135	0.190	0.342
进气门关闭时温度/K	363	363	363
当量柴油量/g	0.060	0.115	0.245
压缩比	16.1	16.1	16.1

在研究中，对 7 个参数进行了分析，其变化范围如表 8-8 所示。能量替代百分比（Percent Energy Substitution，PES）定义如式（8-4）所示。

$$PES = \frac{m_{ng} LHV_{ng}}{m_{ng} LHV_{ng} + m_d LHV_d} \tag{8-4}$$

EGR 率的定义如式（8-5）所示：

$$EGR = \frac{(CO_2)_{in}}{(CO_2)_{ex}} \times 100\% \tag{8-5}$$

式中，$(CO_2)_{in}$ 是进气流量中 CO_2 的浓度；$(CO_2)_{ex}$ 是排气流量中 CO_2 的浓度。

表 8-8　优化参数及其变化范围

喷射策略	双喷射	单喷射
PES（%）	50 ~ 100	50 ~ 100
EGR 率（%）	0 ~ 60	0 ~ 60
SOI1/(°)(CA)(ATDC)	−130 ~ −50	−130 ~ 20
SOI2/(°)(CA)(ATDC)	−40 ~ 20	—
第一次喷射压力/MPa	30 ~ 150	30 ~ 150
第二次喷射压力/MPa	30 ~ 150	—
分段喷射比例	0 ~ 1	

在优化计算中，定义了一个适应度函数（Merit Function，MF），并综合考虑峰值压力、最大压力升高率和 NO_x 排放的限制。适应度函数的计算如式（8-6）所示：

$$MF = 100 \times \left[\frac{\eta_i}{\eta_{i,tg}} + \alpha\left(\left(\frac{NO_x}{NO_{x,c}} \right)^{0.2} - 1 \right) \right] + \beta\left[\left(\frac{p_m}{p_{m,c}} \right)^5 - 1 \right] +$$
$$\gamma\left[\left(\frac{dp_m}{dp_{m,c}} \right)^5 - 1 \right] + \delta\left[\frac{\eta_{c,c}}{\eta_c} - 1 \right] \tag{8-6}$$

式中，η_i 是指示热效率（Indicated Thermal Efficiency，ITE）；$\eta_{i,tg}$ 是目标指示热效率；NO_x 是 NO_x 的排放量；p_m 是峰值压力；dp_m 是峰值压力升高率；η_c 表示燃烧效率。带下标 c 的其它参数表示约束条件。表 8-9 列出了适应度函数中使用的参数目标值和约束范围。式（8-6）中的 α、β、γ 和 δ 是乘数。当 NO_x、p_m 或 dp_m 的计算值超过其约束条件时，α、β 或 γ 将被设置为 −1，否则将被设置为 0。当 η_i 的计算值小于约束条件时，δ 将被设置为 −1，否则将被设置为 0。基于适应度函数可以看出，当具有高的热效率，同时 NO_x 排放、峰值压力、最大压力升高率以及燃烧效率都在可接受范围内的个体，其适应度越高。在优化过程中，微种群遗传算法程序会随着个体的进化而最大化适应度，即优化的解决方案将朝着高热效率和清洁燃烧的方向发展。

表 8-9　优点计算中使用的参数目标和约束条件

指示热效率（%）	50
$NO_x/g \cdot (kW \cdot h)^{-1}$	0.4
峰值压力/MPa	17
最高压力升高率/MPa $\cdot [(°)(CA)]^{-1}$	1.5
燃烧效率（%）	80

经过优化计算，获得了最佳的性能结果，如表 8-10 所示，相应的运行参数

由表 8-11 给出。可以看到，采用两次喷射策略，在三种工况下均获得了高于45% 的指示热效率，且峰值压力、峰值压力升高率以及 NO_x 排放都保持在约束范围内。特别是在中等负荷下，指示热效率接近 50%。对于单次喷射策略，在低负荷和中等负荷下可获得高于 45% 的热效率，但在高负荷下仅可获得 35.5%的指示热效率，这主要是由较低的燃烧效率（85.03%）引起的。

表 8-10　优化的最佳性能结果

案例	工况 1		工况 2		工况 3	
喷射策略	双喷射	单喷射	双喷射	单喷射	双喷射	单喷射
指示热效率（%）	47.0	45.6	48.4	47.6	45.5	35.5
指示平均压力/MPa	0.497	0.482	0.980	0.964	1.964	1.531
CA50/（°）（CA）（ATDC）	0.0	-1.4	4.5	3.0	12.6	12.0
燃烧持续期/（°）（CA）	14.95	14.02	13.00	14.50	23.45	41.05
峰值压力/MPa	8.83	9.05	13.49	13.24	16.84	16.71
最高压力升高率/MPa·[（°）（CA）]$^{-1}$	0.44	0.49	1.13	0.86	0.55	0.48
燃烧效率（%）	99.10	97.32	99.80	99.02	97.10	85.03
NO_x/g·(kW·h)$^{-1}$	0.157	0.108	0.231	0.272	0.400	0.355
CO/g·(kW·h)$^{-1}$	2.392	5.112	0.196	1.210	1.875	17.329
HC/g·(kW·h)$^{-1}$	0.860	3.215	0.247	1.237	4.180	26.928

表 8-11　最佳性能时的运行参数

案例	工况 1		工况 2		工况 3	
喷射策略	双喷射	单喷射	双喷射	单喷射	双喷射	单喷射
PES（%）	64.30	58.69	84.90	82.85	89.00	54.58
EGR 率（%）	3.20	4.07	6.20	5.78	39.00	57.35
SOI1/（°）（CA）（ATDC）	-127.6	-124.2	-129.5	-87.5	-86.6	-10.3
SOI2/（°）（CA）（ATDC）	-19.4	—	-22.8	—	-6.2	—
第一次喷射压力/MPa	40.10	132.10	104.86	141.54	80.29	87.48
第二次喷射压力/MPa	52.39		70.30		108.43	
分段喷射比例	0.938	—	0.915	—	0.610	—

图 8-38（见彩插）对比了不同工况下，采用优化后的两次喷射策略和单次喷射策略的缸压和放热率曲线。可以看出，在 OP1 工况和 OP2 工况下，两种喷射策略的 SOC 几乎相同。在 OP3 工况下，对于两次喷射策略，由于柴油燃料的低温反应，SOC 约从 -20°（CA）（ATDC）开始，而对于单次喷射策略，较晚的 SOI 使得燃烧推迟。同时可以看出，单次喷射策略下的初始放热速率要强于两

次喷射策略下的初始放热速率，这会导致较早的燃烧相位，从而使得峰值压力和燃烧放热率峰值提前出现。

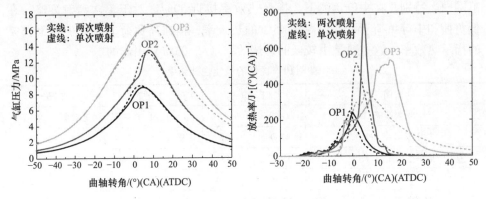

图 8-38　不同喷油策略下的气缸压力和放热率

为了更好地理解不同喷射策略之间的热效率差异，图 8-39（见彩插）对发动机的能量平衡进行了比较。可以看出，与两次喷射相比，单次喷射的热效率下降主要是由较高燃烧损失引起的。同时，更提前的燃烧相位也使得单次喷射的传热损失更高。还注意到，尽管两次喷射获得了更高的热效率，但是其排气损失比单次喷射略高。两次喷射减少了燃烧和传热损失，从而增加了可以用于做功的能量，但是增加的能量不能完全转化为有用功，部分增加的能量浪费在排气中。

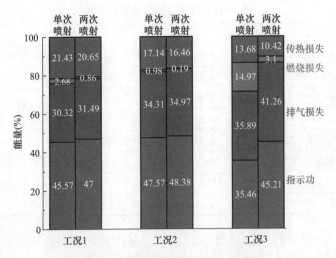

图 8-39　不同喷油策略下的能量平衡

该实例再次证明了发动机燃烧模拟和优化的作用，它可以帮助研究者在复杂的交互空间中优化运行参数，以获得最佳优化目标。而通过反复试验来获得优化目标是一个非常耗时且成本高昂的过程。此外，上述优化过程是基于给定的燃烧室形状进行的，相似的模拟优化过程也被用于优化燃烧室形状，并且在热效率方面获得了进一步的提升[21]。

8.2.3　生物柴油的燃烧与 NO_x 排放

由于具有可再生性和低碳烟排放的优点，生物柴油已成为有吸引力的内燃机替代燃料。但是，生物柴油燃烧产生的 NO_x 排放要比柴油燃烧高。李军成等[26,27]对生物柴油发动机的燃烧和 NO_x 排放生成进行了模拟研究。本节将讨论轻型柴油机中生物柴油 – 柴油混合物的 NO_x 排放特性[26]。在这项工作中，研究了纯柴油（B00）、20%（体积分数）生物柴油和 80% 柴油（B20）混合燃料以及 50% 生物柴油和 50% 柴油（B50）混合燃料三种燃料，对比了不同燃料的燃烧特性和 NO_x 排放，并分析了喷油定时和 EGR 率对 NO_x 排放的影响。

研究使用了耦合的化学反应求解器 CHEMKIN – II[37] 和 CFD 程序 KIVA – 3V2[38]，并加以改进用于计算生物柴油 – 柴油混合燃料的燃烧。混合燃料是大豆甲酯（Soybean Methyl Ester，SME）生物柴油和优质柴油的混合物。为了模拟燃料，SME（$C_{19}H_{35}O_2$）由正庚烷（C_7H_{16}）与丁酸甲酯（Methyl Butanoate，MB）（$C_5H_{10}O_2$）按摩尔比 2:1 的组合来代替。在模拟中，使用正庚烷和丁酸甲酯简化机理作为生物柴油的替代机理[39,40]。有关混合燃料的反应机理及化学/物理性质的详细描述，请参见文献［26］。模拟的发动机为福特 Lion 2.7LV6 直喷柴油机，在模拟计算中采用了一个 60° 扇形网格代表燃烧室，其中包含了在燃烧室中均匀分布的六束喷雾中的一束喷雾。模拟开始时刻为 220°（CA）（IVC 时刻），结束时刻为 490°（CA）（EVO 时刻）。在这里 360°（CA）被定义为压缩上止点。

首先，对 EGR 约为 20% 条件下的 B00、B20 和 B50 燃料的燃烧进行了模拟。发动机在转速为 1000r·min⁻¹ 和负荷 BMEP 为 0.5MPa 的工况下运行。B20 和 B50 方案均采用了多次喷射策略，SOI 以 2°（CA）间隔扫点，而预喷和主喷之间的时间间隔保持不变。图 8-40 对比了预测的和测量的 NO_x 排放量。B20 方案模拟的 NO_x 排放比测量值都高，最大相对误差达到 37.0%。对于 B50 方案，除了主喷时刻为 366°（CA）外，其它情况模拟的 NO_x 排放均比测量值高，最大相对误差为 8.2%。

为了确定生物柴油混合比对 NO_x 排放生成的影响，详细分析了预喷始点 344°（CA）和主喷时刻为 362°（CA）的情况。图 8-41（见彩插）对比了不同混合燃料的实测缸压与表观放热率。结果表明，B20 和 B00 的预喷燃油的滞燃期几乎相同。在主喷阶段，B20 的滞燃期稍长，这可能是由于压缩压力略低引起

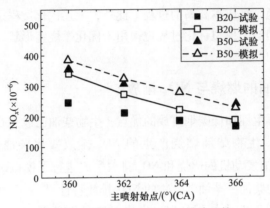

图 8-40　预测与测量的 NO_x 排放比较

的。如图 8-40 所示，B50 的实测 NO_x 排放量比 B20 高很多。虽然 B50 的压力曲线与 B00 相似，但是 B50 的表观放热率曲线表明，两次喷射燃油的滞燃期均缩短，且表观放热率的峰值低于 B00 的峰值。对于 B50 情况，NO_x 排放量显著增加的部分原因可能是其 EGR 率稍低。同时，较早的 SOC 也可能是导致 B50 的 NO_x 排放显著增加的关键因素之一。

图 8-42（见彩插）给出了

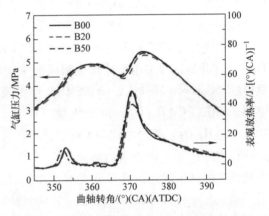

图 8-41　不同燃料的实测气缸压力和表观放热率

NO_x 体积分数的变化和计算单元中气体温度高于 2200K 的质量分数的变化。该质量分数代表有利于 NO_x 生成的局部高温混合气的比例。如图 8-42 所示，大部分 NO_x 是在主喷燃烧过程中形成的。对于主喷燃烧，B50 的高温混合气的比例大于 B00 和 B20 的高温混合气的比例，这主要是由于 B50 较早的 SOC 和更多的氧气含量所致。在 378°（CA）之前，B20 的高温混合气的比例与 B00 相当，但在此之后比 B00 的高。

图 8-43（见彩插）和图 8-44（见彩插）分别给出了缸内气体温度和 NO_x 质量分数的空间分布，图中给出了三个曲轴转角时刻的计算结果，这三个时刻是 NO_x 形成的关键时刻。通过温度分布可以看出，B50 具有最大的高温区域（见图 8-43），而其高 NO_x 浓度区（见图 8-44）与高温区一致，因此 B50 产生了最高的 NO_x 排放量。

在李军成等[27]的另一项研究中，为了减少 NO_x 排放，研究了四个 SOI 时刻

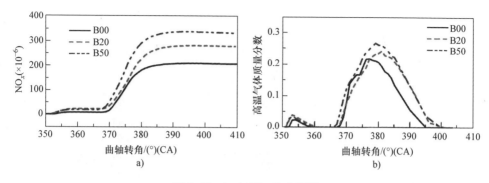

图 8-42　缸内 NO_x 生成预测

a）NO_x 体积分数的变化　b）计算单元中气体温度高于 2200K 的质量分数的变化

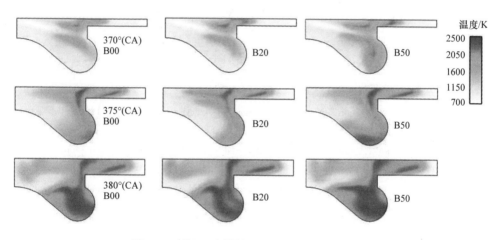

图 8-43　燃用不同燃料时缸内气体温度的分布

和三个 EGR 率组合的影响。当 SOI 推迟 2°（CA）和 4°（CA）时，预测的 NO_x 排放量可以分别减少 20.3% 和 32.9%。在 EGR 率为 24.0% 和 28.0% 的情况下，NO_x 排放量分别减少了 38.4% 和 62.8%。在生物柴油燃烧中也出现了碳烟 - NO_x 此消彼长的平衡关系。当 EGR 率为 28.0% 且 SOI 推迟 2°（CA）时，NO_x 排放量可以降低 55.1%，而碳烟的排放可控制在与 EGR 率为 24% 情况相当。因此，通过推迟 SOI 或提高 EGR 率可以有效改善生物柴油燃烧的 NO_x 排放。

　　这些研究再次证明，发动机 CFD 模拟耦合化学反应机理可以用于预测替代燃料的 NO_x 和碳烟排放，并能够评估减少排放的手段。因此，毋庸置疑，相同的模拟方法也可以用于评估和设计更好的下一代发动机燃料。

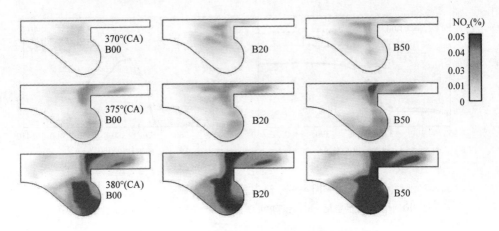

图 8-44   燃用不同燃料时 NO_x 质量分数的分布

参 考 文 献

[1] HAN Z, ULUDOGAN A, HAMPSON G J, et al. Mechanism of soot and NO_x emission reduction ssing multiple – injection in a diesel engine [J]. SAE Transactions, 1996, 105 (3): 837 – 852.

[2] DEC J E, ESPEY C. Ignition and early soot formation in a DI diesel engine using multiple 2 – D imaging diagnostics [J]. SAE Transactions, 1995, 104 (3): 853 – 875.

[3] TOW T C, PIERPONT D, REITZ R D. Reducing particulate and NO_x emissions by using multiple injections in a heavy duty DI diesel engine [J]. SAE Transactions, 1994, 103 (3): 1403 – 1417.

[4] 王勇，韩志玉，邓鹏，等. 柴油机螺旋进气道设计参数优化的数值模拟研究 [J]. 内燃机工程, 2012, 33 (5): 79 – 86.

[5] 李军成，韩志玉，陈征，等. 轿车柴油机燃烧系统参数的数值模拟研究 [J]. 汽车工程, 2013, 35 (4): 47 – 353, 384.

[6] RICHARDS K J, SENECAL P K, POMRANING E. CONVERGE (v1.3) [Z]. Convergent Science Inc. , 2008.

[7] 曾昭钧. 均匀设计及其应用 [M]. 北京: 中国医药科技出版社, 2005.

[8] 邓鹏. 喷雾碰壁模型及柴油机冷起动的数值研究 [D]. 长沙: 湖南大学, 2016.

[9] RA Y, REITZ R D. A reduced chemical kinetic model for IC engine combustion simulations with primary reference fuels [J]. Combustion and Flame, 2008, 155 (4): 713 – 738.

[10] SUN Y. Diesel combustion optimization and emissions reduction using adaptive injection strategies (AIS) with improved numerical models [D]. Madison: University of Wisconsin – Madison, 2007.

[11] DENG P, JIAO Q, REITZ R D, et al. Development of an improved spray/wall interaction

model for diesel – like spray impingement simulations ［J］. Atomization and Sprays, 2015, 25 (7): 587 – 615.

［12］ DENG P, HAN Z, REITZ R D. Modeling heat transfer in spray impingement under direct – injection engine conditions ［J］. Proceedings of the Institution of Mechanical Engineers, Part D: Journal of Automobile Engineering, 2015, 230 (7): 885 – 898.

［13］ TSUNEMOTO H, YAMADA T, ISHITANI H. Behavior of adhering fuel oncold combustion chamber wall in direct injection diesel engines ［J］. SAE Transactions, 1986, 95 (4): 1017 – 1024.

［14］ KORAKIANITIS T, NAMASIVAYAM A M, CROOKES R J. Natural – gas fueled spark – ignition (SI) and compression – ignition (CI) engine performance and emissions ［J］. Progress in Energy and Combustion Science, 2011, 37 (1): 89 – 112.

［15］ LE FEVRE C. A review of prospects for natural gas as a fuel in road transport ［R］. The Oxford Institute for Energy Studies, 2019.

［16］ WU Z, HAN Z. Numerical investigation on mixture formation in a turbocharged port – injection natural gas engine using multiple cycle simulation ［J］. Journal of Engineering for Gas Turbines and Power, 2018, 140 (5): 051704.

［17］ HAN Z, WU Z, HUANG Y, et al. Impact of natural gas fuel characteristics on the design and combustion performance of a new light – duty CNG engine ［J］. International Journal of Automotive Technology, 2021, 22 (6).

［18］ WU Z, RUTLAND C, HAN Z. Numerical study on controllability of natural gas and diesel dual fuel combustion in a heavy – duty engine ［R］. SAE Technical Paper, 2017 – 01 – 0756, 2017.

［19］ WU Z, RUTLAND C J, HAN Z. Numerical optimization of natural gas and diesel dual – fuel combustion for a heavy – duty engine operated at a medium load ［J］. International Journal of Engine Research, 2018, 19 (6): 682 – 696.

［20］ WU Z, RUTLAND C J, HAN Z. Numerical evaluation of the effect of methane number on natural gas and diesel dual – fuel combustion ［J］. International Journal of Engine Research, 2019, 20 (4): 405 – 423.

［21］ WU Z, HAN Z. Micro – GA optimization analysis of the effect of diesel injection strategy on natural gas – diesel dual – fuel combustion ［J］. Fuel, 2020, 259: 116288.

［22］ FAZAL M A, HASEEB A, MASJUKI H H. Biodiesel feasibility study: An evaluation of material compatibility; performance; emission and engine durability ［J］. Renewable and Sustainable Energy Reviews, 2011, 15 (2): 1314 – 1324.

［23］ ATABANI A E, SILITONGA A S, BADRUDDIN I A, et al. A comprehensive review on biodiesel as an alternative energy resource and its characteristics ［J］. Renewable and Sustainable Energy Reviews, 2012, 16 (4): 2070 – 2093.

［24］ BRAKORA J L, RA Y, REITZ R D. Combustion model for biodiesel – fueled engine simulations using realistic chemistry and physical properties ［J］. SAE International Journal of Engines, 2011, 4 (1): 931 – 947.

［25］ HERBINET O, PITZ W J, WESTBROOK C K. Detailed chemical kinetic oxidation mechanism for a biodiesel surrogate ［J］. Combustion and Flame, 2008, 154 (3): 507 – 528.

［26］ LI J, HAN Z, SHEN C, et al. Numerical study on the nitrogen oxide emissions of biodiesel –

diesel blends in a light – duty diesel engine [J]. Proceedings of the Institution of Mechanical Engineers, Part D: Journal of Automobile Engineering, 2014, 228 (7): 734 – 746.

[27] LI J, HAN Z, SHEN C, et al. A study on biodiesel NOx emission control with the reduced chemical kinetics model [J]. Journal of Engineering for Gas Turbines and Power, 2014, 136 (10): 101505.

[28] 韩志玉. 天然气发动机燃烧方法及使用该方法的增压天然气发动机: 201410408370. 9 [P]. 2014 – 12 – 17.

[29] MENDL G, MANGOLD R, ROSENBERGER S, et al. The new Audi 2. 0 l g – tron—Another Step Towards Future Sustainable Mobility [C] // 38th International Vienna Motor Symposium, April 27 – 28, 2017, Vienna, Austria.

[30] RICHARDS K J, SENECAL P K, POMRANING E. CONVERGE Manual (v2. 4) [Z]. Convergent Science Inc. , 2017.

[31] 韩志玉, 武得钰, 施永生. 一种增强天然气发动机缸内气流运动的装置: 201520122531. 8 [P]. 2015 – 09 – 23.

[32] 郭喆晨, 黄勇成, 施永生, 等. 采用非同步进气正时和增压器匹配提升天然气发动机的低速性能 [J]. 西安交通大学学报, 2019, 53 (9): 55 – 60.

[33] REITZ R D. Directions in internal combustion engine research [J]. Combustion and Flame, 2013, 160 (1): 1 – 8.

[34] WALKER N R, WISSINK M L, DELVESCOVO D A, et al. Natural gas for high load dual – fuel reactivity controlled compression ignition in heavy – duty engines [J]. Journal of Energy Resources Technology, 2015, 137 (4): 042202.

[35] WEI L, GENG P. A review on natural gas/diesel dual fuel combustion, emissions and performance [J]. Fuel Processing Technology, 2016, 142: 264 – 278.

[36] SENECAL P K, REITZ R D. Simultaneous reduction of engine emissions and fuel consumption using genetic algorithms and multi – dimensional spray and combustion modeling [J]. SAE Transactions, 2000, 109 (4): 1378 – 1390.

[37] KEE R J, RUPLEY F M, MILLER J A. Chemkin – II: A fortran chemical kinetics package for the analysis of gas – phase chemical kinetics [R]. Livermore, CA, USA: Sandia National Laboratory, SAND89 – 8009, 1989.

[38] AMSDEN A A. KIVA – 3V, release 2: Improvements to KIVA – 3V [R]. Los Alamos, NM, USA: Los Alamos National Laboratory, LA – 13608 – MS, 1999.

[39] BRAKORA J L, RA Y, REITZ R D, et al. Development and validation of a reduced reaction mechanism for biodiesel – fueled engine simulations [R]. SAE Technical Paper, 2008 – 01 – 1378, 2008.

[40] BRAKORA J L, REITZ R D. Investigation of NO_x predictions from biodiesel – fueled HCCI engine simulations using a reduced kinetic mechanism [R]. SAE Technical Paper, 2010 – 01 – 0577, 2010.

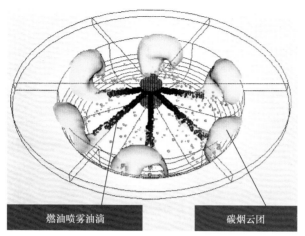

燃油喷雾油滴　　　　　碳烟云团

图 1-6　柴油机的碳烟生成

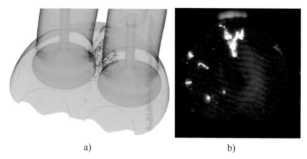

a)　　　　　　　　　　　　b)

图 1-7　某直喷汽油机早期设计方案中碳烟排放根本原因的诊断确定

a) 数值模拟结果　b) 光学发动机图像

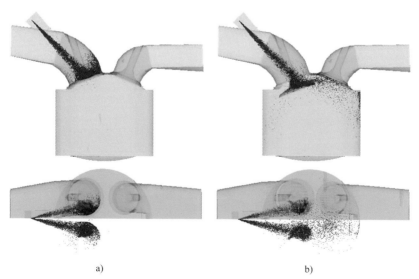

a)　　　　　　　　　　　　　　　　　　b)

图 2-5　PFI 汽油机喷油过程的数值模拟的示意图（以透明、剖切结构的方式显示）

a) 闭阀喷射，喷射开始于膨胀行程　b) 开阀喷射，喷射开始于进气行程

图 2-6   壁面引导式分层混合气直喷汽油机燃烧系统示意图

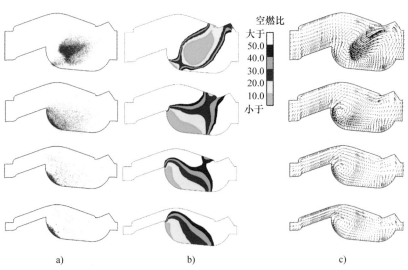

图 2-7   壁面引导式直喷汽油机分层混合气的形成过程

a) 燃油喷雾   b) 空燃比分布   c) 气体流场分布

注：图中自上而下时序分别为上止点前 55°、45°、35° 与 25°(CA)；

发动机运行工况为 1500r·min⁻¹, 0.262MPa BMEP。

图 2-8　VISC 直喷汽油机燃烧系统示意图

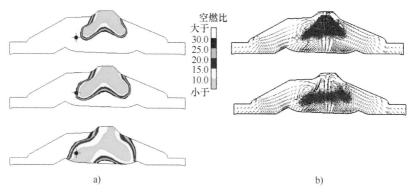

空燃比
大于
30.0
25.0
20.0
15.0
10.0
小于

a)　　　　　　　　　　　　　　　　b)

图 2-9　喷雾引导式直喷汽油机分层混合气的形成过程

a) 空燃比分布　　b) 叠加的喷雾与气体流速分布

注：图中至上而下的时序分别为上止点前 24°、22° 与 16°(CA);
发动机运行工况为 1500r·min⁻¹，0.262MPa BMEP。

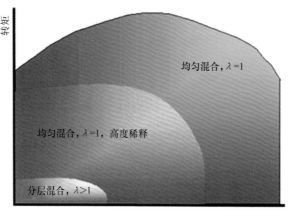

图 2-12　分层混合气直喷汽油机运行工况示意图

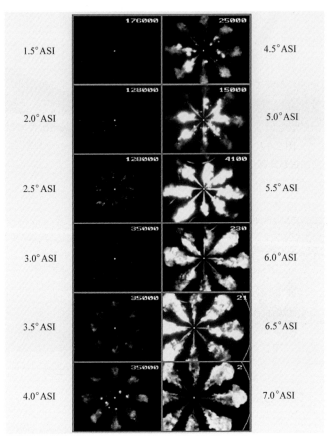

1.5°ASI   176000   25000   4.5°ASI

2.0°ASI   128000   15000   5.0°ASI

2.5°ASI   128000   4100   5.5°ASI

3.0°ASI   35000   230   6.0°ASI

3.5°ASI   35000   21   6.5°ASI

4.0°ASI   35000   2   7.0°ASI

图 2-14　柴油机中由自然火焰发光显示的自燃和火焰现象的
时间序列图像[29]（喷油器位置由图中细小白点表示）

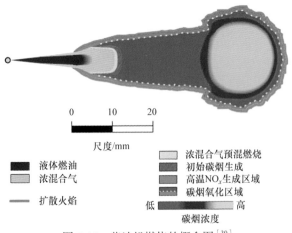

0　　10　　20

尺度/mm

■ 液体燃油　　　　　　□ 浓混合气预混燃烧
□ 浓混合气　　　　　　▨ 初始碳烟生成
— 扩散火焰　　　　　　■ 高温NO$_x$生成区域
　　　　　　　　　　　▨ 碳烟氧化区域

低　　　　　　　　高
碳烟浓度

图 2-15　柴油机燃烧的概念图[30]

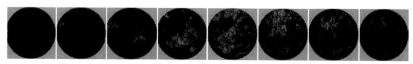

图 2-17　高速摄像获取的 HCCI 燃烧时间序列图像[39]

注：图中时序自左边起分别为上止点前 5.2°、6.8°、8.4°、10.0°、11.6°、13.2°、14.8° 与 16.4°(CA)。

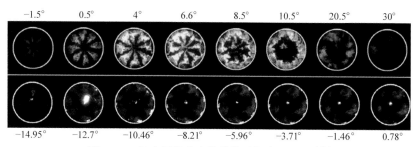

图 2-18　高速摄像获取的燃烧时间序列图像[41]

注：第一行为常规柴油压燃燃烧（CDCI），第二行为预混压燃燃烧（PCCI）；
图像旁的数字表示对应的曲轴转角（ATDC）。

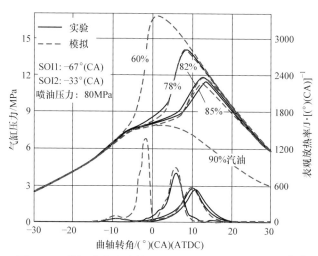

图 2-20　进气道汽油喷射量对 RCCI 燃烧相位的影响[49]

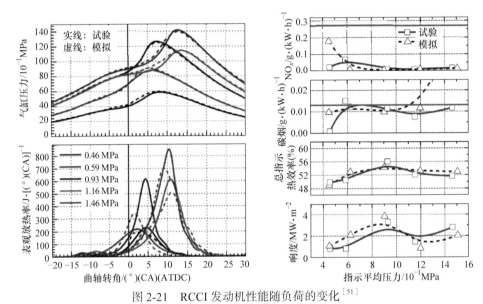

图 2-21　RCCI 发动机性能随负荷的变化[51]

注：图中横实线表示美国环境保护署 2010 年对货车 NOx 和碳烟排放的限值。

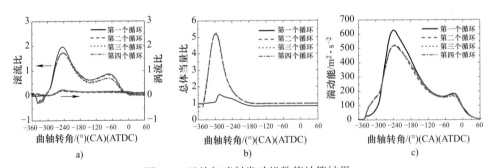

图 3-1　天然气喷射发动机数值计算结果

a) 滚流比与涡流比　b) 总当量比　c) 质量平均湍动能

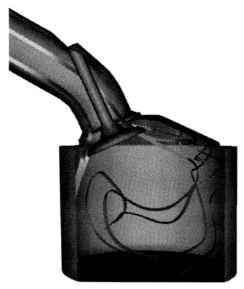

图 4-3　用带状流线展示的滚流结构

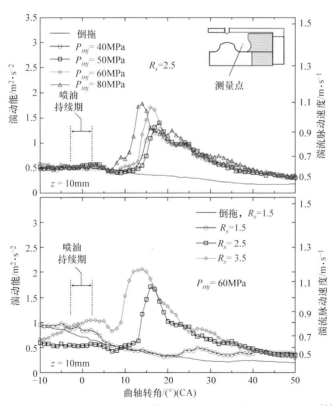

图 4-4　柴油机燃油喷射对气体湍动能和湍流脉动速度的影响[9]

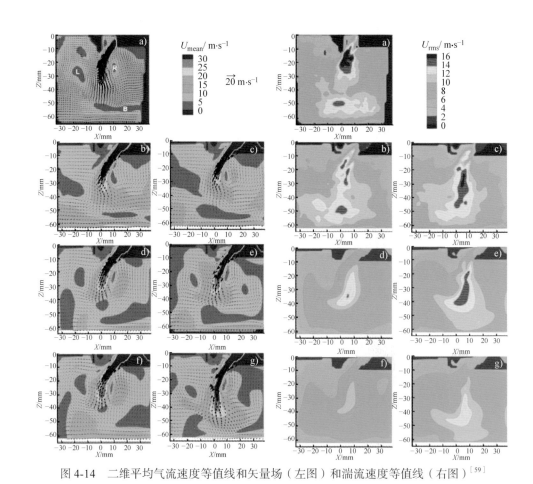

图 4-14　二维平均气流速度等值线和矢量场（左图）和湍流速度等值线（右图）[59]

注：(a) PIV，(b) LES 全域，(c) LES 部分域，(d) RANS (k-ε) 全域，
(e) RANS (k-ε) 部分域，(f) RANS (RNG k-ε) 全域，(g) RANS (RNG k-ε) 部分域。
结果位于两进气门间的中心面，时间为进气行程 100°（CA）。

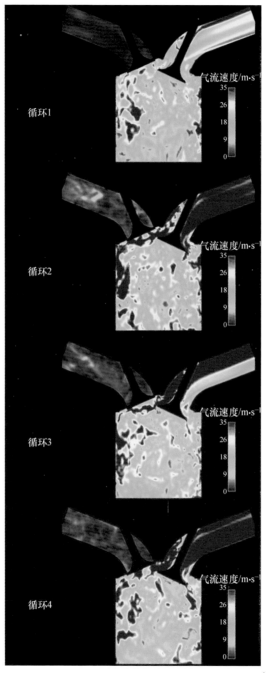

图 4-16　计算的 4 个循环气流速度显示出的循环变动[82]

注：结果位于两进气门间的中心面，时间为进气行程 125°（CA）。

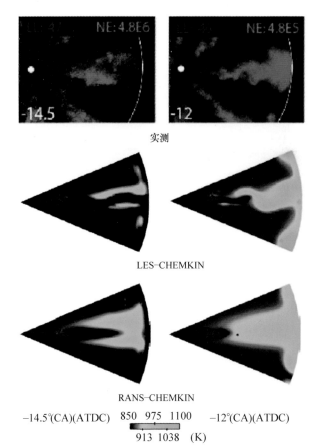

图 4-17 早期喷油低温燃烧的实测着火化学发光图像与
模型预测气体温度场比较[79]

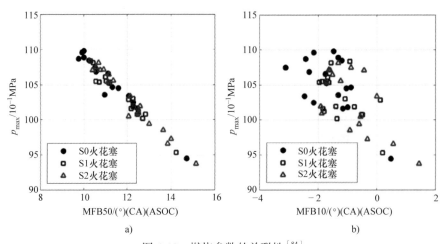

a)

b)

图 4-18 燃烧参数的关联性[84]

a) 燃烧峰值压力与主燃烧期角度位置（MFB50）的相关性
b) 燃烧峰值压力与火焰发展期角度位置（MFB10）的相关性
注：图中 S0 与 S1 为不同的火花塞电极方向，S2 代表火花塞电极不同的位置。

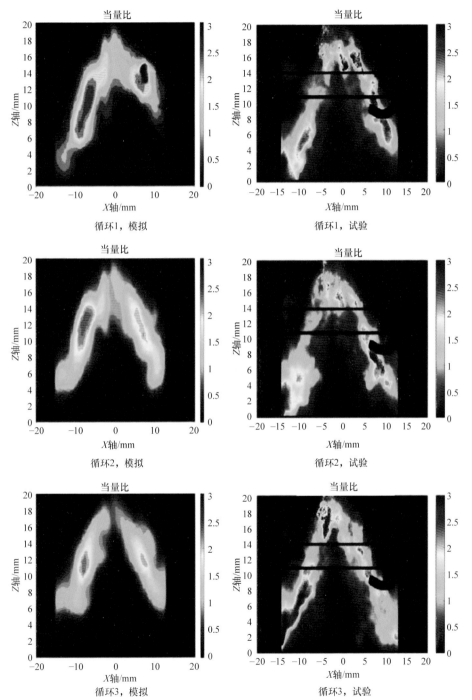

图 4-19　分层混合气直喷汽油机中计算的（左图）和测量的（右图）瞬时燃油蒸气当量比比较[85]

注：结果位于离火花塞 3mm 的垂直平面上，时间为上止点前 15°（CA）。

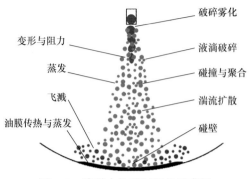

图 5-3 喷雾中物理过程的示意图

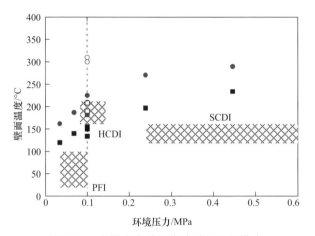

图 5-21 点燃式发动机中喷雾碰壁的模式

方形符号—Nukiyama 点　圆形符号—Leidenfrost 点　实心符号—庚烷　空心符号—汽油
注：图中符号表示实验数据。

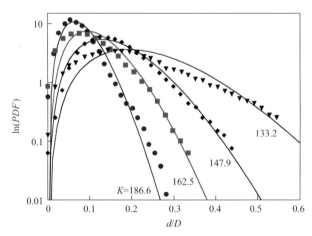

图 5-25 测量的液滴尺寸分布与模型拟合的比较

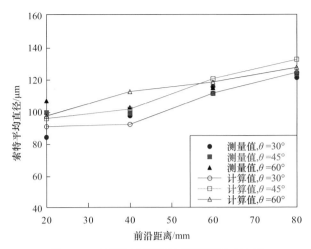

图 5-28　计算与实测的次级液滴尺寸比较

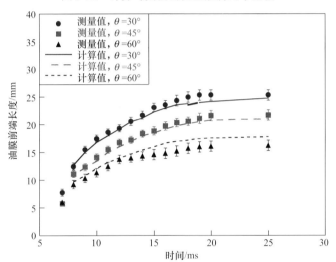

图 5-31　油膜前端长度随时间变化

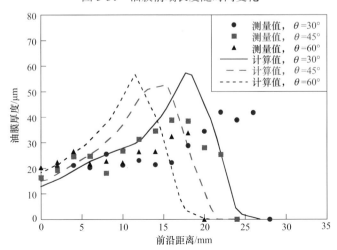

图 5-32　沿碰撞方向的油膜厚度分布

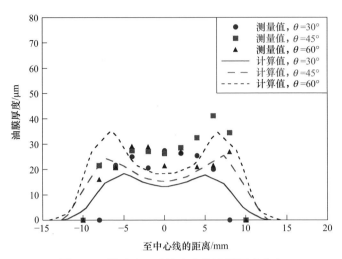

图 5-33　沿垂直于碰撞方向的油膜厚度分布

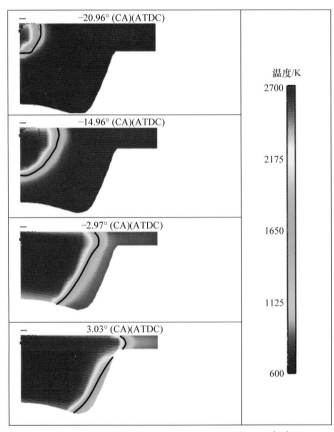

图 6-6　不同曲轴转角下的缸内温度等温线[28]

注：点火时刻为 −30°（CA）（ATDC）；图中黑色实线表示火焰前锋的位置。

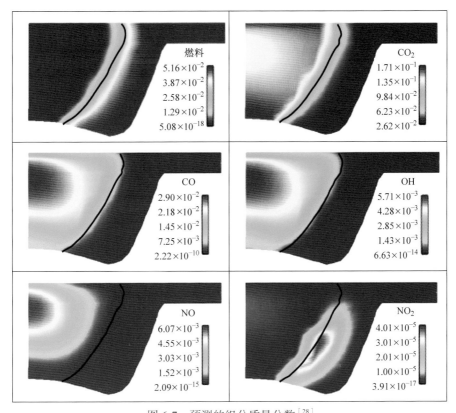

图 6-7 预测的组分质量分数[28]

注：图像时间为 -6°（CA）（ATDC），点火时刻为 -30°（CA）（ATDC）。

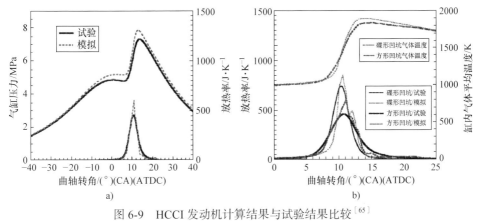

a)   b)

图 6-9 HCCI 发动机计算结果与试验结果比较[65]

a) 案例 S1 的缸内压力和放热率　b) 案例 S1 与 D1 的放热率和缸内平均温度

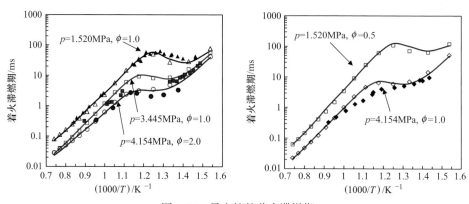

图 6-12　异辛烷的着火滞燃期

实线—详细机理　空心符号—SA99 机理　实心符号—激波管数据

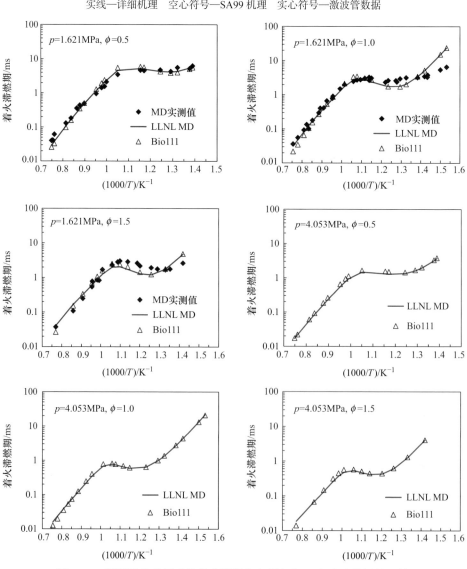

图 6-13　预测的癸酸甲酯的着火滞燃期与详细机理和试验数据的比较

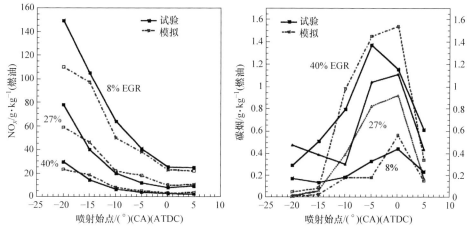

图 6-17　喷射始点和 EGR 率对发动机 NO_x 和碳烟排放的影响[104]

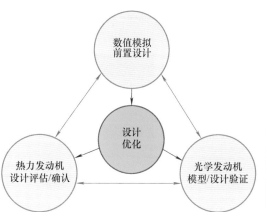

图 7-1　先进的模拟引导的燃烧系统设计方法

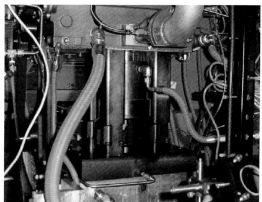

图 7-2　单缸光学发动机

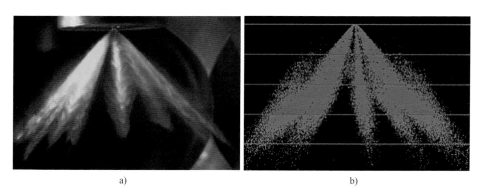

a)　　　　　　　　　　　　　　b)

图 7-8　多孔喷嘴产生的喷雾

a) 试验图像　b) 计算图像

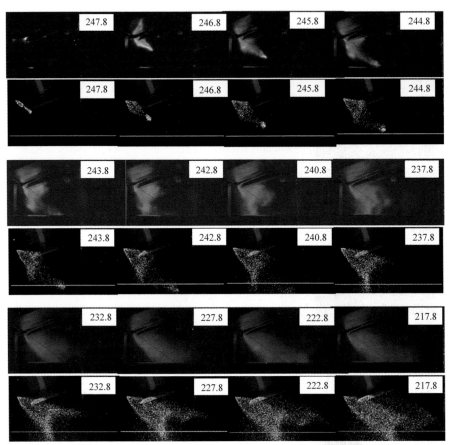

图 7-11 直喷汽油机早期喷射过程的喷雾米氏散射图像和计算图像

注：每个图像上的数字表示了对应的曲轴转角（BTDC）。

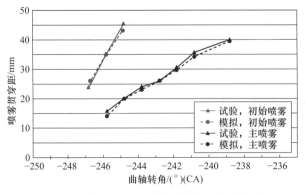

图 7-12 直喷汽油机早期喷射的喷雾贯穿距

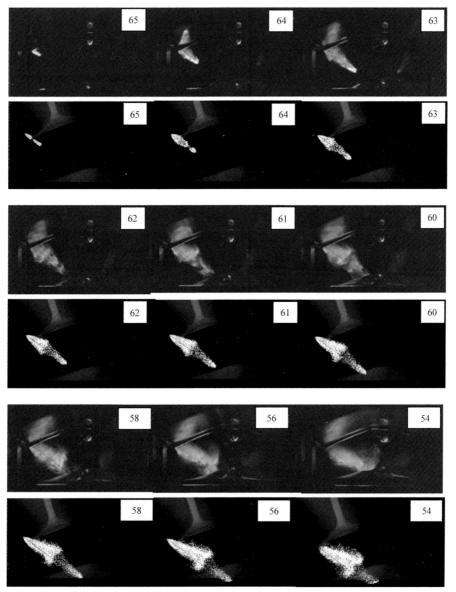

图 7-13　直喷汽油机晚期喷射过程的喷雾米氏散射图像和计算图像

注：每个图像上的数字表示对应的曲轴转角（BTDC）。

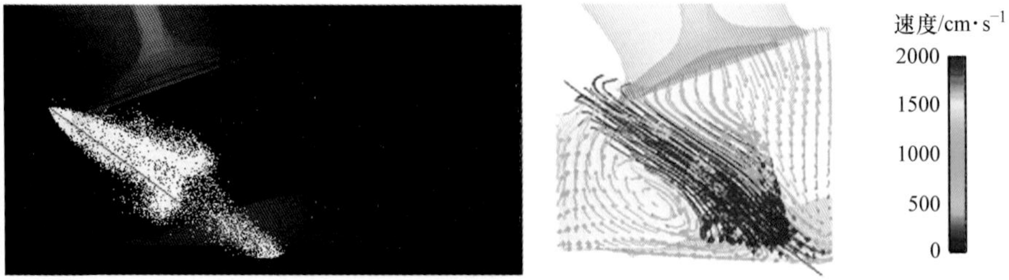

a)

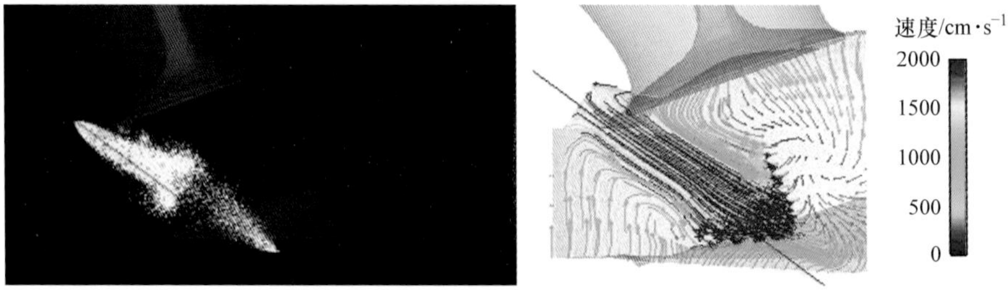

b)

图 7-15　计算的喷雾与气体相对速度矢量场

a) 发动机转速为 1500r · min^{-1}，图像时间为 56°（CA）（BTDC）

b) 发动机转速为 3000r · min^{-1}，图像时间为 50°（CA）（BTDC）

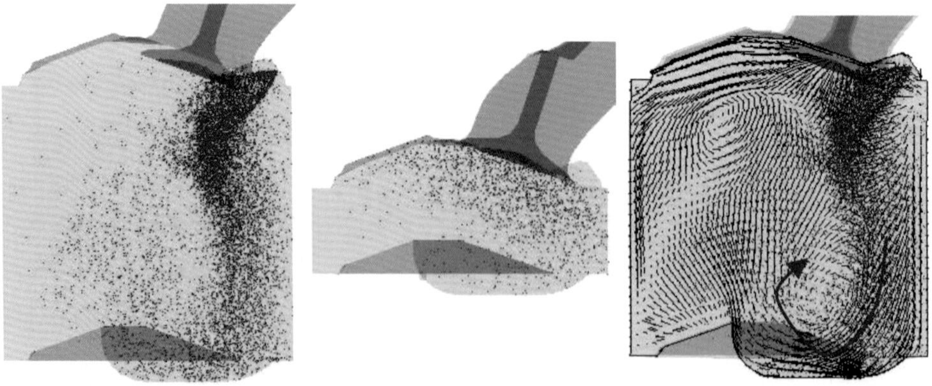

a)　　b)　　c)

图 7-21　直喷汽油机全速满负荷时进气流动对燃油液滴分布的影响

a) BDC 时的油滴分布　b) 60°（CA）（BTDC）时的油滴分布

c) BDC 时中心平面的气体流速与油滴叠加图像

图 7-22 早期的燃烧系统设计出现的空燃比分层

注：从左到右的时间为 100°（CA）（BTDC），60°（CA）（BTDC），20°（CA）（BTDC）。

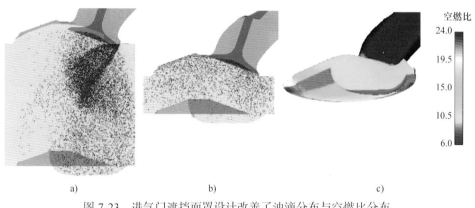

a)   b)   c)

图 7-23 进气门遮挡面罩设计改善了油滴分布与空燃比分布

a) BDC 时的油滴分布　　b) 60°（CA）（BTDC）时的油滴分布
c) 20°（CA）（BTDC）时的空燃比分布

图 7-24 20°（CA）（BTDC）时的空燃比分布，较浅的活塞凹坑可以改善混合气均匀性

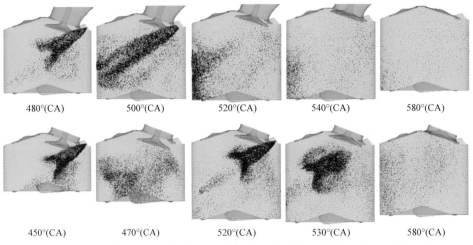

480°(CA)   500°(CA)   520°(CA)   540°(CA)   580°(CA)

450°(CA)   470°(CA)   520°(CA)   530°(CA)   580°(CA)

图 7-26   单次喷射（上图）与 50-50 分段喷射（下图）时油滴分布随时间的变化

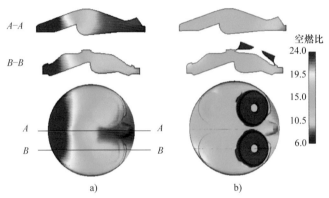

图 7-27   喷油策略对混合气空燃比分布的影响

a) 单次喷射   b) 50-50 分段喷射

注：20°（CA）（BTDC）；发动机转速为 1500r·min^{-1}，负荷为全负荷。

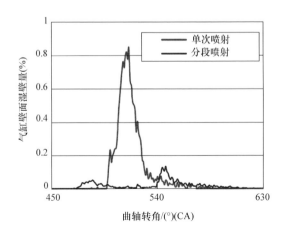

图 7-28   分段喷射对气缸壁面湿壁量的影响

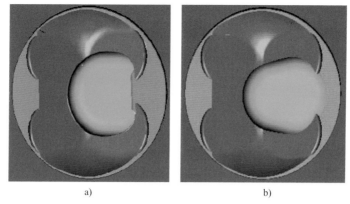

图 7-29　两种活塞凹坑形状的比较

a) 圆形活塞凹坑　b) 收缩形活塞凹坑

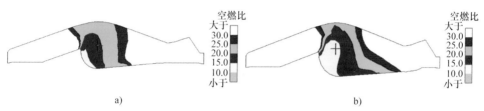

图 7-30　不同活塞凹坑对混合气空燃比分布的影响

a) 圆形活塞凹坑　b) 收缩形活塞凹坑

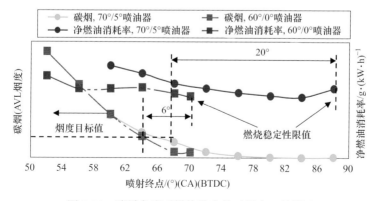

图 7-34　喷雾角度对燃烧稳定性时间窗口的影响

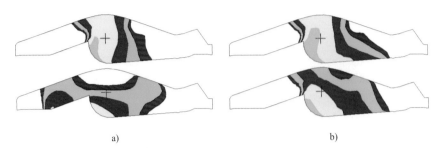

a)   b)

图 7-35　喷雾角度对混合气空燃比分布的影响

a) 60°/0° 喷油器　b) 70°/5° 喷油器

注：上图喷射终点为 67°（CA）（BTDC），下图喷射终点为 77°（CA）（BTDC）。

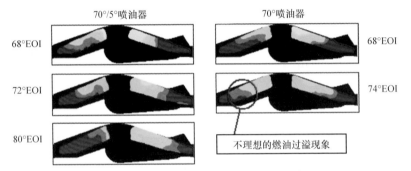

图 7-36　通过光学发动机获得的两种喷油器下的分层混合气分布

（平面激光诱导荧光强度分布）

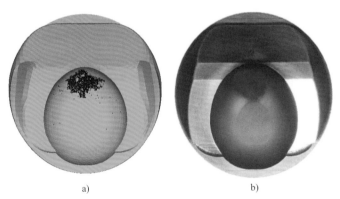

a)   b)

图 7-37　活塞表面液体燃料沉积与积碳的比较

a) 计算的活塞表面液体燃油　b) 光学发动机活塞上的积碳

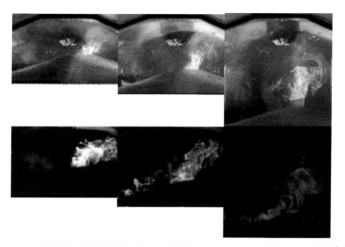

图 7-38 光学发动机图像序列显示膨胀过程中来自活塞凹坑的碳烟[13]

注：图像右侧为排气门；自左起上下单组图像对应的曲轴转角分别为 33°、43° 与 63°（CA）（ATDC）。

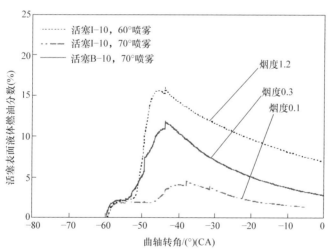

图 7-39 计算的活塞表面液体燃油量与测得的发动机排气烟度 的相关性

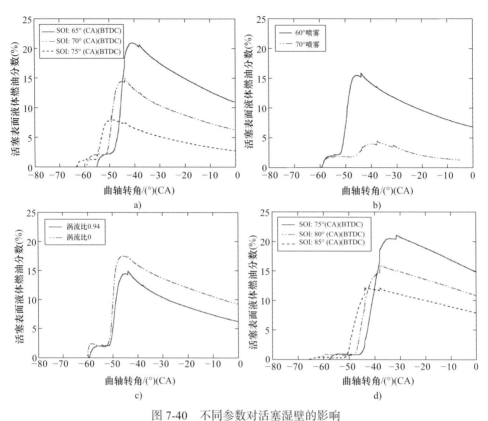

图 7-40　不同参数对活塞湿壁的影响

a) 喷射始点　b) 喷雾锥角　c) 气体涡流　d) 发动机负荷

注：发动机转速为 1500r·min⁻¹；发动机负荷在 a)、b) 与 c) 中为 0.262MPa BMEP，

在 d) 中为 0.4MPa BMEP。

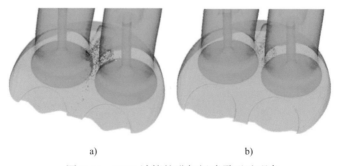

图 7-41　CFD 计算的进气门喷雾碰壁现象

a) 70° 喷雾喷油器　b) 60° 喷雾喷油器

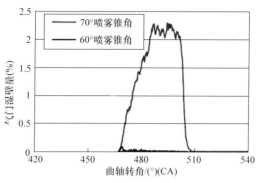

图 7-42　CFD 预测的喷雾锥角对气门湿壁量的影响

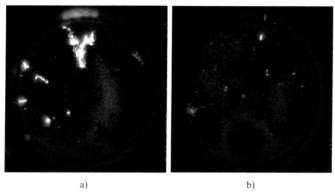

图 7-43　光学发动机获得的火焰图像

a) 70° 喷雾喷油器　b) 60° 喷雾喷油器

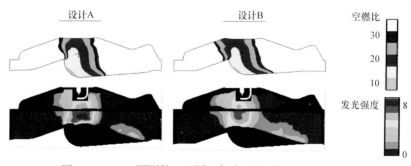

图 7-47　CFD 预测的（上图）与光学发动机 PLIF 测量的
（下图）活塞凹坑形状对混合气分层的影响

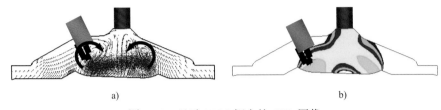

图 7-50　显示 VISC 概念的 CFD 图像

a) 喷雾引起的涡旋　b) 空燃比等值线与火花塞间隙的位置关系

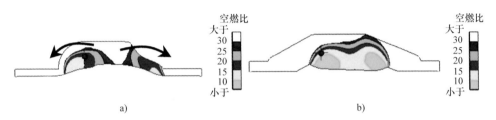

图 7-53　不同活塞形状中以空燃比等值线显示的混合气结构的比较

a) 穹顶活塞　b) 碗形活塞

注：图中带有蓝点的十字符号与火花塞的位置相对应。

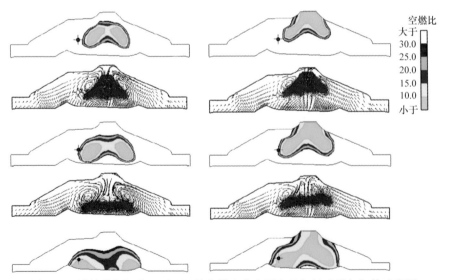

图 7-54　计算的气缸中心平面上的空燃比分布图和叠加的喷雾与气体速度图

注：左列图中的喷油器比右列图中喷油器多伸进燃烧室 4.0mm；从上至下一二行、三四行与第五行图的时间顺序分别为 24°、22° 和 16°（CA）（BTDC）。

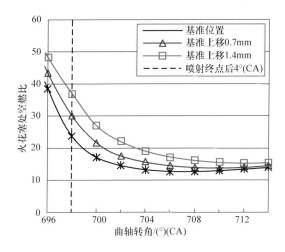

图 7-55　三个不同火花塞位置火花塞间隙处的空燃比变化

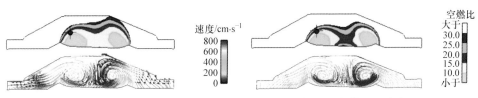

图 7-56　20°（CA）（BTDC）时中心平面的空燃比与气体流速分布

注：左列图为 SCV 阀关闭，右列图为 SCV 阀打开。

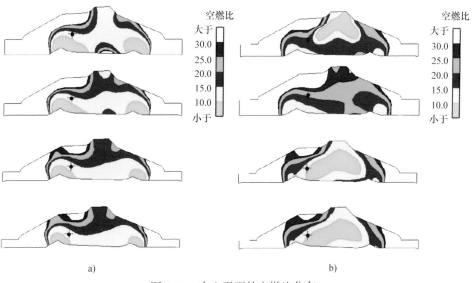

a)　　　　　　　　　　　　　　　b)

图 7-57　中心平面的空燃比分布

a) 单次喷射　b) 分段喷射

注：从上到下的时间顺序分别为 28°、24°、20° 与 18°（CA）（BTDC）。

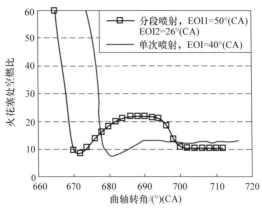

图 7-58 火花塞间隙处的空燃比变化

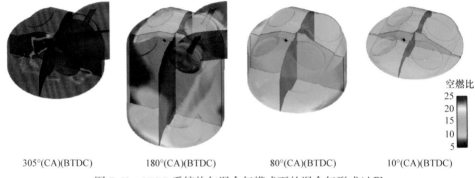

305°(CA)(BTDC)   180°(CA)(BTDC)   80°(CA)(BTDC)   10°(CA)(BTDC)

图 7-60 VISC 系统均匀混合气模式下的混合气形成过程

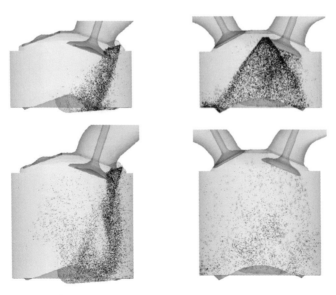

图 7-62 高速全负荷下壁面引导直喷系统（WGDI）与涡旋引导
分层燃烧系统（VISC）中的喷雾油滴分布的比较

注：6000r·min⁻¹，WOT。上图时间为 280°（CA）（BTDC），下图时间为 230°（CA）（BTDC）。

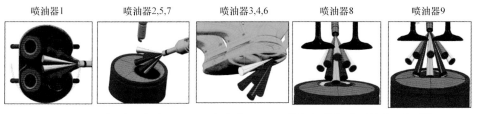

喷油器1   喷油器2,5,7   喷油器3,4,6   喷油器8   喷油器9

图 7-63   涡轮增压直喷汽油机开发中使用 CFD 模拟评估的喷雾结构示例[5]

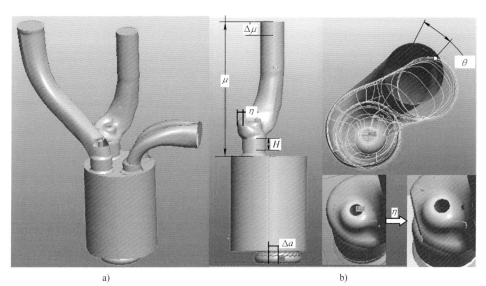

a)   b)

图 8-13   高速柴油机燃烧系统结构图

a) 高速柴油机的几何形状   b) 螺旋进气道设计参数（在图中标记）

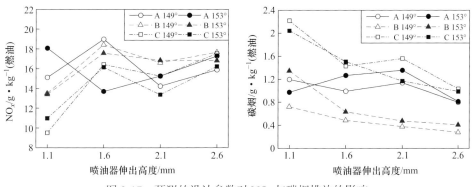

图 8-17   预测的设计参数对 NO_x 与碳烟排放的影响

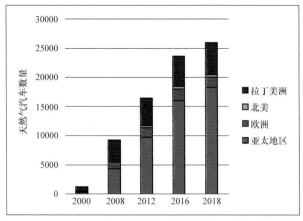

图 8-26　2000—2018 年按地区分列的全球天然气汽车数量[15]

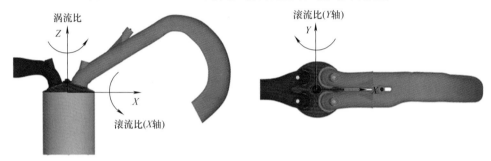

图 8-27　增压天然气发动机及其在下止点的计算范围

（箭头指向所使用的坐标系中的正向流动）

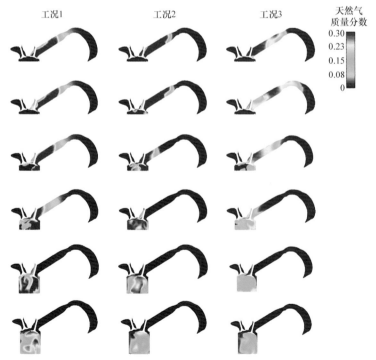

图 8-28　涡轮增压天然气发动机进气行程中在两个剖切面上的燃料质量分数分布

注：图中从上至下的时间顺序为 -380°、-340°、-320°、-300°、-270° 与 -240°（CA）（ATDC）。

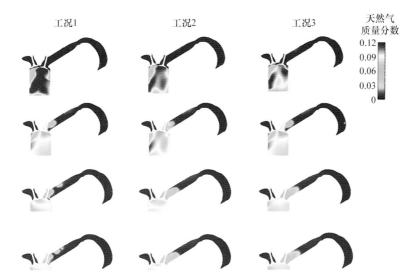

图 8-29　涡轮增压天然气发动机压缩行程中在两个剖切面上的燃料质量分数分布

注：图中从上至下的时间顺序为 −180°、−120°、−60° 与 −30°（CA）（ATDC）。

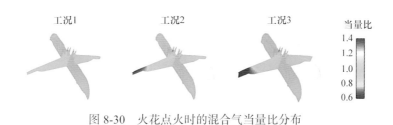

图 8-30　火花点火时的混合气当量比分布

图 8-31　通过使用异步气门开启方案改善点火时刻的混合气混合质量

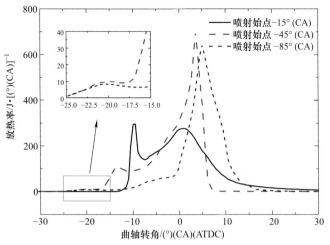

图 8-34　喷油始点变化对计算的放热率的影响

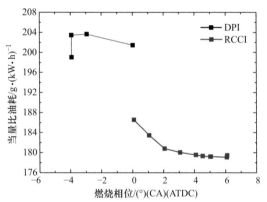

图 8-36　燃烧相位（CA50）对 RCCI 与 DPI 燃烧
的燃油消耗影响

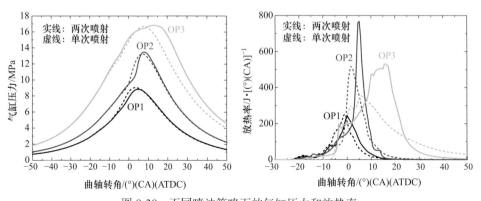

图 8-38　不同喷油策略下的气缸压力和放热率

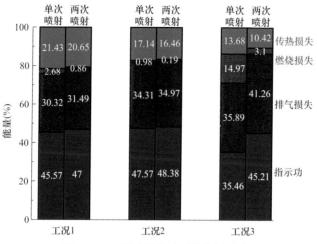

图 8-39 不同喷油策略下的能量平衡

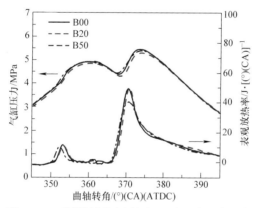

图 8-41 不同燃料的实测气缸压力和表观放热率

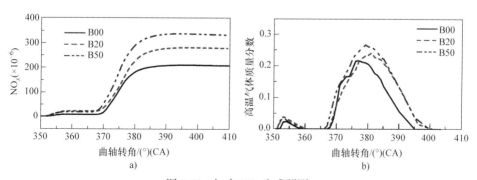

a)

b)

图 8-42 缸内 NO_x 生成预测

a) NO_x 体积分数的变化 b) 计算单元中气体温度高于 2200K 的质量分数的变化

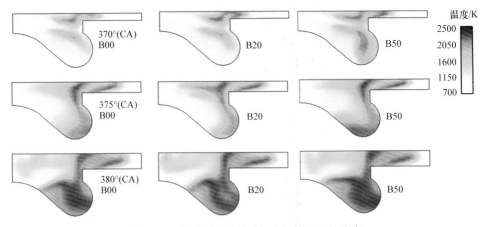

图 8-43　燃用不同燃料时缸内气体温度的分布

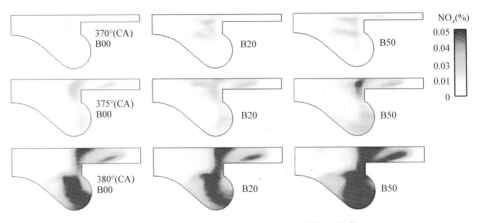

图 8-44　燃用不同燃料时 NO_x 质量分数的分布